国家电网公司
电力科技著作出版项目

工程电磁场数值计算理论分析

Theoretical Analysis of Numerical Calculation of Engineering Electromagnetic Field

李朗如　王　晋　编著

中国电力出版社
CHINA ELECTRIC POWER PRESS

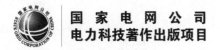

内 容 提 要

本书是一本关于电磁场数值计算理论分析的专著，属于电气学科强电类、工学（工程学）门类中的专业课程范畴。近20年来，随着科学技术的迅猛发展，国内与电气学科相关的研究机构、大型生产企业和高等院校的研究生及课题研究人员，对于电磁装置的设计和运行行为的分析计算，均已采用一种基于“场”的数值计算的现代设计分析方法。本书在于分析和阐明这些数字计算方法的理论基础，内容包括电磁场理论基础综合分析、有限元法、加权余量法、图论场模型法、边界单元法、涡流场计算的差分法、涡流方程的解析求解法、“场–路”耦合法、电机电磁转矩的理论和数值计算方法等。为适应读者进行现代设计方法数值计算的需求，本书还介绍了电磁场数值计算商用软件的使用方法与算例，包括恒定场、涡流场以及电气装置与系统的动态行为仿真。

本书可作为高等院校电气工程专业研究生教材和参考资料，读者需要具备工程数学、电路理论、电磁场、电机学等学科的基础理论知识。本书也可供从事电磁装置设计、运行分析和研究的人员参考使用，还可供对电磁场数值计算感兴趣的研究者参考使用。

图书在版编目（CIP）数据

工程电磁场数值计算理论分析 / 李朗如，王晋编著. —北京：中国电力出版社，2019.1
ISBN 978-7-5198-2503-4

Ⅰ. ①工… Ⅱ. ①李… ②王… Ⅲ. ①电磁场–数值计算 Ⅳ. ①O441.4

中国版本图书馆CIP数据核字（2018）第236390号

出版发行：中国电力出版社
地　　址：北京市东城区北京站西街19号（邮政编码100005）
网　　址：http://www.cepp.sgcc.com.cn
责任编辑：周　娟　杨淑玲（010–63412602）
责任校对：黄　蓓　李　楠
装帧设计：王英磊
责任印制：杨晓东

印　　刷：三河市百盛印装有限公司
版　　次：2019年1月第1版
印　　次：2019年1月北京第1次印刷
开　　本：710mm×1000mm　16开本
印　　张：17
字　　数：304千字
定　　价：69.80元

前　言

电气科学是一门传统学科，也是一门基础学科，与此学科紧密联系的从电能生产到装备制造再到电能利用，在国民经济及社会生活各个方面的应用极其广泛。目前，涉及本学科内的电磁装置设计和运行行为的分析计算，均已采用现代设计分析方法，它是一种基于“场”的数值计算方法。由于计算机和计算技术的迅速发展，以前用等效“路”的计算分析方法无法解决或解决得不是很好的问题，现在用“场”的数值解法可以予以解决。

这种基于“场”的数值计算方法，给电磁装置设计计算与运行分析提供了一种新的手段与方法，具有较高的计算精度，可以从细微的角度考察与分析电磁和其他物理量在所设计电磁装置内的分布情况，从而大大提高了设计和分析水平。但要掌握这种方法并且运用自如，需要设计者具有较高的专业知识和理论水平。

近 20 年来，随着科学技术的迅猛发展，国内与电气学科相关的研究机构和大型生产企业，对于电磁装置的设计和运行行为的分析计算，凡是涉及高精度设计和精细分析、“全方位”设计，尤其对于大型系统中的关键装置，必须进行电磁、热传导、流体（通风冷却）以及力学的（强度、刚度和振动问题）综合物理场的稳态和瞬态分析计算，甚至要考虑各个物理场的耦合计算问题，必然用到“场”的现代数值计算理论与分析方法。本书对于电磁场数值计算方法的理论基础进行分析与阐述，以提高相关人员具备有关这方面的知识和分析能力。

本书在以下几个方面做了一些工作：

（1）对最基本电磁场理论的定理进行了详细理论证明，如用矢量分析方法证明矢量场必须满足的赫姆霍兹定理。

（2）详细阐明了电机的电磁转矩理论和数值计算方法，利用电磁场动量原理导出麦克斯韦张力，并推导出电机的电磁转矩的数值计算公式，具有普遍性。

（3）讨论了求解涡流场的一般性方程，包括用场变量和位函数表示的涡流方程以及各种数值解法的涡流方程。用两个典型工程实例讨论涡流方程的解析求解法：一个是直线电机次级中的涡流分析，代表恒稳涡流场解析求解；另一个是补偿式脉冲发电机的气隙和补偿筒内的涡流场分析，代表瞬态涡流场解析求解。

（4）介绍了“场－路”耦合法，详细阐述和讨论了具有磁性的非线性和机械旋转部件因素时，电磁装置内的参数变化与控制系统的信号变化是相互联系的，在做动态计算与分析时，必须将电磁装置内的磁场变化与控制系统的信号变化耦合起来计算，才能反应实时的真实状况，这是电磁装置系统做精确设计与分析所必需的。还导出了旋转电机与控制系统耦合的数值计算的普遍性公式。

（5）对电磁场计算的边界条件的理论基础进行了详细阐述与推导，这是对于进行电磁场边值问题的数值计算必须遵循的最基本规律。

全书共分 10 章，第 1 章概论，简要介绍了电磁场问题的类型及其求解方法，现代数值计算方法的发展和现代工程技术中的应用。第 2 章讨论了电磁场理论基础，介绍麦克斯韦方程，用矢量分析方法证明矢量场必须满足的赫姆霍兹定理，阐明采用场变量与位函数的边界条件所必须满足的理论基础，同时介绍了场的级数解法，多极子展开的理论。第 3 章讨论了电机电磁转矩数值计算的理论与方法，电磁转矩是电机进行能量转换的重要参数，电磁转矩计算是研究电机运行行为的重要任务之一，本章利用电磁场动量原理导出麦克斯韦张力，从而便于电机电磁转矩的数值计算。第 4 章讨论了当前广泛应用的数值计算方法有限单元法（亦称有限元法），并阐明其数学基础——泛函与变分的基本概念，详细讨论求解的电磁场边值问题（偏微分方程加边界条件）转化为泛函求极值的问题，即变分问题的离散化处理过程。第 5 章讨论了加权余量法，这是求微分方程近似解的另一种有效方法，阐明其原理和离散化处理方法。第 6 章讨论了边界单元法，这是一种积分方程法，边界单元法的最大优点是可以降低维数，本章首先介绍了边界积分方程的建立，然后讨论了离散化处理的方法，最后简要介绍了边界单元与有限单元法耦合算法。第 7 章讨论了图论场模型法，简称网络场模型，这种方法的理论基础是网络拓扑学。它是基于描述电磁场的基本物理规律，直接从物理图像建立离散模型，然后根据图论的分析方法，建立起端点方程、节点方程和回路方程等，借助计算机辅助分析法求解。第 8 章讨论了涡流场的求解，主要介绍了涡流场的一般性方程，包括用场变量和位函数表示的涡流方程以及各种数值解法的涡流方程，同时用两个典型工程实例讨论涡流方程的解析求解法。第 9 章介绍了“场－路”耦合法，电机或电磁装置的工作原理是建立在电磁相互作用基础之上的，建立磁场的铁磁物质具有非线性特性，它一方面与机械系统相耦合，另一方面与电气系统相联系，电磁装置内的参数变化与控制系统的信号变化是相互联系的，在做动态计算与分析时，必须将电磁装置内的磁场变化与控制系统的信号变化耦合起来计算，才能反应实时的真实状况。第

10 章介绍了利用现代仿真软件进行电磁场数值计算的方法并举出三个算例，阐述无刷直流电机二维静磁场分析，用笼型异步电动机为例介绍二维涡流场分析计算，用永磁同步电机为例介绍电机三维场瞬态行为的仿真分析。

本书第 1 章至第 9 章由李朗如教授执笔，第 10 章由王晋（博士）副教授执笔，全书由李朗如教授统稿。同时，感谢电磁工程与新技术国家重点实验室和华中科技大学电气与电子工程学院对本书出版的大力支持，对中国电力出版社周娟编审对本书给予的支持，在此一并表示感谢。

由于我们水平有限，不妥之处在所难免，希望读者不吝指正。

编　者

2018 年 12 月于喻家山

目录

前言

第 1 章　概论……1
1.1　电磁场理论及其计算方法的历史回顾和现代发展……1
1.1.1　电磁场理论的发展概况……1
1.1.2　电磁场问题的类型与经典求解方法……3
1.1.3　现代求解方法——数值求解法……5
1.2　电磁场数值计算方法的工程应用……6
1.3　本书的任务与基本内容……7

第 2 章　电磁场理论基础综述……10
2.1　麦克斯韦方程组……10
2.2　不同媒质交界面的边界条件……16
2.2.1　场矢量的连续性……16
2.2.2　位函数的连续性……19
2.3　多极子场——无界场的计算（场的级数解法）……23
2.3.1　标量电位的多极子展开……24
2.3.2　矢量磁位的多极子展开……26
2.4　媒质的附加场分析……29
2.4.1　电介质的极化场……29
2.4.2　磁性媒质的磁化场……30
2.5　格林函数法——有界场的计算……34
2.6　电磁场的积分方程法……36
2.7　永久磁体磁场分析……38

第 3 章　电机电磁转矩数值计算的理论与方法……41
3.1　作用于电机转子上电磁力体密度的一般表达式……41
3.2　转子系统受到的力和转矩……43
3.3　复数场量时的电磁力和电磁转矩……46

3.4 由电磁场数值计算电磁力和电磁转矩 …… 48
3.4.1 计算流程 …… 48
3.4.2 电磁场数值解的电磁转矩计算公式 …… 48

第 4 章 电磁场数值计算的有限元法 …… 52
4.1 电磁场的基本方程 …… 52
4.2 求解电磁场边值问题的有限元法概述 …… 55
4.3 泛函与变分的基本概念 …… 56
4.3.1 最简单命题和历史上有名的命题 …… 57
4.3.2 关于泛函与变分的基本概念 …… 60
4.3.3 变分问题的求解——欧拉方程（欧拉定理） …… 61
4.3.4 泛函的确定方法 …… 65
4.4 定解问题求解的有限元法 …… 67
4.4.1 求解域的单元剖分 …… 67
4.4.2 单元内近似解表达式的选取——构造单元的插值函数 …… 68
4.4.3 变分问题的离散化处理——单元分析 …… 72
4.4.4 总体合成 …… 76
4.4.5 强加边界条件处理 …… 79
4.5 三维问题 …… 80

第 5 章 加权余量法 …… 83
5.1 加权余量法的基本原理 …… 83
5.2 用加权余量法建立电磁场有限元离散化方程 …… 91

第 6 章 边界单元法 …… 97
6.1 边界积分方程的建立 …… 97
6.2 离散化处理方法 …… 105
6.3 非线性问题的处理方法 …… 113
6.4 多媒质区域的处理方法 …… 114
6.5 边界元法与有限元法的混合应用 …… 115

第 7 章 图论场模型法 …… 118
7.1 概述 …… 118
7.2 图论场模型建立的基本原理 …… 118
7.3 场图的构成 …… 120

7.4 图方程的建立 …………………………………………………………123

第8章 涡流场分析 …………………………………………………………131
8.1 概述 …………………………………………………………131
8.2 涡流场的基本方程 …………………………………………………………132
8.3 涡流方程的差分解法 …………………………………………………………141
8.4 涡流方程的有限元解法 …………………………………………………………145
8.5 瞬态涡流方程的边界元解法 …………………………………………………………151
8.6 涡流方程的解析法求解 …………………………………………………………157
8.6.1 直线感应电动机次级中的涡流问题 …………………………………………………………157
8.6.2 补偿式脉冲发电机补偿筒内的涡流问题 …………………………………………………………168
附录 补偿电机圆柱坐标下无槽绕组电机的电感计算 …………………………………………………………185

第9章 “场–路”耦合法 …………………………………………………………193
9.1 概述 …………………………………………………………193
9.2 “场–路”耦合分析原理 …………………………………………………………194
9.3 磁链和感应电动势的离散化处理 …………………………………………………………198
9.4 动态气隙单元处理方法 …………………………………………………………205

第10章 利用现代数值计算软件求解电磁场问题算例 …………………………………………………………210
10.1 无刷直流电机二维静磁场分析 …………………………………………………………211
10.1.1 二维静磁场分析理论 …………………………………………………………211
10.1.2 电感和磁链的计算 …………………………………………………………211
10.1.3 静磁力和转矩的计算 …………………………………………………………213
10.1.4 仿真算例 …………………………………………………………214
10.2 笼型异步电动机二维涡流场分析 …………………………………………………………226
10.2.1 二维时谐涡流场分析理论 …………………………………………………………226
10.2.2 趋肤效应 …………………………………………………………226
10.2.3 阻抗矩阵 …………………………………………………………227
10.2.4 力和力矩 …………………………………………………………229
10.2.5 仿真算例 …………………………………………………………229
10.3 永磁同步电机三维瞬态场分析 …………………………………………………………240
10.3.1 三维瞬态场分析理论 …………………………………………………………240
10.3.2 仿真算例 …………………………………………………………242

参考文献 …………………………………………………………260

第1章 概　　论

1.1 电磁场理论及其计算方法的历史回顾和现代发展

1.1.1 电磁场理论的发展概况

在电磁场理论发展中，三大实验定律奠定了电磁场理论的实践基础，这就是：

1785年的库仑定律（Coulomb's Law）。该定律说，两静止带电体之间的相互作用力的大小与其电荷量的乘积成正比，与它们之间距离的二次方成反比。这就是有名的平方反比定律。这里隐含了电荷间的相互作用是通过“场”发生的。

1820年的奥斯特或安培定律（Oersted's or Ampere's Law）。它说明载电流导体之间的相互作用，两载电流导体之间的作用力也满足平方反比定律。该定律确定了电生磁的关系，载电流导体产生磁场，载电流导体在磁场中受到力的作用，也是通过“场”发生的。

1831年的法拉第定律（Faraday's Law），即电磁感应定律。它说明穿过一个闭合回路的磁通发生变化时，在闭合回路中会产生感应电动势，由此电动势引发的电流企图阻碍磁通的变化，该定律确定了磁生电的关系。

1864年的麦克斯韦电磁场方程组（Maxwell's Equation）。麦克斯韦集前人实验与理论之大成，创立了完整和系统的电磁理论，即电磁场的动力学理论——麦克斯韦电磁场方程组，其表达形式为：

	微分形式	积分形式
全电流定律	$\nabla\times\boldsymbol{H}=\boldsymbol{J}+\dfrac{\partial\boldsymbol{D}}{\partial t}$	$\oint\boldsymbol{H}\bullet\mathrm{d}\boldsymbol{l}=\int_s\left(\boldsymbol{J}+\dfrac{\partial\boldsymbol{D}}{\partial t}\right)\bullet\mathrm{d}\boldsymbol{s}$
磁感应定律	$\nabla\times\boldsymbol{E}=-\dfrac{\partial\boldsymbol{B}}{\partial t}$	$\oint\boldsymbol{E}\bullet\mathrm{d}\boldsymbol{l}=-\dfrac{\partial}{\partial t}\int_s\boldsymbol{B}\bullet\mathrm{d}\boldsymbol{s}$
高斯定律	$\nabla\bullet\boldsymbol{D}=\rho$	$\oint\boldsymbol{D}\bullet\mathrm{d}\boldsymbol{s}=\int_V\rho\mathrm{d}v$
磁通连续性定律	$\nabla\bullet\boldsymbol{B}=0$	$\oint\boldsymbol{B}\bullet\mathrm{d}\boldsymbol{s}=0$

媒质性能关系　$\boldsymbol{B}=\mu\boldsymbol{H}$　　$\boldsymbol{D}=\varepsilon\boldsymbol{E}$　　$\boldsymbol{J}=\sigma\boldsymbol{E}$

式中：$\boldsymbol{H}$ 为磁场强度矢量；$\boldsymbol{B}$ 为磁感应强度矢量；$\boldsymbol{J}$ 为电流体密度矢量；$\boldsymbol{D}$ 为电位移矢量；$\boldsymbol{E}$ 为电场强度矢量；ρ 为电荷体密度；μ 为媒质磁导率；ε 为媒质的电容率；σ 为媒质的电导率。

注意到这个方程组中的第一个方程，对于静态情况下的闭合回路，方程的右端不存在与时间有关的第二项，即为安培的全电流定律

$$\nabla\times\boldsymbol{H}=\boldsymbol{J}$$

对以上等式的两边取散度，由矢量分析可知，任意矢量旋度的散度恒等于零，也就是它满足

$$\nabla\bullet\nabla\times\boldsymbol{H}=\nabla\bullet\boldsymbol{J}=0$$

即满足静态情况下的电流连续性方程。但在瞬态情况下，电荷是随时间变化的，此时的连续性方程应满足

$$\nabla\bullet\boldsymbol{J}=-\frac{\partial\rho}{\partial t}$$

于是有

$$\nabla\bullet\boldsymbol{J}=-\frac{\partial\rho}{\partial t}=-\nabla\bullet\frac{\partial\boldsymbol{D}}{\partial t}$$

即

$$\nabla\bullet\boldsymbol{J}+\nabla\bullet\frac{\partial\boldsymbol{D}}{\partial t}=0$$

$$\nabla\bullet\nabla\times\boldsymbol{H}=\nabla\bullet\boldsymbol{J}+\nabla\bullet\frac{\partial\boldsymbol{D}}{\partial t}=0$$

$$\nabla\times\boldsymbol{H}=\boldsymbol{J}+\frac{\partial\boldsymbol{D}}{\partial t}$$

这样，就形成了麦克斯韦电磁场方程组的第一个方程，其中第二项称为位移电流，由此麦克斯韦预言到电磁波的存在，并为后来的实验所证明，这是他对人类做出的伟大贡献。

麦克斯韦电磁场方程组加上洛伦兹力定律

$$\boldsymbol{f}=q\boldsymbol{E}+q(\boldsymbol{v}\times\boldsymbol{B})$$

式中：$\boldsymbol{f}$ 为电磁力矢量；q 为电荷量；$\boldsymbol{v}$ 为电荷在磁场中运动速度矢量。就构成了今天的全部经典电磁场动力学基础。它们确定了源与场之间的关系：

源：	ρ	$\boldsymbol{J}$	$\dfrac{\partial\boldsymbol{D}}{\partial t}$
场：	$\boldsymbol{E}$	$\boldsymbol{B}$ 或 $\boldsymbol{D}$	$\boldsymbol{H}$

一般情况下，它们是空间和时间的函数，对于静态场则与时间无关。

1.1.2　电磁场问题的类型与经典求解方法

求解电磁场的边值问题包含三个要素：源的分布；场的分布；媒质和边界条件与初始条件。

求解问题的类型有：

（1）已知媒质和边界与初始条件及源的分布，求场的分布。

（2）已知媒质和边界条件，求源的分布。

（3）边值问题的反演问题，即已知源和场的分布求媒质和边界条件。

求解场分布的数学模型为偏微分方程的定解问题，求源分布的数学模型为积分方程的求解。偏微分方程的定解问题的求解仅在简单、对称边界条件下，才有可能用经典方法求得解析形式的严格解，大多数情况下只能求得近似解。而积分方程的求解则极少能求得严格解析解，多数情况下只能找到近似求解方法。

求解问题的形式有：

（1）直接用场量（矢量）与源的关系求解，由上述麦克斯韦方程组不难导出如下方程：

求解电场

$$\nabla^2 \boldsymbol{E} = \mu\varepsilon \frac{\partial^2 \boldsymbol{E}}{\partial t^2} + \mu\sigma \frac{\partial \boldsymbol{E}}{\partial t} + \nabla\left(\frac{\rho}{\varepsilon}\right)$$

求解磁场

$$\nabla^2 \boldsymbol{B} = \mu\varepsilon \frac{\partial^2 \boldsymbol{B}}{\partial t^2} + \mu\sigma \frac{\partial \boldsymbol{B}}{\partial t}$$

（2）引进位函数（标量位或矢量位）求解。对于静电场或载流导体外部的恒定磁场为无旋场，可用标量位表示求解，此时标量位满足泊松方程或拉普拉斯方程。因为$\nabla \times \boldsymbol{H} = \boldsymbol{J}$，对于有载流导体区域的磁场为有旋场，可用矢量磁位表示求解，此时矢量磁位满足泊松方程。

电场用标量电位

$$\nabla^2 \varphi = 0 \qquad \nabla^2 \varphi = -\frac{\rho}{\varepsilon}$$

磁场用标量磁位与矢量磁位

$$\nabla^2 \varphi_{\mathrm{m}} = 0 \qquad \nabla^2 \boldsymbol{A} = -\mu \boldsymbol{J}$$

恒定场的计算，大多数采用位函数即用位场计算，分为两种类型问题：

分布型问题。对于静态场，已知场源分布，$\rho(x,y,z)$，$\boldsymbol{J}(x,y,z)$，求区域内的位函数分布，电位$\varphi(x,y,z)$，标量磁位$\varphi_{\mathrm{m}}(x,y,z)$，矢量磁位$\boldsymbol{A}(x,y,z)$，

一般采用直接法求解。

边值型问题。已知边界上的位或位的梯度，求场域内的位函数分布，一般用间接法求解。

1）分布型问题的直接求解法见表 1－1。

表 1－1　恒定场采用的求解方法

恒定电场	恒定磁场
（1）应用库仑定律 $\varphi=\frac{1}{4\pi\varepsilon}\int_V\frac{\rho}{r}\mathrm{d}v$ 仅适用于均匀媒质	（1）应用比奥一沙伐定律 $\boldsymbol{B}=\frac{\mu}{4\pi}\oint_L\frac{I\mathrm{d}\boldsymbol{l}\times\boldsymbol{r}}{r^3}$ 仅适用于均匀媒质
（2）应用高斯定律 $\oint_s\boldsymbol{D}\cdot\mathrm{d}s=\int_V\rho\mathrm{d}v$ 适用于均匀、非均匀媒质	（2）应用全电流定律 $\oint_l\boldsymbol{H}\cdot\mathrm{d}\boldsymbol{l}=\sum i$ 适用于均匀、非均匀媒质
（3）应用泊松方程求解 $\nabla^2\varphi=-\frac{\rho}{\varepsilon}$ 仅适用于均匀媒质	（3）应用泊松方程求解 $\nabla^2\boldsymbol{A}=-\mu\boldsymbol{J}$ 仅适用于均匀媒质

2）边值型问题求解法。对于用位函数的边值问题求解，除了必须根据描述的物理问题写出控制方程外，还必须知道足够的边界条件，才能获得所求场域内的唯一解。一般存在三种边界条件：

第一类边界条件：边界上的位函数值已知，$u(\boldsymbol{r})=c$。当 c=0 时，称为一类齐次边界，数学上称为狄里赫利边界条件（Dirichlet Boundary Condition）。

第二类边界条件：边界上的位函数梯度值已知，$\frac{\partial u}{\partial n}=q$。当 q=0 时，称为二类齐次边界，数学上称为纽曼边界条件（Neumann Boundary Condition）。

第三类边界条件：为混合边界条件，边界上的位函数与梯度值线性组合已知，$\alpha\frac{\partial u}{\partial n}+\beta u=q_1$，数学上称为柯西边界条件（Cauchy Boundary Condition）。

3）古典求解方法。

① 解析法。根据描述物理问题写出的控制方程，加边界条件求解解析形式的严格解或精确解，解具有连续函数形式，有如下方法：

a. 直接积分法。对于边界条件对称的问题（如对心、轴对称），可以将偏微分方程化为一个变量的方程，直接用积分法求解。

b. 解析函数法。对于二维场问题，解析函数法是通过一个解析函数将位场表现出来，而在一个区域内，解析函数是具有单值连续性质并有确定连续导数的复变函数，其实部和虚部均满足拉普拉斯方程，且其实部和虚部函数描绘的曲线族相互正交，当某一个解析函数所描绘出的几何图形，与导体的磁场或带电体的电场的边界曲线相符合时，则此解析函数即可作为描述待求位场的解。

c. 分离变量法。对于电磁场物理问题的描述，一般均表达为偏微分方程，而分离变量法就是求解偏微分方程的经典方法。此种方法的主要措施就是将问题待求的位函数表示为三个（三维问题）或两个（二维问题）独立坐标函数的乘积，代入原方程后，将偏微分方程化为三个或两个仅含一个变量的常微分方程，从而分别求解，最后合成为原方程解的形式。最终严密唯一解的得出，还有赖于由边界条件确定积分常数，而仅在边界条件简单或严格对称的条件下才有可能，对于复杂边界则很难获得有确定意义解的函数形式。

d. 镜像法。对于二维静态场问题，采用位函数求解时，由于满足一定边界条件的拉普拉斯方程的解是唯一的，所以对于对称、简单问题，例如：求一个在导电媒质无穷大平面附近的带电体产生的电场；求一根在无穷大铁磁媒质平面附近载流导体产生的磁场；将媒质分界面视为等位面，由带电体或载流导体对分界面为镜像，构成其对应体（带电体互为异号、载流导体为同号）形成的场解分布是唯一的，其分界面以上的场即为所求。

② 模拟法。当采用位函数求解二维静态场时，由于其描述物理问题的基本方程相似，边界条件也相似，因而可以采用模拟法求解。例如，用恒定电流场模拟静电场或静磁场，用导电纸或电解槽试验模拟电机的磁极间漏磁或凸极磁极的气隙磁场。

③ 图解法。对于二维场，在复杂边界情况下，无法用解析法求解时，可借助于近似的图解法。它是将媒质边界视为等位面，再根据力线与位线处处互为正交的性质，采用人为画图的方法，描绘出力线与位线网格以构成求解区域场的分布图，近似计算出场解的物理量。此方法在电磁学发展初期得到了应用，如确定电机中的极间漏磁等。

1.1.3 现代求解方法——数值求解法

随着计算机、计算技术和数值算法的发展，电磁场问题现代求解法即是采用计算机数值求解近似解的方法，现代发展起来的有如下方法：

有限差分法（Finite Differential Method，FDM），直接离散偏微分方程。它是用差商近似代替微商，用差分方程代替微分方程，把求解域剖分成网格，在网格节点上求微分方程的近似解，所以又称网格法。

有限单元法（Finite Element Method，FEM），它属于微分方程法。有限单元法是以变分原理为基础，将所要求解的电磁场边值问题（偏微分方程加边界条件）转化为泛函求极值的问题，即变分问题，通过网格剖分和分片插值离散化处理后，构造一个分片解析的有限元子空间，把变分问题近似地转化为有限元子空间中的多元函数极值问题，求得变分问题的近似解作为所求方程的近似解。

边界单元法（Boundary Element Method，BEM），边界单元法属于积分方程法。利用格林函数将求解的偏微分方程的边值问题化为边界积分方程，而后离散化处理求解，如果求解的是拉普拉斯方程，只需在求解域的边界上进行处理，因此边界元法的最大优点是可以降低维数。仅适用于均匀与线性媒质空间。

有限单元-边界单元耦合法（FEM-BEM）。对于多媒质场域问题，有限单元法用于非均匀媒质区域，边界单元法用于均匀媒质区域，在交界面上联立求解。

双标量位法（Double Scalar Potential Method，DSPM）。有限单元法采用矢量磁位求解磁场时，每一个节点必须计算三个分量，这样对计算机的内存和速度势必有更高的要求，为此，人们研究采用标量磁位计算磁场。当采用一种标量位计算铁磁材料内的磁场时，将会遇到两个相近的大数磁场强度相消，而得到很小的合成磁场强度的情况，从而大大降低计算精度的困难。同时，对于非线性问题，可能会造成迭代计算的不收敛。为了克服这些缺点，人们提出了双标量位法，它是用两种不同的标量磁位，分别描述有电流区域和无电流区域，同时用两种场域的交界面条件保证求解域内解的一致性。

棱边单元法（Edge Element Method，EEM）。将求解变量与剖分单元网格的棱边相联系，用变量沿棱边的线积分来定义自由度，以保证切向分量连续。

网络图论场模型法（Graph Theoretic Field Method，GTFM）。直接从物理图像和相关定律离散化，建立代数方程组，即用物理图像的有向线形图构成场图或连续的数学模型，用图论分析方法求解。

1.2　电磁场数值计算方法的工程应用

由于工程问题的物理性质本质上是“场”的问题，也就是说，从严格意义上看，任何需要求解的工程问题，其物理量是其所存在空间的点函数的分布问题，历史上由于求解场的问题难度大，不得不采用“路”的方法求解，即采取物理量在局部空间分布平均意义计算的办法，这样得到的解只是近似解，但它基本可以满足工程精度要求。由于现代计算机和计算技术的发展，为用场的方法求解工程电磁场问题创造了条件，因而电磁场数值计算的工程应用越来越广泛，可以说凡是涉及与电、磁和电与磁相互作用有关的工程问题与器件设计运行问题，均可以应用场的分析与计算方法解决。现代涉及的工程应用问题极为广泛，例如：

电气工程：各类电机与电器，高电压技术与装备，电磁测量仪表与技术，电力电子技术。

工程核物理：强磁场技术，加速器磁体设计与仿真，核聚变工程。

高速运输系统：磁悬浮技术，电磁推进与发射，超高速试验技术。

新概念武器系统：电磁炮，电磁脉冲技术。

现代医疗诊断技术：核磁共振成像装置，医用诊断加速器。

电磁探测：无损探伤技术，地质电磁勘测技术。

微电子技术：微电子器件设计。

电磁冶炼技术：电加热炉设计。

生物电磁效应分析等。

1.3 本书的任务与基本内容

随着我国市场经济的发展与对外开放，1997 年，教育部修订了我国普通高等学校的本科专业目录，强电类的电气工程学科取消了原来的二级学科，而按一级学科电气工程及其自动化招生与培养大学人才，即按“通才教育”也就是专业方向上按所谓“宽口径”模式培养，以适应我国经济发展对人才的需求。在高级人才（硕士和博士研究生）培养方面，则按二级学科招生，它们包括电机与电器、电力系统及其自动化、高电压与绝缘技术、电力电子与电气传动、电工理论与新技术等。在这些专业中，凡是涉及与电、磁和电与磁相互作用的相关课题领域，只要做深入研究，必然会用到电磁场理论进行分析计算，尤其是随着现代科学技术的发展，各种数值计算应用软件发展很快，这就要求作为高级人才培养对象的学生（硕士生与博士生）不仅要具备计算能力，更应具备分析能力，同时具有坚实的理论基础和宽广的知识面。

现在国内大学电气工程学科的本科课程设置中，与电学、磁学相关的，除了《大学物理》外，还有《电路理论》《电磁场》等，但这些课程已经不能适应现代研究工作的发展，需要在大学本科所学一般电磁场理论的基础上，扩充各种现代数值计算方法，加深理论基础，以适应研究工作的需要，并提高分析问题和解决问题以及创新能力。

近 20 年来，随着科学技术的迅猛发展，国内与电气工程学科相关的研究机构和大型生产企业，对于电磁装置的设计和运行行为的分析计算，凡是涉及高精度设计和精细分析、“全方位”设计，尤其对于大型系统中的关键装置，必须进行电磁的、热传导的、流体的（通风冷却）以及力学的（强度、刚度和振动问题）综合物理场的稳态和瞬态分析计算，甚至要考虑各物理场的耦合计算问题，必然用到“场”的理论与分析方法，这就要求技术人员必须具有这方面的知识和能力。

本书是根据作者在20世纪80年代至21世纪初对研究生讲授工程电磁场课程时的讲稿整理而成的。20世纪70年代末，国内各高等学校为适应国际科技发展水平的形势，掀起了电磁场数值计算研究的热潮，周克定教授为此编著了《工程电磁场专论》一书，并为研究生开设了此课程。本书作者自1987年开始承接周教授的课程，直至讲授到2003年止。周教授编著的专著内容较广泛且非常精练，本书作者在讲授时，对于有些定理进行了详细推导证明，同时，根据作者在开展科学研究工作中取得的成果，补充了一些新的内容，并注重从理论方面阐述清楚。

全书共分10章，第1章概论，简要地介绍电磁场问题的类型及其求解方法，现代数值计算方法发展和现代工程技术中的应用。第2章讨论电磁场理论基础，介绍麦克斯韦方程，用矢量分析方法证明矢量场必须满足的赫姆霍兹定理，阐明采用场变量与位函数的边界条件所必须满足的理论基础，同时介绍了场的级数解法，多极子展开的理论。第3章讨论了电机电磁转矩数值计算的理论与方法，电磁转矩是电机进行能量转换重要参数，电磁转矩计算是研究电机运行行为的重要任务之一，本章利用电磁场动量原理导出麦克斯韦张力，从而便利于电机电磁转矩的数值计算。第4章讨论当前广泛应用的数值计算方法有限元法，并阐明其数学基础——泛函与变分的基本概念，详细讨论求解的电磁场边值问题（偏微分方程加边界条件）转化为泛函求极值的问题，即变分问题的离散化处理过程。第5章讨论加权余量法，这是求微分方程近似解的另一种有效方法，阐明其原理和离散化处理方法。第6章讨论边界单元法，这是一种积分方程法，边界单元法的最大优点是可以降低维数，本章介绍边界积分方程的建立，然后讨论离散化处理的方法，最后简要介绍边界单元与有限单元法耦合算法。第7章讨论图论场模型法，简称网络场模型，这种方法的理论基础是网络拓扑学。它是基于描述电磁场的基本物理规律，如欧姆定律，电路、磁路的安培环路定律，磁通连续性定律以及媒质特性方程等，直接从物理图像建立离散模型，然后根据图论的分析方法，建立起端点方程、节点方程和回路方程等，借助计算机辅助分析法求解。第8章主要介绍求解涡流场的一般性方程，包括用场变量和位函数表示的涡流方程以及各种解法的涡流方程，同时用两个典型工程实例讨论涡流方程的解析求解法：一个是直线电机次级中的涡流分析，代表恒稳涡流场解析求解；另一个是补偿式脉冲发电机的气隙和补偿筒内的涡流场分析，代表瞬态涡流场解析求解。第 9 章介绍“场－路”耦合法，电机或电磁装置的工作原理是建立在电磁相互作用基础之上的，建立磁场的铁磁物质具有非线性特性。它一方面与机械系统相耦合，另一方面与电气系统相联系，而现代电气系统一般具有电子器件的控制系统，电磁装置内的参数变化与控制系统的信号变化是相互联系的，在做动态计算与分析时，必须将装置内的磁场变化与控制系统的信号变化耦合起来计算，才能反应实时的真实状况，这是电磁装置系统精确设计与分析所必需的。第 10 章介绍了利用现代仿真软件进行电磁场数值计算的方法并举出三个算例，阐述无刷直流电机二维静磁场分析，用笼型异步电动机为例介绍二维涡流场分析计算，用永磁同步电机为例介绍电机三维场瞬态行为的仿真分析。

第 2 章　电磁场理论基础综述

2.1　麦克斯韦方程组

在电气工程领域内，求解电磁场问题的主要形式有：

（1）直接用场量（$\boldsymbol{B}$，$\boldsymbol{E}$ 或 $\boldsymbol{H}$，$\boldsymbol{D}$）与场源（I，q）的关系求解。

（2）引进位函数（标量位或矢量位）求解。

当采用位函数求解问题时，有两种类型问题：

1. 分布型问题

已知源的分布求场内的位函数分布，或其逆问题即由位的分布求源的分布。

2. 边值型问题

已知边界上的位函数值或位的梯度值求场内位函数的分布。

此外，尚要解决能量、力的计算问题，但中心的问题是解决场量与源的关系。

解决电磁场问题的理论基础是麦克斯韦方程组与洛伦兹力公式，它们构成了全部经典电磁场动力学，用以描述和分析全部电磁现象。

设空间某区域内存在电场与磁场，分别以矢量 $\boldsymbol{E}$ 、$\boldsymbol{B}$ 表示，试探电荷 q 以 $\boldsymbol{v}$ 的速度对此空间坐标系做相对运动，则作用在该电荷上的力为

$$\boldsymbol{f} = q\boldsymbol{E} + q(\boldsymbol{v} \times \boldsymbol{B})$$

该力称为洛伦兹力，因此，洛伦兹力是借助试探电荷直接或间接地检验空间区域内电磁场存在的唯一信息。

在自由空间中，联系场量与源之间关系的麦克斯韦方程微分形式为

$$\nabla \times \boldsymbol{B} = \mu_0 \boldsymbol{J} + \mu_0 \varepsilon_0 \frac{\partial \boldsymbol{E}}{\partial t} \tag{2-1}$$

$$\nabla \times \boldsymbol{E} = -\frac{\partial \boldsymbol{B}}{\partial t} \tag{2-2}$$

$$\nabla \cdot \boldsymbol{E} = \frac{\rho}{\varepsilon_0} \tag{2-3}$$

$$\nabla \cdot \boldsymbol{B} = 0 \tag{2-4}$$

式中：$\boldsymbol{B}$ 为磁感应强度矢量；$\boldsymbol{E}$ 为电场强度矢量；ρ 为自由电荷体密度；$\boldsymbol{J}$ 为

自由电流体密度矢量；ε_0 为真空电容率，$\varepsilon_0 = \dfrac{10^{-9}}{36\pi}$（F/m）；$\mu_0$ 为真空磁导率，$\mu_0 = 4\pi \times 10^{-7}$（H/m）。

当空间充满媒质时，在电磁场作用下，媒质会受到激化，电介质会极化，磁质会磁化，而激化起附加的宏观电磁场，叠加在外部场上从而形成媒质体内的总电磁场。电介质极化的宏观效应用电极化强度矢量 $\boldsymbol{P}$ 描述，它表示介质极化后分子电偶极矩 $\boldsymbol{p}$ 宏观分布的平均体密度，即

$$\boldsymbol{P} = \lim_{\Delta V \to 0} \frac{\sum \boldsymbol{p}_i}{\Delta V}$$

电介质极化后，在元体积内可能出现净的多余束缚电荷，其体密度为 ρ_{b}。它与极化强度的关系由下式描述

$$\rho_{\mathrm{b}} = -\nabla \cdot \boldsymbol{P}$$

式中，ρ_{b} 为 $\boldsymbol{P}$ 的散度源。当电场随时间变化时，$\boldsymbol{P}$ 亦发生变化，$\boldsymbol{P}$ 的变化引起另一种电流称为极化电流，极化电流密度矢量为

$$\boldsymbol{J}_{\mathrm{b}} = \frac{\partial \boldsymbol{P}}{\partial t}$$

众所周知，物质的单个分子电流呈现磁矩，在无外磁场作用时，磁性媒质内存在的分子电流无规则分布，对外不呈现磁性，但在外磁场的作用下，磁媒质内会表现出宏观的、规则的分子电流分布，因而对外会呈现出磁性，即磁质磁化。磁质磁化的宏观效应用磁化强度矢量 $\boldsymbol{M}$ 描述。它被定义为分子电流磁偶矩 $\boldsymbol{m}$ 宏观分布的平均体密度

$$\boldsymbol{M} = \lim_{\Delta V \to 0} \frac{\sum \boldsymbol{m}_i}{\Delta V}$$

磁质磁化的机理是分子电流磁偶矩在外场作用下的有规则排列，对外表现为等效磁化电流，其电流密度矢量为 $\boldsymbol{J}_{\mathrm{m}}$。$\boldsymbol{J}_{\mathrm{m}}$ 与 $\boldsymbol{M}$ 的关系为

$$\nabla \times \boldsymbol{M} = \boldsymbol{J}_{\mathrm{m}}$$

$\boldsymbol{J}_{\mathrm{m}}$ 为 $\boldsymbol{M}$ 的旋度源。因此，对于在媒质中，麦克斯方程应有

$$\frac{1}{\mu_0} \nabla \times \boldsymbol{B} = \boldsymbol{J} + \boldsymbol{J}_{\mathrm{b}} + \boldsymbol{J}_{\mathrm{m}} + \varepsilon_0 \frac{\partial \boldsymbol{E}}{\partial t}$$

即有

$$\nabla \times \left(\frac{\boldsymbol{B}}{\mu_0} - \boldsymbol{M} \right) = \boldsymbol{J} + \frac{\partial}{\partial t} (\varepsilon_0 \boldsymbol{E} + \boldsymbol{P})$$

令

$$\boldsymbol{H}=\frac{\boldsymbol{B}}{\mu_0}-\boldsymbol{M}$$

$$\boldsymbol{D}=\varepsilon_0\boldsymbol{E}+\boldsymbol{P}$$

式中：$\boldsymbol{H}$ 称为磁场强度矢量；$\boldsymbol{D}$ 称为电位移矢量。对于各向同性线性媒质有

$$\boldsymbol{M}=\chi_{\mathrm{m}}\boldsymbol{H}\qquad \boldsymbol{P}=\chi_{\mathrm{e}}\varepsilon_0\boldsymbol{E}$$

式中：χ_{m} 为媒质的磁化率，是一个无量纲的参数；χ_{e} 为电介质的极化率，为无量纲参数。于是有

$$\boldsymbol{B}=\mu\boldsymbol{H}\qquad \boldsymbol{D}=\varepsilon\boldsymbol{E}$$

式中，媒质磁导率

$$\mu=\mu_{\mathrm{r}}\mu_0=(1+\chi_{\mathrm{m}})\mu_0$$

媒质相对磁导率 $\mu_{\mathrm{r}}=1+\chi_{\mathrm{m}}$。媒质的电容率或称介电常数

$$\varepsilon=\varepsilon_{\mathrm{r}}\varepsilon_0=(1+\chi_{\mathrm{e}})\varepsilon_0$$

媒质的相对电容率 $\varepsilon_{\mathrm{r}}=1+\chi_{\mathrm{e}}$。

对于各向异性媒质，极化率与磁化率（相应的磁导率）一般是 1 个三维二阶张量，有 9 个分量

$$\chi_{\mathrm{e}}=\begin{bmatrix}\chi_{xx} & \chi_{xy} & \chi_{xz}\\ \chi_{yx} & \chi_{yy} & \chi_{yz}\\ \chi_{zx} & \chi_{zy} & \chi_{zz}\end{bmatrix}\qquad \mu_{\mathrm{m}}=\begin{bmatrix}\mu_{xx} & \mu_{xy} & \mu_{xz}\\ \mu_{yx} & \mu_{yy} & \mu_{yz}\\ \mu_{zx} & \mu_{zy} & \mu_{zz}\end{bmatrix}$$

在工程应用上，如有取向导磁材料或定向磁化材料，通常仅取主对角线 3 个量进行计算。

于是有

$$\nabla\bullet(\varepsilon_0\boldsymbol{E})=\rho+\rho_{\mathrm{b}}$$

即

$$\nabla\bullet(\varepsilon_0\boldsymbol{E}+\boldsymbol{P})=\rho$$

$$\nabla\bullet\boldsymbol{D}=\rho$$

描述媒质中的麦克斯韦方程微分形式为

$$\nabla\times\boldsymbol{H}=\boldsymbol{J}+\frac{\partial\boldsymbol{D}}{\partial t}\tag{2-5}$$

$$\nabla\times\boldsymbol{E}=-\frac{\partial\boldsymbol{B}}{\partial t}\tag{2-6}$$

$$\nabla\bullet\boldsymbol{D}=\rho\tag{2-7}$$

$$\nabla\bullet\boldsymbol{B}=0\tag{2-8}$$

宏观的媒质性能关系有

$$\left.\begin{aligned}\boldsymbol{B}&=\mu\boldsymbol{H}\\\boldsymbol{D}&=\varepsilon\boldsymbol{E}\\\boldsymbol{J}&=\sigma\boldsymbol{E}\end{aligned}\right\}\tag{2-9}$$

式中，μ、ε、σ 分别是媒质的磁导率、电容率和电导率。以上用微分形式写出的麦克斯韦方程，适用于任何连续媒质内，对于任意不连续分布媒质中的场，则需要用积分形式的麦克斯韦方程。应用高斯定理和斯托克斯定理，不难将微分形式变换为积分形式的麦克斯韦方程

$$\oint_l \boldsymbol{H}\bullet \mathrm{d}\boldsymbol{l}=\int_s\left(\boldsymbol{J}+\frac{\partial \boldsymbol{D}}{\partial t}\right)\bullet \mathrm{d}\boldsymbol{s}\tag{2-10}$$

$$\oint_l \boldsymbol{E}\bullet \mathrm{d}\boldsymbol{l}=-\frac{\partial}{\partial t}\int_s \boldsymbol{B}\bullet \mathrm{d}\boldsymbol{s}\tag{2-11}$$

$$\oint_s \boldsymbol{D}\bullet \mathrm{d}\boldsymbol{s}=\int_v \rho \mathrm{d}v\tag{2-12}$$

$$\oint_s \boldsymbol{B}\bullet \mathrm{d}\boldsymbol{s}=0\tag{2-13}$$

以微分形式表示的麦克斯韦方程是通过电磁场中场量的旋度和散度表达的，它是以矢量场理论分析为基础，因此，数学上它必须服从一定的规律或定理，以保证场解的确定性。考察麦克斯韦四个方程：描述磁场的两个，描述电场的两个，每种场都必须由旋度与散度同时定义，即

$$\begin{cases}\nabla\times\boldsymbol{H}=\boldsymbol{J}+\dfrac{\partial \boldsymbol{D}}{\partial t}\\\nabla\bullet\boldsymbol{B}=0\end{cases}\qquad\begin{cases}\nabla\times\boldsymbol{E}=-\dfrac{\partial \boldsymbol{B}}{\partial t}\\\nabla\bullet\boldsymbol{D}=\rho\end{cases}$$

场的散度和旋度有定值（包括零值），不仅是确定场的充分条件，而且还是必要条件。这正是遵循了矢量场论中的一条重要定理，即赫姆霍兹定理（Helmholtz Theorem）。

3. 矢量场

用于各种不同形式相互作用的场的理论，其区别在于，定义场所必需的参量数目和场的对称特征不同。是什么场呢？一般而言，场是由一种空间每点存在自由度的物理量所描述。所以场是由每个坐标点上适合于描述物理内容的量的及时状态所确定。而描述该物理量及时状态的工具就是数学物理方程，求解“场”问题就是，求解描述物理状态的量满足一定条件下在空间的分布函数。例如：有热源周围空间的温度分布即温度场，流体在管道内或空间内的流动速度分布即速度场；载电荷体周围空间（电容器极板间）的电场强度分布即电场；载电流线圈周围空间产生的磁感应强度分布即磁场；导电

体在有电场作用下的电流密度分布即电流场；机械构件在受力情况下内部的应力分布即应力场等。描述场的物理量，如温度为标量，速度、电场强度、磁感应强度、电流密度和应力均为矢量。

场的形式可能由各种各样的条件所限制，场是按照定义场所必需的参量数目及在各种坐标变换下场量的“变换特征”分类的，“标量场”是由空间每点上一个时间相关的量所描述；“三维矢量场”是由三个这样的量描述。一般地说，“n阶张量场”要求规定 d^n 个分量，这里 d 是定义场的空间维数，标量场是0阶张量场，而矢量场为1阶张量场。

赫姆霍兹定理是数学上描述矢量场重要特性的定理。该定理说：假如在空间所有点上，矢量场的环量密度（旋度）和源密度（散度）是坐标的给定函数，以及假如源的总量或源密度在无限远处为零，则整个矢量场（三维）唯一确定。

数学上的描述，设矢量场 $\boldsymbol{F}(x,y,z)=\boldsymbol{F}(r)$ 在有限体积 V' 内给定其散度和旋度，即

$$\nabla\cdot\boldsymbol{F}=b(r')\text{ 和 }\nabla\times\boldsymbol{F}=\boldsymbol{c}(r') \tag{2-14}$$

则有

$$\boldsymbol{F}(r)=-\nabla\varphi+\nabla\times\boldsymbol{A} \tag{2-15}$$

式中

$$\varphi(r)=\frac{1}{4\pi}\int_{V'}\frac{b(r')}{R}\mathrm{d}v' \tag{2-16}$$

$$\boldsymbol{A}(r)=\frac{1}{4\pi}\int_{V'}\frac{\boldsymbol{c}(r')}{R}\mathrm{d}v' \tag{2-17}$$

式中，R 为源点 O' 到场点P的距离，即 $R=|\boldsymbol{r}-\boldsymbol{r}'|$，$\boldsymbol{r}'$ 为源点的矢径坐标，$\boldsymbol{r}$ 为场点的矢径坐标，如图2－1所示。

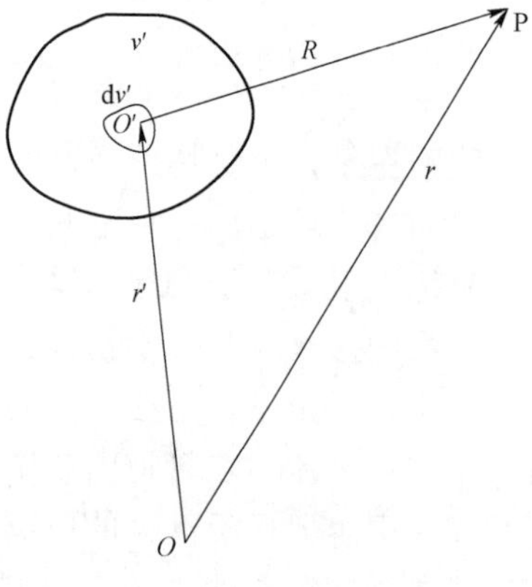

图2－1 计算场矢量坐标示意图

或者反过来说，若

$$\boldsymbol{F}(r)=-\nabla\varphi+\nabla\times\boldsymbol{A}$$

且

$$\varphi(r)=\frac{1}{4\pi}\int_{V'}\frac{b(r')}{R}\mathrm{d}v'$$

$$\boldsymbol{A}(r)=\frac{1}{4\pi}\int_{V'}\frac{\boldsymbol{c}(r')}{R}\mathrm{d}v'$$

则矢量 $\boldsymbol{F}$ 满足

$$\nabla\cdot\boldsymbol{F}=b(r')\text{ 和 }\nabla\times\boldsymbol{F}=\boldsymbol{c}(r')$$

证明如下：

对式（2−15）取散度，根据矢量分析，任意矢量的旋度的散度恒等于 0，即有

$$\begin{aligned}\nabla\cdot\boldsymbol{F}&=-\nabla\cdot\nabla\varphi+\nabla\cdot\nabla\times\boldsymbol{A}=-\nabla^2\varphi\\&=-\frac{1}{4\pi}\nabla^2\int_{V'}\frac{b(r')}{R}\mathrm{d}v'\\&=-\frac{1}{4\pi}\int_{V'}b(r')\nabla^2\left(\frac{1}{R}\right)\mathrm{d}v'\end{aligned}$$

式中，当 $R\neq0$ 时，$\nabla^2\left(\frac{1}{R}\right)=0$；当 $R=0$ 时，出现奇点，处理奇点的最好方法是采用 δ 函数，即

$$\int\delta(R)\mathrm{d}v'=\begin{cases}0, & R\neq0\\1, & R=0\end{cases}$$

可以证明，$\nabla^2\left(\frac{1}{R}\right)=-4\pi\delta(R)$

$$\begin{aligned}\int_{V'}\nabla^2\left(\frac{1}{R}\right)\mathrm{d}v'&=\int_{V'}\nabla\cdot\nabla\left(\frac{1}{R}\right)\mathrm{d}v'=\int_{s'}\nabla\left(\frac{1}{R}\right)\cdot\mathrm{d}\boldsymbol{s}'\\&=-\int_{s'}\frac{\boldsymbol{R}\cdot\mathrm{d}\boldsymbol{s}'}{R^3}=-\int_{s'}\frac{\mathrm{d}s'}{R^2}=-\int_{s'}\mathrm{d}\Omega=-4\pi\end{aligned}$$

所以有

$$\begin{aligned}\nabla\cdot F&=-\frac{1}{4\pi}\int b(r')\nabla^2\left(\frac{1}{R}\right)\mathrm{d}v'\\&=\int b(r')\delta(R)\mathrm{d}v'=b(r')\end{aligned}$$

同理，对式（2−15）取旋度，即

$$\begin{aligned}\nabla\times\boldsymbol{F}&=-\nabla\times\nabla\varphi+\nabla\times\nabla\boldsymbol{A}\\&=\nabla(\nabla\cdot\boldsymbol{A})-\nabla^2\boldsymbol{A}\\&=\nabla\left\{\nabla\cdot\left[\frac{1}{4\pi}\int_{V'}\frac{\boldsymbol{c}(r')}{R}\mathrm{d}v'\right]\right\}-\nabla^2\left\{\frac{1}{4\pi}\int_{V'}\frac{\boldsymbol{c}(r')}{R}\mathrm{d}v'\right\}\qquad(2-18)\\&=\frac{1}{4\pi}\int_{V'}\nabla\left[\nabla\cdot\left(\frac{\boldsymbol{c}(r')}{R}\right)\right]\mathrm{d}v'-\frac{1}{4\pi}\int_{V'}\boldsymbol{c}(r')\nabla^2\left(\frac{1}{R}\right)\mathrm{d}v'\end{aligned}$$

假如 $\boldsymbol{c}$ 在空间是有界的，可以证明，上式右端第一项为 0**，第二项即为 $\boldsymbol{c}$，所以 $\nabla\times\boldsymbol{F}=\boldsymbol{c}(r')$，于是定理得证。

**证明如下：利用矢量运算公式，对式（2−18）给予证明。上式右端第一项写为

$$\begin{aligned}\frac{1}{4\pi}\int_{V'}\nabla\left[\nabla\cdot\left(\frac{\boldsymbol{c}(r')}{R}\right)\right]\mathrm{d}v'&=\frac{1}{4\pi}\int_{V'}\nabla\left[\nabla\left(\frac{1}{R}\right)\cdot\boldsymbol{c}(r')+\frac{1}{R}(\nabla\cdot\boldsymbol{c}(r'))\right]\mathrm{d}v'\\&=\frac{1}{4\pi}\int_{V'}\nabla\left[\nabla\left(\frac{1}{R}\right)\cdot\boldsymbol{c}(r')\right]\mathrm{d}v'\end{aligned}$$

上式右端第二项为 0，因为 $\boldsymbol{c}$ 为矢量的旋度，则矢量的旋度的散度为 0。利用两矢量点积的梯度公式

$$\nabla(\boldsymbol{a}\cdot\boldsymbol{b})=(\boldsymbol{a}\cdot\nabla)\boldsymbol{b}+(\boldsymbol{b}\cdot\nabla)\boldsymbol{a}+\boldsymbol{a}\times(\nabla\times\boldsymbol{b})+\boldsymbol{b}\times(\nabla\times\boldsymbol{a})$$

展开上式积分号下的项

$$\nabla\left[\nabla\left(\frac{1}{R}\right)\cdot\boldsymbol{c}\right]=\left[\nabla\left(\frac{1}{R}\right)\cdot\nabla\right]\boldsymbol{c}+(\boldsymbol{c}\cdot\nabla)\nabla\left(\frac{1}{R}\right)+\nabla\left(\frac{1}{R}\right)\times(\nabla\times\boldsymbol{c})+\boldsymbol{c}\times\left[\nabla\times\nabla\left(\frac{1}{R}\right)\right]$$

由于 $\boldsymbol{c}$ 为给定，同时，梯度的旋度等于 0，上式第一、三和四项为 0，所以有

$$\frac{1}{4\pi}\int_{V'}\nabla\left[\nabla\left(\frac{1}{R}\right)\cdot\boldsymbol{c}(\boldsymbol{r}')\right]\mathrm{d}v'=\frac{1}{4\pi}\int_{V'}(\boldsymbol{c}\cdot\nabla)\nabla\left(\frac{1}{R}\right)\mathrm{d}v'$$

考察被积函数中的坐标变量，对于任意函数，在源坐标与场坐标之间，存在 $\nabla g=-\nabla' g$ 关系。同时利用并矢散度的展开公式 $\nabla\cdot(\boldsymbol{ab})=(\nabla\cdot\boldsymbol{a})\boldsymbol{b}+(\boldsymbol{a}\cdot\nabla)\boldsymbol{b}$，上式可以写为

$$\begin{aligned}\frac{1}{4\pi}\int_{V'}\nabla\left[\nabla\left(\frac{1}{R}\right)\cdot\boldsymbol{c}(\boldsymbol{r}')\right]\mathrm{d}v'&=\frac{1}{4\pi}\int_{V'}(\boldsymbol{c}\cdot\nabla)\nabla\left(\frac{1}{R}\right)\mathrm{d}v'\\&=\frac{1}{4\pi}\int_{V'}(\boldsymbol{c}\cdot\nabla')\nabla'\left(\frac{1}{R}\right)\mathrm{d}v'\\&=\frac{1}{4\pi}\int_{V'}\nabla'\cdot\left[\boldsymbol{c}\nabla'\left(\frac{1}{R}\right)\right]\mathrm{d}v'-\frac{1}{4\pi}\int_{V'}(\nabla'\cdot\boldsymbol{c})\nabla'\left(\frac{1}{R}\right)\mathrm{d}v'\end{aligned}$$

上式因为 $\boldsymbol{c}$ 的散度为 0，所以第二项为 0；第一项借助高斯定理可化为面积分，于是有

$$\frac{1}{4\pi}\int_{V'}\nabla\left[\nabla\left(\frac{1}{R}\right)\cdot\boldsymbol{c}(\boldsymbol{r}')\right]\mathrm{d}v'=\frac{1}{4\pi}\int_{S'}\boldsymbol{c}\nabla'\left(\frac{1}{R}\right)\mathrm{d}s'$$

假如 $\boldsymbol{c}$ 是空间有界的，表面积可以取得足够大，以至于使整个积分的 $\boldsymbol{c}$ 为 0，这样，式(2-18)的第一项为 0。

2.2 不同媒质交界面的边界条件

微分形式麦克斯韦方程组可应用于任何连续媒质内部，当场域内有两种或多种媒质时，在两种媒质的分界面上，一般会出现面电荷或面电流分布，使场的物理量发生突变，微分形式麦克斯韦方程组已不再适用，而积分形式麦克斯韦方程可应用于任意不连续分布的电荷、电流所激发的场，因此，研究不同媒质分界面条件的依据是积分形式麦克斯韦方程。

由于求解电磁场问题时有用场矢量求解和用位函数求解两种方法，因此存在两种场物理量的连续性问题。

2.2.1 场矢量的连续性

1. 法向分量的突变

设在媒质 1 与 2 之间有一个过渡层，过渡层非常薄，即厚度 h 很小，如

图 2－2 所示。在此过渡层内，电磁参数 $\varepsilon_1, \mu_1, \sigma_1$ 连续变化到 $\varepsilon_2, \mu_2, \sigma_2$，当 $h \to 0$ 时，过渡层压缩成一个面，通过此面的电磁参数 ε，μ，σ发生突变，即不连续，此时场矢量也要发生突变。

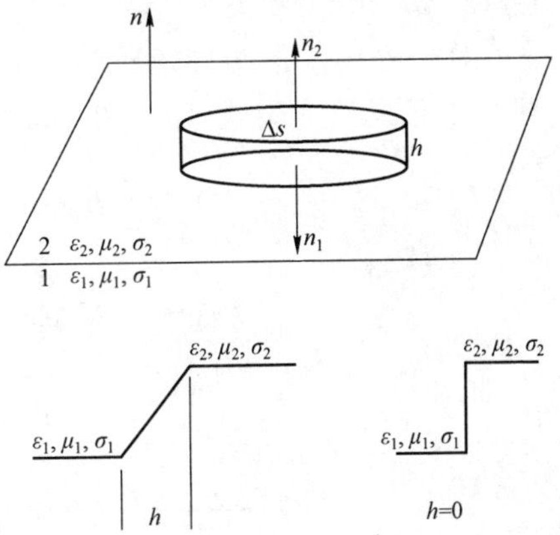

图 2－2　媒质交界面电磁参数突变

对于磁场：取一个圆柱体小盒，该小体积的界面为两个 Δs 圆柱面和圆柱侧壁面，取 $\boldsymbol{B}$ 的面积分

$$\oint_s \boldsymbol{B} \cdot \boldsymbol{n} \mathrm{d}s = 0$$

$$\boldsymbol{B}_1 \cdot \boldsymbol{n}_1 \Delta s + \boldsymbol{B}_2 \cdot \boldsymbol{n}_2 \Delta s + \boldsymbol{B}_t \cdot \boldsymbol{t} \Delta a = 0$$

Δa 为圆柱体侧面积，当 $h \to 0$ 时，Δa=0。另外，上下小圆柱面的外法向矢量，分别为 $\boldsymbol{n}_2$，$\boldsymbol{n}_1$，且有

$$\boldsymbol{n}_2 = -\boldsymbol{n}_1 = \boldsymbol{n}$$

所以有

$$(\boldsymbol{B}_2 - \boldsymbol{B}_1) \cdot \boldsymbol{n} = 0$$

即

$$B_{2n} = B_{1n} \tag{2-19}$$

也就是说，穿过媒质不连续的任何表面，磁感应强度矢量法向分量的变化是连续的，无突变。

对于电场：应用式（2－12）有

$$\oint_s \boldsymbol{D} \cdot \mathrm{d}\boldsymbol{s} = \int_v \nabla \cdot \boldsymbol{D} \mathrm{d}v = \int_v \rho \mathrm{d}v = \rho h \Delta \mathrm{s} = q$$

式中，ρ 为体电荷密度，如果 ρ 为有限值，则当 $h \to 0$ 时，$\rho h \Delta s \to 0$，所以有

$$(\boldsymbol{D}_2 - \boldsymbol{D}_1) \cdot \boldsymbol{n} = 0$$

$$D_{2n} = D_{1n}$$

但是，当 $h \to 0$ 时，总电荷量保持不变，此时

$$(\boldsymbol{D}_2 - \boldsymbol{D}_1) \cdot \boldsymbol{n} \Delta \boldsymbol{s} = \rho \Delta s h$$

$$(\boldsymbol{D}_2 - \boldsymbol{D}_1) \cdot \boldsymbol{n} = \rho h$$

因为，$\lim\limits_{h \to 0}(\rho h) = \lim\limits_{h \to 0}(h \nabla \cdot \boldsymbol{D}) = \rho_s$，定义 $\rho_s - \rho h$ 为面电荷密度。则有

$$D_{2n} - D_{1n} = \rho_s$$

即当媒质交界面上存在电荷时，电位移矢量的法向分量不连续，会发生突变。

2. 切向分量的突变

对于磁场：在两种媒质的交界处取一小回线，Δl 在分界面的两侧，如图 2－3 所示，应用式（2－10）有

$$\oint_l \boldsymbol{H}\bullet \mathrm{d}\boldsymbol{l}=\int_s\left(\boldsymbol{J}+\frac{\partial \boldsymbol{D}}{\partial t}\right)\bullet \mathrm{d}\boldsymbol{s}$$

$$\boldsymbol{t}\bullet(\boldsymbol{H}_2-\boldsymbol{H}_1)\Delta l=\boldsymbol{J}\bullet\boldsymbol{n}'h\Delta l+\frac{\partial \boldsymbol{D}}{\partial t}\bullet\boldsymbol{n}'h\Delta l$$

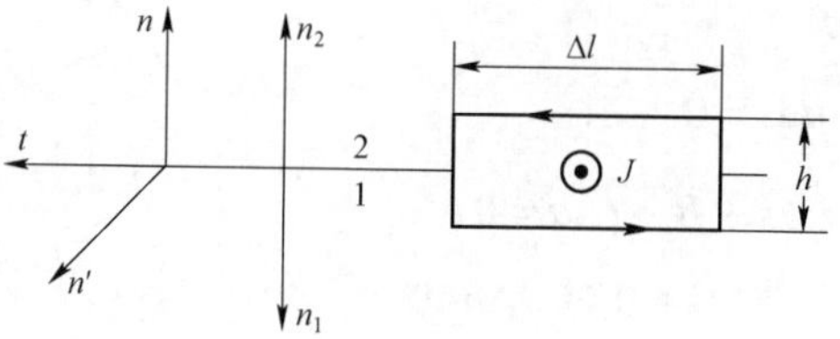

图 2－3　媒质交界面电流层两侧的 H_{t}

由于 $\boldsymbol{t}=\boldsymbol{n}'\times\boldsymbol{n}$ 和利用矢量运算公式 $(b\times c)\bullet a=b\bullet(c\times a)$，于是有

$$\boldsymbol{n}'\bullet[\boldsymbol{n}\times(\boldsymbol{H}_2-\boldsymbol{H}_1)]\Delta l=\left(\boldsymbol{J}+\frac{\partial \boldsymbol{D}}{\partial t}\right)\bullet\boldsymbol{n}'\Delta lh$$

$$\boldsymbol{n}\times(\boldsymbol{H}_2-\boldsymbol{H}_1)=\boldsymbol{J}h+\frac{\partial \boldsymbol{D}}{\partial t}h$$

当 $h\to 0$，$\dfrac{\partial \boldsymbol{D}}{\partial t}$ 为有限值，则上式右端第二项为 0。如果 J 为有限值，上式右端第一项为 0，则有 $\boldsymbol{n}\times(\boldsymbol{H}_2-\boldsymbol{H}_1)=0$，即

$$H_{2t}=H_{1t}$$

当 $h\to 0$，电流片的总电流不变时，则 $h\to 0$，$\lim\limits_{h\to 0}(Jh)=J_s$，$J_s$ 称为面电流密度，其因次为 A/m 。于是有

$$\boldsymbol{n}\times(\boldsymbol{H}_2-\boldsymbol{H}_1)=\boldsymbol{J}_s$$

或

$$H_{2t}-H_{1\mathrm{t}}=J_s \qquad (2-20)$$

也就是说，当分界面上有自由电流密度存在时，会引起磁场强度 $\boldsymbol{H}$ 的切向分量突变，即磁场强度 $\boldsymbol{H}$ 的切向分量变化不连续。

对于电场：如图（2－3）所示，对于边界面上的小回线，应用式（2－11）有

$$\oint_l \boldsymbol{E}\bullet \mathrm{d}\boldsymbol{l}=-\frac{\partial}{\partial t}\int_S \boldsymbol{B}\bullet \mathrm{d}\boldsymbol{s}$$

$$\boldsymbol{t}\bullet(\boldsymbol{E}_2-\boldsymbol{E}_1)\Delta l=-\frac{\partial \boldsymbol{B}}{\partial t}\bullet\boldsymbol{n}'\Delta lh$$

同样利用矢量运算公式，可得

$$\boldsymbol{n}' \cdot [\boldsymbol{n} \times (\boldsymbol{E}_2 - \boldsymbol{E}_1)] = -\boldsymbol{n}' \cdot \frac{\partial \boldsymbol{B}}{\partial t} h$$

即有

$$\boldsymbol{n} \times (\boldsymbol{E}_2 - \boldsymbol{E}_1) = -\frac{\partial \boldsymbol{B}}{\partial t} h$$

因为 $\frac{\partial B}{\partial t}$ 为有限值，当 $h \to 0$ 时，上式右端为 0，所以有

$$\boldsymbol{n} \times (\boldsymbol{E}_2 - \boldsymbol{E}_1) = 0$$

即

$$E_{2t} = E_{1t}$$

也就是说，无论对于时变场与静态场，矢量 $\boldsymbol{E}$ 穿过不连续媒质表面时，其切向分量的变化是连续的。

总结上述场矢量的连续性分析，可以得出如下结论：在不同媒质面上存在自由电荷分布（电场源）时，电场矢量的法向分量不连续，切向分量连续；在不同媒质面上存在自由电流分布（磁场源）时，磁场矢量的法向分量连续，切向分量不连续。

2.2.2　位函数的连续性

在求解电磁场问题时，采用位函数可使方程求解简化，因此，必须找到在不连续的媒质特性边界面上，适合于用位函数求解的边界条件。

对于电场：当分界面上有单层电荷时，由前述分析可知，电位移矢量 $\boldsymbol{D}$ 的法向分量不连续，即

$$D_{2n} - D_{1n} = \rho_s$$

因为 $\boldsymbol{E} = -\nabla \varphi$，或有

$$\varepsilon_2 \left(\frac{\partial \varphi}{\partial n} \right)_2 - \varepsilon_1 \left(\frac{\partial \varphi}{\partial n} \right)_1 = -\rho_s$$

由电场强度的切向分量连续条件可得

$$\left(\frac{\partial \varphi}{\partial t} \right)_2 = \left(\frac{\partial \varphi}{\partial t} \right)_1$$

即

$$\varphi_2 = \varphi_1$$

即当分界面上有单层电荷存在时，即有单层源时，通过分界面时的位函数必

须连续。

当分界面上有双层面电荷偶极子分布时，位函数要发生突变。图 2-4 表示在分界面两侧有正、负电荷层分布的情况，每一对正负电荷相隔很小的距离 d，形成一个偶极子。设在 s 面上有正电荷面密度 $+\rho_s$，在 s' 面上有 $-\rho_s$。由单层源微元面积 ds 面上的电荷在 P 点产生的电位为

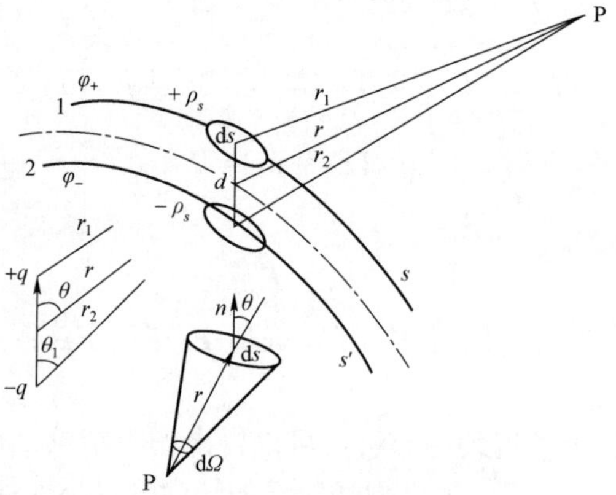

图 2-4　电偶极层边界位函数变化

$$\mathrm{d}\varphi=\frac{1}{4\pi\varepsilon_0}\frac{\rho_s\mathrm{d}s}{r} \tag{2-21}$$

双层偶极子源产生的电位为

$$\mathrm{d}\varphi=\frac{\rho_s}{4\pi\varepsilon_0}\left(\frac{1}{r_1}-\frac{1}{r_2}\right)\mathrm{d}s$$

当正、负电荷之间的距离 d 很小，即 $d\ll r$ 时，$\theta\approx\theta_1$，则有

$$r_1=r-\frac{d}{2}\cos\theta$$

$$r_2=r+\frac{d}{2}\cos\theta$$

因此有

$$\frac{1}{r_1}-\frac{1}{r_2}=\frac{1}{r-\frac{d}{2}\cos\theta}-\frac{1}{r+\frac{d}{2}\cos\theta}\approx\frac{1}{r^2}d\cos\theta$$

所以有

$$\mathrm{d}\varphi=\frac{1}{4\pi\varepsilon_0}\frac{\rho_s d\cos\theta}{r^2}\mathrm{d}s$$

定义偶极矩面密度矢量 $\boldsymbol{\tau}=\rho_s \boldsymbol{d}$，因为 $\frac{\cos\theta}{r^2}\mathrm{d}s=\mathrm{d}\Omega$ 为微元面积 ds 对 P 点所张的立体角，当 P 点到 ds 的矢径 $\boldsymbol{r}$ 与 ds 的正法线 $\boldsymbol{n}$ 之间的夹角 $\theta<90^\circ$ 时，$\mathrm{d}\Omega>0$；当 $\theta>90^\circ$ 时，$\mathrm{d}\Omega<0$，也就是 P 点在 s 内，$\Omega>0$，P 点在 s 外时，$\Omega<0$。对于任意封闭面 s，当 P 点在 s 内时，则由整个 s 面对 P 点所张的立体角为 4π；当 P 点在 s 外时，则由整个 s 面对 P 点所张的立体角为 0。因此，在 s 面内的任何点由双层偶极子面电荷产生的电位为（设负电荷在内测，正电荷在外侧）

$$\varphi_- = -\frac{1}{4\pi\varepsilon_0}\int_s \frac{\rho_s d\cos\theta}{r^2}\mathrm{d}s = -\int_s \frac{\tau}{4\pi\varepsilon_0}\mathrm{d}\Omega$$

当 $\rho_s=\text{const}$ 时，有

$$\varphi_- = -\frac{\tau}{4\pi\varepsilon_0}\int_s \mathrm{d}\Omega = -\frac{\tau}{\varepsilon_0}$$

由于在 s 外的任何点，$\varphi_+=0$，所以两层之间的电位差（由内向外）为

$$\varphi_+ - \varphi_- = \frac{\tau}{\varepsilon_0}$$

即双层源引起了位的不连续即位的突变。

当电偶极矩层的分布不均匀时，将会引起电场强度 $\boldsymbol{E}$ 的切向分量不连续。这不难理解，如图 2－5 所示，例如相邻相隔很小距离 Δl 的两点 1，2 与 3，4，其偶极矩不等，则相邻两点的层间电位差是不同的，即 $\varphi_1-\varphi_2\neq\varphi_4-\varphi_3$，或 $\varphi_1-\varphi_4\neq\varphi_2-\varphi_3$，等式两边除以 Δl，即得 $E_{t14}\neq E_{t23}$。

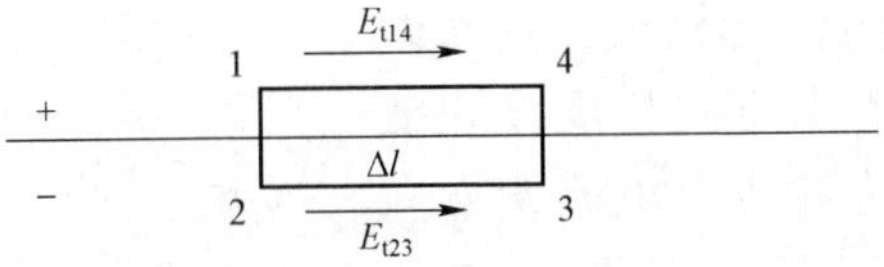

图 2－5　电偶极层两侧的 E_t

对于磁场：磁场是有旋场，只有在无电流区域内才是无旋的，因而可以用标量位。

标量磁位：当磁场是无旋时，即

$$\nabla\times\boldsymbol{H}=0$$

则有

$$\boldsymbol{H}=-\nabla\varphi_{\mathrm{m}}$$

式中，φ_{m} 为标量磁位。当两种交界面上存在电流时，有两种分析方法，一种

叫“壁垒”法，另一种叫磁壳法。由于

$$\oint \boldsymbol{H} \cdot \mathrm{d}\boldsymbol{l} = -\int_l \nabla \varphi_{\mathrm{m}} \cdot \mathrm{d}\boldsymbol{l} = kI$$

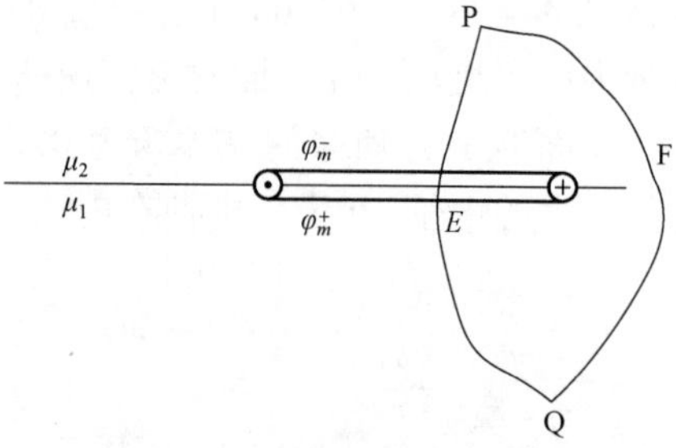

图 2-6　电流回路的壁垒设置

可知，场中两点之间的磁位差与积分路径有关，它是一多值函数。为了使之成为单值的，可以设置一个“壁垒”以阻止与电流构成交链的闭合回路。最简单的壁垒是以电流回路所限定的曲面，如图 2-6 所示，在“壁垒”两侧上无限靠近的点上磁位 φ_{m} 差等于

$$\varphi_{\mathrm{m}}^{+} - \varphi_{\mathrm{m}}^{-} = I$$

即穿过壁垒时 φ_{m} 发生突变，其值为磁偶极子的磁矩面密度或单位面积上的磁偶矩为

$$\boldsymbol{\tau}_{\mathrm{m}} = \frac{\mathrm{d}\boldsymbol{m}}{\mathrm{d}s} = I\boldsymbol{n}$$

式中，$\boldsymbol{n}$ 为无限小平面 $\mathrm{d}s$ 的正法线。

采用磁壳法分析时是基于圆形电流磁矩的概念，无限小圆形电流元的磁矩为

$$\mathrm{d}\boldsymbol{m} = I\boldsymbol{n}\mathrm{d}s$$

该基本磁矩决定于电流和回路所包围的面积，而与回路的形状无关。任何恒定的电流都可用磁壳等效，设想电流回路限定面的内部可视为由许多小的电流为 I、方向相同的圆形电流元构成，其邻近的电流元的公共边界上方向相反彼此抵消，在回路构成的边界线上电流元方向一致，即等效磁壳的边线，如图 2-7 所示。整个回路的磁矩值即为电流回路所包围的面积与电流的乘积，即

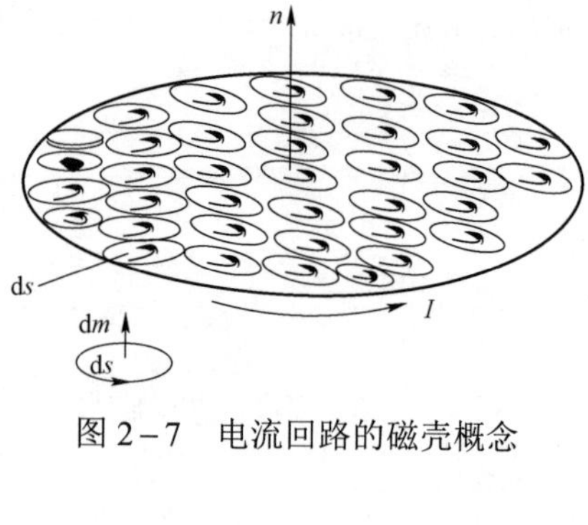

图 2-7　电流回路的磁壳概念

$$m = Is$$

仿照电偶极矩分析，磁位为

$$\varphi_{\mathrm{m}} = -\frac{1}{4\pi}\int \tau_{\mathrm{m}} \mathrm{d}\Omega = I$$

$$\varphi_{\mathrm{m}}^{+} - \varphi_{\mathrm{m}}^{-} = I$$

用壁垒法与磁壳法分析可得到相同的结果。

矢量磁位：下面讨论磁化媒质分界面上矢量磁位 $\boldsymbol{A}$ 的连续性问题。对于

媒质分界面上如果没有磁偶极子存在，则根据矢量磁位的定义和必须满足的库仑规范，即由

$$\nabla\times\boldsymbol{A}=\boldsymbol{B}\qquad\nabla\bullet\boldsymbol{A}=0$$

利用图 2－2，可得

$$\boldsymbol{n}\bullet(\boldsymbol{A}_2-\boldsymbol{A}_1)=\lim_{h\to 0}(h\nabla\bullet\boldsymbol{A})=0$$

$$A_{2n}=A_{1n}$$

即 $\boldsymbol{A}$ 的法向分量连续。再由 $\nabla\times\boldsymbol{A}=\boldsymbol{B}$，因为 $\boldsymbol{B}$ 总是有限的，则有

$$\boldsymbol{n}\times(\boldsymbol{A}_2-\boldsymbol{A}_1)=\lim_{h\to 0}(h\boldsymbol{B})=0$$

$$A_{2t}=A_{1t}$$

即 $\boldsymbol{A}$ 的切向分量连续。所以在分界面上无磁偶极矩时，矢量磁位 $\boldsymbol{A}$ 是连续的，即

$$\boldsymbol{A}_2=\boldsymbol{A}_1$$

如果在媒质分界面上有磁偶极子存在，则会引起磁感应强度 $\boldsymbol{B}$ 和相应的矢量磁位 $\boldsymbol{A}$ 的变化。利用图 2－3，定义面积 s 上的单位面积磁矩为面磁化强度矢量 $\boldsymbol{M}_s$，其方向与面积的正法线方向可以是任意的，则磁偶极子在 s 以外任意点产生的矢量位为

$$\boldsymbol{A}(r)=\frac{\mu_0}{4\pi}\int_s\boldsymbol{M}_s(r')\times\nabla\left(\frac{1}{r'}\right)\mathrm{d}s$$

仿照电场的分析可知，在通过带有磁偶极矩分布的表面时，矢量磁位 $\boldsymbol{A}$ 将发生突变，其值为（参见 Stratton《电磁理论》中文版 p268）

$$\boldsymbol{A}_+-\boldsymbol{A}_-=\mu_0\boldsymbol{M}_s\times\boldsymbol{n}$$

矢量磁位的法向分量连续，即

$$\boldsymbol{n}\bullet(\boldsymbol{A}_+-\boldsymbol{A}_-)=0$$

一般情况下 $\boldsymbol{A}$ 的切向分量不连续，即有

$$\boldsymbol{n}\times(\boldsymbol{A}_+-\boldsymbol{A}_-)=\mu_0\boldsymbol{M}_s-\mu_0(\boldsymbol{n}\bullet\boldsymbol{M}_s)\boldsymbol{n}\text{。}$$

结论是，当媒质分界面上没有磁偶极子存在时，矢量磁位连续，媒质分界面上有磁偶极子存在时矢量磁位的法线分量连续，而切线分量不连续。

2.3　多极子场——无界场的计算（场的级数解法）

在工程电磁场问题的计算中，有些问题可以利用已有的解析解，或是已有解析解的表达式与数值计算结合起来，其中无界场的多极子展开是一种较

为重要的概念及分析方法。

多极子展开分为标量位多极子展开和矢量位多极子展开两种。

2.3.1 标量电位的多极子展开

设电荷体分布区和场的计算域为真空，若电荷在定义域V'内连续分布，其体密度为$\rho(r')$，则 P 点的电位为

$$\varphi(r)=\frac{1}{4\pi\varepsilon_0}\int_{V'}\frac{\rho(r')}{R}\mathrm{d}v'$$

式中：$\boldsymbol{r}'(x',y',z')$为电荷源对原点的矢径坐标；$\boldsymbol{r}(x,y,z)$为场点对原点的矢径坐标；$R$为源点到场点的距离，如图 2－8 所示，即

$$R=|\boldsymbol{r}-\boldsymbol{r}'|=\sqrt{(x-x')^2+(y-y')^2+(z-z')^2}$$

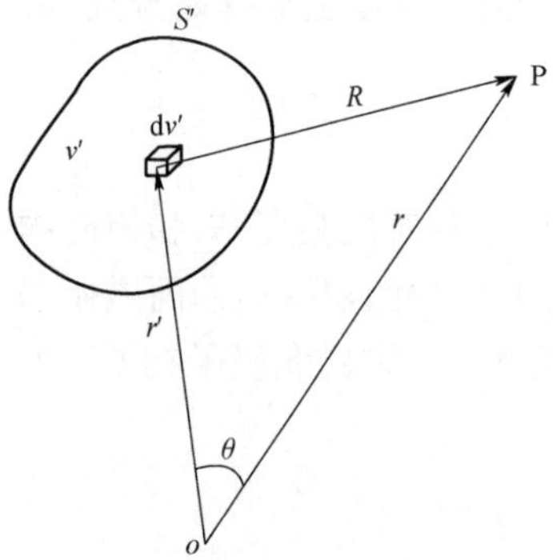

图 2－8　电荷体的电位

若电荷在定义域V'内离散分布，共有$q_1,q_2,\cdots,q_N$等N个点电荷，其中可正可负，则它们在 P 点产生的电位为

$$\varphi(r)=\sum_{i=1}^{N}\frac{q_i}{4\pi\varepsilon_0 R_i}$$

若所求问题的源体积很小，而所需求的场点离源点又较远，即R远大于域V'的线度，则可将$\frac{1}{R}=\frac{1}{|\boldsymbol{r}-\boldsymbol{r}'|}$在$r'=0$处展开为级数。用泰勒级数展开，令

$$f(r')=\frac{1}{R}=(r^2+r'^2-2rr'\cos\theta)^{-\frac{1}{2}}$$

式中，θ为矢径$\boldsymbol{r}$与$\boldsymbol{r}'$之间的空间夹角，则有

$$f(r')=f(0)+r'\frac{\partial f(r')}{\partial r'}\bigg|_{r'=0}+\frac{r'^2}{2!}\frac{\partial^2 f(r')}{\partial r'^2}\bigg|_{r'=0}+\cdots$$

或用二项式定理展开，令

$$\frac{1}{R}=\frac{1}{r}\left[1+\left(\frac{r'}{r}\right)^2-2\frac{r'}{r}\cos\theta\right]^{-\frac{1}{2}}$$

再令

$$x=\cos\theta \qquad y=\frac{r'}{r}$$

则有

$$\frac{1}{(1-2xy+y^2)}=\sum_{l=0}^{\infty}P_l(x)y^l \qquad |x|\leqslant 1,\ \ y<1$$

式中，$P_l(x)$ 为勒让德多项式（第一类 Legendre Polynomials），其特性有

$$P_0(x)=1\text{，}\ \ P_1(x)=x$$

$$P_2(x)=\frac{1}{2}(3x^2-1)\text{，}\ \ P_3(x)=\frac{1}{2}(5x^3-3x),\cdots$$

所以有

$$\frac{1}{R}=\frac{1}{r}\sum_{n=0}^{\infty}P_n(\cos\theta)\left(\frac{r'}{r}\right)^n \qquad r>r'$$

这样，对于离散分布电荷的电位可写为

$$\varphi(r)=\frac{1}{4\pi\varepsilon_0}\sum_{n=0}^{\infty}\frac{1}{r^{n+1}}\left[\sum_{i=1}^{N}q_i r_i'^n P_n(\cos\theta_i)\right] \qquad r>r' \tag{2-22}$$

式中

$$P_0(\cos\theta)=1\text{，}\ \ P_1(\cos\theta)=\cos\theta$$

$$P_2(\cos\theta)=\frac{1}{2}(3\cos^2\theta-1)$$

$$P_3(\cos\theta)=\frac{1}{2}(5\cos^3\theta-3\cos\theta)$$

下面分析式（2-22）的意义：当取 $n=0$ 时，则有

$$\varphi(r)=\varphi_{\mathrm{m}}(r)=\frac{1}{4\pi\varepsilon_0 r}\sum_{1}^{N}q_i=\frac{Q}{4\pi\varepsilon_0 r}$$

式中，Q 为域内电荷量的代数和，$Q=\sum_{1}^{N}q_i$ ，对于连续分布的电荷则有 $Q=\int_{V'}\rho\mathrm{d}v$ 。也就是说，作为第一次近似，任意电荷分布在较远处产生的电位可以近似的表示为位于原点的点电荷的电位，这种取级数的第一项称为电单极矩。如果在 V' 域内的净电荷为零，即 $Q=0$，则电荷组是中性的，$\varphi_{\mathrm{m}}(r)=0$ ，即在电源以外不产生电位。

当取 $n=1$ 时，则有

$$\varphi(r)=\varphi_D(r)=\frac{1}{4\pi\varepsilon_0 r^2}\sum_{i=1}^{N}q_i r_i'\cos\theta_i$$

式中

$$\cos\theta_i=\frac{\boldsymbol{r}\cdot\boldsymbol{r}_i'}{rr_i'}=\vec{r}\cdot\frac{\boldsymbol{r}_i'}{r_i'}$$

于是有

$$\varphi_D(r)=\frac{1}{4\pi\varepsilon_0 r^2}\sum_{i=1}^{N}\vec{r}\bullet \boldsymbol{r}_i' q_i=\frac{1}{4\pi\varepsilon_0 r^2}\vec{r}\bullet\sum_{1}^{N}q_i\boldsymbol{r}_i'$$

式中，$\vec{r}$ 为矢径 $\boldsymbol{r}$ 的单位矢量。将 $q_i\boldsymbol{r}_i'$ 定义为电偶极矩（矢量），即 $q_i\boldsymbol{r}_i'=\boldsymbol{p}_i$，将各个电荷的偶极矩之和定义为总电偶极矩 $\boldsymbol{p}_t$，即

$$\boldsymbol{p}_t=\sum_{1}^{N}\boldsymbol{p}_i=\sum_{1}^{N}q_i\boldsymbol{r}_i'$$

又因 $\nabla\left(\frac{1}{r}\right)=-\frac{\boldsymbol{r}}{r^3}=-\frac{\vec{r}}{r^2}$，所以有

$$\varphi_D(r)=\frac{\boldsymbol{p}_t\bullet\vec{r}}{4\pi\varepsilon_0 r^2}=-\frac{1}{4\pi\varepsilon_0}\boldsymbol{p}_t\bullet\nabla\left(\frac{1}{r}\right) \tag{2-23}$$

令电偶极矩体密度 $\boldsymbol{P}_t=\frac{\mathrm{d}\boldsymbol{p}_t}{\mathrm{d}v}$，则式（2-23）可写为

$$\varphi_D(r)=-\frac{1}{4\pi\varepsilon_0}\int_{v'}\boldsymbol{P}_t\bullet\nabla\left(\frac{1}{r}\right)\mathrm{d}v' \tag{2-23a}$$

当电荷组对原点对称分布时，总电偶极矩为零，因为在对原点的 $+r'$ 与 $-r'$ 的点有相同的电荷，电偶极矩和为零。

若要进一步精确时，可取 n=2，则 $\varphi_Q(r)$ 为四极矩电荷产生的电位，它对于原子核物理相关问题的研究有用处。

2.3.2 矢量磁位的多极子展开

具有电流密度 $J(r')$ 的恒定电流在 P 点产生的矢量磁位 $\boldsymbol{A}(r)$ 为

$$\boldsymbol{A}(r)=\frac{\mu_0}{4\pi}\int_{V'}\frac{\boldsymbol{J}(r')}{R}\mathrm{d}v'$$

式中，$R=|\boldsymbol{r}-\boldsymbol{r}'|=\sqrt{(r^2+r'^2-2rr'\cos\theta)}$，仿以上 2.3.1 节分析，将 R^{-1} 展开为级数，有

$$\begin{aligned}\boldsymbol{A}(r)&=\frac{\mu_0}{4\pi}\sum_{n=0}^{\infty}\frac{1}{r^{n+1}}\int_{V'}\boldsymbol{J}(r')\,r'^nP_n(\cos\theta)\mathrm{d}v'\\&=\frac{\mu_0}{4\pi r}\int_{V'}\boldsymbol{J}(r')\mathrm{d}v'+\frac{\mu_0}{4\pi r^2}\int_{V'}\boldsymbol{J}(r')(\vec{r}\bullet\boldsymbol{r}')\mathrm{d}v'+\\&\frac{\mu_0}{4\pi r^3}\int_{V'}\frac{1}{2}\boldsymbol{J}(r')\left[3(\vec{r}\bullet\boldsymbol{r}')^2\text{-}r'^2\right]\mathrm{d}v'+\cdots\\&=A_M+A_D+A_Q+\cdots\end{aligned} \tag{2-24}$$

讨论：当取 n=0，做第一次近似，则有

$$A(r)=A_M(r)=\frac{\mu_0}{4\pi r}\int_{V'}J(r')\,\mathrm{d}v'$$

对于稳态电流，可以将电流分布分解为许多闭合的电流线，如图 2－9 所示，对于体积微元 $\mathrm{d}v'$ 的电流线可写为

$$J(r)\mathrm{d}v'=J(r)\bullet n a\mathrm{d}\vec{l}=I\mathrm{d}\vec{l}$$

这里，n 为电流线面积 a 的正法线，$\mathrm{d}\vec{l}$ 为电流线体积元 $\mathrm{d}v'$ 的长度微元矢量，于是对于恒定电流源，由于电流的连续性，电流线必须闭合，因此有

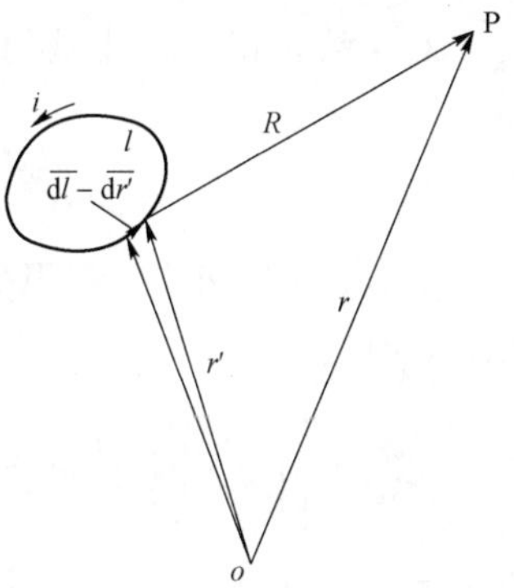

图 2－9　电流线的积分

$$A_M(r)=\frac{\mu_0}{4\pi r}\int_{V'}J(r')\,\mathrm{d}v'$$
$$=\frac{\mu_0}{4\pi r}\oint_l I\mathrm{d}\vec{l}=\frac{\mu_0}{4\pi r}I\oint_l \mathrm{d}\vec{l}=0$$

*【参见 D.杰克逊：经典电动力学（上），p199）】上式的另一种证明：设 f 和 g 为 $r'(x',y',z')$ 的有理函数，构造一个积分式

$$A=\int(fJ\bullet\nabla'g+gJ\bullet\nabla'f)\mathrm{d}v'$$

式中，算符 ∇' 是对源坐标求导，用分部积分将上式第二项展开，有

$$\begin{aligned}A&=\int_{V'}(fJ\bullet\nabla'g+gJ\bullet\nabla'f)\,\mathrm{d}v'\\&=\int_{V'}fJ\bullet\nabla'g\mathrm{d}v'+\int_{s'}fgJ\bullet\mathrm{d}s'-\int_{V'}f\nabla'\bullet(gJ)\mathrm{d}v'\\&=\int_{V'}fJ\bullet\nabla'g\mathrm{d}v'+\int_{s'}fgJ\bullet\mathrm{d}s'-\int_{V'}f\nabla'g\bullet J\mathrm{d}v'-\int_{V'}fg\nabla'\bullet J\mathrm{d}v'\end{aligned}$$

由于电流连续性有，$\nabla'\bullet J=0$，上式第二项与第四项均为 0，所以积分式 $A=0$。再令 f=1，$g=g(x',y',z')$，则有

$$A=\int_{V'}J\mathrm{d}v'=0$$

也就是说，与电场情况不同，即不同于电子电荷可独立存在而激发单极场，磁场展开式中不含磁单极项，即不产生单极场，由此，从理论上证明了不存在磁单极（即单独的 N 极或 S 极），当今世界科技领域亦未能用实验证明存在单个独立的磁极。

当取 n=1 时，式（2－24）的第二项可表为

$$A_D(r)=\frac{\mu_0}{4\pi r^2}\int_{V'}J(r')(\vec{r}\bullet r')\mathrm{d}v'$$
$$=-\frac{\mu_0}{4\pi}\int_{V'}J(r')\left[r'\bullet\nabla\left(\frac{1}{r}\right)\right]\mathrm{d}v'$$

对于线形电流，上式可写为

$$A_D(r)=-\frac{\mu_0}{4\pi}I\oint_l\left[\boldsymbol{r}'\cdot\nabla\left(\frac{1}{r}\right)\right]\mathrm{d}\vec{l}$$

因为由 $\mathrm{d}\vec{l}=\mathrm{d}\boldsymbol{r}'$，利用矢量恒等式 $\boldsymbol{A}\times(\boldsymbol{B}\times\boldsymbol{C})=-\boldsymbol{C}\times(\boldsymbol{A}\times\boldsymbol{B})=-\boldsymbol{A}(\boldsymbol{C}\cdot\boldsymbol{B})+\boldsymbol{B}(\boldsymbol{C}\cdot\boldsymbol{A})$ 有

$$\left[\boldsymbol{r}'\cdot\nabla\left(\frac{1}{r}\right)\right]\mathrm{d}\boldsymbol{r}'=\frac{1}{2}(\boldsymbol{r}'\times\mathrm{d}\boldsymbol{r}')\times\nabla\left(\frac{1}{r}\right)+\frac{1}{2}\mathrm{d}\left\{\left[\boldsymbol{r}'\cdot\nabla\left(\frac{1}{r}\right)\boldsymbol{r}'\right]\right\}$$

于是有

$$\begin{aligned}A_D(r)&=-\frac{\mu_0}{4\pi}I\oint_l\left[\boldsymbol{r}'\cdot\nabla\left(\frac{1}{r}\right)\right]\mathrm{d}\vec{l}\\&=-\frac{\mu_0}{4\pi}\oint_l\frac{1}{2}I(\boldsymbol{r}'\times\mathrm{d}\boldsymbol{r}')\times\nabla\left(\frac{1}{r}\right)-\frac{\mu_0}{4\pi}I\oint_l\frac{1}{2}\mathrm{d}\left\{\left[\boldsymbol{r}'\cdot\nabla\left(\frac{1}{r}\right)\right]\boldsymbol{r}'\right\}\end{aligned}$$

上式右端第二项全微分的闭合回路积分应为 0，定义

$$\boldsymbol{m}=\frac{I}{2}\oint_l\boldsymbol{r}'\times\mathrm{d}\boldsymbol{r}'$$

闭合电流回路的磁偶极矩矢量，同时定义载流区域的磁化强度矢量 $\boldsymbol{M}$ 为单位体积的磁偶极矩，即

$$\boldsymbol{M}=\frac{\mathrm{d}\boldsymbol{m}}{\mathrm{d}v}$$

因此有，闭合电流回路在远处产生的矢量磁位为

$$\begin{aligned}A_D(r)&=-\frac{\mu_0}{4\pi}\boldsymbol{m}\times\nabla\left(\frac{1}{r}\right)\\&=-\frac{\mu_0}{4\pi}\int_{v'}\boldsymbol{M}\times\nabla\left(\frac{1}{r}\right)\mathrm{d}v'\end{aligned}\tag{2-25}$$

由此可算出磁感应强度

$$\begin{aligned}B_D(r)&=\nabla\times A_D(r)\\&=-\frac{\mu_0}{4\pi}\nabla\times\left[\boldsymbol{m}\times\nabla\left(\frac{1}{r'}\right)\right]\\&=-\frac{\mu_0}{4\pi}\left[\nabla\cdot\nabla\left(\frac{1}{r'}\right)\boldsymbol{m}-(\boldsymbol{m}\cdot\nabla)\nabla\left(\frac{1}{r'}\right)\right]\end{aligned}$$

由于当 $r'\neq0$ 时有

$$\nabla\cdot\nabla\left(\frac{1}{r'}\right)=\nabla^2\left(\frac{1}{r'}\right)=0$$

于是有

$$\begin{aligned}\boldsymbol{B}_D(r) &= \nabla\times\boldsymbol{A}_D(r)\\ &= -\frac{\mu_0}{4\pi}(\boldsymbol{m}\cdot\nabla)\nabla\left(\frac{1}{r'}\right)\\ &= \frac{\mu_0}{4\pi}(\boldsymbol{m}\cdot\nabla)\frac{\boldsymbol{r}'}{r'^3}\end{aligned}$$

也就是说，闭合电流在远处产生的磁场相当于一磁偶极子在远处产生的磁场，此种分析方法可用来分析开域情况，如电机绕组的端部区域磁场。

展开式（2－24）中，$n=2$ 以上的各项为高阶的磁多极子的矢量位，除了可能在理论物理或其他应用外，实际中很少用到。

2.4　媒质的附加场分析

处在电磁场中媒质的物理特性会发生变化，并对外加场会产生影响，电介质在外加电场的作用下会极化产生附加电场，磁性媒质在外加磁场作用下会磁化产生附加磁场，本节讨论媒质激化后附加场的分析方法。

2.4.1　电介质的极化场

电介质的极化场矢量是用极化强度矢量 $\boldsymbol{P}$ 描述的，定义为 $\boldsymbol{P}=\dfrac{\mathrm{d}\boldsymbol{p}}{\mathrm{d}v}$。对于静电场有

$$\boldsymbol{P}=\boldsymbol{D}-\varepsilon_0\boldsymbol{E}$$

在自由空间，$\boldsymbol{P}=0$，因为

$$\begin{aligned}\nabla\cdot\boldsymbol{E} &= \frac{1}{\varepsilon_0}(\nabla\cdot\boldsymbol{D}-\nabla\cdot\boldsymbol{P})\\ &= \frac{1}{\varepsilon_0}(\rho+\rho_b)\end{aligned}$$

式中，定义束缚电荷体密度 ρ_{b}，同时考虑到 $\nabla=-\nabla'$，于是有

$$\rho_{\mathrm{b}}=-\nabla\cdot\boldsymbol{P}=\nabla'\cdot\boldsymbol{P}$$

所以，电介质对外加场的影响可以归结为一种等效电荷分布——束缚电荷分布产生的场。

由 $\nabla\times\boldsymbol{E}=0$，定义 $\boldsymbol{E}=-\nabla\varphi$，则均匀分布电介质内任意点的电位满足

$$\varphi(r)=\frac{1}{4\pi\varepsilon_0}\int_{V'}\frac{\rho}{R}\mathrm{d}v'+\frac{1}{4\pi\varepsilon_0}\int_{V'}\frac{\rho_b}{R}\mathrm{d}v'$$

若存在媒质不连续的表面，且在分界面上有自由电荷面密度 ρ_s，则 $\boldsymbol{D}$ 不连续

$$\boldsymbol{n}\cdot(\boldsymbol{D}_2-\boldsymbol{D}_1)=\rho_s$$

由 $\boldsymbol{P}=\boldsymbol{D}-\varepsilon_0\boldsymbol{E}$，可得

$$\boldsymbol{n}\cdot(\boldsymbol{E}_2-\boldsymbol{E}_1)=\frac{\rho_s}{\varepsilon_0}-\frac{1}{\varepsilon_0}\boldsymbol{n}\cdot(\boldsymbol{P}_2-\boldsymbol{P}_1)=\frac{1}{\varepsilon_0}(\rho_s+\sigma_b)$$

式中，$\sigma_b=-\boldsymbol{n}\cdot(\boldsymbol{P}_2-\boldsymbol{P}_1)$ 定义为媒质不连续面上的束缚电荷面密度。所以，一般情况下有

$$\varphi(r)=\frac{1}{4\pi\varepsilon_0}\int_{V'}\frac{\rho+\rho_b}{R}\mathrm{d}v'+\frac{1}{4\pi\varepsilon_0}\int_{S'}\frac{\rho_s+\sigma_b}{R}\mathrm{d}s'$$

式中，面积分应扩展到所有不连续介质的表面。由于束缚电荷体密度 ρ_b 和面密度 σ_b 为不可测量，电位函数应用可测量极化强度矢量 $\boldsymbol{P}$ 表示，电介质极化后引起的位可表示为

$$\begin{aligned}\varphi_e(r)&=\frac{1}{4\pi\varepsilon_0}\int_{V'}\frac{\rho_b}{R}\mathrm{d}v'+\frac{1}{4\pi\varepsilon_0}\int_{S'}\frac{\sigma_b}{R}\mathrm{d}s'\\&=\frac{1}{4\pi\varepsilon_0}\int_{V'}\frac{-\nabla\cdot\boldsymbol{P}}{R}\mathrm{d}v'+\frac{1}{4\pi\varepsilon_0}\int_{S'}\frac{-\boldsymbol{n}\cdot(\boldsymbol{P}_2-\boldsymbol{P}_1)}{R}\mathrm{d}s'\\&=\frac{1}{4\pi\varepsilon_0}\int_{V'}\frac{-\nabla\cdot\boldsymbol{P}}{R}\mathrm{d}v'+\frac{1}{4\pi\varepsilon_0}\int_{S'}\frac{\boldsymbol{n}_1\cdot\boldsymbol{P}_1+n_2\cdot\boldsymbol{P}_2}{R}\mathrm{d}s'\end{aligned}$$

因为$\nabla\cdot\left(\frac{\boldsymbol{P}}{R}\right)=\frac{\nabla\cdot\boldsymbol{P}}{R}+\boldsymbol{P}\cdot\nabla\left(\frac{1}{R}\right)$，又因

$$-\int_{V'}\nabla\cdot\left(\frac{\boldsymbol{P}}{R}\right)\mathrm{d}v'=-\oint_{S'}\frac{\boldsymbol{P}\cdot\boldsymbol{n}}{R}\mathrm{d}s'=-\int_{S'}\frac{\boldsymbol{P}_1\cdot\boldsymbol{n}_1+\boldsymbol{P}_2\cdot\boldsymbol{n}_2}{R}\mathrm{d}s'$$

电介质极化后引起的位可表示为

$$\varphi_e(r)=\frac{1}{4\pi\varepsilon_0}\int_{V'}\boldsymbol{P}\cdot\nabla\left(\frac{1}{R}\right)\mathrm{d}v'$$

所以，当电场中存在不连续表面，且分界面上有自由电荷时，其位函数可写为

$$\varphi(r)=\frac{1}{4\pi\varepsilon_0}\int_{V'}\frac{\rho}{R}\mathrm{d}v'+\frac{1}{4\pi\varepsilon_0}\int_{S'}\frac{\rho_s}{R}\mathrm{d}s'+\frac{1}{4\pi\varepsilon_0}\int_{V'}\boldsymbol{P}\cdot\nabla\left(\frac{1}{R}\right)\mathrm{d}v' \quad (2-26)$$

2.4.2 磁性媒质的磁化场

分析磁性媒质磁化后产生的磁场有两种方法：一种是假想磁荷概念；另

一种是等效电流概念。假想磁荷概念是把磁化体看成许多磁偶极子分布，如图 2－10（a）所示，磁体内的磁偶极矩规则排列后在端部形成正负的面磁荷，对外呈现出磁场为无旋有散场，即有

$$\nabla \cdot \boldsymbol{M} = \rho_{\mathrm{m}} \qquad \boldsymbol{H} = -\nabla \varphi_{\mathrm{m}}$$

式中：ρ_{m} 为磁荷体密度；$\boldsymbol{M}$ 为磁化强度矢量，由磁偶极子磁矩产生的标量位为

$$\varphi_{\mathrm{m}}(r) = \frac{1}{4\pi}\boldsymbol{m} \cdot \nabla'\left(\frac{1}{R}\right)$$

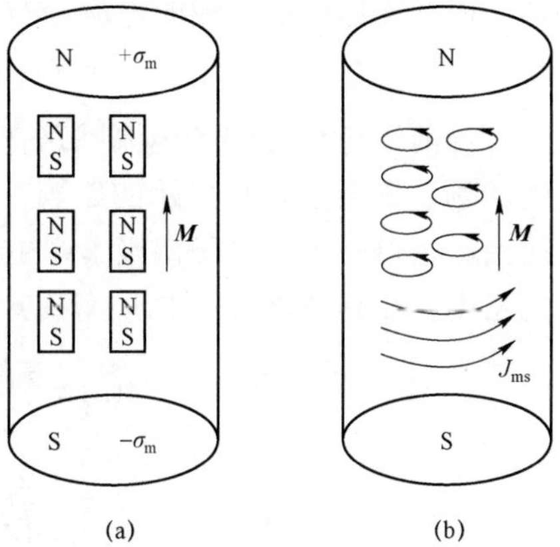

图 2－10　磁体磁化模型示意

（a）假想磁荷概念；（b）等效电流

由于　　$\boldsymbol{M} = \dfrac{\mathrm{d}\boldsymbol{m}}{\mathrm{d}v}$　　或 $\boldsymbol{m} = \int \boldsymbol{M}\mathrm{d}v'$

则整个体积 V' 内所有磁矩在磁体外场点产生的位为

$$\begin{aligned}\varphi_{\mathrm{m}}(r) &= \frac{1}{4\pi}\int_{V'} \boldsymbol{M}(r') \cdot \nabla'\left(\frac{1}{R}\right)\mathrm{d}v' \\ &= \frac{1}{4\pi}\int_{V'} \frac{-\nabla' \cdot \boldsymbol{M}(r')}{R}\mathrm{d}v' + \frac{1}{4\pi}\int_{V'} \nabla' \cdot \left(\frac{\boldsymbol{M}(r')}{R}\right)\mathrm{d}v' \\ &= \frac{1}{4\pi}\int_{V'} \frac{-\nabla' \cdot \boldsymbol{M}(r')}{R}\mathrm{d}v' + \frac{1}{4\pi}\oint_{S'} \frac{\boldsymbol{M}(r') \cdot \boldsymbol{n}'}{R}\mathrm{d}s'\end{aligned}$$

令　$\nabla' \cdot \boldsymbol{M} = -\rho_{\mathrm{m}}$ 为等效磁荷体密度，$\sigma_{\mathrm{m}} = \boldsymbol{M} \cdot \boldsymbol{n}'$ 为等效磁荷面密度，于是有

$$\varphi_{\mathrm{m}}(r) = \frac{1}{4\pi}\int_{V'} \frac{\rho_{\mathrm{m}}}{R}\mathrm{d}v' + \frac{1}{4\pi}\oint_{S'} \frac{\sigma_{\mathrm{m}}}{R}\mathrm{d}s'$$

对于磁场强度有

$$\boldsymbol{H}(r) = -\nabla\varphi_{\mathrm{m}}(r) = -\frac{1}{4\pi}\nabla\left\{\int_{V'} \frac{\rho_{\mathrm{m}}}{R}\mathrm{d}v' + \oint_{S'} \frac{\sigma_{\mathrm{m}}}{R}\mathrm{d}s'\right\}$$

由于微分算子 ∇ 是作用于场点的坐标，因而可移入积分号内，又因
$\nabla\left(\dfrac{1}{R}\right) = -\dfrac{\boldsymbol{R}}{R^3}$
所以有

$$\boldsymbol{H}(r) = \frac{1}{4\pi}\int_{V'} \frac{\rho_{\mathrm{m}}\boldsymbol{R}}{R^3}\mathrm{d}v' + \frac{1}{4\pi}\oint_{S'} \frac{\sigma_{\mathrm{m}}\boldsymbol{R}}{R^3}\mathrm{d}s' \qquad (2-27)$$

等效电流模型概念是将磁化体内看成许多很小的圆形电流分布，如图 2－10（b）所示，磁体内的规则排列后，内部的圆形电流方向彼此反向抵

消，而在磁体外层形成面电流分布，磁体对外呈现磁场为有旋无散场，即有

$$\nabla\times\boldsymbol{M}=\boldsymbol{J}_{\mathrm{m}}\qquad \boldsymbol{B}=\nabla\times\boldsymbol{A}$$

由前述分析可知，电流回路在远处产生的磁场可近似地视为磁偶极子产生的场，媒质磁化后显示的磁场，本质上是由磁质内圆形分子电流规则排列所致，也可视为许多磁偶极子产生的场，磁化后磁体内的磁化强度 $\boldsymbol{M}$ 为偶极矩密度，在磁体体积 V' 内所有磁矩产生的矢量磁位为

$$\begin{aligned}\boldsymbol{A}(r)&=-\frac{\mu_0}{4\pi}\boldsymbol{m}\times\nabla\left(\frac{1}{R}\right)\\&=\frac{\mu_0}{4\pi}\int_{V'}\boldsymbol{M}\times\nabla'\left(\frac{1}{R}\right)\mathrm{d}v'\end{aligned}$$

利用矢量运算公式 $\nabla\times(\varphi\boldsymbol{F})=\nabla\varphi\times\boldsymbol{F}+\varphi\nabla\times\boldsymbol{F}$ 及积分变换公式

$$\int_{V'}\nabla\times\boldsymbol{F}\mathrm{d}v'=\oint_{S'}\mathrm{d}\boldsymbol{s}'\times\boldsymbol{F}=\oint_{S'}\boldsymbol{n}'\times\boldsymbol{F}\mathrm{d}s'$$

所以有

$$\begin{aligned}\boldsymbol{A}(r)&=\frac{\mu_0}{4\pi}\int_{V'}\frac{\nabla'\times\boldsymbol{M}}{R}\mathrm{d}v'+\frac{\mu_0}{4\pi}\oint_{S'}\frac{\boldsymbol{M}\times\boldsymbol{n}'}{R}\mathrm{d}s'\\&=\frac{\mu_0}{4\pi}\int_{V'}\frac{\boldsymbol{J}_{\mathrm{m}}}{R}\mathrm{d}v'+\frac{\mu_0}{4\pi}\oint_{S'}\frac{\boldsymbol{J}_{\mathrm{ms}}}{R}\mathrm{d}s'\end{aligned}\tag{2-28}$$

式中，定义等效电流体密度 $\boldsymbol{J}_{\mathrm{m}}=\nabla'\times\boldsymbol{M}$ 和等效电流面密度 $\boldsymbol{J}_{\mathrm{ms}}=\boldsymbol{M}\times\boldsymbol{n}'$，$\boldsymbol{n}'$ 为磁体表面外法向矢量。注意，等效电流体密度与面密度的坐标矢量为源坐标，即 r'。由此可得磁感应强度为

$$\begin{aligned}\boldsymbol{B}&=\nabla\times\boldsymbol{A}\\&=\frac{\mu_0}{4\pi}\nabla\times\int_{V'}\frac{\boldsymbol{J}_{\mathrm{m}}}{R}\mathrm{d}v'+\frac{\mu_0}{4\pi}\nabla\times\oint_{S'}\frac{\boldsymbol{J}_{\mathrm{ms}}}{R}\mathrm{d}s'\end{aligned}$$

因为

$$\nabla\times\left(\frac{\boldsymbol{J}_{\mathrm{m}}}{R}\right)=\nabla\left(\frac{1}{R}\right)\times\boldsymbol{J}_{\mathrm{m}}+\frac{1}{R}\nabla\times\boldsymbol{J}_{\mathrm{m}}$$

上式等式右端第二项中 $\boldsymbol{J}_{\mathrm{m}}$ 是源点坐标 r'，而算子 ∇ 仅作用于场点坐标 r，$\boldsymbol{J}_{\mathrm{m}}$ 与场坐标无关，因此第二项为 0，所以有

$$\begin{aligned}\boldsymbol{B}&=\nabla\times\boldsymbol{A}\\&=\frac{\mu_0}{4\pi}\int_{V'}\nabla\left(\frac{1}{R}\right)\times\boldsymbol{J}_{\mathrm{m}}\mathrm{d}v'+\frac{\mu_0}{4\pi}\oint_{S'}\nabla\left(\frac{1}{R}\right)\times\boldsymbol{J}_{\mathrm{ms}}\mathrm{d}s'\\&=\frac{\mu_0}{4\pi}\int_{V'}\left(\frac{\boldsymbol{J}_{\mathrm{m}}\times\boldsymbol{R}}{R^3}\right)\mathrm{d}v'+\frac{\mu_0}{4\pi}\oint_{S'}\left(\frac{\boldsymbol{J}_{\mathrm{ms}}\times\boldsymbol{R}}{R^3}\right)\mathrm{d}s'\end{aligned}\tag{2-29}$$

显然，当磁质是均匀磁化时，$\boldsymbol{M}=C$，则 $\nabla'\times\boldsymbol{M}=0$，等效电流体密度

$J_m = 0$，仅有等效面电流密度 J_{ms}。

以上描述的是磁媒质磁化后分析计算磁场的两种方法，显然，对于同一种磁质磁化后，无论采用等效磁荷、标量磁位计算或是用等效电流、矢量磁位计算，最终结果应该是一致的，现证明如后：

从矢量磁位入手，因为

$$\boldsymbol{A}(r) = \frac{\mu_0}{4\pi}\boldsymbol{m}\times\nabla'\left(\frac{1}{R}\right) = \frac{\mu_0}{4\pi}\boldsymbol{m}\times\nabla\left(\frac{1}{R}\right)$$

等式两边取旋度得

$$\nabla\times\boldsymbol{A}(r) = -\frac{\mu_0}{4\pi}\nabla\times\left[\boldsymbol{m}\times\nabla\left(\frac{1}{R}\right)\right]$$

当 $R\neq 0$ 时，同时根据矢量运算，$\nabla\times\nabla\left(\frac{1}{R}\right)=0$，和 $\nabla\bullet\nabla\left(\frac{1}{R}\right)=0$ 以及 $\boldsymbol{m}$ 为恒矢量或 $\boldsymbol{m}(r')$ 为源坐标，可以证明

$$\nabla\left[\boldsymbol{m}\bullet\nabla\left(\frac{1}{R}\right)\right] = -\nabla\times\left[\boldsymbol{m}\times\nabla\left(\frac{1}{R}\right)\right]$$

所以有

$$\nabla\times\boldsymbol{A}(r) = \frac{\mu_0}{4\pi}\nabla\left[\boldsymbol{m}\bullet\nabla\left(\frac{1}{R}\right)\right] = \boldsymbol{B}(r)$$

即

$$\boldsymbol{H}(r) = -\nabla\varphi_m = \frac{1}{4\pi}\nabla\left[\boldsymbol{m}\bullet\nabla\left(\frac{1}{R}\right)\right]$$

所以有

$$\varphi_m = -\frac{1}{4\pi}\left[\boldsymbol{m}\bullet\nabla\left(\frac{1}{R}\right)\right]$$

与前述分析有相同结果。

因为

$$\nabla\left[\boldsymbol{m}\bullet\nabla\left(\frac{1}{R}\right)\right] = \boldsymbol{m}\times\left[\nabla\times\nabla\left(\frac{1}{R}\right)\right] + (\boldsymbol{m}\bullet\nabla)\nabla\left(\frac{1}{R}\right) + \nabla\left(\frac{1}{R}\right)\times(\nabla\times\boldsymbol{m}) + \left[\nabla\left(\frac{1}{R}\right)\bullet\nabla\right]\boldsymbol{m}$$

$$= (\boldsymbol{m}\bullet\nabla)\nabla\left(\frac{1}{R}\right)$$

以上等式右端第一项由于梯度的旋度恒等于 0，又由于 $\boldsymbol{m}$ 为恒值，所以第三和四项为 0。又

$$-\nabla\times\left[\boldsymbol{m}\times\nabla\left(\frac{1}{R}\right)\right]=-\left[\nabla\left(\frac{1}{R}\right)\cdot\nabla\right]\boldsymbol{m}+(\nabla\cdot\boldsymbol{m})\nabla\left(\frac{1}{R}\right)+(\boldsymbol{m}\cdot\nabla)\nabla\left(\frac{1}{R}\right)-\left[\nabla\cdot\nabla\left(\frac{1}{R}\right)\right]\boldsymbol{m}=(\boldsymbol{m}\cdot\nabla)\nabla\left(\frac{1}{R}\right)$$

2.5 格林函数法——有界场的计算

在讨论电学的格林函数法之前，我们先了解格林函数的数学意义。众所周知，微分与积分的运算关系是互逆的，微分算子与积分算子有密切联系，而在解微分方程的方法中，要得到确定解，边界条件起到重要作用，有一些边界条件把二者联系起来有决定性作用。

设如下简单的边值问题

$$\begin{cases}-\dfrac{\mathrm{d}y}{\mathrm{d}x}=f(x)\\ y(a)=y_0\end{cases}\tag{2-30}$$

对式（2-30）进行积分有

$$y(x)=y_0+\int_a^x f(\zeta)\mathrm{d}\zeta\tag{2-31}$$

又设在 x 处的某闭区间内[a，b]，式（2-31）可写为

$$y(x)=y_0+\int_a^b\theta(x-\zeta)f(\zeta)\mathrm{d}\zeta\tag{2-32}$$

令 $t=x-\zeta$， $\theta(t)$ 定义为一个不连续函数

$$\theta(t)=\begin{cases}1 & t>0\\ 0 & t<0\end{cases}$$

式（2-32）与式（2-31）为等价，记为

$$y(x)=y_0+\kappa f(x)$$

κ 为积分算子，即

$$\kappa f(x)=\int_a^b\theta(x-\zeta)f(\zeta)\mathrm{d}\zeta$$

$\theta(x-\zeta)$ 为算子 κ 的核，它包含微分算子方程的解，被称为微分算子在相应边界条件下的格林函数

$$G(x,\zeta)=\theta(x-\zeta)$$

对于式（2-31），它是在边界条件 y_0 下，算子系统 $\dfrac{\mathrm{d}}{\mathrm{d}x}$ 的格林函数，所以求解

微分方程可以化为求相应边界条件下的格林函数。

在静电学中，求解一个点电源的边值问题有重要意义，它不仅可以推广到离散点源的场，而且对于连续分布场源的求解也可借以得到解决。

对于较普遍的边值问题是：给定域内源的分布及域边界上的位函数值（一类边界）或位的法向导数（二类边界），求域内各点的位函数值。借助于格林定理（格林第二恒等式）可把一般边值问题和点源边值问题联系起来，可以进行有界场的计算。

我们已经知道一个点源（三维），单位密度所激发场的位函数 φ 满足泊松方程，满足泊松方程的解称为格林函数 $G(r,r')$，即

$$\nabla^2 G(r,r') = -\delta(r-r')$$

对于 δ 函数有如下特性

$$\int_V \delta(r-r')\,\mathrm{d}v = \begin{cases} 1 & r=r' \\ 0 & r\neq r' \end{cases}$$

由此，对于任意函数 $f(r)$，δ 函数具有如下重要性质

$$\int_V f(r)\delta(r-r')\mathrm{d}v = f(r') \qquad r' \text{在} V \text{内}$$

或者

$$\int_V f(r')\delta(r'-r)\mathrm{d}v = f(r)$$

对于一个单位点电荷在无界空间中产生的位为

$$G(r,r') = \frac{1}{4\pi R}$$

由格林第二恒等式

$$\int_V (\psi\nabla^2\varphi - \varphi\nabla^2\psi)\,\mathrm{d}v = \oint_S \left(\psi\frac{\partial\varphi}{\partial n} - \varphi\frac{\partial\psi}{\partial n}\right)\mathrm{d}s$$

及一般泊松方程

$$\nabla^2\varphi = -f \qquad f = \frac{\rho}{\varepsilon_0}$$

取 $\psi = G$，则有

$$\begin{aligned}\int_V (\psi\nabla^2\varphi - \varphi\nabla^2\psi)\,\mathrm{d}v &= \int_V (-fG - \varphi\nabla^2 G)\,\mathrm{d}v \\ &= \int_V [-fG + \varphi\delta(r-r')]\,\mathrm{d}v\end{aligned}$$

因为

$$\int_V \varphi\delta(r-r')\mathrm{d}v = \varphi(r')$$

所以

$$\varphi(r') = \int_V fG\mathrm{d}v + \oint_{S'}\left(G\frac{\partial\varphi}{\partial n} - \varphi\frac{\partial G}{\partial n}\right)\mathrm{d}s'$$

由于格林函数对坐标具有对称性，即 $G(r,r') = G(r',r)$ ，所以有

$$\varphi(r) = \int_{V'} f(r')G(r,r')\mathrm{d}v' + \oint_{S'}\left(G\frac{\partial\varphi}{\partial n} - \varphi\frac{\partial G}{\partial n}\right)\mathrm{d}s' \qquad (2-33)$$

分析式（2－33）可知，在已知边界条件及域内源分布函数 f，求域内位的问题，便转化为求满足边界条件泊松方程的格林函数 G，只要知道 G，上式可以积分得到域内各点的位 $\varphi(r)$。例如对三维静电场有

$$\nabla^2\varphi = -\frac{\rho}{\varepsilon_0}$$

$$f = \frac{\rho}{\varepsilon_0} \quad G(r,r') = \frac{1}{4\pi R}$$

则有

$$\varphi(r) = \frac{1}{4\pi\varepsilon_0}\int_{V'}\frac{\rho}{R}\mathrm{d}v' + \frac{1}{4\pi}\oint_{S'}\left[\frac{1}{R}\frac{\partial\varphi}{\partial n} - \varphi\frac{\partial}{\partial n}\left(\frac{1}{R}\right)\right]\mathrm{d}s'$$

上式等号右端第一项为泊松方程的特解，而第二项为拉普拉斯方程的通解。

对于二维问题，满足泊松方程的解称为格林函数 $G(r,r')$ ，即

$$\frac{\partial G}{\partial x} + \frac{\partial G}{\partial y} = -\delta(r-r')$$

式中，$\delta(r-r') = \delta(x-x')\delta(y-y')$ ，上述二维泊松方程的基本解为

$$G(r,r') = \frac{1}{2\pi}\ln\frac{1}{R}$$

2.6 电磁场的积分方程法

在现代电磁场数值计算中，除了用微分方程通过直接离散或变分离散外，尚有用积分方程法计算，同样可以计及媒质对场的影响和饱和的非线性特性等。积分方程法也是求解各种物理问题的重要数学工具，按照定义在积分号内包含有未知函数 $y(x)$ 的方程，称为积分方程。形如

$$y(x) = F(x) + \lambda\int_a^b K(x,\xi)y(\xi)\mathrm{d}\xi$$

是弗雷德霍姆第二类积分方程。

式中：λ，a，b 为常数；$F(x)$，$K(x,\xi)$ 为已知函数；$K(x,\xi)$ 称为积分方程的

核；$F(x)$ 称为自由项，如果 $F(x)=0$，上式称为齐次积分方程，否则称为非齐次积分方程，如果方程中未知函数是一次的，就称为线性积分方程。形如

$$y(x)=\int_a^b K(x,\xi)y(\xi)\mathrm{d}\xi$$

是弗雷德霍姆第一类积分方程。

现在研究磁质磁化场的计算。设空间 V' 内有铁磁物质由 S' 界定，假定自由电流在 P 点产生的磁场用磁场强度 $\boldsymbol{H}_{\mathrm{s}}$ 表示，而磁质磁化后产生的磁场用磁场强度 $\boldsymbol{H}_{\mathrm{m}}$ 表示，则合成磁场强度为

$$\boldsymbol{H}=\boldsymbol{H}_{\mathrm{m}}+\boldsymbol{H}_{\mathrm{s}}$$

用等效磁荷法分析磁质磁化感生的附加场时，为无旋场，即

$$\nabla\times\boldsymbol{H}_{\mathrm{m}}=0$$

定义一标量磁位 φ'_{m} 有

$$\boldsymbol{H}_{\mathrm{m}}=-\nabla\varphi'_{\mathrm{m}}$$

且由以前分析可知，有

$$\varphi'_{\mathrm{m}}=\frac{1}{4\pi}\int_{V'}\boldsymbol{M}(r')\bullet\nabla'\left(\frac{1}{R}\right)\mathrm{d}v'$$

φ'_{m} 称为部分标量磁位或称为简化标量磁位。又因为 $\boldsymbol{M}=\chi_{\mathrm{m}}\boldsymbol{H}$，所以有

$$\boldsymbol{H}=\boldsymbol{H}_{\mathrm{s}}-\frac{1}{4\pi}\nabla\int_{V'}\chi_{\mathrm{m}}\boldsymbol{H}\bullet\nabla'\left(\frac{1}{R}\right)\mathrm{d}v'$$

对于磁场强度 $\boldsymbol{H}$ 为未知数，上式为关于 $\boldsymbol{H}$ 的积分方程。同样可得

$$\boldsymbol{M}=\chi_{\mathrm{m}}\left[\boldsymbol{H}_{s}-\frac{1}{4\pi}\nabla\int_{V'}\boldsymbol{M}(r')\bullet\nabla'\left(\frac{1}{R}\right)\mathrm{d}v'\right]$$

是关于 $\boldsymbol{M}$ 的积分方程。

另外，对于无电流区域，有

$$\nabla\times\boldsymbol{H}=0$$

可定义一标量磁位 ψ_{m}

$$\boldsymbol{H}=-\nabla\psi_{\mathrm{m}}$$

式中，ψ_{m} 称为全标量磁位或称为总标量磁位。仿以上推导方法，同样可得关于全标量磁位的积分方程

$$\boldsymbol{H}=\boldsymbol{H}_{\mathrm{s}}-\frac{1}{4\pi}\nabla\int_{V'}\chi_{\mathrm{m}}\boldsymbol{H}\bullet\nabla'\left(\frac{1}{R}\right)\mathrm{d}v'$$

积分方程法在计算大型电磁铁的磁场分布中，可得到满意结果。

2.7 永久磁体磁场分析

永久磁体属于硬磁材料，人类关于永磁材料的知识和应用已有几千年的历史，它给人类的社会文明带来极大好处，因此，人们在不断地研究它并利用它。长期以来，出现了各种各样永磁材料。历史上电气工程中应用最广的永磁材料是铁氧体和铝镍钴，由于其磁性能较差已逐渐被新的高性能材料所代替。现在，应用中最有影响的是20世纪60年代中期出现的稀土永磁材料，随着科技进步其性能在不断提高。评价永磁材料的性能指标有如下几点：剩余磁感应强度 B_r 应尽可能高；矫顽力 $_BH_c$ 应尽可能大；由此可得磁体的最大磁能积就高；材料在第二象限的退磁曲线线性度要好，无需进行磁稳定处理；材料的温度系数要小，热稳定性好等。而稀土永磁材料的特点正是满足这些要求，因而它的研究与应用发展很快，通过科学工作者的不断研究改进，已经出现几代新的材料。第一代稀土永磁材料是钐钴 5（$SmCo_5$），其最大磁能积达28MGsOe，即（BH）$_{max}$ 达28 MGsOe（1MGsOe=8kJ/m^3）；第二代稀土永磁材料是钐钴是钐钴 2:17（Sm_2Co_{17}）其最大磁能积达 36MGsOe，即（BH）$_{max}$ 达 36 MGsOe；第三代稀土永磁材料是钕铁硼（$Nd_2Fe_{14}B$），其最大磁能积达45MGsOe，即（BH）$_{max}$ 达 45MGsOe。材料的磁性能还在不断改进中，现在钕铁硼永磁材料的最大磁能可达85MGsOe以上，其剩余磁感应强度 B_r 和矫顽力 $_BH_c$ 均有很高的值。这样使电磁装置可以设计得很小，节约材料的同时也节省了能源。

描述永磁体的磁特性仍用磁化强度矢量 $\boldsymbol{M}_0$，为一固定值，与外加磁场无关。分析与计算永磁体磁场可以用等效磁荷或等效电流两种方法，即用标量磁位或矢量磁位，前述分析方法中，只需将 $\boldsymbol{M}$ 代以 $\boldsymbol{M}_0$。

等效磁荷法：由磁性媒质磁化场分析可知，磁化强度矢量 $\boldsymbol{M}_0$ 产生的场用标量磁位表示为

$$\varphi_m(r)=\frac{1}{4\pi}\int_{V'}\frac{-\nabla'\cdot\boldsymbol{M}_0(r')}{R}\mathrm{d}v'+\frac{1}{4\pi}\oint_{S'}\frac{\boldsymbol{M}_0(r')\cdot\boldsymbol{n}'}{R}\mathrm{d}s'$$

令 $\nabla'\cdot\boldsymbol{M}_0=-\rho_m$ 为等效磁荷体密度，$\sigma_m=\boldsymbol{M}_0\cdot\boldsymbol{n}'$ 为等效磁荷面密度，于是有

$$\varphi_m(r)=\frac{1}{4\pi}\int_{V'}\frac{\rho_m}{R}\mathrm{d}v'+\frac{1}{4\pi}\oint_{S'}\frac{\sigma_m}{R}\mathrm{d}s'$$

对于磁场强度有

$$\boldsymbol{H}(r)=-\nabla\varphi_{\mathrm{m}}(r)=-\frac{1}{4\pi}\nabla\left(\int_{V'}\frac{\rho_{\mathrm{m}}}{R}\mathrm{d}v'+\oint_{S'}\frac{\sigma_{\mathrm{m}}}{R}\mathrm{d}s'\right)$$

即有

$$\boldsymbol{H}(r)=\frac{1}{4\pi}\int_{V'}\frac{\rho_{\mathrm{m}}\boldsymbol{R}}{R^3}\mathrm{d}v'+\frac{1}{4\pi}\oint_{S'}\frac{\sigma_{\mathrm{m}}\boldsymbol{R}}{R^3}\mathrm{d}s'$$

对于均匀磁化，$\boldsymbol{M}_0=C$ 与位置无关，$\nabla'\cdot\boldsymbol{M}_0=0$，仅有面密度 σ_{m}，对于圆柱形磁体则只有两端面上等效面密度 σ_{m}，于是有

$$\boldsymbol{H}(r)=\frac{1}{4\pi}\int_{S_1}\frac{M_0\boldsymbol{R}_+}{R_+^3}\mathrm{d}s-\frac{1}{4\pi}\int_{S_2}\frac{M_0\boldsymbol{R}_-}{R_-^3}\mathrm{d}s$$

在磁体之外的 P 点，则有

$$\boldsymbol{B}=\mu_0\boldsymbol{H}$$

在磁体之内的 P 点，则有

$$\boldsymbol{B}=\mu_0(\boldsymbol{H}+\boldsymbol{M}_0)$$

等效电流法：由磁性媒质磁化场分析可知，磁化强度矢量 $\boldsymbol{M}_0$ 产生的场用矢量磁位表示为

$$\begin{aligned}\boldsymbol{A}(r)&=\frac{\mu_0}{4\pi}\int_{V'}\frac{\nabla'\times\boldsymbol{M}_0}{R}\mathrm{d}v'+\frac{\mu_0}{4\pi}\oint_{S'}\frac{\boldsymbol{M}_0\times\boldsymbol{n}'}{R}\mathrm{d}s'\\&=\frac{\mu_0}{4\pi}\int_{V'}\frac{\boldsymbol{J}_{\mathrm{m}}}{R}\mathrm{d}v'+\frac{\mu_0}{4\pi}\oint_{S'}\frac{\boldsymbol{J}_{\mathrm{ms}}}{R}\mathrm{d}s'\end{aligned}$$

式中，体电流密度

$$\boldsymbol{J}_{\mathrm{m}}=\nabla'\times\boldsymbol{M}_0$$

面电流密度

$$\boldsymbol{J}_{\mathrm{ms}}=\boldsymbol{M}_0\times\boldsymbol{n}'$$

由　$\boldsymbol{B}=\nabla\times\boldsymbol{A}$，有

$$\boldsymbol{B}=\frac{\mu_0}{4\pi}\int_{V'}\left(\frac{\boldsymbol{J}_{\mathrm{m}}\times\boldsymbol{R}}{R^3}\right)\mathrm{d}v'+\frac{\mu_0}{4\pi}\oint_{S'}\left(\frac{\boldsymbol{J}_{\mathrm{ms}}\times\boldsymbol{R}}{R^3}\right)\mathrm{d}s'$$

对于 $\boldsymbol{M}_0=C$，则有

$$\boldsymbol{B}=\frac{\mu_0}{4\pi}\oint_{S'}\left(\frac{\boldsymbol{J}_{\mathrm{ms}}\times\boldsymbol{R}}{R^3}\right)\mathrm{d}s'$$

在磁体之外的 P 点，则有

$$\boldsymbol{H}=\frac{\boldsymbol{B}}{\mu_0}$$

在磁体之内的P点，则有

$$\boldsymbol{H}=\frac{\boldsymbol{B}}{\mu_0}+\boldsymbol{M}_0$$

在现代分析永磁体磁场的文献中，出现另一种定义，有

$$\boldsymbol{B}=\mu_0\boldsymbol{H}+\boldsymbol{M}$$

即$\boldsymbol{M}$中包含了μ_0，读者在阅读文献时应予以注意。

第 3 章　电机电磁转矩数值计算的理论与方法

电磁转矩是电机进行能量转换的重要参数，电磁转矩计算是研究电机运行行为的重要任务之一，传统的计算方法有能量法、磁链法、虚位移法及功率法等，本章利用电磁场动量原理导出麦克斯韦张力，从而便利于电机电磁转矩的数值计算。

3.1　作用于电机转子上电磁力体密度的一般表达式

将电机转子视为一个封闭系统，其中包括有铁磁物质、导电体、电介质和空气，转子上并开有槽，假设转子为可绕其轴线自由转动的理想刚体。

磁场作用在转子系统的力包括，外部磁场作用到转子系统中的自由电流（载流导体）的力和作用到铁磁媒质上的力，铁磁媒质磁化后受到的力可视为存在等效磁化电流密度与外磁场作用的结果，这样可以统一用洛伦兹力公式计算。

麦克斯韦方程组是描述电磁场的动力学方程，由麦克斯韦方程组和洛伦兹力公式可以导出转子系统电磁场的动量守恒关系。

转子系统磁化后的基本方程为

$$\nabla\times\boldsymbol{H}=\boldsymbol{J}_{\mathrm{f}} \tag{3-1}$$

$$\boldsymbol{M}=\chi_{\mathrm{m}}\boldsymbol{H} \tag{3-2}$$

$$\boldsymbol{J}_{\mathrm{m}}=\nabla\times\boldsymbol{M} \tag{3-3}$$

式中：$\boldsymbol{J}_{\mathrm{f}}$ 为自由电流密度矢量；$\boldsymbol{J}_{\mathrm{m}}$ 为媒质磁化电流密度矢量；$\boldsymbol{M}$ 为磁化强度矢量；χ_{m} 为媒质磁化率，为一无因次量。

由洛伦兹力公式给出转子系统受到的作用力体密度为

$$\boldsymbol{f}=\boldsymbol{J}\times\boldsymbol{B} \tag{3-4}$$

可以从量纲上看出，磁场作用于电流元的单位体积力

$$[J\times B]=\frac{\mathrm{A}}{\mathrm{m}^2}\times\frac{\mathrm{We}b}{\mathrm{m}^2}=\frac{\mathrm{kg}}{\mathrm{m}^2\mathrm{s}^2}=\frac{\mathrm{kg}\cdot\mathrm{m}}{\mathrm{m}^3\mathrm{s}^2}=\frac{\mathrm{N}}{\mathrm{m}^3}$$

考虑到电机运行频率为似稳态，忽略位移电流，则式（3-4）中，有

$$\left.\begin{aligned} \boldsymbol{J} &= \boldsymbol{J}_{\mathrm{f}} + \boldsymbol{J}_{\mathrm{m}} \\ \boldsymbol{B} &= \mu_0 \boldsymbol{H} \end{aligned}\right\} \tag{3-5}$$

即

$$\boldsymbol{f} = (\boldsymbol{J}_{\mathrm{f}} + \boldsymbol{J}_{\mathrm{m}}) \times \boldsymbol{B} \tag{3-6}$$

式（3－6）即为广义洛伦兹力公式。转子系统受力后，动量会发生变化。由动量守恒定律可知，电磁场的动量也应改变。式（3－6）的左边的等于转子系统的动量密度变化率，右边可以化为含有电磁场动量密度变化率和场内一些动量转移量。

将式（3－2）和式（3－3）代入式（3－6）得

$$\begin{aligned} \boldsymbol{f} &= [\boldsymbol{J}_{\mathrm{f}} + \nabla \times (\chi_{\mathrm{m}} \boldsymbol{H})] \times \boldsymbol{B} \\ &= \boldsymbol{J}_{\mathrm{f}} \times \boldsymbol{B} + (\nabla \chi_{\mathrm{m}} \times \boldsymbol{H}) \times \boldsymbol{B} + \chi_{\mathrm{m}} (\nabla \times \boldsymbol{H}) \times \boldsymbol{B} \end{aligned} \tag{3-7}$$

根据矢量运算公式 $(\boldsymbol{a} \times \boldsymbol{b}) \times \boldsymbol{c} = (\boldsymbol{c} \cdot \boldsymbol{a})\boldsymbol{b} - (\boldsymbol{c} \cdot \boldsymbol{b})\boldsymbol{a}$，式（3－7）的第二项可展开为

$$(\nabla \chi_{\mathrm{m}} \times \boldsymbol{H}) \times \boldsymbol{B} = (\boldsymbol{B} \cdot \nabla \chi_{\mathrm{m}})\boldsymbol{H} - (\boldsymbol{B} \cdot \boldsymbol{H}) \nabla \chi_{\mathrm{m}} \tag{3-8}$$

由式（3－1）、式（3－5）和式（3－8），式（3－7）可写为

$$\begin{aligned} \boldsymbol{f} &= \boldsymbol{J}_{\mathrm{f}} \times \mu_0 \boldsymbol{H} + (\mu_0 \boldsymbol{H} \cdot \nabla \chi_{\mathrm{m}})\boldsymbol{H} - (\mu_0 \boldsymbol{H} \cdot \boldsymbol{H}) \nabla \chi_{\mathrm{m}} + \chi_{\mathrm{m}} \boldsymbol{J}_{\mathrm{f}} \times \mu_0 \boldsymbol{H} \\ &= \mu_0 (1 + \chi_{\mathrm{m}}) \boldsymbol{J}_{\mathrm{f}} \times \boldsymbol{H} + (\mu_0 \boldsymbol{H} \cdot \nabla \chi_{\mathrm{m}})\boldsymbol{H} - (\mu_0 H^2) \nabla \chi_{\mathrm{m}} \\ &= \mu \boldsymbol{J}_{\mathrm{f}} \times \boldsymbol{H} + (\boldsymbol{H} \cdot \nabla \mu)\boldsymbol{H} - H^2 \nabla \mu \end{aligned} \tag{3-9}$$

上式中，$\mu = \mu_0 (1+\chi_{\mathrm{m}})$，$\nabla \mu = \nabla[\mu_0 (1+\chi_{\mathrm{m}})] = \mu_0 \nabla \chi_{\mathrm{m}}$，又因

$$\mu \boldsymbol{J}_{\mathrm{f}} \times \boldsymbol{H} = \mu (\nabla \times \boldsymbol{H}) \times \boldsymbol{H} = \mu \left[(\boldsymbol{H} \cdot \nabla)\boldsymbol{H} - \frac{1}{2} \nabla (H^2) \right]$$

故有

$$\begin{aligned} \boldsymbol{f} &= \mu [(\boldsymbol{H} \cdot \nabla)\boldsymbol{H}] - \frac{1}{2} \mu \nabla (H^2) - \frac{1}{2} H^2 \nabla \mu - \frac{1}{2} H^2 \nabla \mu + (\boldsymbol{H} \cdot \nabla \mu)\boldsymbol{H} \\ &= \mu [(\boldsymbol{H} \cdot \nabla)\boldsymbol{H}] - \frac{1}{2} \nabla (\mu H^2) + (\boldsymbol{H} \cdot \nabla \mu)\boldsymbol{H} - \frac{1}{2} H^2 \nabla \mu \end{aligned} \tag{3-10}$$

又因 $\nabla \cdot \boldsymbol{B} = 0$，将式（3－10）加上一项 $(\nabla \cdot \boldsymbol{B})\boldsymbol{H}$，并与后两项分别处理。考虑到矢量运算式 $\nabla \cdot (\boldsymbol{ab}) = (\nabla \cdot \boldsymbol{a})\boldsymbol{b} + (\boldsymbol{a} \cdot \nabla)\boldsymbol{b}$，以及 $\boldsymbol{B} = \mu \boldsymbol{H}$，式（3－10）的前两项为

$$\mu [(\boldsymbol{H} \cdot \nabla)\boldsymbol{H}] - \frac{1}{2} \nabla (\mu H^2) + (\nabla \cdot \boldsymbol{B})\boldsymbol{H} = \nabla \cdot (\boldsymbol{BH}) - \frac{1}{2} \nabla (\mu H^2) \tag{3-11}$$

式中，$(\boldsymbol{BH})$ 定义为并矢，是一张量，它有九个分量，矩阵表达式为

$$\boldsymbol{BH}=\begin{bmatrix} B_xH_x & B_xH_y & B_xH_z \\ B_yH_x & B_yH_y & B_yH_z \\ B_zH_x & B_zH_y & B_zH_z \end{bmatrix}$$

同时定义一单位张量 $\boldsymbol{\rho}=\boldsymbol{ii}+\boldsymbol{jj}+\boldsymbol{kk}$，它与任何矢量的点乘均得到原来的矢量，其三个对角分量为 1，其他分量为 0，即

$$\boldsymbol{\rho}=\begin{bmatrix} 1 & 0 & 0 \\ 0 & 1 & 0 \\ 0 & 0 & 1 \end{bmatrix}$$

因 $\nabla(\mu H^2)=\nabla\bullet[\boldsymbol{\rho}(\mu H^2)]$，于是式（3－11）可写为

$$\nabla\bullet(\boldsymbol{BH})-\frac{1}{2}\nabla(\mu H^2)=\nabla\bullet\left(\boldsymbol{BH}-\frac{1}{2}\boldsymbol{\rho}\mu H^2\right) \tag{3-12}$$

定义一张量

$$\boldsymbol{T}=\boldsymbol{BH}-\frac{1}{2}\boldsymbol{\rho}\mu H^2 \tag{3-13}$$

式（3－12）可写为

$$\nabla\bullet(\boldsymbol{BH})-\frac{1}{2}\nabla(\mu H^2)=\nabla\bullet\boldsymbol{T}$$

又因

$$(\boldsymbol{H}\bullet\nabla\mu)\boldsymbol{H}=\boldsymbol{H}(\boldsymbol{H}\bullet\nabla\mu)=(\boldsymbol{HH})\bullet\nabla\mu$$

式中 $(\boldsymbol{HH})$ 是一张量，于是

$$(\boldsymbol{H}\bullet\nabla\mu)\boldsymbol{H}-\frac{1}{2}H^2\nabla\mu=\left(\boldsymbol{HH}-\frac{1}{2}H^2\boldsymbol{\rho}\right)\bullet\nabla\mu \tag{3-14}$$

定义一张量

$$\boldsymbol{W}=\boldsymbol{HH}-\frac{1}{2}H^2\boldsymbol{\rho} \tag{3-15}$$

由式（3－10）、式（3－13）和式（3－15），可得力密度的表达式为

$$\boldsymbol{f}=\nabla\bullet\boldsymbol{T}+\boldsymbol{W}\bullet\nabla\mu \tag{3-16}$$

式（3－16）的右端第二项是由于媒质导磁系数不均匀而引起的电磁力，该力的方向是由大值 μ 媒质指向小值 μ 媒质[6]。

3.2 转子系统受到的力和转矩

由前述推导的转子系统受力的体密度为 $\boldsymbol{f}$，则整个系统所受到的力为

$$\boldsymbol{F}=\int_V \boldsymbol{f}\,\mathrm{d}v=\int_V (\nabla\bullet\boldsymbol{T}+\boldsymbol{W}\bullet\nabla\mu)\,\mathrm{d}v \tag{3-17}$$

由 Green 定理可以证明，式（3－17）右端第一项可以化为求解域 V 的边界 S 面积分

$$\boldsymbol{F}=\oint_S \boldsymbol{T}\bullet\boldsymbol{n}\mathrm{d}s+\int_V \boldsymbol{W}\bullet\nabla\mu\,\mathrm{d}v \tag{3-18}$$

式中，$\boldsymbol{n}$ 为边界面 S 的外法向单位矢量。转子系统的转矩为

$$\boldsymbol{M}_{\mathrm{em}}=\int_V \boldsymbol{r}\times\boldsymbol{f}\,\mathrm{d}v=\int_V \boldsymbol{r}\times(\nabla\bullet\boldsymbol{T}+\boldsymbol{W}\bullet\nabla\mu)\,\mathrm{d}v \tag{3-19}$$

式中：$\boldsymbol{r}$ 为转子半径矢量；$\boldsymbol{T}$ 为对称张量，由式（3－13）的矩阵式可写为

$$\begin{aligned}\boldsymbol{T}&=\boldsymbol{BH}-\frac{1}{2}\boldsymbol{\rho}\mu H^2\\&=\begin{bmatrix}B_xH_x-\frac{1}{2}\mu H^2 & B_xH_y & B_xH_z\\ B_yH_x & B_yH_y-\frac{1}{2}\mu H^2 & B_yH_z\\ B_zH_x & B_zH_y & B_zH_z-\frac{1}{2}\mu H^2\end{bmatrix}\\&=\begin{bmatrix}J_{11} & J_{12} & J_{13}\\ J_{21} & J_{22} & J_{23}\\ J_{31} & J_{32} & J_{33}\end{bmatrix}\end{aligned}$$

令

$$\begin{cases}\boldsymbol{P}_x=J_{11}\boldsymbol{i}+J_{12}\boldsymbol{j}+J_{13}\boldsymbol{k}\\ \boldsymbol{P}_y=J_{21}\boldsymbol{i}+J_{22}\boldsymbol{j}+J_{23}\boldsymbol{k}\\ \boldsymbol{P}_z=J_{31}\boldsymbol{i}+J_{32}\boldsymbol{j}+J_{33}\boldsymbol{k}\end{cases}$$

式中，$\boldsymbol{i},\boldsymbol{j},\boldsymbol{k}$ 分别为 x,y,z 坐标系的单位矢量，则

$$\boldsymbol{T}=\boldsymbol{P}_x\boldsymbol{i}+\boldsymbol{P}_y\boldsymbol{j}+\boldsymbol{P}_z\boldsymbol{k}$$

因为

$$\nabla\bullet\boldsymbol{T}=\frac{\partial\boldsymbol{P}_x}{\partial x}+\frac{\partial\boldsymbol{P}_y}{\partial y}+\frac{\partial\boldsymbol{P}_z}{\partial z}$$

且，当 $\boldsymbol{T}$ 为对称矩阵时，有

$$\begin{aligned}\boldsymbol{i}\times\boldsymbol{P}_x+\boldsymbol{j}\times\boldsymbol{P}_y+\boldsymbol{k}\times\boldsymbol{P}_z&=\boldsymbol{i}\times\boldsymbol{j}J_{12}+\boldsymbol{i}\times\boldsymbol{k}J_{13}+\boldsymbol{j}\times\boldsymbol{i}J_{21}+\boldsymbol{j}\times\boldsymbol{k}J_{23}+\boldsymbol{k}\times\boldsymbol{i}J_{31}+\boldsymbol{k}\times\boldsymbol{j}J_{32}\\&=0\end{aligned}$$

所以有

$$\int_V \boldsymbol{r}\times\nabla\bullet\boldsymbol{T}\mathrm{d}v=\int_V \boldsymbol{r}\times\left(\frac{\partial\boldsymbol{P}_x}{\partial x}+\frac{\partial\boldsymbol{P}_y}{\partial y}+\frac{\partial\boldsymbol{P}_z}{\partial z}\right)\mathrm{d}v$$
$$=\int_V\left[\left(\boldsymbol{i}\times\boldsymbol{P}_x+\boldsymbol{j}\times\boldsymbol{P}_y+\boldsymbol{k}\times\boldsymbol{P}_z\right)+\boldsymbol{r}\times\left(\frac{\partial\boldsymbol{P}_x}{\partial x}+\frac{\partial\boldsymbol{P}_y}{\partial y}+\frac{\partial\boldsymbol{P}_z}{\partial z}\right)\right]\mathrm{d}v$$
$$=\int_V\left[\left(\frac{\partial\boldsymbol{r}}{\partial x}\times\boldsymbol{P}_x+\frac{\partial\boldsymbol{r}}{\partial y}\times\boldsymbol{P}_y+\frac{\partial\boldsymbol{r}}{\partial z}\times\boldsymbol{P}_z\right)+\boldsymbol{r}\times\left(\frac{\partial\boldsymbol{P}_x}{\partial x}+\frac{\partial\boldsymbol{P}_y}{\partial y}+\frac{\partial\boldsymbol{P}_z}{\partial z}\right)\right]\mathrm{d}v$$
$$=\int_V\left[\left(\frac{\partial(\boldsymbol{r}\times\boldsymbol{P}_x)}{\partial x}+\frac{\partial(\boldsymbol{r}\times\boldsymbol{P}_y)}{\partial y}+\frac{\partial(\boldsymbol{r}\times\boldsymbol{P}_z)}{\partial z}\right)\right]\mathrm{d}v$$

由 Green 公式，上式的体积分可化为面积分

$$\int_V\left[\left(\frac{\partial(\boldsymbol{r}\times\boldsymbol{P}_x)}{\partial x}+\frac{\partial(\boldsymbol{r}\times\boldsymbol{P}_y)}{\partial y}+\frac{\partial(\boldsymbol{r}\times\boldsymbol{P}_z)}{\partial z}\right)\right]\mathrm{d}v$$
$$=\oint_S\left[(\boldsymbol{r}\times\boldsymbol{P}_x)\cos(n,\hat{\ }x)+(\boldsymbol{r}\times\boldsymbol{P}_y)\cos(n,\hat{\ }y)+(\boldsymbol{r}\times\boldsymbol{P}_z)\cos(n,\hat{\ }z)\right]\mathrm{d}s$$
$$=\oint_S\boldsymbol{r}\times\left[\boldsymbol{P}_x\cos(n,\hat{\ }x)+\boldsymbol{P}_y\cos(n,\hat{\ }y)+\boldsymbol{P}_z\cos(n\hat{\ },z)\right]\mathrm{d}s$$

因为

$$\boldsymbol{n}\bullet\boldsymbol{T}=\boldsymbol{P}_x\cos(n,\hat{\ }x)+\boldsymbol{P}_y\cos(n,\hat{\ }y)+\boldsymbol{P}_z\cos(n,\hat{\ }z)$$

所以有

$$\int_V\boldsymbol{r}\times\nabla\bullet\boldsymbol{T}\mathrm{d}v=\oint_s\boldsymbol{r}\times(\boldsymbol{n}\bullet\boldsymbol{T})\mathrm{d}s$$

最后得到转矩的公式为

$$\boldsymbol{M}_{\mathrm{em}}=\oint_S\boldsymbol{r}\times(\boldsymbol{n}\bullet\boldsymbol{T})\mathrm{d}s+\int_V\boldsymbol{r}\times(\boldsymbol{W}\bullet\nabla\mu)\mathrm{d}v \tag{3-20}$$

式中：右端第一项为求解域 V 的边界面 S 的面积分；$\boldsymbol{n}$ 为边界面的外法向单位矢量。第二项为媒质不均匀磁化时才存在。

在稳态情况下，场的状态完全由电荷或电流分布所决定，电磁场能量总是通过电荷分布或电流分布表示出来，但在不稳定情况下，电磁场的状态不是完全由电荷或电流分布来表示的，它可以脱离电荷和电流而独立存在，由于电磁场具有波动性和物质性，电磁场不仅具有电磁能量，同时还具有电磁动量，电磁能量和电磁动量在其与其他运动形态的能量和动量转换过程中，应遵守能量和动量守恒定律。

式（3－19）和式（3－20）中，等式左端代表转子系统的总动量（注意：能量是标量，动量是矢量，能量流密度是矢量，而动量流密度是张量），等式右端第一项表示单位时间由 V外通过边界面 S 流进 V 内的动量流，是包含了电磁场动量变化率的量。因此张量 $\boldsymbol{T}$ 为电磁场的动量流密度张量，或称为电

磁场应力张量。

式（3－19）和式（3－20）中的第二项则是表示电磁场内一些动量转移的量。对于外圆开槽的转子铁心，当均匀开槽且具有对称性时，应有

$$\int_V \boldsymbol{W}\bullet\nabla\mu \mathrm{d}v=0$$

$$\int_V \boldsymbol{r}\times(\boldsymbol{W}\bullet\nabla\mu)\mathrm{d}v=0$$

令

$$\boldsymbol{P}=\boldsymbol{T}\bullet\boldsymbol{n}=\mu(\boldsymbol{n}\bullet\boldsymbol{H})\boldsymbol{H}-\frac{1}{2}\mu H^2\boldsymbol{n}$$

可得转子系统受力和转矩的一般表达式为

$$\begin{aligned}\boldsymbol{F}&=\oint_S \boldsymbol{T}\bullet\boldsymbol{n}\mathrm{d}s\\&=\oint_S\left[\mu(\boldsymbol{n}\bullet\boldsymbol{H})\boldsymbol{H}-\frac{1}{2}\mu H^2\boldsymbol{n}\right]\mathrm{d}s\end{aligned}\tag{3-21}$$

$$\begin{aligned}\boldsymbol{M}_{\mathrm{em}}&=\oint_S \boldsymbol{r}\times(\boldsymbol{T}\bullet\boldsymbol{n})\,\mathrm{d}s\\&=\oint_S \boldsymbol{r}\times\left[\mu(\boldsymbol{n}\bullet\boldsymbol{H})\boldsymbol{H}-\frac{1}{2}\mu H^2\boldsymbol{n}\right]\mathrm{d}s\end{aligned}\tag{3-22}$$

由式（3－21）和式（3－22）可知，只需通过求面积分即可计算转子受力和电磁转矩。若将积分面选在包围转子系统的空气隙中，且是一个具有半径为 r 的圆柱面，则有

$$\boldsymbol{P}=\boldsymbol{T}\bullet\boldsymbol{n}=\mu_0(\boldsymbol{n}\bullet\boldsymbol{H})\boldsymbol{H}-\frac{1}{2}\mu_0 H^2\boldsymbol{n}$$

式中，μ_0 为常数，在求出电机的电磁场后，用式（3－21）和式（3－22）计算力和转矩非常简便，并且取气隙中不同的半径 r，其所得结果都是一样，因此利用以上结果可通过电磁场的数值直接计算力和电磁转矩。

3.3 复数场量时的电磁力和电磁转矩

式（3－21）和式（3－22）的右端表示的是任意时刻由 V 外通过界面 S 的动量流和动量矩流变化率。即可用该两式通过瞬态电磁场计算，求出电机的瞬时电磁力和瞬时电磁转矩。当电磁场对时间做正弦变化时，可借助于复数表示的场量，推导出平均力和平均电磁转矩公式。以下讨论二维场情况。

设

$$\boldsymbol{H}=\mathrm{Re}\left[\dot{\boldsymbol{H}}\mathrm{e}^{\mathrm{j}\omega t}\right]$$

式中：Re 表示取复数的实数部分；$\dot{\boldsymbol{H}}$ 用相量表示的复量，对于二维场有

$$\dot{\boldsymbol{H}} = \dot{H}_x \boldsymbol{i} + \dot{H}_y \boldsymbol{j}$$

$$\begin{cases} \dot{H}_x = H_x \mathrm{e}^{\mathrm{j}\varphi_x} \\ \dot{H}_y = H_y \mathrm{e}^{\mathrm{j}\varphi_y} \end{cases}$$

式中：H_x 和 H_y 分别是复量 $\dot{H}_x$ 和 $\dot{H}_y$ 的模；φ_x 和 φ_y 分别为复量 $\dot{H}_x$ 和 $\dot{H}_y$ 的幅角。由上节分析可知，取气隙中一个圆柱面作为积分面，则有

$$\begin{aligned} \boldsymbol{P} &= \mu_0 (\boldsymbol{n} \bullet \boldsymbol{H}) \boldsymbol{H} - \frac{1}{2} \mu_0 H^2 \boldsymbol{n} \\ &= \mu_0 \left[\boldsymbol{n} \bullet \mathrm{Re}(\dot{\boldsymbol{H}} \mathrm{e}^{\mathrm{j}\omega t}) \right] \mathrm{Re}(\dot{\boldsymbol{H}} \mathrm{e}^{\mathrm{j}\omega t}) - \\ & \frac{1}{2} \mu_0 \,\mathrm{Re}(\dot{\boldsymbol{H}} \mathrm{e}^{\mathrm{j}\omega t}) \mathrm{Re}(\dot{\boldsymbol{H}} \mathrm{e}^{\mathrm{j}\omega t}) \boldsymbol{n} \end{aligned} \tag{3-23}$$

当 Z_1 和 Z_2 为复数时，有如下展开式

$$\mathrm{Re}(Z_1)\mathrm{Re}(Z_2) = \frac{1}{2} \mathrm{Re}(Z_1 \bullet Z_2 + Z_1 \bullet Z_2^*)$$

式中，Z_2^* 为 Z_2 的共轭复数，令 $\boldsymbol{n} = n_x \boldsymbol{i} + n_y \boldsymbol{j}$，由此可得式（3－23）右端第一项记为

$$\begin{aligned} \boldsymbol{P}_1 &= \mu_0 (\boldsymbol{n} \bullet \boldsymbol{H}) \boldsymbol{H} = \mu_0 \left[\boldsymbol{n} \bullet \mathrm{Re}(\dot{\boldsymbol{H}} \mathrm{e}^{\mathrm{j}\omega t}) \right] \mathrm{Re}(\dot{\boldsymbol{H}} \mathrm{e}^{\mathrm{j}\omega t}) \\ &= \frac{\mu_0}{2} \mathrm{Re} \begin{Bmatrix} \left[(n_x \dot{H}_x \dot{H}_x + n_y \dot{H}_x \dot{H}_y) \boldsymbol{i} + (n_x \dot{H}_x \dot{H}_y + n_y \dot{H}_y \dot{H}_y) \boldsymbol{j} \right] \mathrm{e}^{\mathrm{j}2\omega t} + \\ \left[(n_x \dot{H}_x \dot{H}_x^* + n_y \dot{H}_y \dot{H}_y^*) \boldsymbol{i} + (n_x \dot{H}_x \dot{H}_y^* + n_y \dot{H}_y \dot{H}_y^*) \boldsymbol{j} \right] \end{Bmatrix} \\ &= \frac{\mu_0}{2} \begin{Bmatrix} \begin{bmatrix} n_x H_x^2 \cos 2(\omega t + \varphi_x) + n_y H_x H_y \cos(2\omega t + \varphi_x + \varphi_y) + \\ n_x H_x^2 + n_y H_x H_y \cos(\varphi_y - \varphi_x) \end{bmatrix} \boldsymbol{i} + \\ \begin{bmatrix} n_x H_x H_y \cos(2\omega t + \varphi_x + \varphi_y) + n_y H_y^2 \cos 2(\omega t + \varphi_y) + \\ n_y H_y^2 + n_x H_x H_y \cos(\varphi_x - \varphi_y) \end{bmatrix} \boldsymbol{j} \end{Bmatrix} \end{aligned}$$

式中，H_x^*，H_y^* 为各自场量的共轭复数。式（3－23）左端第二项记为

$$\begin{aligned} \boldsymbol{P}_2 &= -\frac{1}{2} \mu_0 \,\mathrm{Re}(\dot{\boldsymbol{H}} \mathrm{e}^{\mathrm{j}\omega t}) \mathrm{Re}(\dot{\boldsymbol{H}} \mathrm{e}^{\mathrm{j}\omega t}) \boldsymbol{n} \\ &= -\frac{1}{4} \mu_0 \begin{Bmatrix} (H_x^2 + H_y^2) + H_x^2 \cos 2(\omega t + \varphi_x) \\ + H_y^2 \cos 2(\omega t + \varphi_y) \end{Bmatrix} \boldsymbol{n} \end{aligned}$$

$$\boldsymbol{P} = \boldsymbol{P}_1 + \boldsymbol{P}_2$$

$\boldsymbol{P}$ 在一个周期内的平均值为

$$\begin{aligned}\boldsymbol{P}_{\mathrm{av}} &= \frac{1}{T}\int_0^T \boldsymbol{P}\mathrm{d}t \\ &= \frac{1}{2}\mu_0\left[n_x\frac{1}{2}(H_x^2-H_y^2)+n_yH_xH_y\cos(\varphi_y-\varphi_x)\right]\boldsymbol{i}+ \\ &\quad \frac{1}{2}\mu_0\left[n_y\frac{1}{2}(H_y^2-H_x^2)+n_xH_xH_y\cos(\varphi_x-\varphi_y)\right]\boldsymbol{j}\end{aligned} \tag{3-24}$$

在电磁场正弦交变情况下，可得电机的平均电磁力和平均电磁转矩公式为

$$\boldsymbol{F}_{\mathrm{av}} = \oint_s \boldsymbol{P}_{\mathrm{av}}\mathrm{d}s \tag{3-25}$$

$$\boldsymbol{M}_{\mathrm{emav}} = \oint_s \boldsymbol{r}\times\boldsymbol{P}_{\mathrm{av}}\mathrm{d}s \tag{3-26}$$

以上两式可用来计算场量为复数时的电磁力和电磁转矩。即通过求解复数形式的准涡流方程得到复数场量，计算电机在似稳频率情况下的平均电磁力和平均电磁转矩。

3.4 由电磁场数值计算电磁力和电磁转矩

以上各节从电磁场动量原理出发阐明和推导了电机转子受电磁力和电磁转矩的解析计算公式，本节将以二维场为例，进一步讨论如何利用电磁场数值计算结果，直接计算电机转子受力和电磁转矩，即进一步导出其离散化计算公式。

3.4.1 计算流程

（1）采用有限元法计算电机二维平面上求解域中的磁场物理量（磁位 $\boldsymbol{A}$ 或 φ_{m} 或场量 $\boldsymbol{B}$）的离散值。

（2）任意选取一个积分面，但必须包围转子系统，通常在气隙中取任一个半径 r 的圆柱面为积分面。

（3）根据二维场数值计算结果，计算每个单元的场量 $\boldsymbol{B}$ 或 $\boldsymbol{H}$ 。

（4）计算单元的电磁场张量。

（5）计算力 $\boldsymbol{F}$ 和电磁转矩 $\boldsymbol{M}_{\mathrm{em}}$ 。

3.4.2 电磁场数值解的电磁转矩计算公式

由式（3－21）和式（3－22）可知，只需通过求面积分即可计算转子受力和电磁转矩。若将积分面选在包围转子系统的空气隙中，则一个具有半径为 r 的半个圆柱面，如图 3－1 所示。气隙的剖分采用一阶三角形单元，有限元法已经证明，采用线性插值时，在每个单元内，磁感应强度为一常量，且取一定的方向，其分量为

$$B_x = \frac{\partial A}{\partial y} = \frac{1}{2\varDelta}\sum_{i,j,m} c_k A_k$$

$$B_y = -\frac{\partial A}{\partial x} = -\frac{1}{2\varDelta}\sum_{i,j,m} b_k A_k$$

式中：$\varDelta$ 为单元的面积；A_k 为单元 k 的矢量磁位；b_k, c_k 为表示仅与单元 k 节点坐标有关的系数（参见第 4 章）。

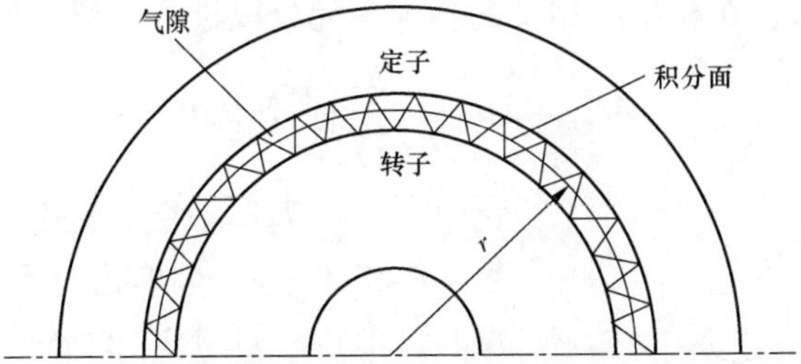

图 3－1　计算电磁转矩的气隙单元剖分与积分面

如图 3－1 所示所取的积分面，在二维情况下是一条积分圆周线，它与气隙剖分三角单元的两条边交于两点，由于单元内磁感应强度为常数，即是常矢量，可以证明，通过此两交点属于单元的任意路径上积分相等，因此，积分路径选取半径为 r 的圆弧。现用圆柱坐标表示的单元内磁感应强度为

$$\boldsymbol{B} = B_{\mathrm{r}}\boldsymbol{i}_{\mathrm{r}} + B_{\theta}\boldsymbol{i}_{\theta}$$

式中，$\boldsymbol{i}_{\mathrm{r}}$ 和 $\boldsymbol{i}_{\theta}$ 分别为径向和切向单位矢量，而积分面的外法向矢量为 $\boldsymbol{n} = \boldsymbol{i}_{\mathrm{r}}$，于是有

$$\begin{aligned}\boldsymbol{P} = \boldsymbol{T}\cdot\boldsymbol{n} &= \mu_0(\boldsymbol{n}\cdot\boldsymbol{H})\boldsymbol{H} - \frac{1}{2}\mu_0 H^2\boldsymbol{n} \\ &= \frac{1}{\mu_0}B_{\mathrm{r}}\boldsymbol{B} - \frac{1}{2\mu_0}B^2\boldsymbol{i}_{\mathrm{r}}\end{aligned}$$

电磁转矩为

$$\begin{aligned}\boldsymbol{M}_{\mathrm{em}} &= \oint_S \boldsymbol{r}\times\boldsymbol{P}\mathrm{d}s \\ &= \oint_S\left(\frac{1}{\mu_0}B_{\mathrm{r}}\boldsymbol{r}\times\boldsymbol{B} - \frac{1}{2\mu_0}B^2\boldsymbol{r}\times\boldsymbol{i}_{\mathrm{r}}\right)\mathrm{d}s \\ &= \frac{1}{\mu_0}\oint_S B_{\mathrm{r}} r B_{\theta}\mathrm{d}s\boldsymbol{k} \\ &= \left(\frac{r^2 l_{\mathrm{ef}}}{\mu_0}\int_0^{2\pi} B_{\mathrm{r}}B_{\theta}\mathrm{d}\theta\right)\boldsymbol{k}\end{aligned}$$

式中，l_{ef} 为电机轴向气隙计算长度。考虑到电机磁场的周期性条件和几何尺寸的对称性，上式仅需计算一个极下的积分即可，电机电磁转矩的大小为

$$\boldsymbol{M}_{em}=2p\frac{r^2 l_{ef}}{\mu_0}\int_{\theta_1}^{\theta_2}B_r B_\theta \mathrm{d}\theta$$

式中：p 为极对数；θ_1 和 θ_2 为一个极矩下的两端点对应的机械角度。由于气隙剖分了许多单元，每个单元内的磁感应强度 B 为常数，且相邻单元的 B 不相同，上式积分应该在积分线相交的各个单元分段进行，然后将其叠加，即有

$$\boldsymbol{M}_{em}=2p\frac{r^2 l_{ef}}{\mu_0}\sum_{i=1}^{N_{RO}}\int_{\theta_i}^{\theta_{i+1}}B_r B_\theta \mathrm{d}\theta \tag{3-27}$$

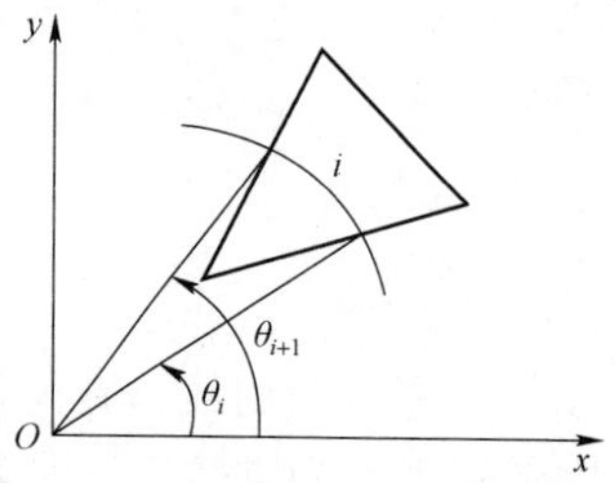

图 3-2　积分线与单元边所张角度

式中：N_{RO} 为一个极下积分线上所交的单元数；θ_i 和 θ_{i+1} 为一个单元的两边与积分线所交点的弧形角，如图 3-2 所示。由于极坐标与直角坐标的关系为

$$\begin{cases}B_r=B_x\cos\theta+B_y\sin\theta\\ B_\theta=-B_x\sin\theta+B_y\cos\theta\end{cases}$$

又因

$$B_\theta B_r=\frac{B_y^2-B_x^2}{2}\sin(2\theta)+B_x B_y\cos(2\theta)$$

于是有

$$\begin{aligned}\int_{\theta_i}^{\theta_{i+1}}B_r B_\theta \mathrm{d}\theta &=\frac{B_{yi}^2-B_{xi}^2}{2}\left[-\frac{1}{2}\cos(2\theta)\right]_{\theta_i}^{\theta_{i+1}}+B_{xi}B_{yi}\left[\frac{1}{2}\sin(2\theta)\right]_{\theta_i}^{\theta_{i+1}}\\ &=-\frac{B_{xi}^2-B_{yi}^2}{2}\sin(\theta_{i+1}+\theta_i)\sin(\theta_{i+1}-\theta_i)+\\ &\quad B_{xi}B_{yi}\cos(\theta_{i+1}+\theta_i)\sin(\theta_{i+1}-\theta_i)\end{aligned}$$

给出积分曲线与各单元边的交点坐标 x_{NROi}，y_{NROi}，计算

$$\theta_i=\arctan\frac{y_i}{x_i},\qquad \theta_{i+1}=\arctan\frac{y_{i+1}}{x_{i+1}}$$

如果积分曲线取在转子表面，则 θ_i 和 θ_{i+1} 的求取比较方便，但需要给出转子表面的节点编号数组，于是式（3-27）写成离散格式为

$$\boldsymbol{M}_{em}=2p\frac{r^2 l_{ef}}{\mu_0}\sum_{i=1}^{N_{RO}}\left\{\begin{aligned}&-\frac{1}{2}\left(B_{xi}^2-B_{yi}^2\right)\sin(\theta_{i+1}+\theta_i)\sin(\theta_{i+1}-\theta_i)\\&+B_{xi}B_{yi}\cos(\theta_{i+1}+\theta_i)\sin(\theta_{i+1}-\theta_i)\end{aligned}\right\} \tag{3-28}$$

式（3－28）即可根据电磁场数值解计算电机的电磁转矩。当用磁标量位求解电磁场时，可用下式计算电磁转矩

$$\boldsymbol{M}_{\mathrm{em}}=2pr^2l_{\mathrm{ef}}\mu_0\sum_{i=1}^{\mathrm{NRO}}\left\{\begin{aligned}&-\frac{1}{2}(H_{xi}^2-H_{yi}^2)\sin(\theta_{i+1}+\theta_i)\sin(\theta_{i+1}-\theta_i)\\&+H_{xi}H_{yi}\cos(\theta_{i+1}+\theta_i)\sin(\theta_{i+1}-\theta_i)\end{aligned}\right\}\tag{3－29}$$

下面推导正弦稳态下的电磁转矩平均值。将式（3－24）用极坐标形式表示，经过推导得到

$$\boldsymbol{P}_{\mathrm{av}}=P_{\mathrm{r}}\boldsymbol{i}_{\mathrm{r}}+P_{\theta}\boldsymbol{i}_{\theta}$$

$$\left\{\begin{aligned}&P_{\mathrm{r}}=\frac{1}{2}\mu_0\left[H_xH_y\sin(2\theta)\cos(\varphi_y-\varphi_x)+\frac{1}{2}(H_x^2-H_y^2)\cos(2\theta)\right]\\&P_{\theta}=\frac{1}{2}\mu_0\left[H_xH_y\cos(2\theta)\cos(\varphi_y-\varphi_x)-\frac{1}{2}(H_x^2-H_y^2)\sin(2\theta)\right]\end{aligned}\right.\tag{3－30}$$

于是得到正弦稳态情况下电机转子系统的受力和电磁转矩的矢量平均值

$$\boldsymbol{F}_{\mathrm{av}}=\oint_S(P_{\mathrm{r}}\boldsymbol{i}_{\mathrm{r}}+P_{\theta}\boldsymbol{i}_{\theta})\mathrm{d}s$$

$$\begin{aligned}\boldsymbol{M}_{\mathrm{emav}}&=\oint_S(\boldsymbol{r}\times\boldsymbol{P})\,\mathrm{d}s=\oint_S[\boldsymbol{r}\times(P_{\mathrm{r}}\boldsymbol{i}_{\mathrm{r}}+P_{\theta}\boldsymbol{i}_{\theta})]\mathrm{d}s\\&=\oint_S P_{\theta}(\boldsymbol{r}\times\boldsymbol{i}_{\theta})\,\mathrm{d}s\\&=\oint_S(P_{\theta}r\mathrm{d}s)\boldsymbol{k}\end{aligned}\tag{3－31}$$

将式（3－30）代入式（3－31）得电磁转矩的平均值

$$\boldsymbol{M}_{\mathrm{emav}}=\frac{\mu_0}{2}\int_S\left[H_xH_y\cos(2\theta)\cos(\varphi_y-\varphi_x)-\frac{1}{2}(H_x^2-H_y^2)\sin(2\theta)\right]\mathrm{d}s\tag{3－32}$$

由于电机磁场的周期性条件和几何尺寸的对称性，上式仅计算一个极下的积分，对于整个电机圆周有 $2p$ 个极，参照式（3－28），将式（3－32）写成离散格式得

$$\boldsymbol{M}_{\mathrm{emav}}=pr^2l_{\mathrm{ef}}\mu_0\sum_{i=1}^{N_{\mathrm{RO}}}\left\{\begin{aligned}&H_{xi}H_{yi}\cos(\varphi_{yi}-\varphi_{xi})\cos(\theta_{i+1}+\theta_i)\sin(\theta_{i+1}-\theta_i)\\&-\frac{1}{2}(H_{xi}^2-H_{yi}^2)\sin(\theta_{i+1}+\theta_i)\sin(\theta_{i+1}-\theta_i)\end{aligned}\right\}\tag{3－33}$$

式（3－33）可用来计算正弦稳态电磁场时的电磁转矩平均值。

以上理论分析与推导说明，从电磁场的麦克斯韦方程出发，将洛伦兹力概念推广，利用电磁动量原理推导出电机的转子受力和电磁转矩，与利用坡印亭向量得到相同的结果[6]，可以利用电磁场数值计算结果计算瞬态情况，也可以时变稳态时的平均值。

第 4 章　电磁场数值计算的有限元法

许多工程问题和数学物理问题，写出它们的控制方程及边界条件并不困难，但是由于边界条件的复杂性，得出它们的精确解析解则很难，一般人们总是寻求问题的近似解，随着计算机和计算技术的发展，求近似解的方法之一就是求数值解，当今，在数值解的方法中有限元法应用得最为广泛。

4.1　电磁场的基本方程

1864 年，麦克斯韦（Maxwell）集前人研究成果之大成，提出了一套描述电磁现象完整而系统的电磁理论，即电磁场的动力学理论，也就是麦克斯韦方程组，其微分形式的表述为

$$\left.\begin{aligned}&\nabla\times\boldsymbol{H}=\boldsymbol{J}+\frac{\partial\boldsymbol{D}}{\partial t}\\&\nabla\times\boldsymbol{E}=-\frac{\partial\boldsymbol{B}}{\partial t}\\&\nabla\cdot\boldsymbol{B}=0\\&\nabla\cdot\boldsymbol{D}=\rho\end{aligned}\right\}\tag{4-1}$$

式（4－1）加上洛伦兹力定律和媒质性能关系，即构成了全部经典电磁场动力学，成为现代研究与分析一切电磁现象的理论基础，洛伦兹力定律表述为

$$\boldsymbol{f}=q\boldsymbol{E}+q(\boldsymbol{v}\times\boldsymbol{B})\tag{4-2}$$

媒质性能关系的表达式为

$$\left.\begin{aligned}&\boldsymbol{B}=\mu\boldsymbol{H}\\&\boldsymbol{D}=\varepsilon\boldsymbol{E}\\&\boldsymbol{J}=\sigma\boldsymbol{E}\end{aligned}\right\}\tag{4-3}$$

上列各式中：$\boldsymbol{B}$ 和 $\boldsymbol{H}$ 分别为磁感应强度矢量和磁场强度矢量；$\boldsymbol{D}$ 和 $\boldsymbol{E}$ 分别为电位移矢量和电场强度矢量；$\boldsymbol{J}$ 为电流密度矢量；$\boldsymbol{f}$ 为电磁力矢量；$\boldsymbol{v}$ 为电荷 q 的运动速度矢量；ρ 为体电荷密度。媒质性能关系中的μ，ε，σ 分别为媒质的磁导率、电容率和电导率。所有场量均为空间和时间的函数。对于静态场，场量与时间无关，则麦克斯韦方程表示为

$$\left.\begin{aligned}\nabla\times\boldsymbol{H}&=\boldsymbol{J}\\\nabla\times\boldsymbol{E}&=0\\\nabla\cdot\boldsymbol{B}&=0\\\nabla\cdot\boldsymbol{D}&=\rho\end{aligned}\right\}\tag{4-4}$$

观察与分析麦克斯韦方程式（4-1）或式（4-4）可以看出，在描述电场和磁场的方程中，场矢量必须同时满足其旋度和散度方程。以静磁场为例，由电流源在空间建立的磁场必须同时满足式（4-4）中的第一式和第三式。或者说，对于已知电流源，由式（4-4）的第一式仅能决定矢量 $\boldsymbol{H}$ 的旋度，而不能决定空间各点矢量 $\boldsymbol{H}$ 的值。仅由式（4-4）中的第一式决定的 $\boldsymbol{H}$ 具有任意性和多值性，只有式（4-4）中的第一与第三两式联立求解，才能获得矢量 $\boldsymbol{H}$ 的确定值。这是由于电磁场属于矢量场，因此，它必须遵循矢量场论中的一条重要定理，即赫姆霍兹（Helmholtz）定理。该定理指出：假如在有限的区域内，矢量场的散度和旋度处处已知，则矢量场可以唯一确定，正如前章已经被证明的。

在电磁场的分析与计算中，常引进位函数以给问题的求解带来方便。场的有源性和无源性，有旋性和无旋性，规定了所考察的场是存在标量位还是矢量位。对于静电场，整个区域是无旋的；而对于静磁场，整个区域是无源的。凡是无旋场，不论局部或是全部区域，可以采用标量位；凡是无源场，不论局部或是全部区域，可以采用矢量位。这样，对于静磁场，一般情况下是有旋无源场，必须引入矢量磁位。

由

$$\nabla\cdot\boldsymbol{B}=0$$

及矢量恒等式 $\nabla\cdot\nabla\times\boldsymbol{A}\equiv 0$，可用一矢量 $\boldsymbol{A}$ 定义 $\boldsymbol{B}$，即有

$$\boldsymbol{B}=\nabla\times\boldsymbol{A}\tag{4-5}$$

式中，$\boldsymbol{A}$ 为矢量磁位。设媒质为线性均匀且各向同性，又由式（4-3）的第一式，则有

$$\nabla\times\nabla\times\boldsymbol{A}=\nabla(\nabla\cdot\boldsymbol{A})-\nabla^2\boldsymbol{A}=\mu\boldsymbol{J}$$

如果令

$$\nabla\cdot\boldsymbol{A}=0\tag{4-6}$$

式（4-6）称为库仑规范，则有

$$\nabla^2\boldsymbol{A}=-\mu\boldsymbol{J}\tag{4-7}$$

式（4-7）为矢量磁位 $\boldsymbol{A}$ 的泊松方程。如果媒质为非线性或不均匀，此时因子 $1/\mu$ 不能提出到旋度算子之外，则有

$$\nabla\times\frac{1}{\mu}\nabla\times\boldsymbol{A}=\boldsymbol{J} \tag{4-8}$$

式（4－8）称为矢量磁位 $\boldsymbol{A}$ 的旋度旋度方程，它与式（4－7）一起，共同构成了采用矢量磁位计算磁场的基础。由于 $\boldsymbol{A}$ 为矢量，用式（4－7）或式（4－8）解得的 $\boldsymbol{A}$ 还必须经由式（4－6）检验，凡是满足式（4－6）的解才是正确的，否则即不正确，这是由赫姆霍兹（Helmholtz）定理所确定。

对于没有电流存在的空间是无旋场，可以引入标量位，此时

$$\nabla\times\boldsymbol{H}=0$$

于是，令

$$H=-\nabla\varphi_{\mathrm{m}}$$

式中，φ_{m} 为标量磁位。由 $\nabla\cdot\boldsymbol{B}=0$，于是有

$$\nabla^2\varphi_{\mathrm{m}}=0 \tag{4-9}$$

即标量磁位满足拉普拉斯方程。

关于恒定电流场。众所周知，当一根导体的两端接上电源，导体中存在电场，即会使自由电子受电场力的作用而在导体中运动，形成传导电流。如果导体的媒质均匀且各向同性，导体细长截面均匀，则导体内各处截面上的电流密度相同，这样可采用电路方法计算。如果沿导电回路截面不等，媒质也不同，各处截面上电流密度分布也就不同，此时必须采用场的方法来处理，这就是所谓电流场。

事实上，式（4－3）中的第三式就是用场的观点描述的微分形式欧姆定律，它是电流场的基本公式，该式表明，当已知媒质的电导率时，媒质中任何一点的电流密度矢量决定于该点的电场强度矢量。

导电媒质的电流场必须满足电荷守恒定律，对于恒定电流场，穿过任意封闭面的电流强度应该恒等于零，即有

$$\oint_S\boldsymbol{J}\cdot\mathrm{d}\boldsymbol{s}=\oint_V\nabla\cdot\boldsymbol{J}\mathrm{d}v=0$$

所以有

$$\nabla\cdot\boldsymbol{J}=0 \tag{4-10}$$

此即恒定电流场的电流连续性方程。也就是说电流密度是连续闭合的，其散度恒为零，是无源场。由此可得

$$\nabla\cdot\boldsymbol{J}=\nabla\cdot\sigma\boldsymbol{E}=0$$

即有

$$\nabla\cdot\boldsymbol{E}=0$$

可见，均匀导电媒质中，恒定电流场内自由电荷的体密度为零，这与无

体电荷密度存在时均匀介质中静电场的性质相同。尽管导电媒质中有电荷运动，但从宏观角度看，恒定电流场中电荷的分布保持恒定不变，因此，由这些电荷产生的电场也应与静电场有相同的规律，即该电场为无旋场。于是有

$$\nabla\times\boldsymbol{E}=0$$

可以定义一个标量电位φ，有

$$\boldsymbol{E}=-\nabla\varphi$$

由于电场是无源场，且$\nabla\cdot\boldsymbol{E}=0$，则有

$$\nabla^2\varphi=0$$

所以，恒定电流场中描述电场的标量电位满足拉普拉斯方程。

4.2　求解电磁场边值问题的有限元法概述

工程中所遇到的电磁场问题，当边界条件比较复杂或存在非线性问题时，采用解析法求解往往十分困难甚至不可能，此时采用数值解法就显示出它的优越性。数值方法是一种近似解法，随着计算机和计算技术的迅速发展，数值解法的精度越来越高，它的应用也越来越广，使得一些以前无法解决的问题也相继得到解决，从而使电磁场数值方法也得到很快发展。

现在，电磁场数值方法已发展许多种，如有限差分法、有限单元法、边界单元法、积分方程法、双标量位法、图论模型法、棱边单元法等，它们已应用于工程实际。本章将着重介绍电磁场问题中有限单元法的基本原理和方法。

有限单元法最初应用于航空结构力学，由于它取得了非常显著的应用效果，很快就在其他领域得到推广。20 世纪 60 年代中期，由 A. M. Winslow 首先引入电工学科的电磁场计算领域。有限单元法就是为了对某些工程问题求得近似解的一种数值分析方法，它的基本思想是，将工程中所要求解的复杂连续场域离散化处理成许多小的、有限个数的单元，求出各个单元上近似解，然后综合起来得到整个连续域的近似解。

从数学意义方面看，解析法求得的电磁场边值问题的解是连续解析解，而有限元法求得的解是离散的近似数值解。如何才能保证所求得的数值解就是对应于麦克斯韦方程组的解析解的一个数值逼近，有限元法的数学基础是什么？对此应该有一个基本了解。

有限元法是以变分原理为基础，变分法研究的对象就是研究如何确定泛函极值的普遍方法。古典的变分法是将求解的变分问题转化为求解偏微分方程的问题，这就是著名的欧拉（Euler）定理。该定理指出：使泛函达到极值

的函数必定满足欧拉方程，它是偏微分方程，这样，就把变分问题与数理方程密切联系起来了。人们就是利用这种联系，采用反向思维，将所要求解的电磁场边值问题（偏微分方程加边界条件）转化为泛函求极值的问题，即变分问题，然后通过离散化处理，构造一个分片解析的有限元子空间，把变分问题近似地转化为有限元子空间中的多元函数极值问题，求得变分问题的近似解作为所求方程的近似解。

因此，有限元法的实施步骤如下：

（1）将所要求解的电磁场偏微分方程的边值问题等价为条件变分问题，即转化为泛函求极值的问题，这里关键是找到与偏微分方程对应的能量泛函。

（2）将求解的连续场域离散化处理，即将求解域通过网格剖分形成许多小单元。

（3）构造单元的插值函数，即寻求（或假设）一个近似函数表示单元内的未知场变量随空间位置的变化，这个近似函数称为插值函数，它表示一个单元内任意一点的场量与节点场量之间的关系。

（4）单元分析。将条件变分问题离散化处理后，通过单元分析，即可确定表示各个单元特性的矩阵表达式。

（5）总体合成。为了求得由单元网格所构成全域的模型特性，必须组合各单元特性的矩阵表达式，以形成表示整个求解域特性的矩阵方程，建立整个系统的联立方程组。

（6）方程组求解。求解方程组的方法很多，可以采用迭代法或消元法求解，以便得出全域各节点的场量值，通过这些节点值即可求得场内任意一点的场量值。

需要指出，以上描述的是基于变分原理的有限元法，常称为变分有限元法。然而，当某些定解问题不存在等价的变分问题时，需要寻求其他的离散化方法，这就是加权余量法，它更具有普遍适用性。当采用加权余量法离散时，如果选取形状函数作为权函数，将得到与变分有限元法相同的结果，这就是著名的伽辽金（Galerkin）有限元法。

4.3 泛函与变分的基本概念

为了对有限元法有一个比较深入的了解，有必要先讨论有限元的数学基础——变分法基本概念。有限元法是以变分原理为基础的，什么是变分法呢？凡是有关求泛函极值（极大与极小）的问题都称为变分问题，研究求泛函极值的方法称为变分法。变分法不仅使有限元数值解法建立在强有力的数学理论基础之上，而且在应用数学各个不同领域，如系统控制与最优控制理论、弹塑性理论及数理经济学等领域内有关问题的建模均与变分法有密切联系，并有可能使之得到解决。因此，从事课题研究的研究生和相关人员，增进对变分法的基本原理和知识的了解与掌握，对于扩大思维方法和提高解决问题的能力是很有益处的。

变分问题是一个很古老的数学问题，在微积分这一学科形成初期就已被人提出，如牛顿、伯努利等。

4.3.1　最简单命题和历史上有名的命题

1. 简单命题

在 $x-y$ 平面上，什么函数 $y=y(x)$ 使得两定点 A、B 间的线段长度为最短。从平面几何的概念出发，两点之间的最短连线是一条直线曾被认为是公理，但从数学解析的严密性出发，此一命题必须经过严格的理论证明。这一问题在变分法发明之后才得到了圆满解决。

如图 4－1 所示，在平面上，任意微元弧长度为

$$\mathrm{d}l=\sqrt{(\mathrm{d}x)^2+(\mathrm{d}y)^2}=\sqrt{1+(y')^2}\,\mathrm{d}x$$

在 A、B 两定点之间的弧长为

$$l=\int_A^B \mathrm{d}l=\int_{x_a}^{x_b}\sqrt{1+(y')^2}\,\mathrm{d}x$$

使上式达到最小值积分称为泛函，它取决于函数 $y(x)$ 的值，不同的 y 值有不同的 l 值，即 l 是 y 的函数，所以泛函是函数的函数，使 l 达到极小值的 y 值，即使得 $l=\min$ 称 $y(x)$ 为极值函数，求 l 极小值即是变分问题，即有

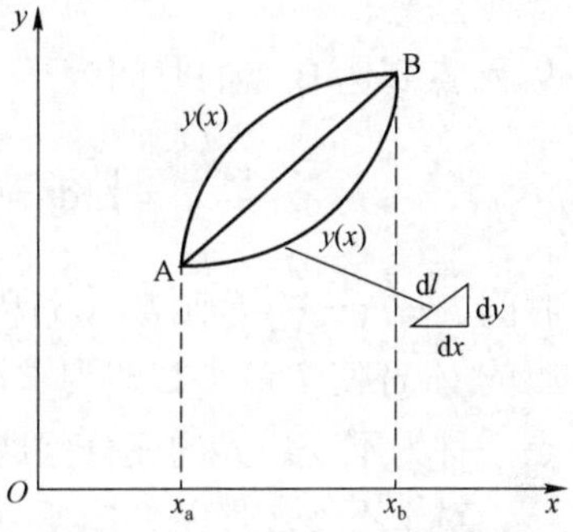

图 4－1　简单变分命题示意

$$\delta l=0$$

此一问题在欧拉定理发明后得到了证明是一直线方程。

2. 历史上有名的三大命题

（1）最速下降线问题——不变边界变分。此问题是伯努利在 1696 年提出的，问题的提法为：一重物在重力的作用下，沿着固定 A、B 两点的曲线上自由下滑（A、B 两点不在同一垂直线上），不计摩擦阻力，问：为使下滑时间最短的曲线形状应是如何？

由于重物下滑的时间随曲线的形状各异，A、B 两点的直线上，虽然路程短，但速度增长慢。若取另一条较陡的曲线，虽然路程较长，但速度增长快，时间反而短。

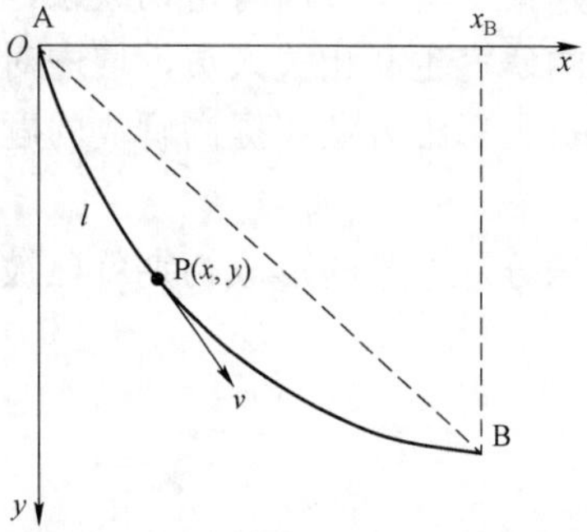

图 4－2　最速下降线变分问题示意

如图 4－2 所示，设质点 m 由 A 达到 P 点时的速度为 v，根据能量守恒定律，它失去的势能应该等于其得到的动能，即有

$$mgy=\frac{1}{2}mv^2$$

式中，g 为重力加速度，即有

$$v=\sqrt{2gy}$$

又

$$v=\frac{\mathrm{d}l}{\mathrm{d}t}=\frac{\sqrt{(\mathrm{d}x)^2+(\mathrm{d}y)^2}}{\mathrm{d}t}=\sqrt{2gy}$$

所以有

$$\mathrm{d}t=\sqrt{\frac{1+y'^2}{2gy}}\mathrm{d}x$$

从 A 点到达 B 点的时间为

$$T=\int_0^T\mathrm{d}t=\int_0^{x_B}\sqrt{\frac{1+y'^2}{2gy}}\,\mathrm{d}x=\int_0^{x_B}F(y,y')\,\mathrm{d}x$$

时间 $T=T(y,y')$ 是函数 $y(x)$和 $y'(x)$ 的函数，称为泛函。要找到一个 $y(x)$和相应的 $y'(x)$ 使 T 最小，即为求泛函极值问题是一个变分问题，其两个端点为定点，称为不变边界的变分问题。

对于不变边界条件的变分问题可以一般定义为：

在通过 $y_1=y_1(x_1)$， $y_2=y_2(x_2)$ 两点的条件下，选取 y（x）使泛函

$$I=\int_{x_1}^{x_2}F\left[x,y(x),y'(x)\right]\mathrm{d}x$$

为极值。

式中，$F\left[x,y,y'\right]$ 为 $x,y(x),y'(x)$ 的函数。

（2）短程线问题——条件变分

如图 4－3 所示，在曲面 $\varphi(x,y,z)=0$ 上，有两点 A、B 间长度最短的线是什么曲线？众所周知，球面（如地球）上两点间的短程线是通过该两点的大圆线。

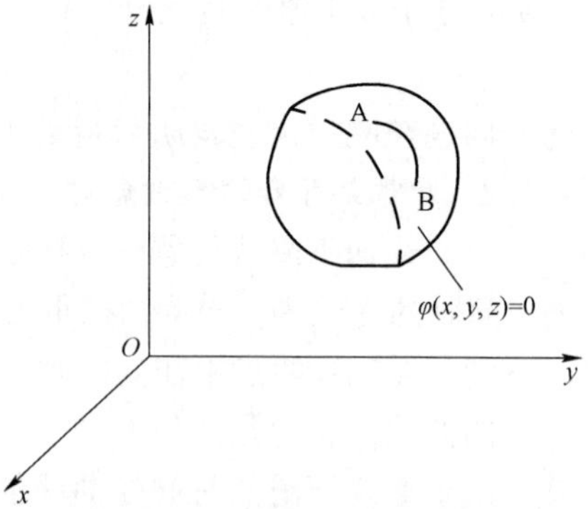

图 4－3　短程线变分问题示意

此命题的数学描述为：

设 AB 弧的方程为

$$\begin{cases} y = y(x) \\ z = z(x) \end{cases}$$

微元弧长为

$$\mathrm{d}l = \sqrt{(\mathrm{d}x)^2 + (\mathrm{d}y)^2 + (\mathrm{d}z)^2}$$

A、B 两点间弧长为

$$L = \int_{s_1}^{s_2} \mathrm{d}l = \int_{x_1}^{x_2} \sqrt{1 + y'^2 + z'^2}\,\mathrm{d}x = \int_{x_1}^{x_2} F(y', z')\mathrm{d}x$$

长度 $L = L[y(x), z(x)]$ 是 $y(x), z(x)$ 的函数，称为泛函，什么样的 $y(x), z(x)$ 函数使 L 最小，这是一个变分问题，但函数 $y(x), z(x)$ 必须满足 $\varphi(x, y, z) = 0$，此命题称为条件变分。

（3）等周问题——无边界变分。此问题的物理描述是，定长封闭曲线中，什么曲线所围成的面积最大？这个问题在古希腊时代即知道是一个圆周，但作为变分问题分析是在 1744 年由欧拉提出的。

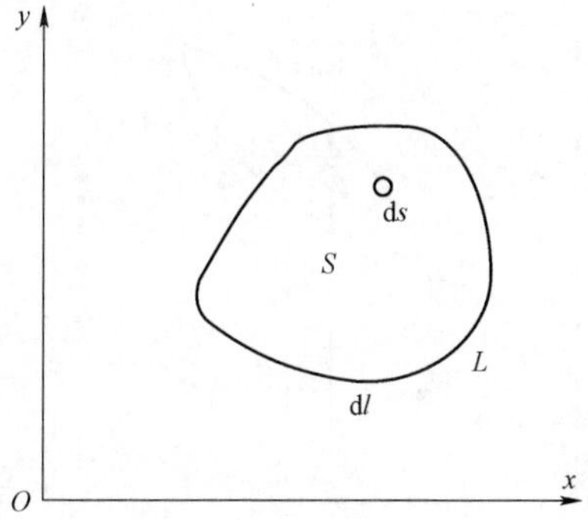

图 4-4 等周变分问题示意

此命题的数学描述为：在 xy 平面上，如图 4-4 所示，封闭线上的微元弧长为

$$\mathrm{d}l = \sqrt{(\mathrm{d}x)^2 + (\mathrm{d}y)^2}$$

在封闭线 L 围成的面积 S 内，微元面积为

$$\mathrm{d}s = \mathrm{d}x \bullet \mathrm{d}y$$

将曲线用参数式表示为

$$x = x(t)，\quad y = y(t)$$

则有，封闭线的周长为

$$L = \oint_L \mathrm{d}l = \sqrt{\left(\frac{\mathrm{d}x}{\mathrm{d}t}\right)^2 + \left(\frac{\mathrm{d}y}{\mathrm{d}t}\right)^2}\,\mathrm{d}t$$

面积为

$$S = \iint_S \mathrm{d}x\mathrm{d}y$$

利用格林定理将面积分化为线积分，有

$$\begin{aligned} S = \iint_S \mathrm{d}x\mathrm{d}y &= \frac{1}{2}\oint_L (x\mathrm{d}y - y\mathrm{d}x) \\ &= \frac{1}{2}\oint_L \left(x\frac{\mathrm{d}y}{\mathrm{d}t} - y\frac{\mathrm{d}x}{\mathrm{d}t}\right)\mathrm{d}t \end{aligned}$$

由上述周长和面积的积分公式可见，它们是 $x = x(t)$，$y = y(t)$ 的函数，均为泛

函，求其极值均为变分问题。当周长 L 一定，什么曲线的面积 S 最大，或面积 S 一定，什么曲线的 L 最小，两者的条件均为泛函，此类变分问题称为无边界变分。

4.3.2 关于泛函与变分的基本概念

为了对泛函与变分的基本概念有一个初步了解，我们从应用的角度而不是从严密性分析角度出发，利用微积分的基本知识采用对比方式进行描述。

1. 函数与泛函

函数的定义：在某一变数域中，变量 x 的每一个值，y 存在与之对应的值，称 y 是 x 的函数，记为 $y(x)$ 。

泛函的定义：在某一类函数集合 $y(x)$ 中，每一个函数 $y(x)$ ，I 存在与之对应的值，称 $I=I\left[y(x)\right]$ 为泛函，即函数的函数。

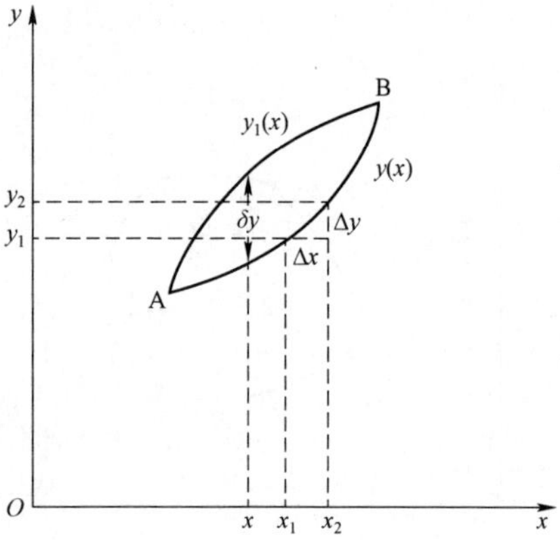

图4-5　微分与变分概念示意

2. 微分与变分

利用图4-5说明微分与变分的概念。

微分定义：在函数的描述中，自变量的改变量 $\Delta x = x_2 - x_1$ 趋近于无穷小时，$\Delta x \to \mathrm{d}x$ ，即为自变量的微分，因变量即函数的改变量 $\Delta y = y_2 - y_1$ 趋近于无穷小，即为函数的微分 $\Delta y \to \mathrm{d}y$ 。

变分定义：函数的变分定义是指在同一类函数集中，函数 $y(x)$ 与另一与之相近的函数 $y_1(x)$ 之差，即记为

$$\delta y(x) = y(x) - y_1(x)$$

$\delta y(x)$ 也是 x 的函数。

泛函的变分定义为

$$\delta I = I\left[y(x)\right] - I\left[y_1(x)\right]$$

当两函数曲线 $y(x)$ 与 $y_1(x)$ 非常接近时，即有

$$\delta I = I\left[y_1(x) + \delta y(x)\right] - I\left[y_1(x)\right]$$

导数的变分：在两个很接近的函数曲线之间，令

$$y(x) = y_1(x) + \varsigma(x)$$

式中，$\varsigma(x)$ 函数的无穷小量，由上述函数变分的定义，有

$$y(x) = y_1(x) + \delta y(x)$$

对上式两边求导

$$y'(x)=y_1'(x)+\varsigma'(x)$$
$$=y_1'(x)+\frac{\mathrm{d}}{\mathrm{d}x}[\delta y(x)]$$

定义导数的变分为

$$\delta y'(x)=y'(x)-y_1'(x)$$

上式表示两根很接近曲线在同一处的切向斜率之差，如图 4－6 所示，称为导数的变分。由定义可知，即有

$$\delta y'(x)=\frac{\mathrm{d}}{\mathrm{d}x}(\delta y)$$

也就是

$$\delta\left(\frac{\mathrm{d}y}{\mathrm{d}x}\right)=\frac{\mathrm{d}}{\mathrm{d}x}(\delta y)$$

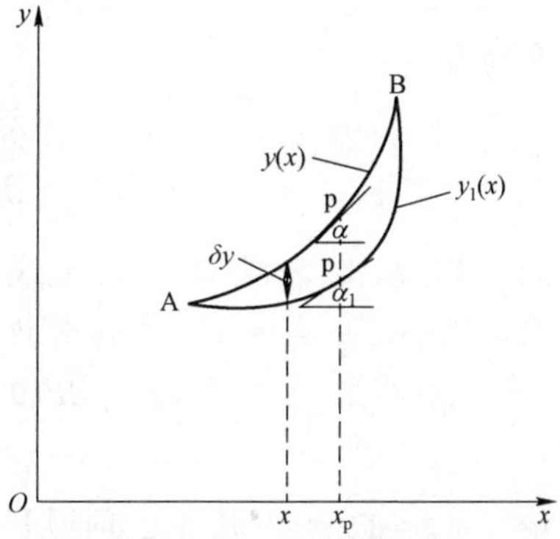

图 4－6　导数变分概念示意

也就是说，导数的变分等于变分的导数，变分符号 δ 与微分符号 d 可以互换。

3. 极大与极小问题

由微积分知识可知，函数 $y(x)$ 在 $x=x_0$ 附近有 $\mathrm{d}y=y(x)-y(x_0)<0$（或>0），则 $y(x)$ 在 $x=x_0$ 上达到极大值时（或极小值）必有

$$\mathrm{d}y=0$$

泛函有极值的概念描述为，泛函 $I[y(x)]$ 在任何一条与 $y=y_0(x)$ 接近曲线的值，如果存在

$$\delta I=I[y(x)]-I[y_0(x)]<0\text{（或}>0\text{）}$$

则泛函 $I[y(x)]$ 在 $y=y_0(x)$ 上达到极大值（或极小值）必有

$$\delta I=0$$

即有

$$\delta I=I[y(x)+\delta y(x)]-I[y(x)]=0$$

满足 $\delta I=0$ 的函数曲线 $y(x)$ 称为极值曲线。

4.3.3　变分问题的求解——欧拉方程（欧拉定理）

变分法研究的对象就是研究如何确定泛函极值的普遍方法，此问题直至欧拉提出有名的欧拉定理才获得圆满解决。

欧拉定理：若有单变量曲线 $y=y(x)$ 给定泛函

$$I[y(x)]=\int_{x_1}^{x_2}F(x,y,y')\mathrm{d}x$$

以极值，则代表此曲线的函数 $y(x)$ 必满足微分方程

$$F_y-\frac{\mathrm{d}}{\mathrm{d}x}F_{y'}=0 \tag{4-11}$$

或写为

$$\frac{\partial F}{\partial y}-\frac{\mathrm{d}}{\mathrm{d}x}\left(\frac{\partial F}{\partial y'}\right)=0 \tag{4-11a}$$

如果将 F 的表达式代入上式，利用复合函数的微分法，设复合函数为 $F=F(t,x_1,x_2,\cdots,x_n)$，对其求微分，有

$$\frac{\mathrm{d}F}{\mathrm{d}t}=\frac{\partial F}{\partial x_1}\frac{\mathrm{d}x_1}{\mathrm{d}t}+\frac{\partial F}{\partial x_2}\frac{\mathrm{d}x_2}{\mathrm{d}t}+\cdots+\frac{\partial F}{\partial x_n}\frac{\mathrm{d}x_n}{\mathrm{d}t}$$

将式（4－11a）左边第二项展开

$$\frac{\mathrm{d}}{\mathrm{d}x}F_{y'}=\frac{\mathrm{d}}{\mathrm{d}x}\left(\frac{\partial F}{\partial y'}\right)=\frac{\mathrm{d}}{\mathrm{d}x}\left[\frac{\partial}{\partial y'}F\left(x,y,y'\right)\right]$$

$$=\frac{\partial F_{y'}}{\partial x}+\frac{\partial F_{y'}}{\partial y}y'+\frac{\partial F_{y'}}{\partial y'}y''$$

则式（4－11a）全式展开式为

$$\frac{\partial F}{\partial y}-\frac{\partial F_{y'}}{\partial x}-\frac{\partial F_{y'}}{\partial y}y'-\frac{\partial F_{y'}}{\partial y'}y''=0 \tag{4-11b}$$

或记为

$$F_y-F_{xy'}-F_{yy'}y'-F_{y'y'}y''=0 \tag{4-11c}$$

式（4－11）即为在单一变量时的欧拉方程，也就是有名的欧拉定理。作为定理，必须有严格的证明。

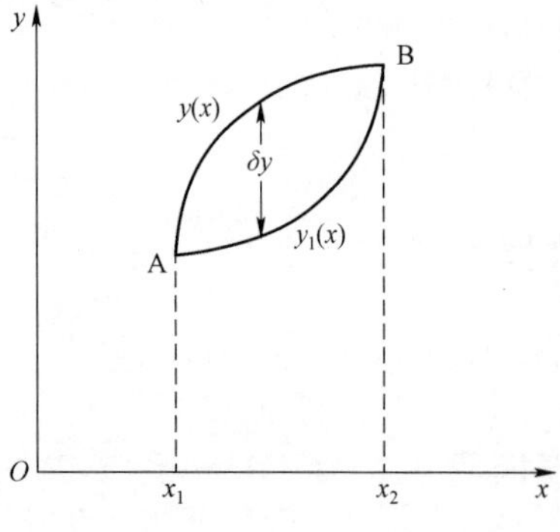

图4－7　固定端点变分示意

证明如下：

设泛函

$$I[y]=\int_{x_1}^{x_2}F(x,y,y')\mathrm{d}x$$

有固定端点，即 $x=x_1$，$x=x_2$ 时，其 $\delta y=0$，如图4－7所示。为了求得极值曲线 $y(x)$，使 $y(x)+\delta y(x)$ 建立另一个泛函为

$$I[y+\delta y]=\int_{x_1}^{x_2}F(x,y+\delta y,y'+\delta y')\mathrm{d}x$$

将被积函数 F 用泰勒级数展开，即有

$$F(x,y+\delta y,y'+\delta y')=F(x,y,y')+\frac{\partial F}{\partial y}\delta y+\frac{\partial F}{\partial y'}\delta y'+\frac{1}{2!}\left[\frac{\partial^2 F}{\partial y^2}(\delta y)^2+2\delta y\delta y'\frac{\partial^2 F}{\partial y\delta y'}+(\delta y')^2\frac{\partial^2 F}{\delta y'^2}\right]+\cdots$$

略去上式二阶以上的项，于是有

$$\int_{x_1}^{x_2}F(x,y+\delta y,y'+\delta y')\mathrm{d}x=\int_{x_1}^{x_2}F(x,y,y')\mathrm{d}x+\int_{x_1}^{x_2}\left(\frac{\partial F}{\partial y}\delta y+\frac{\partial F}{\partial y'}\delta y'\right)\mathrm{d}x$$

即有

$$\delta I=I[y+\delta y]-I[y]=\int_{x_1}^{x_2}\left(\frac{\partial F}{\partial y}\delta y+\frac{\partial F}{\partial y'}\delta y'\right)\mathrm{d}x$$

上式右端第二项用分部积分有

$$\int_{x_1}^{x_2}\frac{\partial F}{\partial y'}\delta y'\mathrm{d}x=\frac{\partial F}{\partial y'}\delta y\bigg|_{x_1}^{x_2}-\int_{x_1}^{x_2}\delta y\bullet\frac{\mathrm{d}}{\mathrm{d}x}\left(\frac{\partial F}{\partial y'}\right)\mathrm{d}x$$

因为函数固定端点，即 $x=x_1$，$x=x_2$ 时，其 $\delta y=0$，以上等式右端第一项为 0，所以有

$$\delta I=\int_{x_1}^{x_2}\left[\frac{\partial F}{\partial y}-\frac{\mathrm{d}}{\mathrm{d}x}\left(\frac{\partial F}{\partial y'}\right)\right]\delta y\mathrm{d}x=0$$

因为 δy 可以任意选定，所以要上式成立，必有

$$\frac{\partial F}{\partial y}-\frac{\mathrm{d}}{\mathrm{d}x}\left(\frac{\partial F}{\partial y'}\right)=0$$

此即欧拉方程，证毕。

以上是针对单一变量和一个函数所做的分析，对于更一般的情况，可以写出其泛函与变分问题的欧拉方程。

（1）一个自变量多个函数的泛函

$$y=y_i(x)\qquad i=1,2,\cdots,n$$

$$I\left[y(x)\right]=\int_{x_1}^{x_2}\left[F(x,y_1,y_2,\cdots,y_n,y_1',y_2',\cdots,y_n')\right]\mathrm{d}x$$

求此泛函变分的欧拉方程为二阶微分方程组，共有 n 个方程

$$F_{y_i}-\frac{\mathrm{d}}{\mathrm{d}x}F_{y_i'}=0\qquad i=1,2,\cdots,n$$

（2）二个自变量一个函数的泛函。$W=W(x,y)$，此情况对应于二维稳定场

$$I\left[W(x,y)\right]=\iint_{\Omega}F(x,y,W,W_x,W_y)\mathrm{d}x\mathrm{d}y$$

求此泛函变分的欧拉方程为

$$\frac{\partial F}{\partial W}-\frac{\partial}{\partial x}\left(\frac{\partial F}{\partial W_x}\right)-\frac{\partial}{\partial y}\left(\frac{\partial F}{\partial W_y}\right)=0$$

式中，$W_x=\frac{\partial W}{\partial x}$，$W_y=\frac{\partial W}{\partial y}$。

（3）欧拉方程可以推广至多个自变量一个函数的情况，有 n 个自变量和一个函数的泛函为

$$I\left[y(x_1,x_2,\cdots,x_n)\right]=\int\int\cdots\int_D F(x_1,x_2,\cdots,x_n,y,y'_{x_1},y'_{x_2},\cdots,y'_{x_n})\mathrm{d}x_1\cdots\mathrm{d}x_n$$

其欧拉方程为

$$F_y-\sum_{i=1}^{n}\frac{\partial}{\partial x_i}\left\{F_{y'_i}\right\}=0$$

式中，$y'_i=\frac{\partial y}{\partial x_i}$，$i=1,2,\cdots,n$。对于三维时变场即相当此种情况，$W=W(x,y,z,t)$，其泛函为

$$I\left[W(x,y,z,t)\right]=\int_{t_1}^{t_2}\iiint_v F\left(x,y,z,t,W,\frac{\partial W}{\partial x},\frac{\partial W}{\partial y},\frac{\partial W}{\partial z},\frac{\partial W}{\partial t}\right)\mathrm{d}x\mathrm{d}y\mathrm{d}z\mathrm{d}t$$

其欧拉方程为

$$\frac{\partial F}{\partial W}-\frac{\partial}{\partial x}\left(\frac{\partial F}{\partial W_x}\right)-\frac{\partial}{\partial y}\left(\frac{\partial F}{\partial W_y}\right)-\frac{\partial}{\partial z}\left(\frac{\partial F}{\partial W_z}\right)-\frac{\partial}{\partial t}\left(\frac{\partial F}{\partial W_t}\right)=0$$

式中，$W_x=\frac{\partial W}{\partial x}$，$W_y=\frac{\partial W}{\partial y}$，$W_z=\frac{\partial W}{\partial z}$，$W_t=\frac{\partial W}{\partial t}$。

有了欧拉定理，解变分问题就演变成求解相应的微分方程。以前述简单变分命题为例，其泛函和变分为

$$I\left[y\right]=\int_{x_1}^{x_2}\sqrt{1+y'}\mathrm{d}x$$

$$\delta I\left[y(x)\right]=0$$

式中，仅含函数的导数 y'，在欧拉方程中，$\frac{\partial F}{\partial y}=0$，由式（4－11a）有

$$\frac{\mathrm{d}}{\mathrm{d}x}\frac{\partial}{\partial y'}\left(\sqrt{1+\left(y'\right)^2}\right)=0$$

$$\frac{\mathrm{d}}{\mathrm{d}x}\left[\frac{y'}{\left(1-y'^2\right)^{1/2}}\right]=0$$

即有

$$\frac{y'}{\sqrt{1-y'^2}}=c$$

即

$$y'=c_1$$

所以

$$y=c_1x+c_2$$

这是直线方程，积分常数 c_1，c_2 由端点 A、B 的坐标决定。以上的变分问题不难利用欧拉定理得到解决。

4.3.4　泛函的确定方法

如前所述，有限元法是以变分原理为理论基础，而在解决电磁场工程问题中，往往是已知与物理问题相关的控制方程和边界条件，用有限元求近似数值解时，关键在于要找到与控制方程相应的泛函。如何确定泛函呢？一般情况下，泛函可以通过与所描述问题的物理定理来确定，如能量定理。如果能够写出与数学物理问题对应的能量积分，即代表相应的泛函，在力学问题中常常使用，因为稳定问题与系统的能量平衡有关，当系统能量达到极值（极大或极小）时即趋于稳定，此即为变分问题。另一种确定泛函的方法是通过数学变换进行推导得到的，它是将已知的控制方程做函数变分的积分，然后利用相关的定理，如高斯定理或格林定理进行推导得到相应的泛函。以狄里赫利问题为例，如果标量位满足拉普拉斯方程及边界条件，即标量位的定解问题为

$$\begin{cases}\nabla^2\varphi=0 & \in \Omega\\ \varphi=\varphi_0 & \in s_1\end{cases}$$

做函数的变分 $\delta\varphi$ 的积分并令其等于零，有

$$\int_\Omega \nabla^2\varphi\bullet\delta\varphi\bullet \mathrm{d}D=0$$

因为 $\nabla^2\varphi=\nabla\bullet\nabla\varphi$，利用标量与矢量乘积取散度的展开公式，即

$$\nabla\bullet(u\boldsymbol{V})=\nabla u\bullet\boldsymbol{V}+u\nabla\bullet\boldsymbol{V}$$

令 $u\to\delta\varphi$，$\boldsymbol{V}\to\nabla\varphi$，于是有

$$\begin{aligned}\nabla\bullet(\delta\varphi\nabla\varphi)&=\nabla(\delta\varphi)\bullet\nabla\varphi+\delta\varphi\nabla\bullet\nabla\varphi\\&=\nabla(\delta\varphi)\bullet\nabla\varphi+\delta\varphi\nabla^2\varphi\end{aligned}$$

或有

$$\delta\varphi\nabla^2\varphi=\nabla\bullet(\delta\varphi\nabla\varphi)-\nabla(\delta\varphi)\bullet\nabla\varphi$$

所以有

$$\int_\Omega\nabla\bullet(\delta\varphi\nabla\varphi)\,\mathrm{d}D-\int_\Omega\nabla(\delta\varphi)\bullet\nabla\varphi\mathrm{d}D=0$$

利用高斯定理将上式左端第一项体积分化为面积分，高斯定理为如下形式

$$\int_D\nabla\bullet\boldsymbol{V}\mathrm{d}D=\oint_s\boldsymbol{V}\bullet\boldsymbol{n}\mathrm{d}s$$

令 $(\delta\varphi\nabla\varphi)\to\boldsymbol{V}$，则有

$$\oint_s\boldsymbol{n}\bullet(\delta\varphi\nabla\varphi)-\int_\Omega\nabla(\delta\varphi)\bullet\nabla\varphi\mathrm{d}D=0$$

又由于在边界 S 上，$\varphi=\varphi_0$，所以 $\delta\varphi=0$，上式左端第一项为 0，于是有

$$\int_\Omega\nabla(\delta\varphi)\bullet\nabla\varphi\mathrm{d}D=0$$

又因 $\frac{1}{2}\delta(\nabla\varphi)^2=\frac{1}{2}\times2\times\nabla\varphi\delta(\nabla\varphi)=\nabla\varphi\bullet\nabla(\delta\varphi)$，上式可写为

$$\frac{1}{2}\int_\Omega\delta(\nabla\varphi)^2\mathrm{d}D=0$$

即有

$$\delta\int_\Omega(\nabla\varphi)^2\mathrm{d}D=0$$

所以与求解拉普拉斯方程相对应的泛函为

$$I(\varphi)=\int_\Omega(\nabla\varphi)^2\mathrm{d}D=\int_\Omega\nabla\varphi\bullet\nabla\varphi\mathrm{d}D$$

对于确定泊松方程的泛函可以采用上述相似方法推导得到，定解问题为

$$\begin{cases}\nabla^2u=-\dfrac{f}{\beta} & \in\Omega\\ u=u_s & s_1\\ u=\dfrac{q}{\beta} & \in s_2\end{cases}$$

相应的泛函

$$I(u)=\int_\Omega\frac{\beta}{2}(\nabla u)^2\mathrm{d}v-\int_\Omega\frac{f}{\beta}u\mathrm{d}v-\int_{s_2}\beta\frac{\partial u}{\partial n}u\mathrm{d}s$$

下面以求解二维静态磁场为例，阐明变分有限元法的有关问题。

4.4　定解问题求解的有限元法

设用矢量磁位 $\boldsymbol{A}$ 求解二维恒定磁场，此时 $\boldsymbol{A}$ 仅有 z 分量（以下省略下标 z），又假设媒质为线性、均匀和各向同性，则由式（4－7）可得定解问题为标量方程

$$\begin{cases}\dfrac{\partial^2 A}{\partial x^2}+\dfrac{\partial^2 A}{\partial y^2}=-\mu J & \in \Omega \\ \left.\begin{aligned} & A=A_0 & \in S_1 \\ & \dfrac{\partial A}{\partial n}=\mu q & \in S_2 \end{aligned}\right\}\in S \end{cases} \tag{4-12}$$

式中：Ω 为求解域；S_1 为第一类边界条件；S_2 为第二类边界条件。与式（4－12）对应的泛函极值问题即条件变分为

$$\begin{cases} W(A)=\iint_{\Omega}\left\{\dfrac{\beta}{2}\left[\left(\dfrac{\partial A}{\partial x}\right)^2+\left(\dfrac{\partial A}{\partial y}\right)^2\right]-JA\right\}\mathrm{d}x\mathrm{d}y-\int_{S_2} qA\mathrm{d}s=\min \\ A=A_0 \end{cases} \tag{4-13}$$

式中，$\beta=\dfrac{1}{\mu}$。从式（4－13）可以看出，第二类边界条件在求解极值时自动满足，一类边界条件须另行处理。

4.4.1　求解域的单元剖分

采用有限元法时，对二维问题，需将求解域离散化剖分成有限个多边形，每个多边形称为单元，单元的顶点称为节点。单元的形状常选用三角形或四边形，由于三角形的形状和大小可以是任意的，单元配置具有很大的灵活性，所以一般均选用三角形单元。

单元形状的选择取决于求解域的几何形状及所描述问题的独立空间坐标数，单元大小根据计算精度、计算机速度和容量来确定，单元小则域内单元密，计算精度高，但要求计算机内存容量大，计算时间长。剖分时，在全域内对于某些关注度高的区域，可以采用局部加密的办法处理。不同媒质区域应分别单独剖分，以便计算时给定不同媒质系数。对于弯曲边界要用直边折线逼近，线段不宜太长，否则影响精度，剖分的粗细取决于边界的曲率大小。对于三角形单元剖分，单元的长边与短边之比不能相差太大，不宜超过 3:1，否则容易形成病态系数矩阵，使求解方程时不收敛。现代有关商用有限元计算软件，已实

现网格自动生成，单元形状将自动进行优化，但在域内剖分人为布置关键点时，以上所述单元剖分问题应予以充分关注。

单元剖分后，单元和节点应按一定要求予以编号。在整个求解域内，每一个单元编一个号且仅有一个号。每一个单元中的每一个节点编两个号，即当地号（或称局域号）和全域号。

当地号：就是每一个单元有 k 个顶点，每一个顶点有一个号，如三角形单元的三个顶点，按 i、j、m 顺序，并用逆时针编号以使三角形的面积计算值为正，如图 4-8 所示。

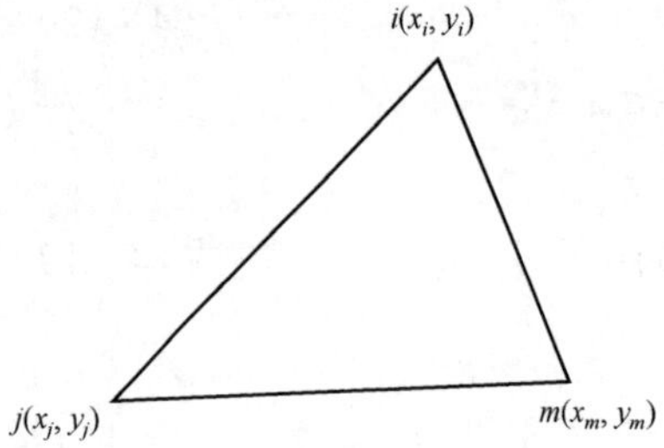

图 4-8　单元编号

全域号：在整个求解域中，每一个节点有一个且仅有一个号。全域号的编写方法很有技巧，一个好的全域编号可使系数矩阵的带宽变窄，以减少计算机的数据储存量。比较图 4-9 和图 4-10 不难看出，同样是六单元八节点剖分，而图 4-10 比图 4-9 的系数矩阵带宽要宽。带宽定义为相邻节点中的最大号与最小号之差加 1，（$i-j+1$,或 $j-i+1$），图 4-10 的带宽是 5，而图 4-9 的带宽是 3。

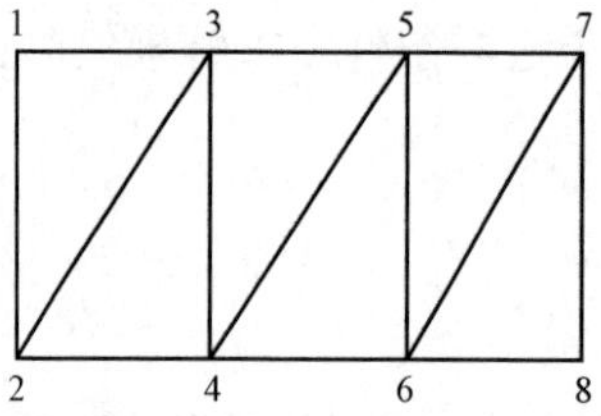

图 4-9　全域编号 A

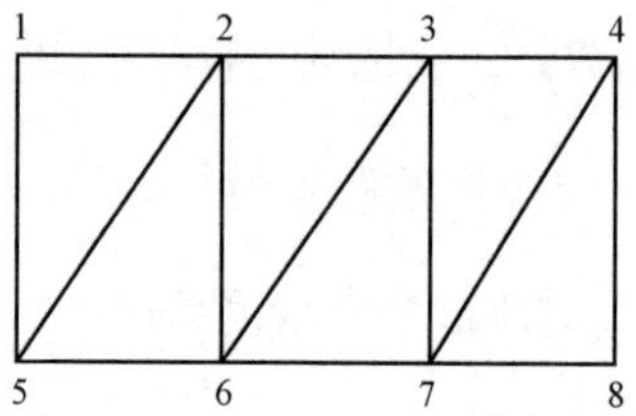

图 4-10　全域编号 B

4.4.2　单元内近似解表达式的选取——构造单元的插值函数

有限元法的基本原理是分片近似，其关键就是选择合适的单元内的近似函数。将求解域进行单元剖分后，即要试探性地选取适合单元的近似解，也称选取插值函数（或称试探函数）。可供选择的函数类型很多，一般大多采用多项式作为近似解，其原因在于，多项式在计算时易于处理，容易进行微分和积分运算；所有光滑函数均可展开成泰勒级数。多项式的项数取决于单元上的节点数目，和在每个节点的未知量的性质和数目，以及加在节点处和沿单元边界上的连续要求。多项式阶数越高，多项式的和越逼近真实解。以一维情况为例，

$$\varphi(x)=\alpha_0+\alpha_1 x+\alpha_2 x^2+\cdots+\alpha_n x^n$$

上式取不同项数，将得到不同结果。如取一项为常数项，两项为线性项，三项为二次项，三种情况将会得到不同的单元近似解对真实解的逼近结果，如图 4－11 所示。显然，二次项对真解的逼近程度比其他两种选择要高，但计算量也要大。

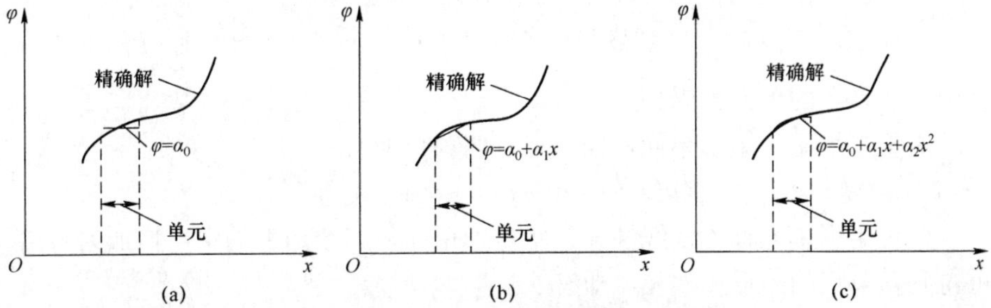

图 4－11　单元近似解选取示意

（a）常数项；（b）线性项；（c）二次项

对于一个单元，多项式作为近似函数的选择不是任意的，它要求满足协调性和完备性条件，因为当单元网格剖分得越精细时，近似解将更收敛接近于精确解。例如，表示二维情况的多项式有

$$u(x,y)=\alpha_1+\alpha_2 x+\alpha_3 y+\alpha_4 xy+\alpha_5 x^2+\alpha_6 y^2+\alpha_7 x^3+\cdots$$

上式中 α 是待定系数，决定于单元节点个数，α 又称为自由度。

对于三节点的三角元，如图 4－12（a）所示，有

$$u(x,y)=\alpha_1+\alpha_2 x+\alpha_3 y$$

这是采用线性插值函数，此种单元称为线性元。

将每边取中点增加三个节点为六节点的三角元，如图 4－12（b）所示，有

$$u(x,y)=\alpha_1+\alpha_2 x+\alpha_3 y+\alpha_4 x^2+\alpha_5 xy+\alpha_6 y^2$$

这是采用二次插值函数，此种单元称为二次元。

将每边三等分增加两个节点为九节点的三角元，如图 4－12（c）所示，由于采用二次插值函数，此种单元称为三次元。从图 4－12 及上式可以看出，为了保证插值函数的完备性，三次元不只是用九个节点而是要增加一个三角形的形心作为节点，共十个节点。此时，其插值函数不是九项而是十项的完全多项式，即有

$$u(x,y)=\alpha_1+\alpha_2 x+\alpha_3 y+\alpha_4 x^2+\alpha_5 xy+\alpha_6 y^2+\alpha_7 x^3+\alpha_8 x^2 y+\alpha_9 xy^2+\alpha_{10} y^3$$

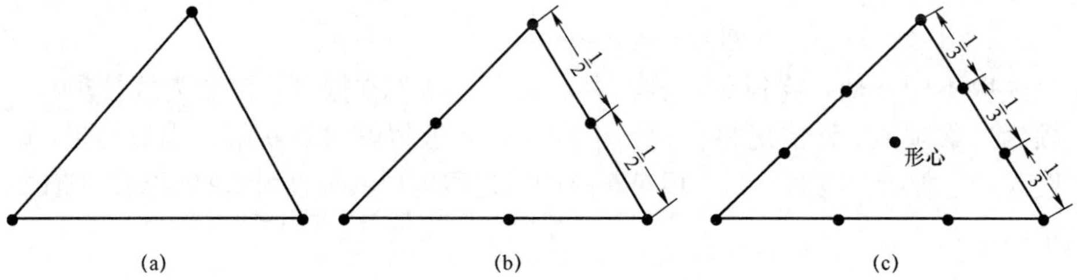

图 4-12　三角形单元节点配置

(a) 线性元；(b) 二次元；(c) 三次元

采用二次以上的单元称为高阶元。

对于二维采用矩形单元，四节点有四项，即有

$$u(x,y)=\alpha_1+\alpha_2 x+\alpha_3 y+\alpha_4 xy$$

此种矩形单元称为双线性元。将矩形单元每一个边上的中点增加为节点，可得到八节点的矩形二次元，即有

$$u(x,y)=\alpha_1+\alpha_2 x+\alpha_3 y+\alpha_4 x^2+\alpha_5 xy+\alpha_6 y^2+\alpha_7 x^2 y+\alpha_8 xy^2$$

插值函数的次数越高，解的精度也越高，但求解的方法复杂化且耗费计算机时间。矩形单元节点配置如图 4-13 所示。

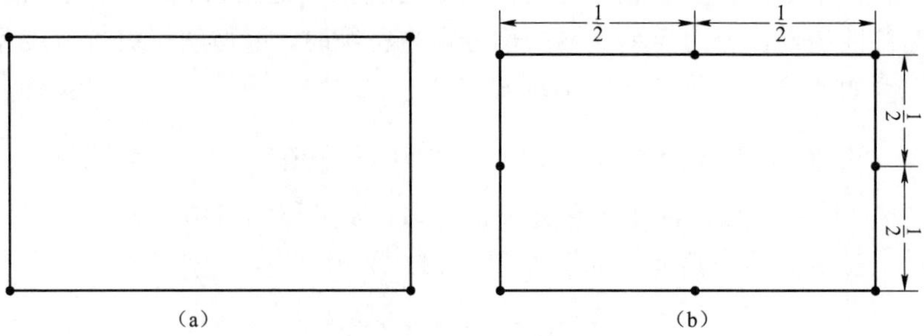

图 4-13　矩形单元节点配置

(a) 双线性元；(b) 二次元

有限元法是一种数值计算方法，为了使得计算结果满意，应使数值解收敛于精确解，因此选择求解变量的近似函数是不能任意的，而必须满足一定的连续性要求。为此，单元插值函数必须满足如下要求：

(1) 在单元内部必须有 c^{r+1} 阶连续，将插值函数代入泛函表达式时，应该使泛函存在，称为插值函数的完备性条件，此处，r 为泛函中函数 u 的导数最高阶数。

(2) 在单元边界处必须有 c^{r} 阶连续，称为插值函数的协调性或相容性条件。

对于上述采用矢量磁位 $\boldsymbol{A}$ 求解的二维磁场问题，选取单元内的磁位 $\boldsymbol{A}(x,y)$ 的近似解是 x，y 的线性函数，则有

$$A_e(x,y)=\alpha_1+\alpha_2 x+\alpha_3 y \tag{4-14}$$

式中，$\alpha_1,\alpha_2,\alpha_3$ 为待定系数，如果三角形的三个节点上的磁位值已知，单元内的磁位 A 就可以用三个节点值表示。由式（4－14），可将单元三个节点的磁位与坐标关系表示为（见图 4－8）

$$\left.\begin{aligned}A_i&=\alpha_1+\alpha_2 x_i+\alpha_3 y_i\\A_j&=\alpha_1+\alpha_2 x_j+\alpha_3 y_j\\A_m&=\alpha_1+\alpha_2 x_m+\alpha_3 y_m\end{aligned}\right\} \tag{4-15}$$

由上式可解得各系数为

$$\begin{aligned}\alpha_1&=\begin{vmatrix}A_i & x_i & y_i\\A_j & x_j & y_j\\A_m & x_m & y_m\end{vmatrix}\div\begin{vmatrix}1 & x_i & y_i\\1 & x_j & y_j\\1 & x_m & y_m\end{vmatrix}\\&=\frac{1}{2\Delta}\left(\begin{vmatrix}x_j & y_j\\x_m & y_m\end{vmatrix}A_i+\begin{vmatrix}x_i & y_i\\x_m & y_m\end{vmatrix}A_j+\begin{vmatrix}x_i & y_i\\x_j & y_j\end{vmatrix}A_m\right)\\&=\frac{1}{2\Delta}(a_iA_i+a_jA_j+a_mA_m)\end{aligned}$$

同理，可解得α_2、α_3，于是有

$$\left.\begin{aligned}\alpha_1&=\frac{1}{2\Delta}(a_iA_i+a_jA_j+a_mA_m)\\\alpha_2&=\frac{1}{2\Delta}(b_iA_i+b_jA_j+b_mA_m)\\\alpha_3&=\frac{1}{2\Delta}(c_iA_i+c_jA_j+c_mA_m)\end{aligned}\right\}$$

式中，Δ 为三角形的面积，当节点编号顺序为逆时针时，面积为正，利用三个节点的坐标值，可求得面积为

$$\Delta=\frac{1}{2}\begin{vmatrix}1 & x_i & y_i\\1 & x_j & y_j\\1 & x_m & y_m\end{vmatrix}$$

或写为

$$2\Delta=b_ic_j-b_jc_i=a_i+a_j+a_m$$

式中，a、b、c 为表示单元节点坐标的系数，有如下表达式

$$\left.\begin{aligned}a_r&=x_sy_t-x_ty_s\\b_r&=y_s-y_t\\c_r&=x_t-x_s\end{aligned}\right\}\quad(r,s,t=i,j,m)\text{相互轮换}$$

将以上推得的各系数代入式（4-14），于是，可得到单元内的磁位用三个节点的磁位值表示的矩阵关系式为

$$A_e(x,y)=[N_i \quad N_j \quad N_m]\cdot\begin{Bmatrix}A_i\\A_j\\A_m\end{Bmatrix} \tag{4-16}$$

式中

$$N_p=\frac{a_p+b_px+c_py}{2\Delta} \qquad p=i,j,m \tag{4-17}$$

称为三角形单元的基函数，又称为形函数，它是 x，y 的线性函数，并有如下特性

$$N_k(x_l,y_l)=\begin{cases}1 & k=l\\0 & k\neq l\end{cases}$$

由式（4-16）和式（4-17）可得

$$\left.\begin{aligned}\frac{\partial A}{\partial x}&=\frac{1}{2\Delta}(b_iA_i+b_jA_j+b_mA_m)\\\frac{\partial A}{\partial y}&=\frac{1}{2\Delta}(c_iA_i+c_jA_j+c_mA_m)\end{aligned}\right\} \tag{4-18}$$

从上式可见，$\frac{\partial A}{\partial x}$ 和 $\frac{\partial A}{\partial y}$ 均与 x，y 无关，它们在一个三角形单元中为常数，由此可得

$$B=\sqrt{B_x^2+B_y^2}=\sqrt{\left(\frac{\partial A}{\partial y}\right)^2+\left(\frac{\partial A}{\partial x}\right)^2}$$

可见，当单元的试探函数采用线性插值时，用有限元法求解得到的三角形单元内的磁感应强度 B 值为一常数，在不同的单元内有不同的 B 值，因此，相邻单元间的磁场分布将是不连续的。为了减少这种因离散化处理带来的误差，必须将求解域剖分得足够细，单元越多、越细，计算精度就越高。

4.4.3 变分问题的离散化处理——单元分析

求解域离散剖分并选取了单元的近似解后，即可按式（4-13）将求解变分问题的泛函进行离散化处理，其中重要的一步是进行单元分析。设求解域剖分为共 E_0 个单元，n 个节点，则将泛函的总体积分视为各单元泛函的合成

$$W(A)=\sum_1^{E_0}W^e(A)$$

由式（4－13），任一单元的泛函可写为

$$W^e(A)=\iint\limits_{\Delta}\frac{\beta}{2}\left\{\left(\frac{\partial A}{\partial x}\right)^2+\left(\frac{\partial A}{\partial y}\right)^2\right\}\mathrm{d}x\mathrm{d}y-\iint\limits_{\Delta}JA\mathrm{d}x\mathrm{d}y-\iint\limits_{S_2}qA\mathrm{d}s \tag{4-19}$$

$$=W_1^e+W_2^e+W_3^e$$

当采用线性插值时，由式（4－16），单元的近似解为

$$A_e(x,y)=[N]^e\{A\}^e$$

由于单元节点的磁位是未知的，代入 $W^e(A)$ 的式（4－19）及 $W(A)$ 式后，得到的泛函即表示为节点磁位 A_p，$(p=1,2,3,\cdots,n)$ 的函数。泛函求极值的问题，即 $\delta W=0$，转化为多元函数求极值的问题，即

$$\frac{\partial W}{\partial A_p}=\sum_1^{E_0}\frac{\partial W^e}{\partial A_p}=0 \qquad p=1,2,3,\cdots,n \tag{4-20}$$

式中，仅对以节点 p 为顶点的单元，$\dfrac{\partial W^e}{\partial A_p}$ 才有值，与节点 p 非相关单元，$\dfrac{\partial W^e}{\partial A_p}=0$。这样，只需要将单元的泛函离散化并计算其特征式，即进行单元分析，然后把所有单元分析的结果进行叠加，这就是总体合成。所以单元分析是最基本的一个步骤，也是一个重要的步骤。

由式（4－19），有

$$\frac{\partial W^e}{\partial A_p}=\frac{\partial W_1^e}{\partial A_p}+\frac{\partial W_2^e}{\partial A_p}+\frac{\partial W_3^e}{\partial A_p} \qquad p=i,j,m \tag{4-21}$$

以下分别分析式（4－21）右端的三项，先分析第一项

$$\frac{\partial W_1^e}{\partial A_p}=\iint_{\varDelta}\frac{\beta}{2}\frac{\partial}{\partial A_p}\left[\left(\frac{\partial A}{\partial x}\right)^2+\left(\frac{\partial A}{\partial y}\right)^2\right]\mathrm{d}x\mathrm{d}y$$

$$=\iint_{\varDelta}\beta\left[\frac{\partial A}{\partial x}\frac{\partial}{\partial A_p}\left(\frac{\partial A}{\partial x}\right)+\frac{\partial A}{\partial y}\frac{\partial}{\partial A_p}\left(\frac{\partial A}{\partial y}\right)\right]\mathrm{d}x\mathrm{d}y$$

利用式（4－16）和式（4－17）可得

$$\frac{\partial}{\partial A_p}\left(\frac{\partial A}{\partial x}\right)=\frac{1}{2\varDelta}b_p,\ \frac{\partial}{\partial A_p}\left(\frac{\partial A}{\partial y}\right)=\frac{1}{2\varDelta}c_p \qquad p=i,j,m$$

因为 $\iint_{\varDelta}\mathrm{d}x\mathrm{d}y=\varDelta$，于是有

$$\frac{\partial W_1^e}{\partial A_i}=\iint_\Delta \beta\left[\frac{1}{2\Delta}(b_iA_i+b_jA_j+b_mA_m)\frac{1}{2\Delta}b_i\right]\mathrm{d}x\mathrm{d}y+$$
$$\iint_\Delta \beta\left[\frac{1}{2\Delta}(c_iA_i+c_jA_j+c_mA_m)\frac{1}{2\Delta}c_i\right]\mathrm{d}x\mathrm{d}y$$
$$=\frac{\beta}{4\Delta}[(b_i^2+c_i^2)A_i+(b_ib_j+c_ic_j)A_j+(b_ib_m+c_ic_m)A_m]$$

同理可得

$$\frac{\partial W_1^e}{\partial A_j}=\frac{\beta}{4\Delta}[(b_jb_i+c_jc_i)A_i+(b_j^2+c_j^2)A_j+(b_jb_m+c_jc_m)A_m]$$

$$\frac{\partial W_1^e}{\partial A_m}=\frac{\beta}{4\Delta}[(b_mb_i+c_mc_i)A_i+(b_mb_j+c_mc_j)A_j+(b_m^2+c_m^2)A_m]$$

写成矩阵式

$$\begin{Bmatrix}\dfrac{\partial W_1^e}{\partial A_i}\\ \dfrac{\partial W_1^e}{\partial A_j}\\ \dfrac{\partial W_1^e}{\partial A_m}\end{Bmatrix}=\begin{bmatrix}k_{ii} & k_{ij} & k_{im}\\ k_{ji} & k_{jj} & k_{jm}\\ k_{mi} & k_{mj} & k_{mm}\end{bmatrix}\bullet\begin{Bmatrix}A_i\\ A_j\\ A_m\end{Bmatrix}=[k]^e\{A_p\}^e \qquad p=i,j,m$$

$[k]^e$ 称为单元的系数矩阵，其元素是对称的，即有

$$k_{rs}=k_{sr}=\frac{\beta}{4\Delta}(b_rb_s+c_rc_s) \qquad r,s=i,j,m$$

对于式（4－21）右端的第二部分，有

$$\frac{\partial W_2^e}{\partial A_p}=-\iint_\Delta J\frac{\partial A}{\partial A_p}\mathrm{d}x\mathrm{d}y=-J\iint_\Delta N_p\mathrm{d}x\mathrm{d}y$$

考虑到

$$\iint_\Delta x\mathrm{d}x\mathrm{d}y=\dot{x}\Delta=\frac{x_i+x_j+x_m}{3}\Delta$$

$$\iint_\Delta y\mathrm{d}x\mathrm{d}y=\dot{y}\Delta=\frac{y_i+y_j+y_m}{3}\Delta$$

式中，$\dot{x}$、$\dot{y}$ 分别表示三角形单元形心的 x、y 坐标。当 $p=i$ 时，有

$$\begin{aligned}\frac{\partial W_2^e}{\partial A_i}&=-J\iint_\Delta N_i\mathrm{d}x\mathrm{d}y\\&=-\frac{J}{2\Delta}\iint_\Delta(a_i+b_ix+c_iy)\mathrm{d}x\mathrm{d}y\\&=-\frac{J}{2\Delta}\left(a_i\Delta+b_i\frac{x_i+x_j+x_m}{3}\Delta+c_i\frac{y_i+y_j+y_m}{3}\Delta\right)\\&=-\frac{J}{6}[3a_i+b_i(x_i+x_j+x_m)+c_i(y_i+y_j+y_m)]\\&=-\frac{J}{6}(a_i+a_j+a_m)=-\frac{J}{6}2\Delta=-\frac{J\Delta}{3}\end{aligned}$$

同理可得

$$\frac{\partial W_2^e}{\partial A_j}=-J\iint_\Delta N_j\mathrm{d}x\mathrm{d}y=-\frac{J\Delta}{3}$$

$$\frac{\partial W_2^e}{\partial A_m}=-J\iint_\Delta N_m\mathrm{d}x\mathrm{d}y=-\frac{J\Delta}{3}$$

对于式（4－21）右端的第三部分，有

$$\frac{\partial W_3^e}{\partial A_p}=-\iint_{S_2}q\frac{\partial A}{\partial A_p}\mathrm{d}s$$

设第二类边界在边界单元的 jm 边上，如图 4－14 所示，也可以取其他设置如 ij 边或 mi 边，但全域必须一致，其边长为

$$s_L=\sqrt{(x_j-x_m)^2+(y_j-y_m)^2}$$

设 A 沿 jm 呈线性变化，即

$$A=\left(1-\frac{s}{s_L}\right)A_j+\frac{s}{s_L}A_m$$

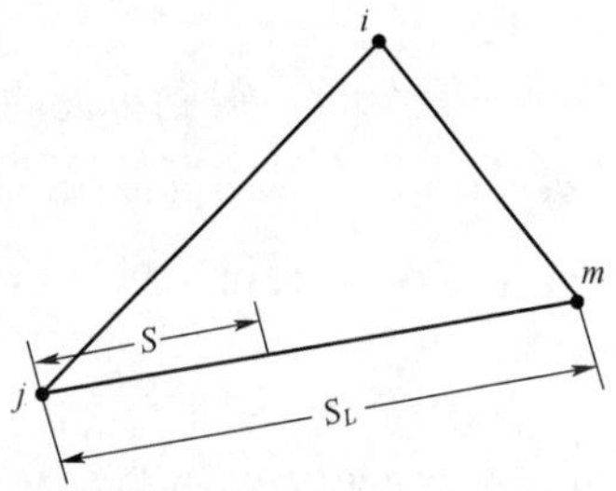

图 4－14　二类边界设置

于是有

$$\left.\begin{aligned}&\frac{\partial W_3^e}{\partial A_i}=0\\&\frac{\partial W_3^e}{\partial A_j}=-q\int_0^{s_L}\left(1-\frac{s}{s_L}\right)\mathrm{d}s=-q\frac{s_L}{2}\\&\frac{\partial W_3^e}{\partial A_m}=-q\int_0^{s_L}\left(\frac{s}{s_L}\right)\mathrm{d}s=-q\frac{s_L}{2}\end{aligned}\right\}$$

将式（4－20）分析得到的结果写成矩阵式，即可获得单元泛函求极值的离散化格式，有

$$\begin{bmatrix} \dfrac{\partial W^e}{\partial A_i} \\ \dfrac{\partial W^e}{\partial A_j} \\ \dfrac{\partial W^e}{\partial A_m} \end{bmatrix} = \begin{bmatrix} k_{ii} & k_{ij} & k_{im} \\ k_{ji} & k_{jj} & k_{jm} \\ k_{mi} & k_{mj} & k_{mm} \end{bmatrix} \begin{Bmatrix} A_i \\ A_j \\ A_m \end{Bmatrix} - \begin{bmatrix} \dfrac{J\Delta}{3}+0 \\ \dfrac{J\Delta}{3}+\dfrac{qs_L}{2} \\ \dfrac{J\Delta}{3}+\dfrac{qs_L}{2} \end{bmatrix}$$

因此，可写为

$$\left[\frac{\partial W^e}{\partial A_p}\right] = [k]^e\{A_p\}^e - [f_p]^e \qquad p = i, j, m \tag{4-22}$$

式（4－22）中，f_p 为单元的包含泊松方程右端项和二类边界项，即有

$$[f]^e = \begin{bmatrix} \dfrac{J\Delta}{3}+0 \\ \dfrac{J\Delta}{3}+\dfrac{qs_L}{2} \\ \dfrac{J\Delta}{3}+\dfrac{qs_L}{2} \end{bmatrix}$$

完成单元分析，得到单元的离散特征表达式后，即可按照式（4－20）进行总体合成求得全域的离散格式的方程组。

4.4.4 总体合成

对于全域总共有 E_0 个单元，域内的每一个节点仅有一个位函数值，但一个节点可能与几个单元相关联，而各单元的系数矩阵不同，如何求得全域上的系数矩阵中的各元素呢？如何求得右端项及二类边界项呢？也就是说，全域的系数矩阵各元素是如何通过各单元的系数矩阵各元素进行合成的呢？下面用图 4－15 为例说明总体合成的过程与方法。图 4－15 表示剖分为五单元七节点的场域，并注明了各单元的单元编

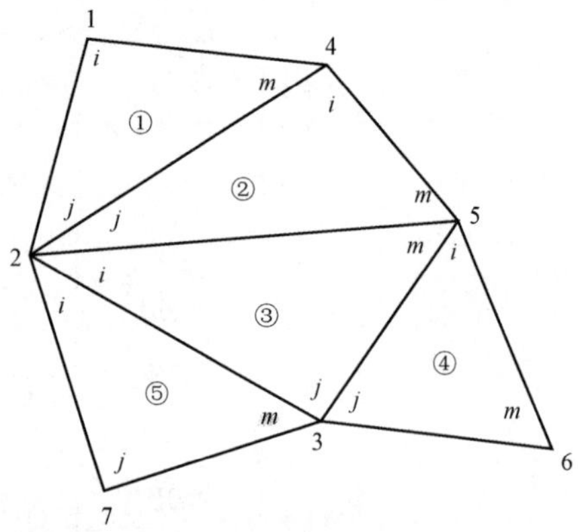

图 4－15　单元节点编号

号、局部编号和全域编号，设由节点 7、3、6 构成二类边界。由式（4–20）得

$$\frac{\partial W}{\partial A_p}=\sum_{1}^{E_0=5}\frac{\partial W^e}{\partial A_p}=0 \qquad p=1,2,\cdots,7$$

对于全域号为 p 的节点，与 p 相关联的单元，$\dfrac{\partial W^e}{\partial A_p}\neq 0$，而与 p 无关联的单元，$\dfrac{\partial W^e}{\partial A_p}=0$。例如，节点 3，与此节点相关的三个单元为③④⑤，单元①②与节点 3 无关，即

$$\frac{\partial W^1}{\partial A_3}=0 \qquad \frac{\partial W^2}{\partial A_3}=0$$

$$\sum_{1}^{5}\frac{\partial W^e}{\partial A_p}=\frac{\partial W^3}{\partial A_3}+\frac{\partial W^4}{\partial A_3}+\frac{\partial W^5}{\partial A_3}=0$$

$$\frac{\partial W^3}{\partial A_3}=k_{ji}^3A_2+k_{jj}^3A_3+k_{jm}^3A_5-\frac{J_3\varDelta}{3}-0$$

$$\frac{\partial W^4}{\partial A_3}=k_{ji}^4A_5+k_{jj}^4A_3+k_{jm}^4A_6-\frac{J_4\varDelta}{3}-\frac{qs_{36}}{2}$$

$$\frac{\partial W^5}{\partial A_3}=k_{mi}^5A_2+k_{mj}^5A_7+k_{mm}^5A_3-\frac{J_5\varDelta}{3}-\frac{qs_{37}}{2}$$

$$\begin{aligned}\sum_{1}^{5}\frac{\partial W^e}{\partial A_3}&=(k_{ji}^3+k_{mi}^5)A_2+(k_{jj}^3+k_{jj}^4+k_{mm}^5)A_3+(k_{jm}^3+k_{ji}^4)A_5+k_{jm}^4A_6+k_{mj}^5A_7-\\&\quad\left(\frac{J_3\varDelta}{3}+\frac{J_4\varDelta}{3}+\frac{J_5\varDelta}{3}\right)-\left(\frac{qs_{36}}{2}+\frac{qs_{37}}{2}\right)\\&=k_{32}A_2+k_{33}A_3+k_{35}A_5+k_{36}A_6+k_{37}A_7-f_3=0\end{aligned}$$

式中

$$f_3=\left(\frac{J_3\varDelta}{3}+\frac{J_4\varDelta}{3}+\frac{J_5\varDelta}{3}\right)+\left(\frac{qs_{36}}{2}+\frac{qs_{37}}{2}\right)$$

由此，可得到全域系数矩阵的元素合成规律如下：

（1）系数矩阵中的主元素为节点相关单元的单元系数矩阵各主元素之和。

（2）系数矩阵中的非主元素为与相关单元节点的连线两侧单元的系数矩阵非主元之和。

（3）某节点的右端项为相关单元的各个右端项之和。

根据以上总体合成规律，针对图 4–15 的求解域剖分，其全域的系数矩阵构成如下，表 4–1 列出了各种编号的对应关系。

表 4-1　　单元节点编号对应关系

单元号	1	2	3	4	5
局部号	i,j,m	i,j,m	i,j,m	i,j,m	i,j,m
全域号	1, 2, 4	4, 2, 5	2, 3 ,5	5, 3, 6	2, 7, 3

五个单元系数矩阵为

$$[k]^1=\begin{bmatrix}k_{11} & k_{12} & k_{14}\\ k_{21} & k_{22} & k_{24}\\ k_{41} & k_{42} & k_{44}\end{bmatrix}\qquad [k]^2=\begin{bmatrix}k_{44} & k_{42} & k_{45}\\ k_{24} & k_{22} & k_{25}\\ k_{54} & k_{52} & k_{55}\end{bmatrix}$$

$$[k]^3=\begin{bmatrix}k_{22} & k_{23} & k_{25}\\ k_{32} & k_{33} & k_{35}\\ k_{52} & k_{53} & k_{55}\end{bmatrix}\qquad [k]^4=\begin{bmatrix}k_{55} & k_{53} & k_{56}\\ k_{53} & k_{33} & k_{36}\\ k_{65} & k_{63} & k_{66}\end{bmatrix}$$

$$[k]^5=\begin{bmatrix}k_{22} & k_{27} & k_{23}\\ k_{72} & k_{77} & k_{73}\\ k_{32} & k_{37} & k_{33}\end{bmatrix}$$

将五个单元的系数矩阵合成为全域的系数矩阵，有

$$[k]=\begin{bmatrix}k_{11}^{1} & k_{12}^{1} & 0 & k_{14}^{1} & 0 & 0 & 0\\ k_{21}^{1} & k_{22}^{1+2+3+5} & k_{23}^{3+5} & k_{24}^{1+2} & k_{25}^{2+3} & 0 & k_{27}^{5}\\ 0 & k_{32}^{3+5} & k_{33}^{3+4+5} & 0 & k_{35}^{3+4} & k_{36}^{4} & k_{37}^{5}\\ k_{41}^{1} & k_{42}^{1+2} & 0 & k_{44}^{1+2} & k_{45}^{2} & 0 & 0\\ 0 & k_{52}^{2+3} & k_{53}^{3+4} & k_{54}^{2} & k_{55}^{2+3+4} & k_{56}^{4} & 0\\ 0 & 0 & k_{63}^{4} & 0 & k_{65}^{4} & k_{66}^{4} & 0\\ 0 & k_{72}^{5} & k_{73}^{5} & 0 & 0 & 0 & k_{77}^{5}\end{bmatrix}$$

矩阵中各元素的上标代表参与合成的单元号，系数矩阵的带宽为 $7-2+1=6$。系数矩阵具有如下特性：

（1）对称性。由各单元的系数矩阵的形成即可证明元素 $k_{rs}=k_{sr}$ 。

（2）稀疏性。如前所述，与 p 相关联的单元，$\dfrac{\partial W^e}{\partial A_p}$ 才有值，而与 p 无关联的单元，$\dfrac{\partial W^e}{\partial A_p}=0$，这样在全域内形成的系数矩阵必然不是满阵，存在零元素。

（3）主对角线元素占优。合成后的矩阵的主元素 $k_{pp}>0$ 。

（4）未经修改的系数矩阵不正定。利用单元的系数矩阵的形成，其中 a_r、b_r、c_r（$r=i,j,m$）表示的单元节点坐标的系数，不难证明单元系数矩阵即不是正定阵，由此合成的全域系数矩阵不正定。

于是，得到全域离散化后的有限元方程为

$$[k]\{A_1 \quad A_2 \quad A_3 \quad A_4 \quad A_5 \quad A_6 \quad A_7\}^{\mathrm{T}}=\{f_1 \quad f_2 \quad f_3 \quad f_4 \quad f_5 \quad f_6 \quad f_7\}^{\mathrm{T}}$$

或简化写为

$$[k]\{A_p\}=\{f_p\} \quad p=1,2,3,\ \cdots,7 \tag{4-23}$$

这是一组代数方程，可以用各种方法求解。必须指出，可以证明由总体合成得到的系数矩阵不是正定阵，即是奇异阵。这样，上述由总体合成得到的有限元方程不是正定的，将有无穷多个解，因此必须加入强加边界条件，对系数矩阵进行修改，经过修改后的系数矩阵才是正定阵，才能得到唯一解。应该指出，对于线性媒质，系数矩阵中的系数与 A 无关，上述方程为线性方程组；对于非线性媒质，则系数矩阵中的系数与 A 有关，上述方程为非线性方程组。

4.4.5　强加边界条件处理

第二类边界条件即自然边界条件已包含在泛函中，但第一类边界条件必须处理，称为强加边界处理。处理的原则是，在矩阵方程中，对应于已知边界节点的方程予以取消，对于保留下来的方程中，已知节点的位值变为已知值，应移至等式的右端。现以图 4-16 为例，说明强加边界的处理方法。图示为三单元五节点的求解域，已知 2、3 两节点的位为已知，即 $u_3=u_2=\hat{u}$ 值，节点 1、4、5 三个节点的 u 为待求量，因此，只能列写与此三节点对应的三个求解方程，相应地用矩阵列写全域的方程组与 2、3 两节点为已知值时是不同的。下面做一比较，即可得知系数矩阵修改的方法。

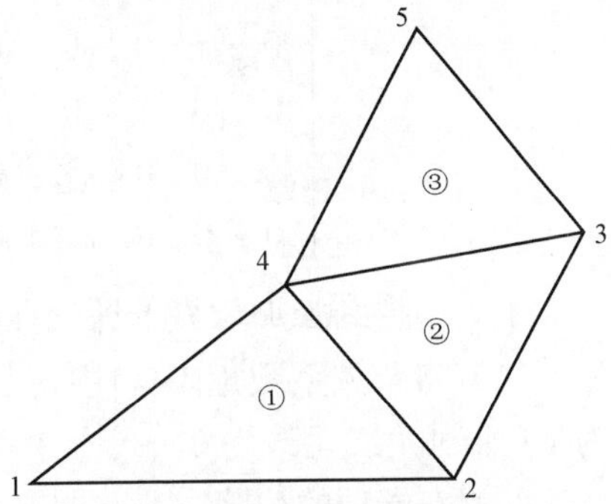

图 4-16　强加边界处理示意

各单元的系数矩阵形成为

单元 1

$$\begin{bmatrix} k_{11} & k_{12} & k_{14} \\ 0 & 0 & 0 \\ k_{41} & k_{42} & k_{44} \end{bmatrix}\begin{Bmatrix} u_1 \\ u_2 \\ u_4 \end{Bmatrix}$$

单元 2

$$\begin{bmatrix} 0 & 0 & 0 \\ 0 & 0 & 0 \\ k_{42} & k_{43} & k_{44} \end{bmatrix} \begin{Bmatrix} u_2 \\ u_3 \\ u_4 \end{Bmatrix}$$

单元 3

$$\begin{bmatrix} 0 & 0 & 0 \\ k_{53} & k_{55} & k_{54} \\ k_{43} & k_{45} & k_{44} \end{bmatrix} \begin{Bmatrix} u_3 \\ u_5 \\ u_4 \end{Bmatrix}$$

修改前将三个单元的系数矩阵合成为

$$\begin{bmatrix} k_{11} & k_{12} & 0 & k_{14} & 0 \\ 0 & 0 & 0 & 0 & 0 \\ 0 & 0 & 0 & 0 & 0 \\ k_{41} & k_{42} & k_{43} & k_{44} & k_{45} \\ 0 & 0 & k_{53} & k_{54} & k_{55} \end{bmatrix} \begin{Bmatrix} u_1 \\ u_2 \\ u_3 \\ u_4 \\ u_5 \end{Bmatrix}$$

由于节点 2，3 的位函数值 u_2，u_3 已知，同时与 2，3 两节点相关节点的系数 k_{12}， k_{42}， k_{43}， k_{53} 为有值，这样矩阵展开后为已知值，应移至方程组该行的右端，修改后的系数矩阵为

$$\begin{bmatrix} k_{11} & 0 & 0 & k_{14} & 0 \\ 0 & 1 & 0 & 0 & 0 \\ 0 & 0 & 1 & 0 & 0 \\ k_{41} & 0 & 0 & k_{44} & k_{45} \\ 0 & 0 & 0 & k_{54} & k_{55} \end{bmatrix} \begin{Bmatrix} u_1 \\ u_2 \\ u_3 \\ u_4 \\ u_5 \end{Bmatrix} = \begin{Bmatrix} f - k_{12}\hat{u} \\ \hat{u} \\ \hat{u} \\ f - k_{42}\hat{u} - k_{43}\hat{u} \\ f - k_{53}\hat{u} \end{Bmatrix}$$

于是，得到强加边界条件处理修改系数矩阵方法如下：

（1）将全域系数矩阵$[k]$中，与已知节点编号相同的行与列的主对角元改为 1，非对角线元改为 0。

（2）右端项的列阵中，已知节点的行的 u 改为已知值 $\hat{u}$，其他与已知节点 s 相关节点 r 的行，增加项节点系数乘上 $\hat{u}$，即（$-\sum k_{rs}\hat{u}$）。

有关强加边界条件处理的详细描述可参考有关书籍和文献。

4.5 三维问题

一般地说，三维场的有限元法与二维的分析方法与过程基本相似，最大的差别就是单元剖分和单元分析，以下扼要介绍三维的单元形状和插值函数。剖

分的单元常采用四面体、五面体、六面体，插值函数也可有线性、二次和高次的。以下给出几种单元形状和它的插值函数。

四面体如图 4－17 所示，四节点编号如图，采用标量位一次元即线性插值函数为

$$u(x,y,z)=\alpha_1+\alpha_2 x+\alpha_3 y+\alpha_4 z$$

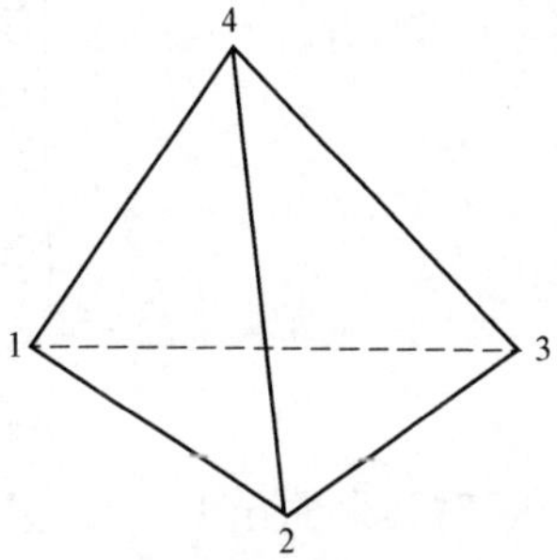

图 4－17　四面体节点编号

如果单元形状不变，而在四面体每一个边的中点上各加一个节点，则构成二次元四面体，其完备的二次插值函数为

$$u(x,y,z)=\alpha_1+\alpha_2 x+\alpha_3 y+\alpha_4 z+\alpha_5 xy+\alpha_6 yz+\alpha_7 zx+\alpha_8 x^2+\alpha_9 y^2+\alpha_{10} z^2$$

六面体八节点如图 4－18 所示，采用标量位一次元线性插值函数为

$$u(x,y,z)=\alpha_1+\alpha_2 x+\alpha_3 y+\alpha_4 z+\alpha_5 xy+\alpha_6 yz+\alpha_7 zx+\alpha_8 xyz$$

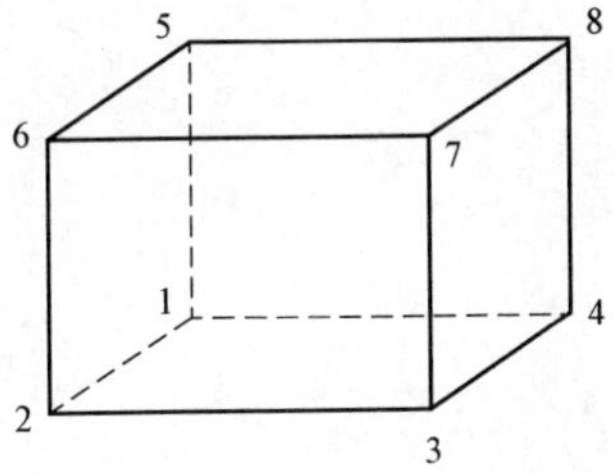

图 4－18　六面体节点编号

如果单元形状不变，而在六面体每一个边的中点上各加一个节点，则构成二次元六面体，其完备的二次插值函数应共有二十项，其表达式可参考有关书籍。

仿照二维场的单元分析方法，对于四面体四节点，标量位采用线性插值时，将四个节点的坐标和相应的位函数表示四个待定系数，可以推导出用形函数和节点位函数表示的插值函数为

$$u(x,y,z)=N_1^e u_1+N_2^e u_2+N_3^e u_3+N_4^e u_4=\sum_{i=1}^{4}N_i^e u_i$$

式中，N_i^e 为四面体的形函数，其表达式为

$$N_i^e=\frac{1}{6V}(a_i+b_i x+c_i y+d_i z)\qquad i=1,2,3,4$$

式中，V 为四面体单元的体积，用行列式表示为

$$V=\frac{1}{6}\begin{vmatrix}1&1&1&1\\x_1&x_2&x_3&x_4\\y_1&y_2&y_3&y_4\\z_1&z_2&z_3&z_4\end{vmatrix}$$

a_i,b_i,c_i,d_i 是用节点坐标表示的系数，当 $i=1$ 时有

$$a_1 = -\begin{vmatrix} x_2 & x_3 & x_4 \\ y_2 & y_3 & y_4 \\ z_2 & z_3 & z_4 \end{vmatrix} \qquad b_1 = -\begin{vmatrix} 1 & 1 & 1 \\ y_2 & y_3 & y_4 \\ z_2 & z_3 & z_4 \end{vmatrix}$$

$$c_1 = -\begin{vmatrix} 1 & 1 & 1 \\ x_2 & x_3 & x_4 \\ z_2 & z_3 & z_4 \end{vmatrix} \qquad d_1 = -\begin{vmatrix} 1 & 1 & 1 \\ x_2 & x_3 & x_4 \\ y_2 & y_3 & y_4 \end{vmatrix}$$

对其余的$a_2,b_2,\cdots,c_4,d_4$可将以上四个行列式中的下标按 1、2、3、4 的次序轮流置换而得。

关于三维场的详细分析请参考其他书籍。

第5章 加 权 余 量 法

5.1 加权余量法的基本原理

加权余量法是求微分方程近似解的一种有效方法，对有的定解问题无法找到其相应的能量泛函时，通常可以采用加权余量法进行离散化处理，然后用数值法求近似解。这种方法是选取适当的权函数，使之引入近似解后，控制方程及定解条件产生的误差或余量在加权平均意义上为零，从而使求解的方程离散化为代数方程组求解。

设定解问题为

$$\begin{cases} L(u)=f & \in \Omega \\ \dfrac{\partial u}{\partial n}=q & u\in s_2 \\ u=u_s & u\in s_1 \end{cases} \tag{5-1}$$

式中：$L(\bullet)$是微分算子；Ω为求解域；s_1为一类边界；s_2为二类边界；q为二类边界已知值；u_s为一类边界已知值。精确解必须在Ω域内和边界上处处满足上述方程。设下式表示上述方程的近似解

$$\hat{u}=\beta_1 u_1+\beta_2 u_2+\cdots+\beta_n u_n=\sum_1^n \beta_i u_i$$

式中：β_i为待定系数；u_i应是线性独立且完备的函数序列，此函数序列常称为基函数，如近似解对于控制方程、边界条件均不精确满足，将近似解代入式（5-1）后将得到余量也就是误差，即有

$$\begin{cases} R(\hat{u})=L(\hat{u})-f & \in \Omega \\ R_1=u_s-\hat{u} & \in s_1 \\ R_2=\dfrac{\partial \hat{u}}{\partial n}-q & \in s_2 \end{cases}$$

而对于精确解所有的余量恒等于零。另外，选取权函数W_i集合，令余量的加权积分等于0，这样误差最小，从而求得近似解，即

$$\langle R,W_i\rangle_\Omega+\sum\langle R_i,PW_i\rangle_{s_i}=0$$

式中，P为变换算子。对于上述定解问题，有

$$\int_{\Omega} RW\mathrm{d}v = \int_{S_2} R_2 W\mathrm{d}s + \int_{S_1} R_1 \frac{\partial W}{\partial n}\mathrm{d}s \tag{5-2}$$

式中，W 是权函数，取 n 个权函数就得到 n 个方程，正好可用来求解 n 个待定系数，采用不同的权函数就得到不同的计算方法。如将权函数取为基函数就是迦辽金法，这是较普遍的一种方法，而且可以导致与变分法离散相同的结果。上述方程式（5-2）右端第二项为第一类边界条件的加权积分，其权函数取法向导数 $\frac{\partial W}{\partial n}$ 是考虑到方程的余量因次不同，必须取得一致（利用稳定问题的矢量磁位泊松方程 $\nabla^2 \boldsymbol{A} = -\mu_0 \boldsymbol{J}$ 不难验证，因次关系为：$R \to \frac{Wb}{m^3}$，$R_1 \to \frac{Wb}{m}$，$R_2 \to \frac{Wb}{m^2}$）。同时也可以用其他方法证明，下面用变分法予以证明。

这里仍利用式（5-1）的定解问题，并设算子 $L(\cdot) = \nabla^2$，此即泊松方程稳定问题。第一步先假定如果一类条件近似解得到满足，即 $\hat{u} = u_s$，其余量 $R_1 = 0$，则控制方程及二类边界条件的加权余量表达式为

$$\int_{\Omega} (\nabla^2 \hat{u} - f) W\mathrm{d}v = \int_{S_2} \left(\frac{\partial \hat{u}}{\partial n} - q\right) W\mathrm{d}s \tag{5-3}$$

如令 $W = \delta\hat{u}$，式（5-3）相当于下面泛函在约束条件下的变分问题

$$\begin{cases} \delta F(\hat{u}) = 0 \\ \hat{u} = u_s \end{cases} \tag{5-4}$$

此即相当于求带第二类边界条件泊松方程的解，其泛函有已知形式为

$$F(\hat{u}) = \int_{\Omega} \left\{\frac{1}{2}(\nabla\hat{u})^2 + f\hat{u}\right\} \mathrm{d}v - \int_{s_2} \hat{u} q \mathrm{d}s$$

利用格林第一恒等式，$\int_v \nabla\psi \cdot \nabla\varphi \mathrm{d}v = -\int_v \psi \nabla^2 \varphi \mathrm{d}v + \int_s \psi \frac{\partial \varphi}{\partial n}\mathrm{d}s$，将上式取变分为

$$\delta F(\hat{u}) = \delta\left[\int_{\Omega} \left\{\frac{1}{2}(\nabla\hat{u})^2 + f\hat{u}\right\} \mathrm{d}v - \int_{s_2} \hat{u} q \mathrm{d}s\right]$$

在格林第一恒等式中，令 $\varphi \to \hat{u}$，$\psi \to \delta\hat{u}$，且变分算子与微分算子可互换，即 $\delta(\nabla\hat{u}) = \nabla(\delta\hat{u})$，于是有

$$\begin{aligned} \delta F(\hat{u}) &= \int_{\Omega} \nabla\hat{u} \cdot \nabla\delta\hat{u}\mathrm{d}v + \int_{\Omega} f\delta\hat{u}\mathrm{d}v - \int_{S_2} \delta\hat{u} q\mathrm{d}s \\ &= -\int_{\Omega} \delta\hat{u}\nabla^2\hat{u}\mathrm{d}v + \int_S \delta\hat{u}\nabla\hat{u} \cdot \mathrm{d}\boldsymbol{s} + \int_{\Omega} f\delta\hat{u}\mathrm{d}v - \int_{S_2} \delta\hat{u} q\mathrm{d}s \\ &= 0 \end{aligned} \tag{5-5}$$

上式右端第二项的面积分为包含全域的边界，即包括第一类边界和第二类边界的面积分，即有

$$\int_S \delta\hat{u}\nabla\hat{u}\bullet \mathrm{d}s = \int_{S_1} \delta\hat{u}\frac{\partial\hat{u}}{\partial n}\mathrm{d}s + \int_{S_2} \delta\hat{u}\frac{\partial\hat{u}}{\partial n}\mathrm{d}s \tag{5-6}$$

因为在第一类边界 S_1 上，$\hat{u}=u_s, \delta\hat{u}=0$，上式右端第一项为零，于是有

$$\delta F(\hat{u}) = -\int_\Omega \delta\hat{u}(\nabla^2\hat{u}-f)\mathrm{d}v + \int_{S_2}\delta\hat{u}(\frac{\partial\hat{u}}{\partial n}-q)\mathrm{d}s = 0$$

回代 $\delta\hat{u}=W$，于是就有式（5－3），得证第一步。

第二步利用拉格朗日（Lagrange）乘子法，化有约束变分方程式（5－4）为无约束变分方程。引入乘子 λ 构建新的泛函

$$\tilde{F}(\hat{u}) = F(\hat{u}) + \int_{S_1}\lambda(\hat{u}-u_s)\mathrm{d}s$$

对上式取变分 $\delta\tilde{F}=0$，可以确定乘子 $\lambda = -\dfrac{\partial\hat{u}}{\partial n}$，即

$$\begin{aligned}\delta\tilde{F}(\hat{u}) &= \delta F(\hat{u}) + \delta\left[\int_{S_1}\lambda(\hat{u}-u_s)\mathrm{d}s\right] \\ &= \delta F(\hat{u}) + \int_{S_1}(\hat{u}-u_s)\delta\lambda\mathrm{d}s + \int_{S_1}\lambda\delta\hat{u}\mathrm{d}s\end{aligned}$$

由式（5－5）和式（5－6）展开上式右端第一项，上式可得

$$\begin{aligned}\delta\tilde{F}(\hat{u}) = &-\int_\Omega \delta\hat{u}(\nabla^2\hat{u}-f)\mathrm{d}v + \int_{S_2}\delta\hat{u}(\frac{\partial\hat{u}}{\partial n}-q)\mathrm{d}s + \int_{S_1}(\hat{u}-u_s)\delta\lambda\mathrm{d}s + \\ &\int_{S_1}(\lambda+\frac{\partial\hat{u}}{\partial n})\delta\hat{u}\mathrm{d}s \\ =&\, 0\end{aligned}$$

前已证得上式等号右端的前三项为零，所以即得

$$\lambda = -\frac{\partial\hat{u}}{\partial n}$$

取变分有

$$\delta\lambda = -\frac{\partial(\delta\hat{u})}{\partial n}$$

即有

$$\delta\tilde{F}(\hat{u}) = -\int_\Omega \delta\hat{u}(\nabla^2\hat{u}-f)\mathrm{d}v + \int_{S_2}\delta\hat{u}\left(\frac{\partial\hat{u}}{\partial n}-q\right)\mathrm{d}s - \int_{S_1}(\hat{u}-u_s)\frac{\partial(\delta\hat{u})}{\partial n}\mathrm{d}s = 0$$

代回 $\delta\hat{u}=W$，得

$$-\int_\Omega(\nabla^2\hat{u}-f)W\mathrm{d}v + \int_{S_2}W\left(\frac{\partial\hat{u}}{\partial n}-q\right)\mathrm{d}s + \int_{S_1}(u_s-\hat{u})\frac{\partial W}{\partial n}\mathrm{d}s = 0$$

于是有

$$\int_{\Omega} RW\mathrm{d}v = \int_{S_2} WR_2\mathrm{d}s + \int_{S_1} R_1\frac{\partial W}{\partial n}\mathrm{d}s$$

式（5-2）得证。

以下举例说明加权余量法的应用。

算例 5-1：求解下例二阶微分方程

$$\frac{\mathrm{d}^2u}{\mathrm{d}x^2} + u + x = 0 \qquad 0 \leqslant x \leqslant 1$$

边界条件：当 $x=0$ 时，$u=0$；$x=1$ 时，$u=0$。此问题的精确解为

$$u = \frac{\sin x}{\sin 1} - x$$

现用加权余量法求近似解，取近似解的多项式为

$$\begin{aligned}\hat{u} &= \beta_1 u_1 + \beta_2 u_2 + \cdots + \beta_n u_n \\ &= \beta_1 x(1-x) + \beta_2 x^2(1-x) + \cdots\end{aligned}$$

做第一次近似，取

$$u = \beta_1 u_1 = \beta_1 x(1-x)$$

近似解满足边界条件但不满足方程，用迦辽金法，取权函数为基函数，即取 $W_1 = u_1 = x(1-x)$，做加权积分并令等于 0，有

$$\int_0^1 u_1 R\mathrm{d}x = \int_0^1 x(1-x)[x + \beta_1(-2 + x - x^2)]\mathrm{d}x = 0$$

解得

$$\frac{1}{12} - \frac{3}{10}\beta_1 = 0$$

$$\beta_1 = \frac{5}{18} = 0.2778$$

得第一次近似解

$$u = 0.2778x(1-x)$$

做第二次近似，取

$$u = \beta_1 u_1 + \beta_2 u_2 = \beta_1 x(1-x) + \beta_2 x^2(1-x)$$

取权函数

$$W_1 = \beta_1 x(1-x), \quad W_2 = \beta_2 x^2(1-x)$$

做加权积分

$$\int_0^1 x(1-x)[x + \beta_1(-2 + x - x^2) + \beta_2(-2 - 6x + x^2 - x^3)]\mathrm{d}x = 0$$

$$\int_0^1 x^2(1-x)[x+\beta_1(-2+x-x^2)+\beta_2(-2-6x+x^2-x^3)]\mathrm{d}x=0$$

两个待定系数即可得两个方程

$$\frac{3}{10}\beta_1+\frac{3}{20}\beta_2=\frac{1}{12}$$

$$\frac{3}{20}\beta_1+\frac{13}{105}\beta_2=\frac{1}{20}$$

联立解之得系数

$$\beta_1=0.192\,4,\ \ \beta_2=0.170\,7$$

得第二次近似解为

$$u=x(1-x)(0.192\,4+0.170\,7x)$$

第一次近似解和第二次近似解如下：

x	第一次近似	第二次近似	精确解
0.25	0.052 1	0.044 0	0.044 0
0.50	0.069 5	0.069 8	0.069 7
0.75	0.052 1	0.060 0	0.060 1

分析可见，第二次近似解已经非常接近精确解。

下面讨论用加权余量法离散化处理的一般方法。仍用式（5－1），设控制方程为稳定问题，即

$$L(u)=f \tag{5-7}$$

引进近似解函数为

$$\hat{u}=\beta_1u_1+\beta_2u_2+\cdots+\beta_nu_n=\sum_1^n\beta_iu_i \tag{5-8}$$

式中，β_i 为待定系数，设 u_i 能满足总体边界条件的线性无关完备函数序列，但不完全满足控制方程，代入式（5－7）后产生余量

$$R=L(\hat{u})-f$$

另外，取权函数集合 W_m（$m=1,2,\cdots,n$），构成内积并令其为零

$$\langle W_m,R\rangle=\left\langle W_m,\left[L\left(\sum_1^n\beta_i\hat{u}_i\right)-f\right]\right\rangle=0 \tag{5-9}$$

式中，$L(\bullet)$ 为线性算子，因而有

$$\sum_1^n\beta_i\langle W_m,L(\hat{u}_i)\rangle=\langle W_m,f\rangle\quad m=1,2,\cdots,n$$

写成矩阵式为

$$[A_{mi}]\{\beta_i\}=\{b_m\} \tag{5-10}$$

式中

$$[A_{mi}]=\begin{bmatrix}\langle W_1,L(u_1)\rangle & \langle W_1,L(u_2)\rangle & \cdots & \langle W_1,L(u_n)\rangle \\ \langle W_2,L(u_1)\rangle & \langle W_2,L(u_2)\rangle & \cdots & \langle W_2,L(u_n)\rangle \\ \vdots & \vdots & \cdots & \vdots \\ \langle W_n,L(u_1)\rangle & \langle W_n,L(u_2)\rangle & \cdots & \langle W_n,L(u_n)\rangle\end{bmatrix} \tag{5-11}$$

$$\{\beta_i\}=\begin{Bmatrix}\beta_1\\ \beta_2\\ \vdots\\ \beta_n\end{Bmatrix} \tag{5-12}$$

$$\{b_m\}=\begin{Bmatrix}\langle W_1,f\rangle\\ \langle W_2,f\rangle\\ \vdots\\ \langle W_n,f\rangle\end{Bmatrix} \tag{5-13}$$

只要$[A_{mi}]$是满秩的，则其逆$[A_{mi}]^{-1}$存在，待定系数即可求得

$$\{\beta_i\}=[A_{mi}]^{-1}\{b_m\} \tag{5-14}$$

将求解的函数写成矩阵式

$$\{\hat{u}_i\}^{\mathrm{T}}=[\hat{u}_1\quad \hat{u}_2\quad \cdots\quad \hat{u}_n]$$

所以得到式（5-8）的解为

$$\hat{u}=[\hat{u}_i]^{\mathrm{T}}\{\beta_i\}=[\hat{u}_i]^{\mathrm{T}}[A_{mi}]^{-1}\{b_m\} \tag{5-15}$$

采用加权余量法比变分法的灵活性大，对算子的性质要求不是很苛刻，不如变分法要限定β_i为自伴随性质，即在希尔伯特（Hilbert）空间上的线性连续对称算子。

权函数序列可以有不同选择，因而构成不同解法。

（1）迦辽金法（Galerkin）。取权函数序列等于基函数序列

$$W_m=\hat{u}_i$$

（2）点配置法。权函数取为脉冲函数

$$W_m=\delta(r-r_m)\qquad (m=1,2,\cdots,n)$$

$$\int_V \delta(r-r_m)\mathrm{d}v=\begin{cases}1 & r=r_m\\ 0 & r\neq r_m\end{cases}$$

这样离散的结果是在域内的点上而不是在面上使近似解满足控制方程，因而方程余量不是在平均意义下而是在 n 个离散点上等于 0。

（3）矩量法。权函数按下述规则设置，以一维为例

$$W_m = x^j \qquad j = 0,1,2,\cdots,n$$

即

$$W_m = 1, x, x^2, \cdots, x^n$$

（4）子区域法。权函数取为

$$W_m = \begin{cases} 1 & 在\Omega内 \\ 0 & 在\Omega外 \end{cases}$$

（5）最小二乘法。权函数取为

$$W_m = 2\frac{\partial R}{\partial \beta_i}$$

此权函数相当于下式泛函取变分，即

$$F(u) = \int R^2 \mathrm{d}v$$

$$\delta F(u) = \delta \int R^2 \mathrm{d}v = \int 2R\frac{\partial R}{\partial \beta}\mathrm{d}v$$

由于此种方法计算相当复杂，实际中较少采用。

算例 5－2：用加权余量法求解下列方程

$$-\frac{\mathrm{d}^2 u}{\mathrm{d}x^2} = 1 + 2x \qquad 0 \leqslant x \leqslant 1$$

边界条件

$$u(0) = u(1) = 0$$

方程的精确解为

$$u = \frac{5}{6}x - \frac{x^2}{2} - \frac{x^3}{3}$$

利用式（5－7），算子 $L(\bullet) \to -\frac{\mathrm{d}^2}{\mathrm{d}x^2}$，方程右端项 $f \to (1+2x)$，设第一次近似解为

$$\hat{u} = \beta \hat{u}_1 = \beta_1 x(1-x)$$

满足边界条件但不满足控制方程，采用迦辽金法，取权函数等于基函数，即

$$W_1 = \hat{u}_1 = x(1-x)$$

由

$$\sum_{1}^{n}\beta_i\langle W_m, L(\hat{u}_i)\rangle = \langle W_m, f\rangle$$

这里$m=1$，$i=1$，$L(\hat{u})=\dfrac{\mathrm{d}^2}{\mathrm{d}x^2}[x(1-x)]=2$，于是有

$$\beta_1\int_0^1 x(1-x)2\mathrm{d}x = \int_0^1 x(1-x)(1+2x)\mathrm{d}x$$

解上式得

$$\beta_1 = 1$$

即第一次近似解为

$$\hat{u} = x(1-x)$$

利用第一次近似解与精确解进行比较结果如下：

x	0	0.2	0.4	0.6	0.8	1.0
u 近似 1	0	0.16	0.24	0.24	0.16	0
u 精确	0	0.144	0.232	0.248	0.178	0

取第二次近似解为

$$\hat{u} = \sum_{1}^{2}\beta_i\hat{u}_i = \beta_1 x(1-x) + \beta_2 x(1-x^2)$$

它满足边界条件$u(0)=u(1)=0$，取权函数等于基函数

$$W_1 = \hat{u}_1 = x(1-x) \quad W_2 = \hat{u}_2 = x(1-x^2)$$

为了得到式（5－11）和式（5－13）的系数，求出一般表达式

$$\hat{u}_i = x - x^{i+1}$$

$$W_m = x - x^{m+1}$$

$$L(\hat{u}_i) = -\frac{\mathrm{d}^2}{\mathrm{d}x^2}(\hat{u}_i) = i(i+1)x^{i-1}$$

$$A_{mi} = \langle W_m, L(\hat{u}_i)\rangle = \int_0^1 i(i+1)x^{i-1}(x - x^{m+1})\mathrm{d}x$$

$$= i(i+1)\int_0^1 (x^i - x^{m+i})\mathrm{d}x$$

$$= i(i+1)\left(\frac{1}{i+1} - \frac{1}{m+i+1}\right) = \frac{mi}{m+i+1}$$

$$b_m = \langle W_m, f\rangle = \int_0^1 (x - x^{m+1})(1+2x)\mathrm{d}x = \frac{mi}{m+i+1}$$

用以上系数表达式计算各系数如下

$$m=1 \quad i=1 \quad A_{11}=\frac{1}{3} \quad b_1=\frac{1}{3} \quad i=2 \quad A_{12}=\frac{1}{2}$$

$$m=2 \quad i=1 \quad A_{21}=\frac{1}{2} \quad b_2=\frac{31}{60} \quad i=2 \quad A_{22}=\frac{4}{5}$$

得到矩阵表达式

$$\begin{bmatrix} \frac{1}{3} & \frac{1}{2} \\ \frac{1}{2} & \frac{4}{5} \end{bmatrix} \begin{Bmatrix} \beta_1 \\ \beta_2 \end{Bmatrix} = \begin{Bmatrix} \frac{1}{3} \\ \frac{31}{60} \end{Bmatrix}$$

解之得

$$\begin{Bmatrix} \beta_1 \\ \beta_2 \end{Bmatrix} = \begin{bmatrix} \frac{1}{3} & \frac{1}{2} \\ \frac{1}{2} & \frac{4}{5} \end{bmatrix}^{-1} \begin{Bmatrix} \frac{1}{3} \\ \frac{31}{60} \end{Bmatrix}$$

$$\begin{Bmatrix} \beta_1 \\ \beta_2 \end{Bmatrix} = \begin{Bmatrix} \frac{1}{2} \\ \frac{1}{3} \end{Bmatrix}$$

代入原表达式得

$$\hat{u}=\frac{1}{2}x(1-x)+\frac{1}{3}x(1-x^2)=\frac{5}{6}x-\frac{x^2}{2}-\frac{x^3}{3}$$

即采用二次近似解已达到精确解，加权余量法用来解微分方程比较方便。

5.2　用加权余量法建立电磁场有限元离散化方程

设定解问题为

$$\begin{cases} \dfrac{\partial}{\partial x}\left(\beta\dfrac{\partial u}{\partial x}\right)+\dfrac{\partial}{\partial y}\left(\beta\dfrac{\partial u}{\partial y}\right)=-f & \in \Omega \\ u=u_s \quad \in l_1 & \\ \beta\dfrac{\partial u}{\partial n}=q \quad \in l_2 & \Big\} \; l_1+l_2=l \end{cases} \tag{5-16}$$

式中，$\beta=\dfrac{1}{\mu}$，这是二维泊松问题，已知第一类和第二类边界条件。将求解域 Ω 剖分成 n 个三角形单元，其单元节点的位函数为

$$\{u\}^e = \begin{Bmatrix} u_i \\ u_j \\ u_m \end{Bmatrix}$$

在单元内采用线性插值函数作为近似解

$$\hat{u}(x,y) = \alpha_1 + \alpha_2 x + \alpha_3 y$$

式中，α_1、α_2、α_3 为待定系数，离散剖分处理时，每个单元的三个节点的坐标是已知的，可以用三个节点位值和三个节点坐标值表示［参见第 4 章式（4－15）～式（4－17）］单元内的位函数近似解为

$$\hat{u}(x,y) = [N_i \quad N_j \quad N_m]\begin{Bmatrix} u_i \\ u_j \\ u_m \end{Bmatrix} = [N]\{u\}^e \qquad (5-17)$$

式中

$$N_k = \frac{1}{2\varDelta}(a_k + b_k x + c_k y) \qquad k = i, j, m$$

式中：a,b,c 为表示单元节点坐标的系数；N_k 称为形函数或称插值基函数，形函数有如下性质

$$N_k(x_l, y_l) = \begin{cases} 1 & k = l \\ 0 & k \neq l \end{cases}$$

即

$$N_i(x_i, y_i) = N_j(x_j, y_j) = N_m(x_m, y_m) = 1$$

$$N_i(x_j, y_j) = N_j(x_m, y_m) = N_m(x_i, y_i) = \cdots = 0$$

只要求得各节点的位值，即可以解得三角形内任意点的位函数值。由于近似解不满足控制方程，代入后有余量 R，做加权积分并令其等于 0，有

$$\langle W_k, R\rangle = \int_\varOmega W_k R\mathrm{d}x\mathrm{d}y = \sum_{e=1}^{E} \varepsilon_k^e = 0 \qquad (5-18)$$

式中：E 为剖分的单元数；ε_k^e 为单元的余量积分

$$\varepsilon_k^e = \int_\varDelta W_k^e R\mathrm{d}x\mathrm{d}y \qquad (5-19)$$

式中，W_k^e 为单元的权函数，对三角形单元 $k = i, j, m$。采用迦辽金法，即取

$$W_k^e = N_k, \quad k = i, j, m$$

三个节点要取三个权函数，由式（5－1）代入余量积分式（5－19）得

$$\iint_{\Delta} N_k \left[\frac{\partial}{\partial x}\left(\beta \frac{\partial u}{\partial x}\right) + \frac{\partial}{\partial y}\left(\beta \frac{\partial u}{\partial y}\right) + f \right] \mathrm{d}x\mathrm{d}y = \varepsilon_k^e \quad k = i, j, m \tag{5-20}$$

对于 $k = i$，有

$$\iint_{\Delta} N_i \left[\frac{\partial}{\partial x}\left(\beta \frac{\partial u}{\partial x}\right) + \frac{\partial}{\partial y}\left(\beta \frac{\partial u}{\partial y}\right) + f \right] \mathrm{d}x\mathrm{d}y + \iint_{\Delta} N_i f \mathrm{d}x\mathrm{d}y = \varepsilon_i^e \tag{5-21}$$

考虑到

$$\frac{\partial}{\partial x}\left[N_i \left(\beta \frac{\partial u}{\partial x} \right) \right] = N_i \frac{\partial}{\partial x}\left(\beta \frac{\partial u}{\partial x}\right) + \beta \frac{\partial u}{\partial x}\frac{\partial N_i}{\partial x}$$

$$\frac{\partial}{\partial y}\left[N_i \left(\beta \frac{\partial u}{\partial y} \right) \right] = N_i \frac{\partial}{\partial y}\left(\beta \frac{\partial u}{\partial y}\right) + \beta \frac{\partial u}{\partial y}\frac{\partial N_i}{\partial y}$$

将以上两式代入式（5－21），得

$$\begin{aligned} & -\iint_{\Delta} \beta \left[\left(\frac{\partial u}{\partial x}\right)\left(\frac{\partial N_i}{\partial x}\right) + \left(\frac{\partial u}{\partial x}\right)\left(\frac{\partial N_i}{\partial x}\right) \right] \mathrm{d}x\mathrm{d}y + \\ & \iint_{\Delta} \left[\frac{\partial}{\partial x}\left(N_i \beta \frac{\partial u}{\partial x}\right) + \frac{\partial}{\partial y}\left(N_i \beta \frac{\partial u}{\partial y}\right) \right] \mathrm{d}x\mathrm{d}y + \iint_{\Delta} N_i f \mathrm{d}x\mathrm{d}y = \varepsilon_i^e \end{aligned} \tag{5-22}$$

利用格林公式将上式左端第二项的面积分化为线积分

$$\int_{\Omega} \left(\frac{\partial P}{\partial x} + \frac{\partial Q}{\partial y} \right) \mathrm{d}x\mathrm{d}y = \oint_l \left[P\cos(n,x) + Q\cos(n,y) \right] \mathrm{d}l$$

令

$$P = N_i \beta \frac{\partial u}{\partial x}, \quad Q = N_i \beta \frac{\partial u}{\partial y}$$

得

$$\begin{aligned} \iint_{\Delta} \left[\frac{\partial}{\partial x}\left(N_i \beta \frac{\partial u}{\partial x}\right) + \frac{\partial}{\partial y}\left(N_i \beta \frac{\partial u}{\partial y}\right) \right] \mathrm{d}x\mathrm{d}y &= \oint_l N_i \beta \left[\frac{\partial u}{\partial x}\cos(n,x) + \frac{\partial u}{\partial y}\cos(n,y) \right] \mathrm{d}l \\ &= \oint_l N_i \beta \frac{\partial u}{\partial n} \mathrm{d}l \end{aligned}$$

式（5－22）化为

$$\begin{aligned} & -\iint_{\Delta} \beta \left[\left(\frac{\partial u}{\partial x}\right)\left(\frac{\partial N_i}{\partial x}\right) + \left(\frac{\partial u}{\partial x}\right)\left(\frac{\partial N_i}{\partial x}\right) \right] \mathrm{d}x\mathrm{d}y + \\ & \iint_{\Delta} N_i f \mathrm{d}x\mathrm{d}y + \oint_l N_i \beta \frac{\partial u}{\partial n} \mathrm{d}l = \varepsilon_i^e \end{aligned} \tag{5-23}$$

取式（5－17）的近似解代入上式即形函数表达式，有

$$\frac{\partial \hat{u}}{\partial x}=\frac{1}{2\varDelta}(b_i u_i+b_j u_j+b_m u_m)$$

$$\frac{\partial \hat{u}}{\partial y}=\frac{1}{2\varDelta}(c_i u_i+c_j u_j+c_m u_m)$$

$$\frac{\partial N_i}{\partial x}=\frac{b_i}{2\varDelta},\qquad \frac{\partial N_i}{\partial y}=\frac{c_i}{2\varDelta}$$

又因

$$\int_{\varDelta}\mathrm{d}x\mathrm{d}y=\varDelta$$

式（5－23）的第一项有

$$\begin{aligned}
&-\iint_{\varDelta}\beta\left[\left(\frac{\partial u}{\partial x}\right)\left(\frac{\partial N_i}{\partial x}\right)+\left(\frac{\partial u}{\partial x}\right)\left(\frac{\partial N_i}{\partial x}\right)\right]\mathrm{d}x\mathrm{d}y\\
&=\iint_{\varDelta}\beta\begin{bmatrix}\dfrac{1}{2\varDelta}\left(b_i u_i+b_j u_j+b_m u_m\right)\dfrac{1}{2\varDelta}b_i\\+\dfrac{1}{2\varDelta}\left(c_i u_i+c_j u_j+c_m u_m\right)\dfrac{1}{2\varDelta}c_i\end{bmatrix}\mathrm{d}x\mathrm{d}y\\
&=-\frac{\beta}{4\varDelta}\left[(b_i^2+c_i^2)u_i+(b_i b_j+c_i c_j)u_j+(b_i b_m+c_i c_m)u_m\right]\\
&=-\left[k_{ii}u_i+k_{ij}u_j+k_{im}u_m\right]
\end{aligned}$$

式中

$$k_{ii}=\frac{\beta}{4\varDelta}(b_i^2+c_i^2),\quad k_{ij}=\frac{\beta}{4\varDelta}(b_i b_j+c_i c_j),\quad k_{im}=\frac{\beta}{4\varDelta}(b_i b_m+c_i c_m)$$

式（5－23）的第二项有

$$\iint_{\varDelta}N_i f\mathrm{d}x\mathrm{d}y=\iint_{\varDelta}\frac{f}{2\varDelta}(a_i+b_i x+c_i y)\mathrm{d}x\mathrm{d}y$$

因为

$$\iint_{\varDelta}x\mathrm{d}x\mathrm{d}y=\dot{x}\varDelta=\frac{x_i+x_j+x_m}{3}\varDelta$$

$$\iint_{\varDelta}yx\mathrm{d}x\mathrm{d}y=\dot{y}\varDelta=\frac{y_i+y_j+y_m}{3}\varDelta$$

式中，$\dot{x},\dot{y}$ 为以 i,j,m 为顶点的三角形的形心，于是有

$$\iint_{\varDelta}N_i f\mathrm{d}x\mathrm{d}y=\frac{f}{6}[3a_i+b_i(x_i+x_j+x_m)+c_i(y_i+y_j+y_m)]$$

$$=\frac{f}{6}\left[\begin{aligned}&3(x_j y_m - x_m y_j)+(y_j-y_m)(x_i+y_j+x_m)\\&+(x_m-x_j)(y_i+y_j+y_m)\end{aligned}\right]$$

$$=\frac{f}{6}[a_i+a_j+a_m]=\frac{1}{3}f\varDelta$$

在式（5－20）中，对于 $k=j,m$，仿照以上推导方法，可以得到如下的结果

$$\begin{aligned}&-\left[k_{ii}u_i+k_{ij}u_j+k_{im}u_m\right]+\frac{f\varDelta}{3}+\oint_l N_i\beta\frac{\partial u}{\partial n}\mathrm{d}l=\varepsilon_i^e\\&-\left[k_{ij}u_i+k_{jj}u_j+k_{jm}u_m\right]+\frac{f\varDelta}{3}+\oint_l N_j\beta\frac{\partial u}{\partial n}\mathrm{d}l=\varepsilon_j^e\\&-\left[k_{mi}u_i+k_{mj}u_j+k_{mm}u_m\right]+\frac{f\varDelta}{3}+\oint_l N_m\beta\frac{\partial u}{\partial n}\mathrm{d}l=\varepsilon_m^e\end{aligned}\tag{5-24}$$

如果将第二类边界设置在单元的 jm 边界上，且设 u 沿 jm 边界线性变化，即有

$$u=\left(1-\frac{s}{s_L}\right)u_j+\frac{s}{s_L}u_m=[N_i\quad N_j\quad N_m]\begin{Bmatrix}u_i\\u_j\\u_m\end{Bmatrix}$$

式中

$$N_i=0,\quad N_j=\left(1-\frac{s}{s_L}\right),\quad N_m=\frac{s}{s_L}$$

s_L 为 jm 边长度，$s_L=\sqrt{(x_j-x_m)^2+(y_j-y_m)^2}$，所以式（5－23）的积分为

$$\int N_i q\mathrm{d}l=0$$

$$\int_0^{s_L}N_j q\mathrm{d}l=\int_0^{s_L}\left(1-\frac{s}{s_L}\right)q\mathrm{d}l=\frac{qs_L}{2}$$

$$\int_0^{s_L}N_m q\mathrm{d}l=\int_0^{s_L}\frac{s}{s_L}q\mathrm{d}l=\frac{qs_L}{2}$$

于是式（5－23）写成单元分析的矩阵式为

$$-\begin{bmatrix}k_{ii}&k_{ij}&k_{im}\\k_{ji}&k_{jj}&k_{jm}\\k_{mi}&k_{mj}&k_{mm}\end{bmatrix}\begin{Bmatrix}u_i\\u_j\\u_m\end{Bmatrix}+\begin{Bmatrix}\dfrac{f\varDelta}{3}+0\\\dfrac{f\varDelta}{3}+\dfrac{qs_L}{2}\\\dfrac{f\varDelta}{3}+\dfrac{qs_L}{2}\end{Bmatrix}=\begin{Bmatrix}\varepsilon_i^e\\\varepsilon_j^e\\\varepsilon_m^e\end{Bmatrix}$$

简写为

$$[k]^e\{u\}^e+\{P\}^e=\varepsilon_k^e$$

至此，以上单元分析可见，采用加权余量法的迦辽金准则进行离散化处理，得到与第 4 章变分有限元处理有相同的结果。由前述式（5－18），$\sum_{e=1}^{E}\varepsilon_k^e=0$，将全域剖分成 E 个单元的每个单元的 $[k]^e$ 和 $\{P\}^e$ 总体合成，即得

$$[k]\{u\}=\{P\} \tag{5-25}$$

式中：$[k]$ 为总体系数矩阵，仅与各节点的坐标有关，剖分时即为已知量；$\{u\}$ 为各节点的位函数值，待求量；$\{P\}$ 为右端向量，包含控制方程的右端量，二类边界值及剖分后得到的单元面积值，均为已知量。对于第一类边界条件，还要对 $[k]$ 进行修改，称为强加边界条件处理，亦称约束处理，处理后的系数矩阵 $[k]$ 才是正定阵，才能求解 $\{u\}$，否则 $[k]$ 为奇异阵。

由此可见，在未知与控制方程相对应的能量泛函时，采用加权余量法离散化处理，更具有普遍性，也更方便适用，而用迦辽金准则可得到与变分有限元相同的结果。

第6章　边 界 单 元 法

有限差分法与有限单元法两种求解电磁场的数值方法，均是从描述场域物理状态的偏微分方程入手，利用边界条件，离散处理后转化为代数方程组，求得各离散点场量的近似解，它们属于微分方程法。边界单元法是将所求解的边值问题化为积分方程，边界单元法则属于积分方程法。如果求解的是拉普拉斯方程，边界积分方程的离散化只需在求解域的边界上进行处理，不需要剖分域内，对于泊松方程和非齐次扩散方程，剖分也只限于处理右端载荷项的求解域，因此边界元法的最大优点是可以降低维数，三维降为二维，二维降为一维，可以大大节约计算时间和计算机内存。本章先介绍边界积分方程的建立，然后讨论离散化处理的方法，最后简要介绍边界元与有限元法混合用法。

6.1　边界积分方程的建立

设电磁场的定解问题（稳定问题）为

$$\begin{cases}\nabla^2 u=-f & \in V\\ \dfrac{\partial u}{\partial n}=q & \in s_2\\ u=u_1 & \in s_1\end{cases}\tag{6-1}$$

式中：u 为求解变量，一般为位函数，可以为矢量，也可以为标量，这里假定为标量；f 为已知量右端项，第一类边界 u_1 和第二类边界 q 为已知。有两种方法可将上述方程转化为积分方程，一种是利用格林（Green）定理，另一种是采用加权余量法。这里采用第一种方法。

格林定理有两种形式，一种为标量形式，另一种为矢量形式。如果控制方程的求解量为标量，则用前一种；如果求解量为矢量，如求磁场矢量磁位的旋度方程，则用后一种。这里仅介绍标量形式格林定理。设空间闭域 V 由其正则表面 S 所包围，有两个标量函数 ψ 和 φ，它们在 V 内和 S 面上的一阶和二阶导数存在且连续，利用高斯定理可得

$$\int_V \nabla\cdot(\psi\nabla\varphi)\,\mathrm{d}v=\int_S(\psi\nabla\varphi)\cdot\boldsymbol{n}\mathrm{d}s\tag{6-2}$$

式中，$\boldsymbol{n}$ 为表面 S 的外法向单位矢量,由矢量展开公式

$$\nabla \cdot (\psi \nabla \varphi) = \nabla \psi \cdot \nabla \varphi + \psi \nabla^2 \varphi \tag{6-3}$$

同时，考虑到

$$\nabla \varphi \cdot \boldsymbol{n} = \frac{\partial \varphi}{\partial n} \tag{6-4}$$

将式（6-3）、式（6-4）代入式（6-2），得

$$\int_V \nabla \psi \cdot \nabla \varphi \mathrm{d}v + \int_V \psi \nabla^2 \varphi \mathrm{d}v = \int_S \psi \frac{\partial \varphi}{\partial n} \mathrm{d}s \tag{6-5}$$

此即为格林第一恒等式。在式（6-2）中，改换ψ和φ的位置，再对$(\varphi \nabla \psi)$利用高斯定理及矢量展开公式，同理可得

$$\int_V \nabla \varphi \cdot \nabla \psi \mathrm{d}v + \int_V \varphi \nabla^2 \psi \mathrm{d}v = \int_S \varphi \frac{\partial \psi}{\partial n} \mathrm{d}s \tag{6-6}$$

用式（6-5）减去式（6-6），可得

$$\int_V (\psi \nabla^2 \varphi - \varphi \nabla^2 \psi) \,\mathrm{d}v = \int_S \left(\psi \frac{\partial \varphi}{\partial n} - \varphi \frac{\partial \psi}{\partial n} \right) \mathrm{d}s \tag{6-7}$$

此即格林第二恒等式，亦称标量形式格林定理。根据此定理可以导出方程（6-1）的边界积分表达式。

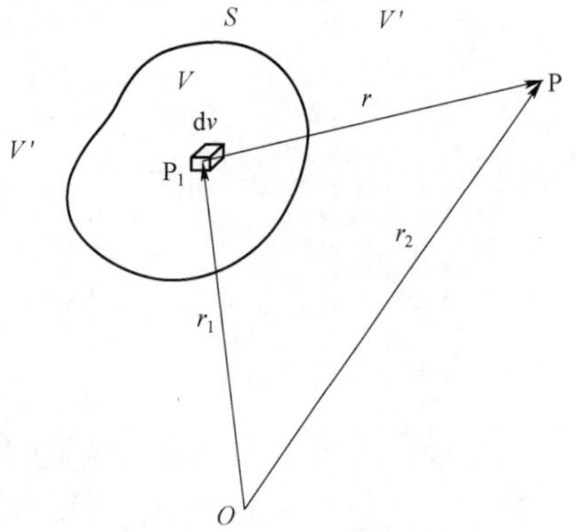

图 6-1　点电源产生的场

由电学所知，对于均匀各向同性媒质空间，如图 6-1 所示，点电源P_1产生的场，在矢径$\boldsymbol{r}$指向的场点 P 处的位函数值为

$$G = \frac{1}{4\pi r} = \frac{1}{4\pi |r_2 - r_1|}$$

满足下列方程

$$\nabla^2 G = -\delta_i$$

式中：G为拉普拉斯方程的基本解（格林函数）；δ_i为狄拉克（Dirac）函数，有如下特性

$$\int_V \delta_i(\boldsymbol{r}) \,\mathrm{d}v = \int_V \delta_i(\boldsymbol{r}_2 - \boldsymbol{r}_1) \,\mathrm{d}v = \begin{cases} 1 & r_2 = r_1 \quad \text{域内} \\ 0 & r_2 \neq r_1 \quad \text{域外} \end{cases}$$

或有

$$\int_V \delta_i(\boldsymbol{r}_2 - \boldsymbol{r}_1) f(r_2) \,\mathrm{d}v = \begin{cases} f(r_1) & r_2 = r_1 \quad \text{域内} \\ 0 & r_2 \neq r_1 \quad \text{域外} \end{cases}$$

式中：$\delta_i(\boldsymbol{r}) = \delta_i(\boldsymbol{r}_2 - \boldsymbol{r}_1) = \delta_i(x_2 - x_1)(y_2 - y_1)(z_2 - z_1)$；$\boldsymbol{r}$为点电源$P_1(r_1)$到场点

$P(r_2)$ 的矢径距离，其大小为

$$r=\sqrt{(x_2-x_1)^2+(y_2-y_1)^2+(z_2-z_1)^2}$$

式中：$\boldsymbol{r}_1$ 为点电源的矢径坐标；$\boldsymbol{r}_2$ 为场点的矢径坐标。

如 P 点（即 i 点）在 V 内，设 u 为域内的位函数，同时令 $\psi=G$，利用格林第二恒等式，有

$$\int_V (G\nabla^2 u-u\nabla^2 G)\,\mathrm{d}v=\int_S\left(G\frac{\partial u}{\partial n}-u\frac{\partial G}{\partial n}\right)\mathrm{d}s \tag{6-8}$$

式（6－8）左端的第二项为

$$-\int_V u\nabla^2 G\mathrm{d}v=\int_V u\delta_i\mathrm{d}v=u_i(r_1)$$

这里，u_i 是域内 i 点的位值，于是式（6－8）可写为

$$\begin{aligned}u_i(r_1)&=\int_S\left(G\frac{\partial u}{\partial n}-u\frac{\partial G}{\partial n}\right)\mathrm{d}s-\int_V G(\nabla^2 u)\,\mathrm{d}v\\&=\int_S\left(G\frac{\partial u}{\partial n}-u\frac{\partial G}{\partial n}\right)\mathrm{d}s+\int_V fG\mathrm{d}v\end{aligned}$$

上式求得的是对源点的位 $u_i(r_1)$，我们要求的是对场点的位 $u_i(r_2)$，为此，利用互易定理不难得到。众所周知，在线性电路分析中，无源定常网络的任意两支路 a 和 b，如 a 支路施加一电压源，它在 b 支路产生电流，应等于施加同样大小的电压源于 b 支路在 a 支路的电流，也就是当激励不变，激励与响应的位置互换，其响应不变，这就是线性电路分析中的互易定理。在电磁场的分析计算中，应用格林函数的本身即是采用了叠加原理，此即要求场域为均匀各项同性的线性媒质。在此场域内，将一点源置于位置 a 在位置 b 产生的场，必等于以同样强度的点源置于位置 b 在位置 a 产生的场，此即互易定理的物理意义，由此可以决定场点的位 $u_i(r_2)$

$$u_i(r_2)=\int_S\left(G\frac{\partial u}{\partial n}-u\frac{\partial G}{\partial n}\right)\mathrm{d}s+\int_V fG\mathrm{d}v \tag{6-9}$$

式（6－9）称为电磁场的直接边界积分方程。若令 $G=W$，W 为权函数，即有

$$u_i=\int_S\left(W\frac{\partial u}{\partial n}-u\frac{\partial W}{\partial n}\right)\mathrm{d}s+\int_V fW\mathrm{d}v$$

此式即表示用加权余量法导出的边界积分方程。式（6－9）表明，当位函数 u 及其法向导数 $\frac{\partial u}{\partial n}$ 在边界上的值及 f 在域内的值均已知时，便可以通过拉普拉斯方程的基本解，用面积分和体积分确定域内任意点的位函数值。对于调

和场，即 $f=0$，则域内任意点的位函数值可以通过边界面（三维）或边界线（二维）的积分确定，使问题计算简化。

对于三维均匀各项同性媒质的无界空间，基本解为

$$G=\frac{1}{4\pi r}$$

对于二维均匀各项同性媒质的无界平面，基本解为

$$G=\frac{1}{2\pi}\ln\left(\frac{1}{r}\right)=-\frac{1}{2\pi}\ln r^{**}$$

**证明如下：因为二维空间 $\nabla^2 G=-\delta_i(\boldsymbol{r}_2-\boldsymbol{r}_1)=-\delta_i(x_2-x_1)\delta_i(y_2-y_1)$，在 Ω 域内即有

$$\int_{\Omega}\nabla^2 G\mathrm{d}\Omega=-\delta_i=-1$$

同时利用高斯定理，将以上面积分化为线积分，即有

$$\int_{\Omega}\nabla\bullet\nabla G\mathrm{d}\Omega=\oint_s\nabla G\bullet\boldsymbol{n}\,\mathrm{d}s=-1$$

在二维域情况下，函数 G 只在沿 $\boldsymbol{r}$ 方向变化，上式的闭合积分为 $2\pi r$，而梯度 ∇G 与外法向 $\boldsymbol{n}$ 即单位向量 $\boldsymbol{r}_0$ 的点积为

$$\nabla G\bullet\boldsymbol{r}_0 2\pi r=-1$$

即有

$$\frac{\partial G}{\partial r}=-\frac{1}{2\pi r}$$

所以有

$$G=-\frac{1}{2\pi}\ln r$$

证毕

将 $G=\dfrac{1}{4\pi r}$ 代入式（6-9），可得

$$u_i=\frac{1}{4\pi}\int_S\left[\frac{1}{r}\frac{\partial u}{\partial n}-u\frac{\partial}{\partial n}\left(\frac{1}{r}\right)\right]\mathrm{d}s+\frac{1}{4\pi}\int_V\frac{f}{r}\mathrm{d}v \tag{6-10}$$

式（6-10）表示泊松方程的积分形式解，等式右端第一项表示拉普拉斯方程的通解，而第二项为泊松方程的特解。

若 i 点在域外，则因

$$\int_V u\delta_i\mathrm{d}v=0$$

所以

$$u_i=0$$

式（6-10）还可以转换成用等效源表示的公式，以得到电磁场间接边界积分方程。令 V' 代表 S 以外的域，则 V' 内的位函数 u' 满足拉普拉斯方程，即

$$\nabla^2 u' = 0$$

由式（6-8）有

$$\int_S \left(G\frac{\partial u'}{\partial n} - u'\frac{\partial G}{\partial n} \right) \mathrm{d}s = 0 \tag{6-11}$$

以式（6-9）减去式（6-11）得

$$u_i = \int_V fG\mathrm{d}v + \int_S G\left(\frac{\partial u}{\partial n} - \frac{\partial u'}{\partial n} \right) \mathrm{d}s - \int_S (u-u')\frac{\partial G}{\partial n}\mathrm{d}s \tag{6-12}$$

对于静电场有

$$f = \frac{\rho}{\varepsilon} \qquad \frac{\partial u}{\partial n} - \frac{\partial u'}{\partial n} = \frac{\rho_s}{\varepsilon} \text{单层源}$$

$$u' - u = \frac{\tau}{\varepsilon} \text{双层源电偶极矩}$$

对于三维场，将基本解为$G = \frac{1}{4\pi r}$代入式（6-12），考虑到以上关系，对于电场，域内的位函数有如下关系式

$$u_i = \frac{1}{4\pi\varepsilon}\int_V \frac{\rho}{r}\mathrm{d}v + \frac{1}{4\pi\varepsilon}\int_S \frac{\rho_s}{r}\mathrm{d}s + \frac{1}{4\pi\varepsilon}\int_S \tau\frac{\partial}{\partial n}\left(\frac{1}{r}\right)\mathrm{d}s \tag{6-13}$$

式（6-13）表明，第一项代表有体电荷密度分布ρ在域内产生的位，第二项代表边界S面上存在单层源引起位函数的突变，等价于第二类边界条件，第三项代表边界S面上存在双层源产生的偶极矩引起的位函数突变，等价于第一类边界条件。后两项面积分的作用表示域外电荷对域内点产生的位的影响。采用等效源的观点计算，可使问题简化。

对于静磁场有

$$f = \rho_{\mathrm{m}} \qquad \frac{\partial u}{\partial n} - \frac{\partial u'}{\partial n} = \sigma_{\mathrm{m}} \qquad u' - u = \tau_{\mathrm{m}} = I$$

式中：ρ_{m}为等效磁荷体密度；σ_{m}为等效磁荷面密度；τ_{m}为等效磁偶矩面密度。则域内标量磁位函数为

$$u_l = \frac{1}{4\pi\varepsilon}\int_V \frac{\rho_{\mathrm{m}}}{r}\mathrm{d}v + \frac{1}{4\pi\varepsilon}\int_S \frac{\sigma_{\mathrm{m}}}{r}\mathrm{d}s + \frac{1}{4\pi\varepsilon}\int_S \tau_{\mathrm{m}}\frac{\partial}{\partial n}\left(\frac{1}{r}\right)\mathrm{d}s \tag{6-14}$$

式（6-14）表示，在有磁化媒质或永磁体和同时有传导电流存在空间，用等效磁荷法分析时的位函数，在无传导电流时，前两项即可用于有磁化媒质或永磁体存在区域的标量磁位计算。

以上讨论 i 点在域内、外的情况。当 i 点在边界上时，则可能出现奇异点，必须采取适当的方法排除奇点。处理方法如下：对于三维问题，如边界面 S 为光滑的，它包含一类和二类两种边界面。设奇点在第二类边界面 S_2 上，以奇点为球心，以 r_0 为半径，做一个向外隆起的半球面 S_0，当 r_0 趋近于零时，S_0 也趋近于零，该点即成为边界点，如图 6－2a 为三维情况。对于式（6－15），即有

$$u_i = \int_S \left(G\frac{\partial u}{\partial n} - u\frac{\partial G}{\partial n} \right) \mathrm{d}s + \int_V fG\mathrm{d}v \tag{6-15}$$

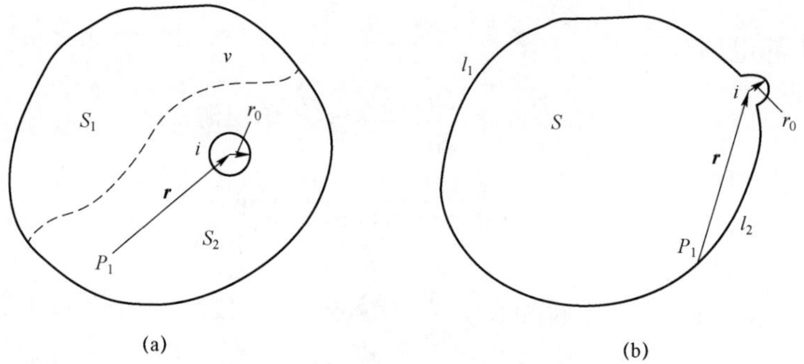

图 6－2　二类边界奇点处理示意

（a）三维；（b）二维

考察上式右端第一项，因为将边界面 S_2 记为

$$S_2 = (S_2 - S_0) + S_0$$

则第一项写为

$$\int_S \left(G\frac{\partial u}{\partial n} - u\frac{\partial G}{\partial n} \right) \mathrm{d}s = \int_{S_1} \left(G\frac{\partial u}{\partial n} - u\frac{\partial G}{\partial n} \right) \mathrm{d}s + \int_{(S_2 - S_0)} \left(G\frac{\partial u}{\partial n} - u\frac{\partial G}{\partial n} \right) \mathrm{d}s + \int_{S_0} \left(G\frac{\partial u}{\partial n} - u\frac{\partial G}{\partial n} \right) \mathrm{d}s \tag{6-16}$$

上式中，当 $r_0 \to 0$，$(S_2 - S_0) \to S_2$ 时，式（6－16）右端的前两项之和即为在边界面 S 上的值，这样只需研究等式右端的第三项。而第三项又包括两项，先看第一项，因为半球面的面积为 $\frac{1}{2}4\pi r_0^2 = 2\pi r_0^2$，于是有

$$\int_{S_0} G\frac{\partial u}{\partial n}\mathrm{d}s = \int_{S_0} \frac{1}{4\pi r_0}\frac{\partial u}{\partial n}\mathrm{d}s = \int_{S_0} \frac{1}{4\pi r_0} q\mathrm{d}s$$

$$\lim_{r_0 \to 0}\int_{S_0} \frac{1}{4\pi r_0} q\mathrm{d}s = \lim_{r_0 \to 0}\frac{q}{4\pi r_0} 2\pi r_0^2 = 0$$

所以，式（6－16）右端的第三项中的第一项不出现奇异性。再看式（6－16）右端的第三项中的第二项，又因

$$\frac{\partial G}{\partial n}=\frac{\partial}{\partial r}\left(\frac{1}{4\pi r}\right)=-\frac{1}{4\pi r^2}$$

即有

$$-\int_{s_0} u\frac{\partial G}{\partial n}\mathrm{d}s=\int_{s_0}\frac{u}{4\pi r_0^2}\mathrm{d}s$$

$$\lim_{r_0\to 0}\int_{S_0} u\frac{\partial G}{\partial n}\mathrm{d}s=\lim_{r_0\to 0}\left(u_i\frac{1}{4\pi r_0^2}2\pi r_0^2\right)=\frac{u_i}{2}$$

所以，当 $r_0\to 0$，$(S_2-S_0)\to S_2$ 时，式（6－9）表示为

$$u_i=\int_S\left(G\frac{\partial u}{\partial n}-u\frac{\partial G}{\partial n}\right)\mathrm{d}s+\frac{u_i}{2}+\int_V fG\mathrm{d}v$$

这样，边界上的 i 点的位有如下表达式

$$\frac{u_i}{2}=\int_S\left(G\frac{\partial u}{\partial n}-u\frac{\partial G}{\partial n}\right)\mathrm{d}s+\int_V fG\mathrm{d}v$$

对于二维情况，其求解域为面 S，而边界为线 l，通常包括一类 l_1 和二类 l_2 两种边界，仿照三维情况处理奇点方法，在二类边界 l_2 上，以奇点为圆心，以 r_0 为半径，做一个向外凸起的半圆，当 r_0 趋近于零时，该点即成为边界点。如图 6－2b 所示为二维情况。对于式（6－15），可写为

$$u_i=\int_l\left(G\frac{\partial u}{\partial n}-u\frac{\partial G}{\partial n}\right)\mathrm{d}l+\int_S fG\mathrm{d}s \tag{6-17}$$

考察上式右端第一项，因为将边界面 l_2 记为

$$l_2=(l_2-l_0)+l_0$$

$$\int_l\left(G\frac{\partial u}{\partial n}-u\frac{\partial G}{\partial n}\right)\mathrm{d}l=\int_{l_1}\left(G\frac{\partial u}{\partial n}-u\frac{\partial G}{\partial n}\right)\mathrm{d}l+\int_{(l_2-l_0)}\left(G\frac{\partial u}{\partial n}-u\frac{\partial G}{\partial n}\right)\mathrm{d}l+\int_{l_0}\left(G\frac{\partial u}{\partial n}-u\frac{\partial G}{\partial n}\right)\mathrm{d}l \tag{6-18}$$

在式（6－18）中，当 $r_0\to 0$，$(l_2-l_0)\to l_2$ 时，等式右端的前两项之和即为在边界线 l 上的值，这样，只需研究式（6－18）右端的第三项。而第三项又包括两项，先看第一项积分有

$$\int_{l_0} G\frac{\partial u}{\partial n}\mathrm{d}l=\int_{l_0}\frac{1}{2\pi}\ln\left(\frac{1}{r_0}\right)\frac{\partial u}{\partial n}\mathrm{d}l=\frac{1}{2\pi}\ln\left(\frac{1}{r_0}\right)\int_{l_0} q\mathrm{d}l$$

因为半圆周长为πr_0，取$r_0 \to 0$的极限，并用罗必塔法则，可得

$$\lim_{r_0\to 0}\frac{1}{2\pi}\ln\left(\frac{1}{r_0}\right)\int_{l_0} q\mathrm{d}l = -\frac{q}{2}\lim_{r_0\to 0}\left(\frac{\ln r_0}{\pi}\pi r_0\right) = 0$$

即式（6－18）右端的第三项中的第一项不出现奇异性。再看式（6－18）右端的第三项中的第二项，又因

$$\frac{\partial G}{\partial n} = \frac{\partial}{\partial r}\left(-\frac{\ln r}{2\pi}\right) = -\frac{1}{2\pi r}$$

即有

$$-\int_{l_0} u\frac{\partial G}{\partial n}\mathrm{d}l = \int_{l_0}\frac{u}{2\pi r}\mathrm{d}l$$

$$\lim_{r_0\to 0}\int_{l_0} u\frac{\partial G}{\partial n}\,\mathrm{d}l = \lim_{r_0\to 0}\left(u_i\frac{1}{2\pi r_0}\pi r_0\right) = \frac{u_i}{2}$$

所以，当$r_0 \to 0$，$(l_2 - l_0) \to l_2$时，式（6－11）表示为

$$u_i = \int_l\left(G\frac{\partial u}{\partial n} - u\frac{\partial G}{\partial n}\right)\mathrm{d}l + \frac{u_i}{2} + \int_s fG\mathrm{d}s$$

这样边界上的i点的位值有如下表达式

$$\frac{u_i}{2} = \int_l\left(G\frac{\partial u}{\partial n} - u\frac{\partial G}{\partial n}\right)\mathrm{d}l + \int_s fG\mathrm{d}s$$

于是得到与三维情况有相同形式的表达式。由此，可以得到用积分形式表达边界元法的一般方程为

$$c_i u_i = \int_S\left(G\frac{\partial u}{\partial n} - u\frac{\partial G}{\partial n}\right)\mathrm{d}s + \int_V fG\mathrm{d}v \qquad (6-19)$$

其中

$$c_i = \begin{cases} 1 & \text{在}V(S)\text{域内} \\ \dfrac{1}{2} & \text{在}S(l)\text{边界上} \\ 0 & \text{在}V(S)\text{域外} \end{cases}$$

有了边界元法的一般方程后，采用数值解法时，如同有限元法的流程，需要将求解域离散成许多个单元，设置单元的近似解，并进行单元分析，然后总体合成，等等。从式（6－19）可以看出，对于满足拉普拉斯方程的调和场，方程无右端项f，则对三维场，只需要离散求解域的边界面；对于二维场则，只需离散求解域的边界线，即使有右端项f，也只需离散存在有f值的局部区域。这样大大地节省了计算机内存和计算时间，尤其对于大型计算课题具有优势，

因而边界元法得到广泛的应用。

6.2　离散化处理方法

式（6－13）表明，求解域内的位函数 u 值可以用边界上的 u 和 $\frac{\partial u}{\partial n}$ 来表征，由定解问题式（6－1）可知，它们部分是已知，而部分是未知的。如同有限元法一样，将边界离散剖分为 N 个单元，源项的域 V 离散剖分为 M 个单元，则可将式（6－13）写为

$$c_i u_i + \sum_{j=1}^{N} \int_{S_j} u_j \frac{\partial G}{\partial n} \mathrm{d}s = \sum_{j=1}^{N} \int_{S_j} G \frac{\partial u}{\partial n} \mathrm{d}s + \sum_{k=1}^{M} \int_{\Delta_k} fG \mathrm{d}v \qquad (6-20)$$

上式可见，其中的各项积分仅与单元特性有关，设置不同的单元试探函数，将得到不同的单元特征。下面以二维问题为例，说明各种不同单元函数设置时的单元分析。

设二维问题为拉普拉斯场，即 $f=0$，定解问题为

$$\begin{cases} \nabla^2 u = 0 & \in S \\ \frac{\partial u}{\partial n} = q & \in l_2 \\ u = u_s & \in l_1 \end{cases} \quad l = l_1 + l_2$$

二维问题的剖分是在边界线上进行，如同有限元法那样，将边界分成 N 段，每段称为一个单元，单元可以采用直线段逼近，也可以用曲线段，取决于单元的试探函数的设置。将边界分成段的点，称为节点，节点上的未知量即是待求量。每个节点要进行编号，编号的顺序由小到大，可以是逆时针方向标出，也可以顺时针标出，如图 6－3a 所示。一个单元有两个端点，即有两个节点，单元的编号以其两个端点的起始点编号为准，如 1、2 两节点之间的单元即为 1 号单元，2、3 两节点之间的单元即为 2 号单元，余类推，j 与 $j+1$ 两节点之间的单元为 j 号单元。在边界上有一类边界 l_1 和二类边界 l_2，设将边界剖分成 N 个单元，其中，N_1 个单元为第一类边界，N_2 为第二类边界，则由式（6－20）对 p 点的边界离散化方程有

$$\frac{1}{2} u_i + \sum_{j=1}^{N} \int_{l_j} u \frac{\partial G}{\partial n} \mathrm{d}l = \sum_{j=1}^{N} \int_{l_j} G \frac{\partial u}{\partial n} \mathrm{d}l \qquad (6-21)$$

式（6－21）等号左右两边的积分表示在单元上进行，其特性取决于试探函数的选取，而基本解 G 对三维和二维有确定函数值。边界单元的试探函数可

采用恒值元、线性元和高次元：

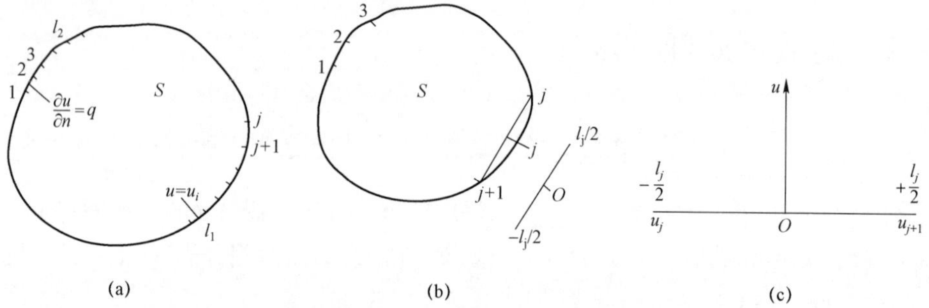

图 6-3　边界单元的剖分

（a）边界剖分；（b）线性元；（c）位函数表述

（1）恒值单元。它是指每个单元的 u 和 $\frac{\partial u}{\partial n}$ 认为是一定值，取单元中点作为节点的值。

（2）线性单元。它是指每个单元的 u 和 $\frac{\partial u}{\partial n}$ 在单元的两端点之间按线性变化。

（3）曲线单元。它二次元是指每个单元的 u 和 $\frac{\partial u}{\partial n}$ 在单元的两端点之间按二次曲线变化。

二次以上的称为高次元。显然，采用曲线元的计算精度比线性元的要高，而线性元比恒值元的要高，但它们的单元分析也要复杂得多。

1. 恒值单元的离散化处理

对于恒值单元，在 N 个单元中，有 N_1 个单元为第一类边界 u_s 已知，N_1 个 $\frac{\partial u}{\partial n}=q$ 为未知，N_2 为第二类边界 $\frac{\partial u}{\partial n}=q$ 已知，N_2 个 u 为未知，则共有 N 个未知数，由式（6-21）可写为

$$\frac{1}{2}u_i+\sum_{j=1}^{N}u_j\int_{l_j}\frac{\partial G}{\partial n}\mathrm{d}l=\sum_{j=1}^{N}q_j\int_{l_j}G\mathrm{d}l$$

令单元积分为

$$\begin{cases}\hat{H}_{ij}=\int_{l_j}\frac{\partial G}{\partial n}\mathrm{d}l\\ G_{ij}=\int_{l_j}G\mathrm{d}l\end{cases}$$

对于已知 G，上述积分可以直接计算出，对于高次元，需要采用数值积分，于是有

$$\frac{1}{2}u_i + \sum_{j=1}^{N}\hat{H}_{ij}u_j = \sum_{j=1}^{N}G_{ij}q_j$$

或写为

$$\sum_{j=1}^{N}H_{ij}u_j = \sum_{j=1}^{N}G_{ij}q_j$$

式中

$$H_{ij} = \begin{cases} \hat{H}_{ij} & i \neq j \\ \frac{1}{2} + \hat{H}_{ij} & i = j \end{cases}$$

对于 N 个节点,写出 N 个方程，上式可以写成矩阵式

$$\boldsymbol{HU} = \boldsymbol{GQ}$$

因为上式中位函数列阵 $\boldsymbol{U}$ 中有 N_1 个 u_s 已知，N_2 个 u 为未知，而二类边界值列阵 $\boldsymbol{Q}$ 中 N_2 个 q 已知，N_1 个 q 为未知。这样将已知量移至等号右端，未知变量移至左端，得

$$\boldsymbol{AX} = \boldsymbol{R}$$

式中：$\boldsymbol{X}$ 为未知变量 u 和 q 构成的列向量；$\boldsymbol{A}$ 为系数矩阵；$\boldsymbol{R}$ 为右端向量。解上式即可求出边界上的全部未知量。

以上是对拉普拉斯场边界元的处理方法，如果在场域内 f 不为 0，即为泊松方程，则由式（6－20）可知，必须将域内的载荷函数按照有限元法一样，剖分为 M 个单元，对于二维问题即剖分为 M 个三角形单元，求出每个单元对于观察点的贡献值，即

$$B_i = \int_s fG\mathrm{d}s = \sum_{k=1}^{M}\left(\int_{\Delta_k} fG\mathrm{d}s\right)$$

与式（6－20）对应的离散方程为

$$\sum_{j=1}^{N}H_{ij}u_j = \sum_{j=1}^{N}G_{ij}q_j + B_i$$

写成矩阵式为

$$\boldsymbol{HU} = \boldsymbol{GQ} + \boldsymbol{B} \tag{6-22}$$

由式（6－22）解出边界节点的 u、q 值和 B_i 值后，即可利用与式（6－19）相对应的离散方程，求出域内点的位函数值，即

$$u_i = \sum_{j=1}^{N}(G_{ij}q_j - \hat{H}_{ij}u_j) + B_i$$

2. 线性单元的离散化处理

仍讨论二维拉普拉斯场，由式（6－20），因为 $f=0$，所以有

$$c_i u_i + \sum_{j=1}^{N}\int_{l_j} u_j \frac{\partial G}{\partial n}\,\mathrm{d}l = \sum_{j=1}^{N}\int_{l_j} G\frac{\partial u}{\partial n}\,\mathrm{d}l \tag{6-23}$$

这里，关键的一步是分析单元的特征式，在每个单元上采用线性插值函数，即各单元任意点的 u 和 $\frac{\partial u}{\partial n}=q$ 值，用相关节点的值和两个线性函数 φ_1 和 φ_2 表述。如图 6－3b、c 所示，有单元 j 的两节点 j 与 $j+1$，取单元中点为单元节点且为原点，设单元上任意点的位函数为线性关系

$$u = a_1 + b_1 x$$

式中，a_1、b_1 为待定系数。两端点的位值用坐标表示为

$$u_j = a_1 + b_1\left(-\frac{l_j}{2}\right)$$

$$u_{j+1} = a_1 + b_1\left(\frac{l_j}{2}\right)$$

式中，l_j 为单元线段长度，解出系数得

$$a_1 = \frac{u_j + u_{j+1}}{2}$$

$$b_1 = \frac{u_{j+1} - u_j}{l_j}$$

用单元两端点的位值表示单元内任意点的函数为

$$u = \frac{1-\dfrac{x}{l_j/2}}{2}u_j + \frac{1+\dfrac{x}{l_j/2}}{2}u_{j+1}$$

令

$$\xi = \frac{x}{l_j/2}$$

为用局部坐标或称相对坐标表示坐标变量，它是一无因次量。同时，令

$$\varphi_1 = \frac{1}{2}(1-\xi) \qquad \varphi_2 = \frac{1}{2}(1+\xi)$$

于是有

$$u(\xi)=\varphi_1 u_j+\varphi_2 u_{j+1}=\begin{bmatrix}\varphi_1 & \varphi_2\end{bmatrix}\begin{Bmatrix}u_j\\ u_{j+1}\end{Bmatrix}$$

式中，φ_1、φ_2 称为形函数。同理，可以导出

$$q(\xi)=\varphi_1 q_j+\varphi_2 q_{j+1}=\begin{bmatrix}\varphi_1 & \varphi_2\end{bmatrix}\begin{Bmatrix}q_j\\ q_{j+1}\end{Bmatrix}$$

有了以上两式用单元两端点的 u 和 q 以及形函数表示的单元函数，即可按式（6－17）的单元积分得到单元分析表达式，式（6－17）等式左端第二项积分为

$$\begin{aligned}\int_{l_j} u_j \frac{\partial G}{\partial n}\mathrm{d}l &= \int_{l_j}\begin{bmatrix}\varphi_1 & \varphi_2\end{bmatrix}\frac{\partial G}{\partial n}\mathrm{d}l\begin{Bmatrix}u_j\\ u_{j+1}\end{Bmatrix}\\ &= \begin{bmatrix}h_{ij}^{(1)} & h_{ij}^{(2)}\end{bmatrix}\begin{Bmatrix}u_j\\ u_{j+1}\end{Bmatrix}\end{aligned}$$

式中

$$h_{ij}^{(1)}=\int_{l_j}\varphi_1\frac{\partial G}{\partial n}\mathrm{d}l=\int_{l_j}\varphi_1 q^*\mathrm{d}l$$

$$h_{ij}^{(2)}=\int_{l_j}\varphi_2\frac{\partial G}{\partial n}\mathrm{d}l=\int_{l_j}\varphi_2 q^*\mathrm{d}l$$

式中

$$\frac{\partial G}{\partial n}=q^*$$

式（6－17）等式右端项积分为

$$\begin{aligned}\int_{l_j} G\frac{\partial u}{\partial n}\,\mathrm{d}l &= \int_{l_j}\begin{bmatrix}\varphi_1 & \varphi_2\end{bmatrix}G\mathrm{d}l\begin{Bmatrix}q_j\\ q_{j+1}\end{Bmatrix}\\ &= \begin{bmatrix}g_{ij}^{(1)} & g_{ij}^{(2)}\end{bmatrix}\begin{Bmatrix}q_j\\ q_{j+1}\end{Bmatrix}\end{aligned}$$

式中

$$g_{ij}^{(1)}=\int_{l_j}\varphi_1 G\mathrm{d}l$$

$$g_{ij}^{(2)}=\int_{l_j}\varphi_2 G\mathrm{d}l$$

将以上单元分析结果代入式（6－17），得

$$c_i u_i + \begin{bmatrix} \hat{H}_{i1} & \hat{H}_{i2} & \cdots & \hat{H}_{iN} \end{bmatrix} \begin{Bmatrix} u_1 \\ u_2 \\ \vdots \\ u_N \end{Bmatrix} = \begin{bmatrix} G_{i1} & G_{i2} & \cdots & G_{iN} \end{bmatrix} \begin{Bmatrix} q_1 \\ q_2 \\ \vdots \\ q_N \end{Bmatrix}$$

式中

$$\hat{H}_{ij} = h_{ij}^{(1)} + h_{ij}^{(2)} = \int_{l_j} \begin{bmatrix} \varphi_1 & \varphi_2 \end{bmatrix} q^* \mathrm{d}l$$

$$G_{ij} = g_{ij}^{(1)} + g_{ij}^{(2)} = \int_{l_j} \begin{bmatrix} \varphi_1 & \varphi_2 \end{bmatrix} G \mathrm{d}l$$

或写成

$$\sum_{j=1}^{N} H_{ij} u_j = \sum_{j=1}^{N} G_{ij} q_j$$

式中

$$H_{ij} = \begin{cases} \hat{H}_{ij} & i \neq j \\ \hat{H}_{ij} + c_i & i = j \end{cases}$$

对于全部节点，$i = 1, 2, \cdots, N$，则可以写出 N 个方程，其矩阵式为

$$\boldsymbol{HU} = \boldsymbol{GQ}$$

将未知量移至等式的左端，已知量移至等式右端，也可以写成如下形式

$$\boldsymbol{AX} = \boldsymbol{R}$$

式中：$\boldsymbol{X}$ 为未知变量 u 和 q 构成的列向量；$\boldsymbol{A}$ 为系数矩阵；$\boldsymbol{R}$ 为右端向量。解上式即可求出边界上的全部未知量。

对于矩阵元素的确定按如下方法：

（1）对于二维问题，基本解为 $G = -\dfrac{1}{2\pi} \ln r$，将其代入 h 和 g 的积分式进行运算即可。

（2）从整体坐标 (x, y) 到局部坐标要进行变换，其变换矩阵为雅可比矩阵

$$|J| = \frac{\mathrm{d}l}{\mathrm{d}\xi} = \sqrt{\left(\frac{\mathrm{d}x}{\mathrm{d}\xi}\right)^2 + \left(\frac{\mathrm{d}y}{\mathrm{d}\xi}\right)^2}$$

$$\mathrm{d}l = |J| \mathrm{d}\xi$$

位置坐标的表达式为

$$\begin{cases} x = \varphi_1 x_j + \varphi_2 x_{j+1} \\ y = \varphi_1 y_j + \varphi_2 y_{j+1} \end{cases}$$

所以有

$$|J|=\frac{1}{2}\sqrt{(x_{j+1}-x_j)^2+(y_{j+1}-y_j)^2}=\frac{1}{2}l_j$$

对于二次以上的高次元插值函数，可以仿照以上线性元处理，只是单元分析要复杂得多，且一般积分不易做出，必须用数值积分办法进行。

3. 高次单元的离散化处理

一般地说，采用线性元求解工程问题其精度已经足够，如果要进一步提高精度，则要采用曲线元。离散化方程仍为式（6－23）

$$c_iu_i+\sum_{j=1}^{N}\int_{l_j}u_j\frac{\partial G}{\partial n}\mathrm{d}l=\sum_{j=1}^{N}\int_{l_j}G\frac{\partial u}{\partial n}\mathrm{d}l$$

采用二次元，并用局部坐标，节点编号如图 6－4 所示，且将坐标原点置于单元的中点，设位函数为二次式

$$u=a+b\xi+c\xi^2$$

待定系数 a、b、c 可以确定

$$u=u_1,\quad \xi=-1,\quad u_1=a+c-b$$

$$u=u_2,\quad \xi=+1,\quad u_2=a+b+c$$

$$u=u_3,\quad \xi=0,\quad u_3=a$$

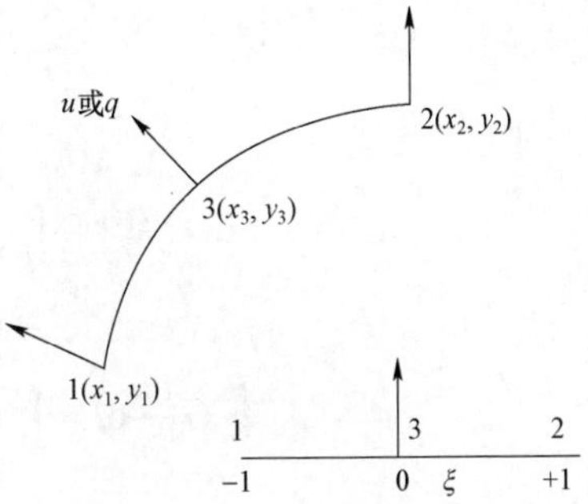

图 6－4　曲线元局部坐标

联立解以上三式得

$$a=u_3\qquad b=\frac{u_2-u_1}{2}\qquad c=\frac{u_1+u_2}{2}-u_3$$

代入得

$$u(\xi)=u_3+\frac{u_2-u_1}{2}\xi+\left(\frac{u_1+u_2}{2}-u_3\right)\xi^2$$

$$=\frac{1}{2}\xi(\xi-1)u_1+\frac{1}{2}\xi(\xi+1)u_2+(1-\xi^2)u_3$$

令

$$\varphi_1=\frac{1}{2}\xi(\xi-1)\qquad \varphi_2=\frac{1}{2}\xi(\xi+1)\qquad \varphi_3=(1-\xi^2)$$

称为二次元的形函数。于是可得单元位函数的矩阵表达式为

$$u(\xi)=\begin{bmatrix}\varphi_1 & \varphi_2 & \varphi_3\end{bmatrix}\begin{Bmatrix}u_1\\ u_2\\ u_3\end{Bmatrix}$$

同理可得

$$q(\xi)=\begin{bmatrix}\varphi_1 & \varphi_2 & \varphi_3\end{bmatrix}\begin{Bmatrix}q_1\\q_2\\q_3\end{Bmatrix}$$

将以上 u 及 q 代入单元的积分式，有

$$\begin{aligned}\int_{l_j} u\frac{\partial G}{\partial n}\mathrm{d}l &= \int_{l_j}\begin{bmatrix}\varphi_1 & \varphi_2 & \varphi_3\end{bmatrix}\frac{\partial G}{\partial n}\mathrm{d}l\begin{Bmatrix}u_1\\u_2\\u_3\end{Bmatrix}\\ &=\begin{bmatrix}h_{ij}^{(1)} & h_{ij}^{(2)} & h_{ij}^{(3)}\end{bmatrix}\begin{Bmatrix}u_1\\u_2\\u_3\end{Bmatrix}\end{aligned}$$

式中

$$h_{ij}^{(k)}=\int_{l_j}\varphi_k\frac{\partial G}{\partial n}\mathrm{d}l \qquad k=1，2，3$$

$$\begin{aligned}\int_{l_j} G\frac{\partial u}{\partial n}\mathrm{d}l &= \int_{l_j} Gq\mathrm{d}l=\int_{l_j}\begin{bmatrix}\varphi_1 & \varphi_2 & \varphi_3\end{bmatrix}G\mathrm{d}l\begin{Bmatrix}q_1\\q_2\\q_3\end{Bmatrix}\\ &=\begin{bmatrix}g_{ij}^{(1)} & g_{ij}^{(2)} & g_{ij}^{(3)}\end{bmatrix}\begin{Bmatrix}q_1\\q_2\\q_3\end{Bmatrix}\end{aligned}$$

式中

$$g_{ij}^{(k)}=\int_{l_j}\varphi_k G\mathrm{d}l \qquad k=1，2，3$$

以上的 $h_{ij}^{(k)}, g_{ij}^{(k)}$ 两个表达式中，当 G 和 $\frac{\partial G}{\partial n}$ 已知时，积分可以做出，如果不能直接积分，则必须用数值积分。同时需进行局部坐标与整体坐标之间的变换。

$$\mathrm{d}l=|J|\mathrm{d}\xi$$

雅可比矩阵为

$$|J|=\frac{\mathrm{d}l}{\mathrm{d}\xi}=\sqrt{\left(\frac{\mathrm{d}x}{\mathrm{d}\xi}\right)^2+\left(\frac{\mathrm{d}y}{\mathrm{d}\xi}\right)^2}$$

$$\begin{cases}x=\varphi_1x_1+\varphi_2x_2+\varphi_3x_3\\ y=\varphi_1y_1+\varphi_2y_2+\varphi_3y_3\end{cases}$$

6.3　非线性问题的处理方法

在实际的电磁场问题中，因为只要问题中包含铁磁媒质，一般都会涉及非线性问题，而在数值计算中，有限单元法处理非线性问题已得到很好解决，因而应用也比较广泛。边界单元法因为在基本原理方面使用了基本解，这样积分方程隐含了叠加原理，原则上仅限于用在线性问题。尽管边界单元法在降维方面具有优势，但在处理非线性问题方面，还存在困难，也在研究发展之中。下面介绍一种局部处理迭代方法以解决某些非线性问题。

设用矢量磁位解二维恒定磁场问题，矢量磁位 $\boldsymbol{A}$ 仅有 z 分量，即为标量，其控制方程为

$$\frac{\partial}{\partial x}\left(\beta\frac{\partial A_z}{\partial x}\right)+\frac{\partial}{\partial y}\left(\beta\frac{\partial A_z}{\partial y}\right)=-J_z \tag{6-24}$$

式中，$\beta=\dfrac{1}{\mu}$，媒质的磁导率 μ 具有非线性特征，不能置于导数算式之外。因为求解变量和右端项均为 z 分量，以下分析省略下标 z。因为磁导率可写为

$$\mu=\mu_0(1+\chi_{\mathrm{m}})$$

式中：$\mu_0=4\pi\times10^{-7}\ \mathrm{H/m}$，为真空磁导率；$\chi_{\mathrm{m}}$ 为媒质的磁化率，是一个无量纲的参数。所以

$$\begin{aligned}\beta&=\frac{1}{\mu}=\frac{1}{\mu_0(1+\chi_m)}=\frac{1}{\mu_0}\left(1-\frac{\chi_m}{1+\chi_m}\right)\\&=\beta_0(1-\lambda_m)\end{aligned}$$

式中

$$\beta_0=\frac{1}{\mu_0}\qquad\lambda_{\mathrm{m}}=\frac{\chi_{\mathrm{m}}}{1+\chi_{\mathrm{m}}}$$

这样，可将 β 分解为两部分：一部分为线性部分 β_0 为常量；另一部分与媒质特性有关的非线性部分 $\lambda_{\mathrm{m}}\beta_0$。于是原控制方程式（6－18）可写成如下表达式

$$\frac{\partial}{\partial x}\left[(\beta_0-\beta_0\lambda_{\mathrm{m}})\frac{\partial A}{\partial x}\right]+\frac{\partial}{\partial y}\left[(\beta_0-\beta_0\lambda_{\mathrm{m}})\frac{\partial A}{\partial y}\right]=-J$$

将与非线性有关部分移至等号右端，或写成

$$\frac{\partial^2 A}{\partial x^2}+\frac{\partial^2 A}{\partial y^2}=-\mu_0 J+\frac{\partial}{\partial x}\left(\lambda_{\mathrm{m}}\frac{\partial A}{\partial x}\right)+\frac{\partial}{\partial y}\left(\lambda_{\mathrm{m}}\frac{\partial A}{\partial y}\right)$$

与上式相对应的边界积分方程为

$$c_i u_i = \int_l \left(G\frac{\partial A}{\partial n} - A\frac{\partial G}{\partial n} \right) \mathrm{d}l - \int_s \left[-\mu_0 J + \frac{\partial}{\partial x}\left(\lambda_\mathrm{m} \frac{\partial A}{\partial x} \right) + \frac{\partial}{\partial y}\left(\lambda_\mathrm{m} \frac{\partial A}{\partial y} \right) \right] G\mathrm{d}s \tag{6-25}$$

这样，将上式与式（6－19）进行比较即可见，只是在载荷函数的处理上增加了与媒质特性 λ_m 有关的非线性部分，可以采用迭代法求解，计算起来比较复杂。

6.4 多媒质区域的处理方法

对于不均匀媒质区域的电磁场问题的计算，采用边界元法不如有限元法那样简单。从两种方法的数学基础可以看出，有限元法对不同媒质的相容性条件在泛函求极值时得到满足，因其能量泛函变分中的边界积分项 $\oint_l \beta \frac{\partial u}{\partial n}(\delta u)\mathrm{d}l$，已包括了二类边界和内部交界边界；而对于边界元法是由边界积分方程导出，它是通过格林函数 G 的积分而得，格林函数 G 只适用于均匀媒质。因此，对于媒质情况比较复杂的场域，有限单元法有其优点，它只需对不同媒质的剖分区域，赋以不同的媒质系数即可。边界元法则比较复杂，其处理方法是，将不同的媒质区域分割为多个均匀的子区域，建立各子区域的边界方程，然后考虑交界面上位函数和通量函数的连续性条件，联立求解各子区域的方程组。

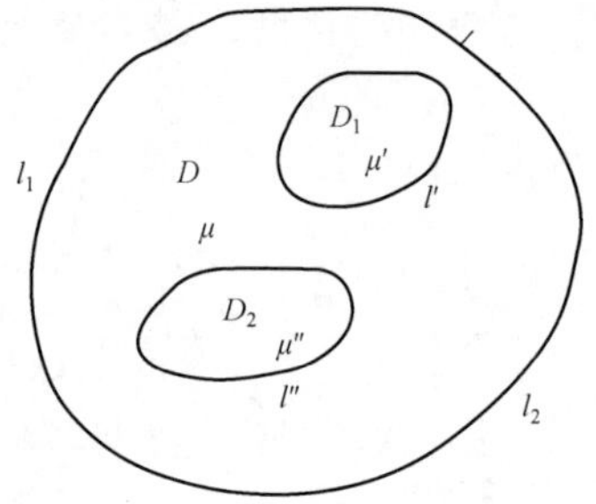

图 6－5　边界元法多媒质域处理

为了说明多媒质区域边界元法的应用，设有一个求解域 D 中，存在另外两种不同媒质的区域 D_1 和 D_2，如图 6－5 所示，且都为拉普拉斯场，于是定解问题为

$$\begin{cases} \mu\nabla^2 u = 0 & \in D \\ \mu'\nabla^2 u = 0 & \in D_1 \\ \mu''\nabla^2 u = 0 & \in D_2 \\ u = u_s & l_1 \\ \dfrac{\partial u}{\partial n} = q = \dfrac{1}{\mu} q_s & l_2 \end{cases} \tag{6-26}$$

将边界剖分时，D 域的一类边界 l_1 和二类边界 l_2 共剖分 N 个单元，D_1 域剖分 n' 个单元，D_2 域剖分 n'' 个单元。仿照以上对边界离散化后得到的矩阵方程，如式（6－22），（对于拉普拉斯场 $B=0$）可写出三个域的矩阵式如下：

$$D\ 域 \qquad [H \quad H_1' \quad H_1'']\begin{Bmatrix} U \\ U_1' \\ U_1'' \end{Bmatrix} = [G_0 \quad G_{10}' \quad G_{10}'']\begin{Bmatrix} Q \\ Q_1' \\ Q_1'' \end{Bmatrix}$$

$$D_1\ 域 \qquad H_2'U_2' = G_{20}'Q_2'$$

$$D_2\ 域 \qquad H_3''U_3'' = G_{30}''Q_3''$$

根据位函数和通量函数应该连续的交界面条件，有位函数连续

$$U_1' = U_2' = U'$$

$$U_1'' = U_3'' = U''$$

通量函数连续

$$\mu Q_1' = -\mu' Q_2' = Q'$$

$$\mu Q_1'' = -\mu'' Q_3'' = Q''$$

以上两式中的负号是表示 D 域与 D_1、D_2 两域的外法向方向相反。考虑边界连续性条件，联立上述三个区域的方程解得如下矩阵式

$$\begin{bmatrix} H & H_1' & H_1'' \\ 0 & H_2' & 0 \\ 0 & 0 & H_3'' \end{bmatrix}\begin{Bmatrix} U \\ U' \\ U'' \end{Bmatrix} = \begin{bmatrix} G & G_1' & G_1'' \\ 0 & -G_2' & 0 \\ 0 & 0 & -G_3'' \end{bmatrix}\begin{Bmatrix} Q \\ Q' \\ Q'' \end{Bmatrix} \tag{6-27}$$

式中，$G = G_0$，$G_1' = \dfrac{G_{10}'}{\mu}$，$G_1'' = \dfrac{G_{10}''}{\mu}$，$G_2' = \dfrac{G_{20}'}{\mu'}$，$G_3'' = \dfrac{G_{30}'}{\mu''}$。

单元的总数为：$N + n' + n''$ 个。

未知数：l 边界上共 N 个；l' 边界上共 $2n'$ 个，其中 n' 个 u，n' 个 q；l'' 边界上共 $2n''$ 个，其中 n'' 个 u，n'' 个 q。

所以需要建立 $N + 2(n' + n'')$ 个方程，求解 $N + 2(n' + n'')$ 各未知数，即全部边界上的 u 和 q 可以解出。

6.5　边界元法与有限元法的混合应用

从前述讨论可见，边界单元法有其优点：可以降维因而减少计算机内存，节省时间，同时起始输入数据比较简单，适合于解开域问题。但也存在缺点：形成的系数矩阵不是稀疏的，对于多媒质、非线性问题，处理起来比较困难和复杂。与边界元法相比，有限单元法则相反，有限元法适合于多媒质域，交界面条件自动满足，不需要特殊处理，非线性问题容易处理，系数矩阵具有稀疏性，但起始输入数据较复杂。因而，对于复杂的求解域，人们将二者结合起来

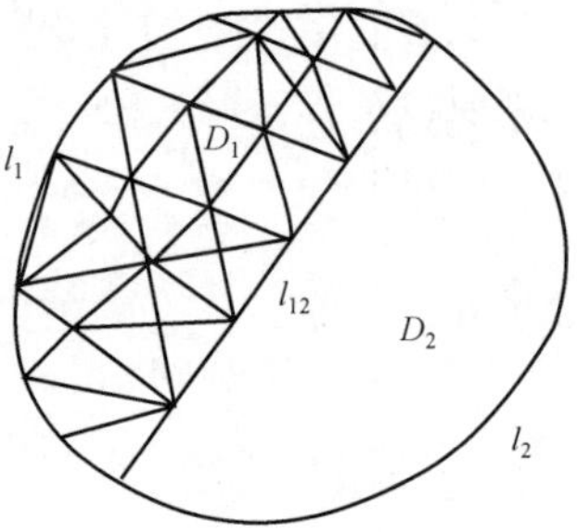

图 6-6　有限元与边界元混合应用

使用，发挥各自所长，形成了边界元与有限元混合法。下面以二维场为例扼要说明方法的处理过程。

如图 6-6 所示，二维求解域 D 分为两部分即两个子区域，D_1 部分包含非均匀和非线性媒质，其边界为 l_1，采用有限元法处理，例如用三角形剖分；D_2 部分包含均匀线性媒质，其边界为 l_2，采用边界元法处理，假如域内无载荷函数，则为拉普拉斯场，只需离散化边界；l_{12} 为子区域 D_1 和 D_2 的交界面（线），在此线上必须使两边的解相容，即满足交界线的解的相容性条件。

对于子区域 D_1 使用有限元法得到解的矩阵式为

$$\boldsymbol{KU}=\boldsymbol{P}$$

由于离散化剖分时，对于节点信息处理均有严格精确的记录，为此，可以利用矩阵分块方法，将交界面边界 l_{12} 上的位以及对边界的处理，从 U 和 P 分解出来，得到上式的分块矩阵式

$$\boldsymbol{K}\begin{bmatrix}\boldsymbol{U}_1\\ \boldsymbol{U}'_{D1}\end{bmatrix}=\begin{bmatrix}\boldsymbol{P}_1\\ \boldsymbol{P}'_{D1}\end{bmatrix} \tag{6-28}$$

式中：$\boldsymbol{U}_1$ 为子区域 D_1 内及边界 l_1 上的节点位向量；$\boldsymbol{P}_1$ 是在边界 l_1 上节点的二类非齐次边界项有关的激励向量；$\boldsymbol{U}'_{D1}$和 $\boldsymbol{P}'_{D1}$ 为内部交界面 l_{12} 上的位向量及右端激励项。

对于子区域 D_2 及边界 l_2 加 l_{12}，使用边界单元法，得到矩阵式

$$\boldsymbol{HU}=\boldsymbol{GQ}$$

同样利用分块法，将交界面边界 l_{12} 上的位以及对边界的处理，从 $\boldsymbol{U}$ 和 $\boldsymbol{Q}$ 分解出来，得到上式分块矩阵式

$$\boldsymbol{H}\begin{bmatrix}\boldsymbol{U}_2\\ \boldsymbol{U}'_{\mathrm{D2}}\end{bmatrix}=\boldsymbol{G}\begin{bmatrix}\boldsymbol{Q}_2\\ \boldsymbol{Q}'_{\mathrm{D2}}\end{bmatrix} \tag{6-29}$$

式中：$\boldsymbol{U}_2$ 为边界 l_2 上节点位构成的向量；$\boldsymbol{U}'_{\mathrm{D2}}$ 是内部交界面 l_{12} 上的位向量；$\boldsymbol{Q}_2$ 为边界 l_2 上位的法向导数构成的向量；$\boldsymbol{Q}'_{\mathrm{D2}}$ 是内部交界面 l_{12} 上位的法向导数向量。

由于子区域 D_1 和 D_2 以 l_{12} 为交界面（线），l_{12} 两侧的位 u 及其法向导数 $\dfrac{\partial u}{\partial n}$ 应该满足平衡及相容性条件，即

$$\boldsymbol{U}'_{\mathrm{D1}} = \boldsymbol{U}'_{\mathrm{D2}} \tag{6-30}$$

$$-\boldsymbol{P}'_{\mathrm{D1}} = \boldsymbol{Q}'_{\mathrm{D2}} \tag{6-31}$$

根据子区域 D_1 和 D_2 的边界 l_2 上离散化后的剖分节点数 m，建立起 m 个方程，整理式（6-28）和式（6-29）内列向量的已知和未知量，已知量置于等式右边，未知量置于左边，再与式（6-30）和式（6-31）联立求解，即可决定域 D 内的所有各节点的位值和法向导数。

第7章 图论场模型法

7.1 概述

电磁场数值计算方法发展到现在已有许多种，如有有限差分法、有限单元法、边界单元法、有限元－边界元耦合法、棱边单元法等，其特点是用离散场域求近似解的方法，即从物理问题出发，根据描述物理问题的数学表达式，进行离散处理后得到一组代数方程组，然后用计算机求解。图论场模型法（The Graph-Theoretic Field Model Method）简称为网络场模型，是基于描述电磁场的基本物理规律，如欧姆定律，电路、磁路的安培环路定律，磁通连续性定律以及媒质特性方程等，直接从物理图像建立离散模型，然后根据电路理论的图论分析方法，建立起端点方程，节点方程和回路方程等，借助计算机辅助分析法求解。这种方法的理论基础是网络拓扑学，它深刻地体现了电工学科里的“场”与“路”两种分析方法的结合与两种理论的统一性。

7.2 图论场模型建立的基本原理

1. 基本原理

建立网络场模型的基本原理是，从积分形式的麦克斯韦方程与媒质特性方程出发，根据场的物理性质及几何结构，把连续场域直接离散成有限个网格单元，用离散形式麦克斯韦方程描述场域后，即可用有向线性图构成场域的数学模型。

对于静磁场

$$\oint_l \boldsymbol{H} \cdot \mathrm{d}\boldsymbol{l} = i \quad \text{安培环路定律}$$

$$\int_S \boldsymbol{B} \cdot \mathrm{d}\boldsymbol{s} = 0 \quad \text{磁通连续性定律}$$

$$\boldsymbol{B} = \mu \boldsymbol{H} \quad \text{媒质特性关系}$$

对于静电场

$$\oint_l \boldsymbol{E} \cdot \mathrm{d}\boldsymbol{l} = 0$$

$$\oint_S \boldsymbol{D} \cdot \mathrm{d}\boldsymbol{s} = Q$$

$$\boldsymbol{D}=\varepsilon\boldsymbol{E}$$

对于恒定电流场

$$\oint_l \boldsymbol{E}\cdot \mathrm{d}\boldsymbol{l}=0$$

$$\oint_S \boldsymbol{J}\cdot \mathrm{d}\boldsymbol{s}=0$$

$$\boldsymbol{J}=\sigma\boldsymbol{E}$$

将上述各种场域方程写成一般化形式有

$$\oint_l \boldsymbol{P}\cdot \mathrm{d}\boldsymbol{l}=R \tag{7-1}$$

$$\oint_S \boldsymbol{W}\cdot \mathrm{d}\boldsymbol{s}=T \tag{7-2}$$

$$\boldsymbol{W}=c\boldsymbol{P} \tag{7-3}$$

上式中的符号含义与各种场变量的对应关系见表 7-1。

表 7-1　　　　各种场变量的对应关系

一般化形式	$\boldsymbol{P}$	$\boldsymbol{W}$	c	R	T
静电场	$\boldsymbol{E}$	$\boldsymbol{D}$	ε	0	Q
静磁场	$\boldsymbol{H}$	$\boldsymbol{B}$	μ	i	0
电流场	$\boldsymbol{E}$	$\boldsymbol{J}$	σ	0	0

方程式（7-1）～式（7-3）说明，积分域 l 和 S 的几何形状的不确定性将使 $\boldsymbol{P}$ 和 $\boldsymbol{W}$ 不能唯一确定，但是，当边界条件给定，即 P_l 与 W_n 给定时，结合场域结构特性方程式（7-1）～式（7-3）可以唯一确定域内的场变量。场变量分为横跨变量和直通变量，在不同的物理问题中，它们代表不同的物理量，见表 7-1。一般地说，由于场域几何形状的复杂性，由积分形式方程不能给出精确解，但是将离散化的思想引入，可以得到近似解。建立图论场模型的基本思想有两个：

（1）用有限个单元离散化的图及其对偶图，使闭合线积分及面积分的不确定性与无限性变为确定的和有限的。

（2）将两个连续积分离散化为有限项的和，即

$$\oint_l \boldsymbol{P}\cdot \mathrm{d}\boldsymbol{l}=R \quad \Rightarrow \quad \sum_i^n \boldsymbol{P}_i\cdot \Delta\boldsymbol{l}_i=R$$

使环积分变换为支路横跨变量的和，即

$$\oint_S \boldsymbol{W}\cdot \mathrm{d}\boldsymbol{s}=T \quad \Rightarrow \quad \sum_i^n \boldsymbol{W}_i\cdot \Delta\boldsymbol{s}_i=Q$$

使闭合面积分变换为支路直通变量的和。

在场问题中，横跨变量和直通变量是相互制约的，服从一定的自然规律而相互联系的。前者一般满足闭合网孔定律，后者在封闭体积内满足关于顶点的定律。所以，麦克斯韦方程的离散形式与电网络中的基尔霍夫定律相似，它包括了约束两个变量（横跨变量与直通变量）的环路方程与节点方程，每一支路的两个变量由支路参数相互联系起来。例如，对于无电流区的磁场

$$\oint_l \boldsymbol{H} \cdot \mathrm{d}\boldsymbol{l} = 0 \quad 相应的有 \quad \sum_i^n F_i = 0$$

$$\int_S \boldsymbol{B} \cdot \mathrm{d}\boldsymbol{s} = 0 \quad 相应的有 \quad \sum_i^n \varPhi_i = 0$$

$$\boldsymbol{B} = \mu \boldsymbol{H}$$

式中　$F_i = \int_{l_i} \boldsymbol{H}_i \cdot \mathrm{d}\boldsymbol{l}_i$ 为离散后支路 i 的横跨变量；

$\varPhi_i = \int_{S_i} \boldsymbol{B}_i \cdot \mathrm{d}\boldsymbol{s}_i$ 为离散后支路 i 的对偶支路的直通变量。

联系 F_i 与 $\varPhi_i$ 的是由支路参数磁阻 R_m 或磁导 $\Lambda_\mathrm{m} = \dfrac{1}{R_\mathrm{m}}$，即由磁路欧姆定律 $F_i = R_i \varPhi_i$，或 $\varPhi_i = F_i \Lambda_i$ 确定。

2. 场图的建立

建立图论场模型法的主要步骤如下：

（1）按照直角坐标系对场域进行离散化处理。

（2）定义具体场的直通变量和横跨变量。

（3）在以上两个步骤的基础上构成场图。

（4）列写场图的图方程，即写出节点方程与回路方程。

（5）用步骤（2）的选定变量，写出结构方程（包括电磁性能关系）与边界条件。

7.3 场图的构成

1. 场域的离散

根据前述原理，本法是由直接离散化麦克斯韦方程求解场域内的参变量近似解，因而离散化的目的有两个：

（1）提供定义直通与横跨变量的结构图，标出表达不同场现象的直通与横跨变量。

（2）提供确定端点方程的几何参数，如长度、面积、体积。

选定坐标系，通常选定正交坐标系，场域的离散通常包括两组正规交织结构，均由点、线、面和体组成。一套几何结构称为原始结构图 G，它是用实线把节点连接起来，使整个场域形成联通图；另一套则称为对偶结构 G'，用虚线画出。对偶图的确定是采用找点法，在每一个网格内放一个点，另在外网格中放一点，连接这些点，使对于两个网格之间的一个边，都存在一个对应边。环路线积分 l 在 G 图上选择一组回线，而通量面积分 S 在 G' 图上选择一组回线。将结构图剖分成网格，可以采用四边形或三角形，如图 7－1 和图 7－2 所示。

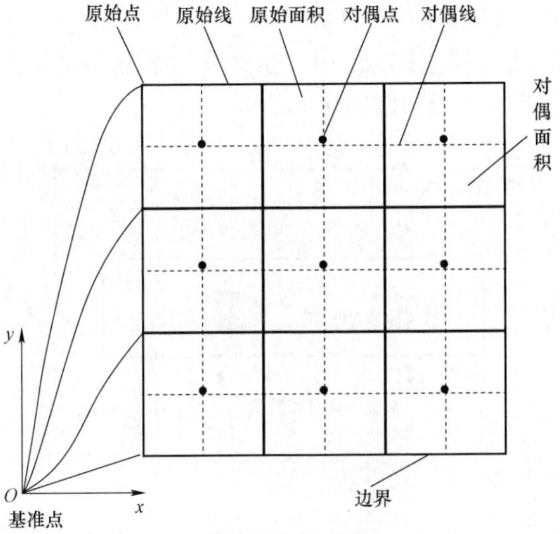

图 7－1　正方形剖分

离散场域后，即可直接构造场图，首先安置节点，又称原始点，包括场内点、边界点、基准点。场节点较易于安置，每个原始点定一个节点。有时为了表示邻域的情况，安置辅助节点放在场域之外。基准点是系统的参考点，一般定在正交坐标轴系的原点，也可以置于场域外。

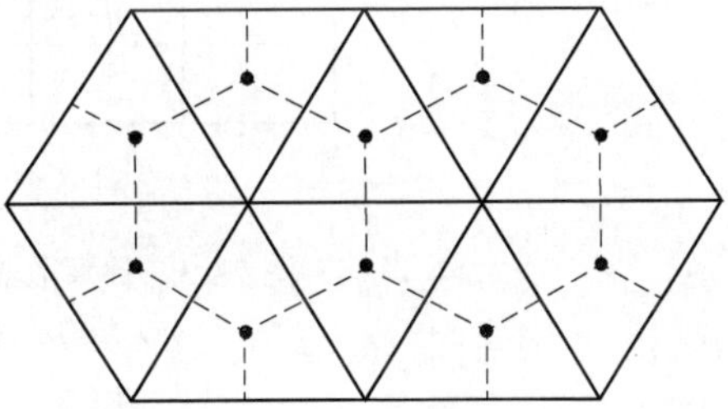

图 7－2　三角形剖分

2. 定义场变量

从描述场的两个基本定律的离散形式可见，场变量有两个：横跨变量，用 u 表示；直通变量，用 i 表。对于不同物理场，u，i 可以定义不同的含义，见表 7－2。

表 7-2　各种场变量与横跨变量直通变量的关系

场变量	电流场	磁场	温度场	流体力学	固体力学
横跨变量 u	电压	磁动势	温度	流速	变形
直通变量 i	电流	磁通	热流速度	力	应力

3. 构成场图

在离散场域的基础上，定义了各种节点，连接了场图的各种边，在各种边上标注变量，用有向边代以线形图，一般沿正交轴线方向的边，标以表示媒质特性的变量；在连接场节点与基准点之间的边，标以表示源条件或体负荷变量；在边界节点与基准点之间的边代表边界条件的变量，这样就构成了有向场图。为了说明场图的构成，用一个计算散热筋温度场作为例子，图 7-3 为结构示意图，图 7-4 为构成的场图。

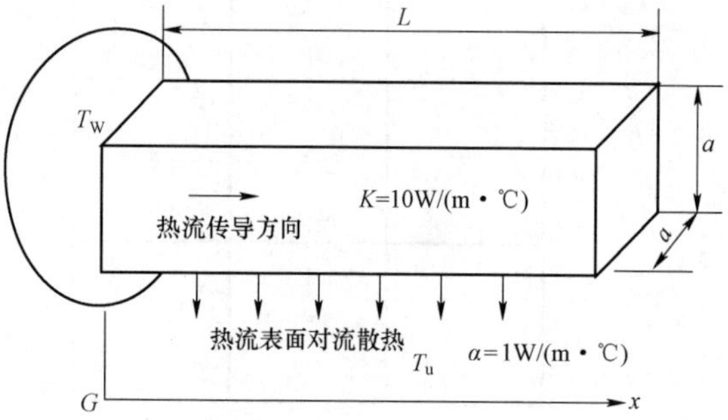

(a)

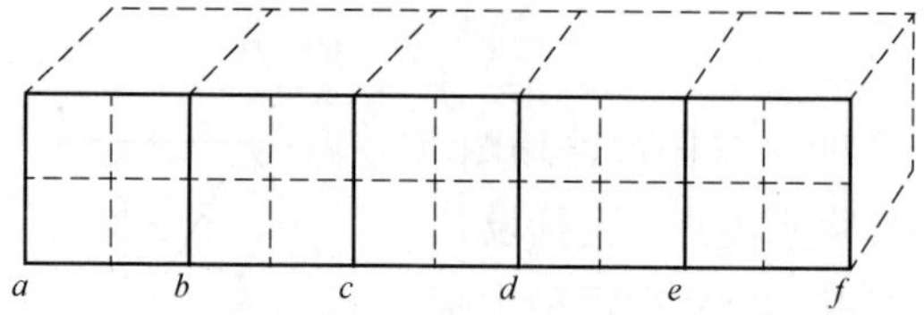

(b)

图 7-3　计算散热筋温度场结构示意图

（a）结构示意图；（b）结构剖分

散热筋为正方体，长度为 L，厚度和宽度为 $a \times a$，左端为热源温度保持为 T_w，周围环境温度为 T_u。热量沿筋条从左端向右端传导，设将筋条的右端绝热，使其无热量流出。热量沿筋条长度的表面向周围散热。设筋条的厚度尺寸远小于其长度，即 $a \ll L$，因此，沿筋条的各横截面可以视为等温面，筋条沿长度方向的温度是变化的，热的传导服从于傅里叶定律，热流的变化决定于温度梯度和材料的物理特性热传导系数 K。另一方面热流沿筋条的表面通过对流

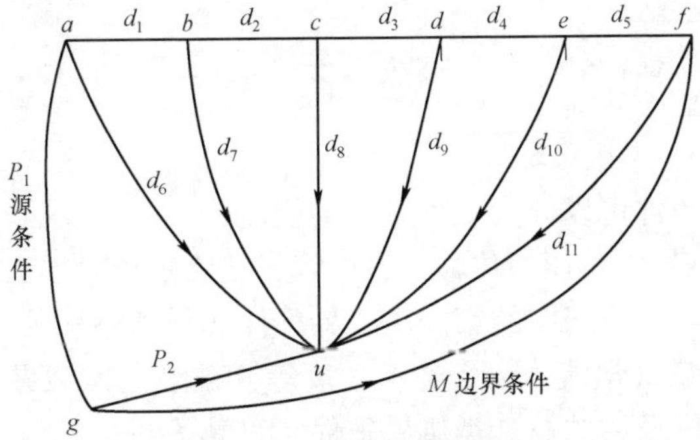

图 7－4　散热筋的场图

形式向周围散发热量，热的表面对流传热服从于牛顿定律，这决定于筋条与周围环境的温度差和筋条的表面散热系数 α 。

图 7－3a 为原始结构示意图，也就是 G 图；图 7－3b 为场域离散的对偶图，即 G' 图，a，b，c，d，e，f 为六个原始点。图 7－4 为筋条的离散后场图，场节点 a，b，c，d，e，f 置于原始点，辅助节点 u 及基准点 g 置于筋条场域之外。

场图由以下边界构成：热传导边为 d_1，d_2，d_3，d_4，d_5，代表了传导变量；d_6，d_7，d_8，d_9，d_{10}，d_{11} 为对流边，代表从场节点向辅助节点 u 流向的热流变量，边界 P_1 表示筋条右端的发热源稳定的温度，边界 P_2 表示固定的环境温度，边界条件 M 代表筋条右端的稳定后的温度。

7.4　图方程的建立

1. *支路参数的确定—端点方程*

一条支路连接着两个节点，场的结构性质实质上是描述关于场变量的相互关系，而边界条件是说明场在边界上某些场变量的性质。离散化后，两个端点之间的支路参数将两个场变量——直通变量与横跨变量连接起来，也就是端点方程。它是离散化后由几何参数和结构特性方程（如磁场中的 $B=\mu H$，电场的 $D=\varepsilon E$ 等）两方面的因素决定的，可写成两种形式，一种是直通变量形式，对于电路有

$$i = gu \qquad \text{或} \qquad I_b = G_b U_b$$

对于磁场有

$$G_b = \frac{\Phi_b}{F_b} = \frac{\int_{S_b} \boldsymbol{B} \cdot \mathrm{d}\boldsymbol{s}}{\int_{l_b} \boldsymbol{H} \cdot \mathrm{d}\boldsymbol{l}}$$

另外也可以写成横跨变量形式

$$U_b = R_b I_b$$

$$R_{\mathrm{b}}=\frac{1}{G_{\mathrm{b}}}$$

2. 边界条件的端点表述

场域的边界条件可以分为下列三种类型：

（1）横跨变量（ 电压、位移、温度等）被给定，对于位场，边界上的位函数值已知，相当于位场中的第一类边界条件（狄利赫里条件）。

（2）直通变量（电流、力、热流速度等）被给定，边界上的位函数梯度值已知，相当于位场中的第二类边界条件（纽曼条件）。

（3）场的边界与外部区域即周围环境之间存在直通变量与横跨变量的联系，如热的对流。

对于上述前两种边界条件，只需给定一个变量值，即可同时用端点图和有给定值的单变量端点方程来模拟。端点图的一条边常常将基准点与有给定变量值的点连接，端点图与端点方程的取向必须与关于电路中正号的选取习惯规定一致，如图 7－4 所示。

这样，场的边界条件改成了用路的方式给出，如果不考虑问题的物理性质，只从图的拓扑结构来看，一个电磁场的线形图与一个电路网络的线形图没有区别，这就体现了“场”与“路”的理论的统一性。

3. 图方程

将场化为网络图后，即可利用网络分析中的方法建立起所要求解的方程。网络分析中最基本的是两个方程组，即节点方程组和回路方程组。

（1）节点方程组。为了阐述节点方程，先讨论图论分析中的基尔霍夫电流定律 KCL，仅研究电路中各元件之间的互联关系，不研究元件本身的特性，求解的是各支路内的电流。图 7－5 表示一种桥式电路和它的网络图。这种带有支路参考方向的拓扑图称为有向图，否则称为无向图。

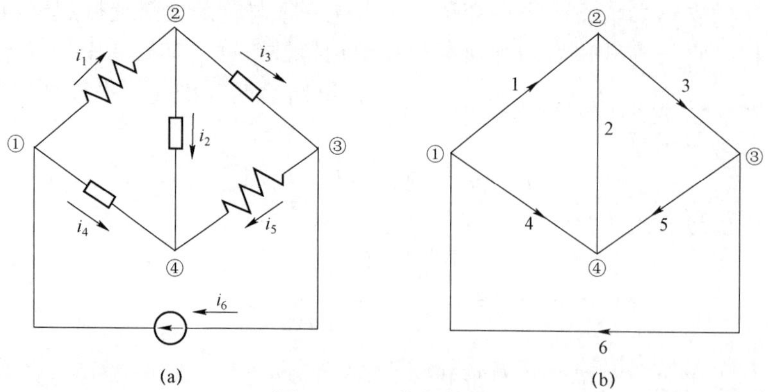

图 7－5　网络拓扑图

（a）桥式电路；（b）网络有向图

一般情况下，如果有向图具有 n 个节点和 b 条支路，其节点与支路相关联的矩阵为关联矩阵 $[A_a]$，矩阵的行对应于节点，矩阵的列对应于支路，矩阵 $[A_a]$ 为 $n\times b$ 阶矩阵，其元素 a_{jk} 约定如下：

$a_{jk}=1$，表示节点 j 与支路 k 相连接，即相关联，支路 k 的方向规定是离开节点 j。

$a_{jk}=-1$，表示节点 j 与支路 k 相关联，支路 k 的方向规定是指向节点 j。

$a_{jk}=0$，表示节点 j 与支路 k 无关联。

对于图 7－5 的拓扑图，有 4 个节点和 6 条支路，则其关联矩阵为 4 行 6 列的矩阵，即

$$[A_a]=\begin{bmatrix} 1 & 0 & 0 & 1 & 0 & -1 \\ -1 & 1 & 1 & 0 & 0 & 0 \\ 0 & 0 & -1 & 0 & 1 & 1 \\ 0 & -1 & 0 & -1 & -1 & 0 \end{bmatrix}$$

由于每一列对应于一条支路，一条支路连接两个节点，所以每列中只有两个非零元素，+1 和 –1，因为一个节点是进入，另一个必然是离开。若将所有行的元素按列相加，则得到一行全为零的元素，这样矩阵 $[A_a]$ 的行不是彼此独立的。如果将矩阵 $[A_a]$ 中删去任意一行，剩下的得到 $(n-1)\times b$ 阶矩阵，称为降阶关联矩阵。如将上述矩阵中的第 4 行删除，则得到如下矩阵

$$[A]=\begin{bmatrix} 1 & 0 & 0 & 1 & 0 & -1 \\ -1 & 1 & 1 & 0 & 0 & 0 \\ 0 & 0 & -1 & 0 & 1 & 1 \end{bmatrix}$$

将删除的节点当作参考点，降阶矩阵每行是独立的，根据元素的正负仍然可以判断它所对应的拓扑图。用矩阵 $[A]$ 乘各支路电流 $[i]=[i_1\quad i_2\quad i_3\quad i_4\quad i_5\quad i_6]^{\mathrm{T}}$，可以得到余下三个节点 1、2、3 的电流

$$[A][i]=\begin{bmatrix} 1 & 0 & 0 & 1 & 0 & -1 \\ -1 & 1 & 1 & 0 & 0 & 0 \\ 0 & 0 & -1 & 0 & 1 & 1 \end{bmatrix}\begin{bmatrix} i_1 \\ i_2 \\ i_3 \\ i_4 \\ i_5 \\ i_6 \end{bmatrix}$$

$$=\begin{bmatrix} i_1 & i_4 & -i_6 \\ -i_1 & i_2 & i_3 \\ -i_3 & i_5 & i_6 \end{bmatrix}=\begin{bmatrix} 0 \\ 0 \\ 0 \end{bmatrix}$$

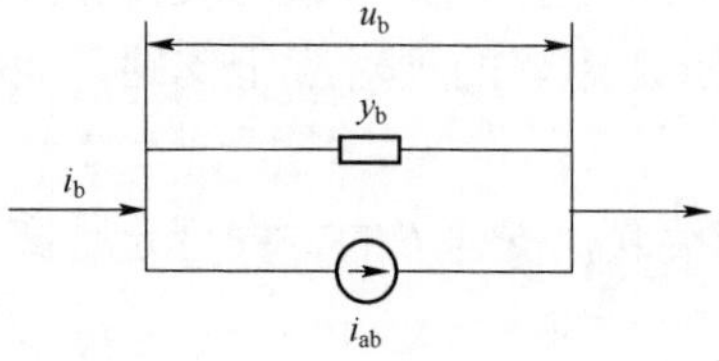

图 7-6　含电流源支路

于是有

$$[A][i]=0$$

此即基尔霍夫电流定律 KCL 的矩阵表达式。

由电路理论可知，如图 7-6 所示，含有电流源支路的方程为

$$i_b = y_b u_b - i_{sb}$$

对于多个支路的列向量电流，可写成矩阵形式有

$$\boldsymbol{I}_b = \boldsymbol{Y}_b \boldsymbol{U}_b - \boldsymbol{I}_{sb}$$

式中：$\boldsymbol{Y}_b$ 为支路的导纳矩阵；$\boldsymbol{I}_{sb}$ 为支路电流源的电流列向量。根据前述的基尔霍夫电流定律，即 KCL 定律有

$$\boldsymbol{A}\boldsymbol{I}_b = 0 \tag{7-4}$$

$$\boldsymbol{A}\boldsymbol{I}_b = \boldsymbol{A}\boldsymbol{Y}_b\boldsymbol{U}_b - \boldsymbol{A}\boldsymbol{I}_{sb} = 0$$

式中，$\boldsymbol{A}$ 为降阶关联矩阵，（即节点与支路的降阶关联），所以有

$$\boldsymbol{A}\boldsymbol{Y}_b\boldsymbol{U}_b = \boldsymbol{A}\boldsymbol{I}_{sb} \tag{7-5}$$

利用支路电压 $\boldsymbol{U}_b$ 与节点电压 $\boldsymbol{U}_q$ 的关系

$$\boldsymbol{U}_b = \boldsymbol{A}^{\mathrm{T}}\boldsymbol{U}_q \tag{7-6}$$

将上式代入式（7-5），可得

$$\boldsymbol{A}\boldsymbol{Y}_b\boldsymbol{A}^{\mathrm{T}}\boldsymbol{U}_q = \boldsymbol{A}\boldsymbol{I}_{sb}$$

令 $\boldsymbol{A}\boldsymbol{Y}_b\boldsymbol{A}^{\mathrm{T}} = \boldsymbol{Y}_q$，称其为节点的导纳矩阵，$\boldsymbol{I}_b = \boldsymbol{A}\boldsymbol{I}_{sb}$ 为节点电流源的电流列向量，则有

$$\boldsymbol{A}\boldsymbol{Y}_b\boldsymbol{A}^{\mathrm{T}}\boldsymbol{U}_q = \boldsymbol{Y}_q\boldsymbol{U}_q = \boldsymbol{I}_q$$

此即电路的节点方程组。如果已知 $\boldsymbol{A}$、$\boldsymbol{I}_{sb}$，从而可确定 $\boldsymbol{I}_q$，即可求出 $\boldsymbol{U}_q$，由式（7-6）求出 $\boldsymbol{U}_b$，便不难确定各支路的电流 i_b。

对于磁场计算，仿照电路网路的方法，同样可采用图论模型法。对于有分支磁路，有

$$\Phi_b = G_b F_b - \Phi_{sb}$$

将麦克斯韦回路定律 $\oint_l \boldsymbol{H} \cdot \mathrm{d}\boldsymbol{l} = i$ 离散后，$\Sigma \boldsymbol{F} = \boldsymbol{I}$，则有

$$\boldsymbol{M}\boldsymbol{F} = \boldsymbol{I}_r$$

式中：$\boldsymbol{M}$ 为网络矩阵；$\boldsymbol{F}$ 为支路横跨变量的列向量；$\boldsymbol{I}_r$ 为回路环量源的列向量。

（2）回路方程组。为了研究场图的回路方程，先讨论图论分析中的基尔

霍夫电压定律 KVL。当参考节点确定后，其他节点对参考点的电压均为独立的未知量，所以独立节点电压未知量很容易选取。但是，独立回路电流未知量的选取首先要找出独立回路，在平面电路中网孔就是独立回路，很容易确定，而对于立体的拓扑图就比较难以确定独立回路。但可以采用图论分析中的树与连枝的方法予以确定，如图 7－7 所示。

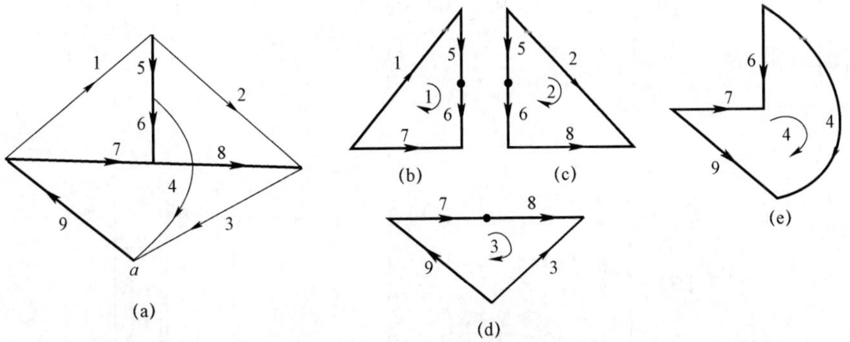

图 7－7　电路拓扑图的树与连枝

图 7－7a 是一个立体图的拓扑图，难以选取独立回路，但可以选择单连枝回路。首先在图中选择一个树，例如选树枝 5、6、7、8、9，即用粗线画出，则 1、2、3、4 即为连枝，用细线画出。由图论基本概念可知，以独立回路电流作为待求量，利用 KVL 列出的独立方程数与连枝数相同，这样图 7－7a 中有 4 各连支，所以有 4 个单连支路，如图 7－7 中的 b、c、d、e 所示的 4 个回路。为了便于矩阵的分块，回路的参考方向选取与连支的方向一致。

回路与支路相关联，每一个回路必须是独立的，为了建立独立回路关联矩阵$[\boldsymbol{B}]$，它的每一行对应一个回路，每一列对应一条支路，其元素约定为：

$b_{jk}=1$，代表回路 j 与支路 k 相关联，并表示回路 j 与支路 k 的方向相同。

$b_{jk}=-1$，代表回路 j 与支路 k 相关联，表示它们的方向相反。

$b_{jk}=0$，代表回路 j 与支路 k 无关联。

由此可得图 7－7a 的独立回路矩阵为

$$
\begin{array}{c}
\quad\ \ \begin{array}{ccccccccc} 1 & 2 & 3 & 4 & 5 & 6 & 7 & 8 & 9 \end{array} \\
[\boldsymbol{B}]=\begin{array}{c} 1 \\ 2 \\ 3 \\ 4 \end{array}\left[\begin{array}{cccc:ccccc}
1 & 0 & 0 & 0 & 1 & 1 & -1 & 0 & 0 \\
0 & 1 & 0 & 0 & -1 & -1 & 0 & -1 & 0 \\
0 & 0 & 1 & 0 & 0 & 0 & 1 & 1 & 1 \\
0 & 0 & 0 & 1 & 0 & -1 & 1 & 0 & 1
\end{array}\right] \\
\qquad\quad \underbrace{\qquad\qquad\qquad}_{\text{连枝}}\ \underbrace{\qquad\qquad\qquad\qquad}_{\text{树枝}}
\end{array}
$$

上式为单连支回路矩阵，可缩写成

$$[\boldsymbol{B}]=[\boldsymbol{L}_l \mid \boldsymbol{B}_l]$$

式中：$\boldsymbol{L}_l$ 为单位子阵，它由连支构成；$\boldsymbol{B}_l$ 为回路矩阵 $[B]$ 的子块，由树支构成。图 7-7a 有 9 条支路，设支路电压的列向量为

$$[\boldsymbol{u}]=[u_1 \quad u_2 \quad u_3 \quad u_4 \quad u_5 \quad u_6 \quad u_7 \quad u_8 \quad u_9]^{\mathrm{T}}$$

将 $[\boldsymbol{u}]$ 右乘 $[\boldsymbol{B}]$，可得

$$[\boldsymbol{B}][\boldsymbol{u}]=\begin{bmatrix} 1 & 0 & 0 & 0 & 1 & 1 & -1 & 0 & 0 \\ 0 & 1 & 0 & 0 & -1 & -1 & 0 & -1 & 0 \\ 0 & 0 & 1 & 0 & 0 & 0 & 1 & 1 & 1 \\ 0 & 0 & 0 & 1 & 0 & -1 & 1 & 0 & 1 \end{bmatrix}\begin{bmatrix} u_1 \\ u_2 \\ u_3 \\ u_4 \\ u_5 \\ u_6 \\ u_7 \\ u_8 \\ u_9 \end{bmatrix}$$

$$=\begin{bmatrix} u_1 & u_5 & u_6 & -u_7 \\ u_2 & -u_5 & -u_6 & -u_8 \\ u_3 & u_7 & u_8 & u_9 \\ u_4 & -u_6 & u_7 & u_9 \end{bmatrix}=\begin{bmatrix} 0 \\ 0 \\ 0 \\ 0 \end{bmatrix}$$

此即回路的电压代数和为零，于是基尔霍夫电压定律 KVL 矩阵式为

$$[\boldsymbol{B}][\boldsymbol{u}]=0 \tag{7-7}$$

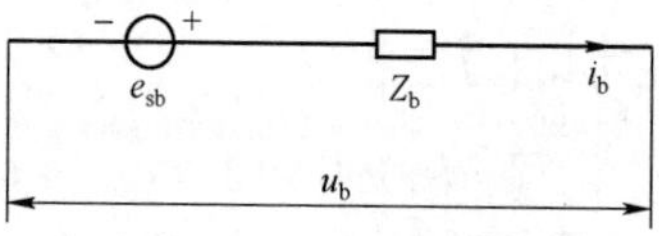

图 7-8　含电压源的支路

由电路理论可知，如图 7-8 所示，对于一个含有电动势源的支路方程为

$$u_b = i_b z_b - e_{sb}$$

对于多个支路的列向量电压，可写成矩阵形式有

$$\boldsymbol{U}_b=\boldsymbol{I}_b\boldsymbol{Z}_b-\boldsymbol{E}_{sb} \tag{7-8}$$

式中：$\boldsymbol{Z}_b$ 为支路的阻抗矩阵；$\boldsymbol{E}_{sb}$ 为支路电动势源的电动势列向量。根据前述的基尔霍夫电压定律，即 KVL 定律有

$$\boldsymbol{B}_f\boldsymbol{U}_b=0 \tag{7-9}$$

式中：$\boldsymbol{B}_f$ 为网络基本回路矩阵；$\boldsymbol{U}_b$ 为支路电压列向量。由前述 KVL 的描述

可知，基本回路矩阵常写成分块形式，有

$$\boldsymbol{B}_{\mathrm{f}}=[\boldsymbol{B} \mid \boldsymbol{U}] \tag{7-10}$$

式中，$\boldsymbol{B}$ 为单位矩阵。支路电流列向量 $\boldsymbol{I}_{\mathrm{b}}$ 与回路电流列向量 $\boldsymbol{I}_{\mathrm{L}}$ 有如下关系

$$\boldsymbol{I}_{\mathrm{b}}=\boldsymbol{B}_{\mathrm{f}}^{\mathrm{T}}\boldsymbol{I}_{\mathrm{L}} \tag{7-11}$$

将式（7－9）代入式（7－10），支路电流列向量可写成分块矩阵，有

$$I_{\mathrm{b}}=\begin{pmatrix} I_{\mathrm{bT}} \\ I_{\mathrm{bc}} \end{pmatrix}=\begin{pmatrix} B^{\mathrm{T}} \\ U \end{pmatrix} I_{\mathrm{L}}=\begin{pmatrix} B^{\mathrm{T}} \\ U \end{pmatrix} I_{\mathrm{bc}}=\begin{pmatrix} -Q \\ U \end{pmatrix} I_{\mathrm{bc}}$$

所以

$$\boldsymbol{I}_{\mathrm{bT}}=\boldsymbol{B}^{\mathrm{T}}\boldsymbol{I}_{\mathrm{bc}}=-\boldsymbol{Q}\boldsymbol{I}_{\mathrm{bc}}$$

式中，$\boldsymbol{Q}=-\boldsymbol{B}^{\mathrm{T}}$ 是网络基本割集矩阵

$$\boldsymbol{Q}_{\mathrm{f}}=[\boldsymbol{U} \mid \boldsymbol{Q}]$$

的一个分块矩阵。

由式（7－8）和式（7－9）可得

$$\boldsymbol{B}_{\mathrm{f}}\boldsymbol{Z}_{\mathrm{b}}\boldsymbol{I}_{\mathrm{b}}=\boldsymbol{B}_{\mathrm{f}}\boldsymbol{E}_{\mathrm{sb}}$$

又由式（7－11）可得

$$\boldsymbol{B}_{\mathrm{f}}\boldsymbol{Z}_{\mathrm{b}}\boldsymbol{B}_{\mathrm{f}}^{\mathrm{T}}\boldsymbol{I}_{\mathrm{L}}=\boldsymbol{B}_{\mathrm{f}}\boldsymbol{E}_{\mathrm{sb}}$$

即有

$$\boldsymbol{Z}_{\mathrm{L}}\boldsymbol{I}_{\mathrm{L}}=\boldsymbol{E}_{\mathrm{L}} \tag{7-12}$$

式中：$\boldsymbol{Z}_{\mathrm{L}}$ 为回路阻抗矩阵；$\boldsymbol{E}_{\mathrm{L}}$ 为回路电动势列向量。式（7－12）即为电压回路方程组。应用此方法比回路电流法优越，因为它能保证回路方程的独立性与充分性。

对于磁场计算，仿照电路网路的方法，同样可采用图论模型法。磁场的高斯定律为

$$\oint \boldsymbol{B} \cdot \mathrm{d}\boldsymbol{s}=0$$

离散高斯定律可得直通变量方程

$$\boldsymbol{N\Phi}=\boldsymbol{Q}_{\mathrm{n}}$$

式中：$\boldsymbol{N}$ 为矩阵；$\boldsymbol{\Phi}$ 为支路磁通列向量；$\boldsymbol{Q}_{\mathrm{n}}$ 为节点通量源列向量。支路端点方程为

$$\boldsymbol{\Phi}=\boldsymbol{GF}$$

或写成

$$\boldsymbol{F}=\boldsymbol{G}^{-1}\boldsymbol{\Phi}=\boldsymbol{R}\boldsymbol{\Phi}$$

式中，$\boldsymbol{R}$ 为对角矩阵，于是可得矩阵式

$$\begin{bmatrix}\boldsymbol{N}\\ \boldsymbol{MR}\end{bmatrix}[\boldsymbol{\Phi}]=\begin{bmatrix}\boldsymbol{Q}_{\mathrm{n}}\\ \boldsymbol{I}_{\mathrm{r}}\end{bmatrix}$$

式中：$\boldsymbol{M}$ 为网络矩阵；$\boldsymbol{I}_{\mathrm{r}}$ 为回路环量源的列向量。

第8章 涡流场分析

8.1 概述

当导电媒质置于交变磁场中，或与磁场发生相对运动时，则在导电媒质内会感生涡漩电流，简称涡流。涡流的产生会引起三个方面影响：在导电媒质内引起发热，只要其电阻不为零；根据法拉第电磁感应定律，涡流对外加磁场产生反作用；涡流与磁场相互作用产生电磁力。如同一切事物具有两面性一样，涡流的三方面影响具有不利的和有利的两面。利用涡流作用可以制造各种各样的电磁装置以发展生产和造福人类的生活：如感应电机的发明与应用；感应式电磁炉用以熔化金属与冶炼金属；日常生活中应用的电磁灶等。涡流引起的焦耳损耗降低了电磁装置的效率和引起发热，发热有可能损坏装置的绝缘，因此人们总是想尽一切办法减小涡流的影响，如在电磁装置的磁路结构中采用具有高电阻率、高磁导率的薄钢片叠制而成；采用多股细导线绞制成所需的单根导体，以减少因涡流引起的挤流效应致使电流密度在导体内分布不均匀而使损耗增大。

无论是利用涡流效应制造电磁装置还是降低涡流效应的影响，都必须对导电媒质内涡流分布及大小要有定量评价，而定量评价涡流的方法无外乎实际测量与理论计算。由于工程实际中的电磁装置结构及导电媒质分布的复杂性，实际直接测量是不可能的，通常采用间接法测量，其准确性比较差，因此，用理论计算评价涡流效应显得比较重要。理论计算包含解析法和数值法，完全解析法受到实际问题边界条件复杂的局限，仅当结构简单或具有很好的对称性时，才有可能获得完全的解析解。而随着计算机和计算技术的快速发展，涡流场的数值计算已成为现代电磁场研究领域的很受关注的热门课题。

本章主要介绍求解涡流场的一般性方程，包括用场变量和位函数表示的涡流方程以及各种解法的涡流方程。涡流场数值解法介绍差分解法、有限单元法和边界元法。同时用两个典型事例讨论涡流方程的解析求解法：一个是直线电机次级中的涡流分析，代表恒稳涡流场解析求解；另一个是补偿式脉冲发电机的气隙磁场和补偿筒内的涡流场分析，代表瞬态涡流场解析求解。

8.2 涡流场的基本方程

一般情况下，导电和导磁材料的特性即媒质特性为非线性，即材料的电导率σ和磁导率μ与场量有关。场方程中的求解变量可以为场变量，也可以采用位函数。

1. 场变量的涡流方程

磁场变量用磁场强度$\boldsymbol{H}$或磁感应强度$\boldsymbol{B}$，它们均为矢量，在交变电磁场情况下，它们是空间点的函数，同时也是时间的函数，即$\boldsymbol{B}(\boldsymbol{r},t)=\boldsymbol{B}(x,y,z,t)$。电场变量用电场强度矢量$\boldsymbol{E}$或电流密度矢量$\boldsymbol{J}$，它们也是空间点的函数，同时也是时间的函数，即$\boldsymbol{E}(\boldsymbol{r},t)=\boldsymbol{E}(x,y,z,t)$。

对于所研究的工频状态下的电磁场，即似稳场，不计位移电流时，由麦克斯韦方程，有

$$\nabla\times\boldsymbol{H}=\boldsymbol{J} \tag{8-1}$$

$$\nabla\times\boldsymbol{E}=-\frac{\partial\boldsymbol{B}}{\partial t}=-\frac{\mathrm{d}B}{\mathrm{d}H}\frac{\partial\boldsymbol{H}}{\partial t} \tag{8-2}$$

$$\nabla\cdot\boldsymbol{B}=0 \tag{8-3}$$

$$\boldsymbol{J}=\sigma\boldsymbol{E}=\sigma(E)\boldsymbol{E} \tag{8-4}$$

$$\boldsymbol{B}=\mu\boldsymbol{H}=\mu(H)\boldsymbol{H} \tag{8-5}$$

式（8-2）中，$\dfrac{\mathrm{d}B}{\mathrm{d}H}$表示导磁材料单值磁化曲线$B=f(H)$上的动态磁导率。式（8-4）和式（8-5）中的$\sigma(E)$和$\mu(H)$分别表示电导率和磁导率的非线性特性。

如果所求变量为$\boldsymbol{H}$，将式（8-4）代入式（8-1），然后两边取旋度，得

$$\nabla\times\nabla\times\boldsymbol{H}=\nabla\times\sigma\boldsymbol{E}$$

用矢量运算公式展开上式左端，并将式（8-2）代入，得

$$\begin{aligned}\nabla(\nabla\cdot\boldsymbol{H})-\nabla^2\boldsymbol{H}&=\sigma\nabla\times\boldsymbol{E}+\nabla\sigma\times\boldsymbol{E}\\&=-\sigma\frac{\mathrm{d}B}{\mathrm{d}H}\frac{\partial\boldsymbol{H}}{\partial t}+\nabla\sigma\times\boldsymbol{E}\\&=-\sigma\frac{\mathrm{d}B}{\mathrm{d}H}\frac{\partial\boldsymbol{H}}{\partial t}+\frac{1}{\sigma}\nabla\sigma\times\nabla\times\boldsymbol{H}\end{aligned}$$

由

$$\nabla \cdot \boldsymbol{B} = \nabla \cdot \mu\boldsymbol{H} = \mu\nabla \cdot \boldsymbol{H} + \boldsymbol{H} \cdot \nabla\mu = 0$$

得

$$\nabla \cdot \boldsymbol{H} = -\boldsymbol{H} \cdot \frac{1}{\mu}\nabla\mu$$

所以得到

$$\nabla^2 \boldsymbol{H} = \sigma\frac{\partial B}{\partial H}\frac{\partial \boldsymbol{H}}{\partial t} - \nabla\left(\boldsymbol{H} \cdot \frac{1}{\mu}\nabla\mu\right) - \frac{1}{\sigma}(\nabla\sigma)\times\nabla\times\boldsymbol{H} \tag{8-6}$$

式（8－6）即是在考虑到非线性导磁材料和非线性导电材料情况下，求解变量为磁场强度 $\boldsymbol{H}$ 时的既含有空间变量又含有时间变量的一般性瞬态涡流方程。

对于电导率为常数 $(\sigma = c)$ 的线性磁性材料或非磁性材料，即有

$$\nabla\sigma = 0 \quad 和 \quad \nabla\mu = 0$$

于是有

$$\nabla^2 \boldsymbol{H} = \sigma\mu\frac{\partial \boldsymbol{H}}{\partial t} \tag{8-7}$$

式（8－7）即是数学物理方程中研究的常系数、无源的热传导方程或扩散方程，只是求解变量表示的不同而已，在电磁场中称为磁场强度 H 的瞬态涡流方程。

对于求解变量随时间做正弦变化时，设

$$\begin{aligned}\boldsymbol{H}(x,y,z,t) &= \boldsymbol{H}(x,y,z)\sin(\omega t+\alpha)\\ &= \mathrm{Im}\,\boldsymbol{H}(x,y,z)\mathrm{e}^{\mathrm{j}(\omega t+\alpha)}\\ &= \mathrm{Im}\,\boldsymbol{H}(x,y,z)\mathrm{e}^{\mathrm{j}\alpha}\mathrm{e}^{\mathrm{j}\omega t}\end{aligned}$$

式中：Im 表示取其后复数的虚部；ω 为角频率，令

$$\dot{\boldsymbol{H}} = \boldsymbol{H}\mathrm{e}^{\mathrm{j}\alpha}$$

表示 $\boldsymbol{H}$ 为复数，即有

$$\boldsymbol{H}(x,y,z,t) = \mathrm{Im}\,\dot{\boldsymbol{H}}\mathrm{e}^{\mathrm{j}\omega t}$$

将上式代入式（8－7），即得到正弦稳态复数形式的涡流方程为

$$\nabla^2\dot{\boldsymbol{H}} = \mathrm{j}\omega\sigma\mu\dot{\boldsymbol{H}}$$

对于线性磁性材料 $\mu = c$，而电导率为非线性的材料。由式（8－4）代入式（8－2）并取旋度，再利用式（8－1），即可得磁场强度 $\boldsymbol{H}$ 的旋度旋度方程

$$\nabla\times\left(\frac{1}{\sigma}\nabla\times\boldsymbol{H}\right) = -\mu\frac{\partial \boldsymbol{H}}{\partial t} \tag{8-8}$$

从式（8－8）可见，由于电导率具有非线性特性，因而σ不能提出微分算子∇之外，而当电导率为线性特性时，即$\sigma = c$，则在$\nabla \cdot \boldsymbol{B} = \mu\nabla \cdot \boldsymbol{H} = 0$条件约束下，式（8－8）即变换为式（8－7），所以式（8－8）表示各向同性电导率但具有非线性特性时的$\boldsymbol{H}$的准涡流方程。

对于各向异性的导电媒质，一般情况下电导率σ为张量，具有9个分量，矩阵表示为

$$\sigma = \begin{pmatrix} \sigma_{xx} & \sigma_{xy} & \sigma_{xz} \\ \sigma_{yx} & \sigma_{yy} & \sigma_{yz} \\ \sigma_{zx} & \sigma_{zy} & \sigma_{zz} \end{pmatrix}$$

大多数情况下，σ为主元占优的对角张量，记为

$$\sigma = \mathrm{diag}(\sigma_x \quad \sigma_y \quad \sigma_z) = \begin{pmatrix} \sigma_x & 0 & 0 \\ 0 & \sigma_y & 0 \\ 0 & 0 & \sigma_z \end{pmatrix}$$

于是有

$$\frac{1}{\sigma} = \mathrm{diag}\left(\frac{1}{\sigma_x} \quad \frac{1}{\sigma_y} \quad \frac{1}{\sigma_z}\right) = \begin{pmatrix} \dfrac{1}{\sigma_x} & 0 & 0 \\ 0 & \dfrac{1}{\sigma_y} & 0 \\ 0 & 0 & \dfrac{1}{\sigma_z} \end{pmatrix}$$

由此，可以展开式（8－8），因为

$$\nabla \times H = \left(\frac{\partial H_z}{\partial y} - \frac{\partial H_y}{\partial z}\right)\boldsymbol{i} + \left(\frac{\partial H_x}{\partial z} - \frac{\partial H_z}{\partial x}\right)\boldsymbol{j} + \left(\frac{\partial H_y}{\partial x} - \frac{\partial H_x}{\partial y}\right)\boldsymbol{k}$$

或写成

$$\nabla \times H = (\boldsymbol{i} \quad \boldsymbol{j} \quad \boldsymbol{k}) \begin{pmatrix} \dfrac{\partial H_z}{\partial y} - \dfrac{\partial H_y}{\partial z} \\ \dfrac{\partial H_x}{\partial z} - \dfrac{\partial H_z}{\partial x} \\ \dfrac{\partial H_y}{\partial x} - \dfrac{\partial H_x}{\partial y} \end{pmatrix}$$

于是有

$$\frac{1}{\sigma}\nabla\times H=\begin{pmatrix}\boldsymbol{i} & \boldsymbol{j} & \boldsymbol{k}\end{pmatrix}\begin{pmatrix}\frac{1}{\sigma_x} & 0 & 0\\ 0 & \frac{1}{\sigma_y} & 0\\ 0 & 0 & \frac{1}{\sigma_z}\end{pmatrix}\begin{pmatrix}\frac{\partial H_z}{\partial y}-\frac{\partial H_y}{\partial z}\\ \frac{\partial H_x}{\partial z}-\frac{\partial H_z}{\partial x}\\ \frac{\partial H_y}{\partial x}-\frac{\partial H_x}{\partial y}\end{pmatrix}$$

$$=\frac{1}{\sigma_x}\left(\frac{\partial H_z}{\partial y}-\frac{\partial H_y}{\partial z}\right)\boldsymbol{i}+\frac{1}{\sigma_y}\left(\frac{\partial H_x}{\partial z}-\frac{\partial H_z}{\partial x}\right)\boldsymbol{j}+\frac{1}{\sigma_z}\left(\frac{\partial H_y}{\partial x}-\frac{\partial H_x}{\partial y}\right)\boldsymbol{k}$$

所以，对于导电媒质为各向异性时的三维涡流方程展开式为

$$\begin{aligned}\nabla\times\frac{1}{\sigma}\nabla\times\boldsymbol{H}=&\left\{\frac{\partial}{\partial y}\left[\frac{1}{\sigma_z}\left(\frac{\partial H_y}{\partial x}-\frac{\partial H_x}{\partial y}\right)\right]-\frac{\partial}{\partial z}\left[\frac{1}{\sigma_y}\left(\frac{\partial H_x}{\partial z}-\frac{\partial H_z}{\partial x}\right)\right]\right\}\boldsymbol{i}+\\&\left\{\frac{\partial}{\partial z}\left[\frac{1}{\sigma_x}\left(\frac{\partial H_z}{\partial y}-\frac{\partial H_y}{\partial z}\right)\right]-\frac{\partial}{\partial x}\left[\frac{1}{\sigma_z}\left(\frac{\partial H_y}{\partial x}-\frac{\partial H_x}{\partial y}\right)\right]\right\}\boldsymbol{j}+\\&\left\{\frac{\partial}{\partial x}\left[\frac{1}{\sigma_y}\left(\frac{\partial H_x}{\partial z}-\frac{\partial H_z}{\partial x}\right)\right]-\frac{\partial}{\partial z}\left[\frac{1}{\sigma_x}\left(\frac{\partial H_z}{\partial y}-\frac{\partial H_y}{\partial z}\right)\right]\right\}\boldsymbol{k}\\=&-\mu\frac{\partial\boldsymbol{H}}{\partial t}=-\mu\frac{\partial}{\partial t}\left[H_x\boldsymbol{i}+H_y\boldsymbol{j}+H_z\boldsymbol{k}\right]\end{aligned}\tag{8-9}$$

如果磁场强度 $\boldsymbol{H}$ 仅有一个分量，如 y 分量即 H_y，则由式（8-9）即可得到 H_y 的二维准涡流方程为

$$\frac{\partial}{\partial z}\left(\frac{1}{\sigma_x}\frac{\partial H_y}{\partial z}\right)+\frac{\partial}{\partial x}\left(\frac{1}{\sigma_z}\frac{\partial H_y}{\partial x}\right)=\mu\frac{\partial H_y}{\partial t}\tag{8-10}$$

同理，可得磁感应强度 $\boldsymbol{B}$ 仅有一个分量如 B_y 时的准涡流方程为

$$\frac{\partial}{\partial z}\left(\frac{1}{\sigma_x}\frac{\partial B_y}{\partial z}\right)+\frac{\partial}{\partial x}\left(\frac{1}{\sigma_z}\frac{\partial B_y}{\partial x}\right)=\mu\frac{\partial B_y}{\partial t}\tag{8-10a}$$

对于导电媒质内的电流密度 $\boldsymbol{J}$ 的涡流方程，因为有

$$\nabla\times\boldsymbol{E}=-\frac{\partial\boldsymbol{B}}{\partial t}$$

$$\nabla\times\frac{\boldsymbol{J}}{\sigma}=-\mu\frac{\partial\boldsymbol{H}}{\partial t}$$

对上式等号两边取旋度，得

$$\nabla\times\nabla\times\frac{\boldsymbol{J}}{\sigma}=-\mu\frac{\partial}{\partial t}(\nabla\times\boldsymbol{H})=-\mu\frac{\partial\boldsymbol{J}}{\partial t}$$

如果仅有 z 分量，将上式展开，可得只有一个分量时的电流密度准涡流方程为

$$\frac{\partial^2}{\partial x^2}\left(\frac{J_z}{\sigma_z}\right)+\frac{\partial^2}{\partial y^2}\left(\frac{J_z}{\sigma_z}\right)=\mu\frac{\partial J_z}{\partial t} \tag{8-11}$$

式（8－10）和式（8－11）为仅有一个场变量时的准涡流方程，当 $\sigma=c$ 时，得到场变量 J 为标量的二维涡流方程

$$\frac{\partial^2 J_z}{\partial x^2}+\frac{\partial^2 J_z}{\partial y^2}=\nabla^2 J_z=\sigma\mu\frac{\partial J_z}{\partial t} \tag{8-12}$$

2. 位函数表示的涡流方程

（1）$\boldsymbol{A}-\varphi$ 法。在涡流场的计算中，常用矢量磁位 $\boldsymbol{A}$ 和标量电位 φ 研究涡流问题，由

$$\nabla\cdot\boldsymbol{B}=0$$

可定义一个矢量 A，称为矢量磁位，令其

$$\boldsymbol{B}=\nabla\times\boldsymbol{A}$$

显然满足矢量恒等式任一矢量旋度的散度恒等于零，又因

$$\nabla\times\boldsymbol{E}=-\frac{\partial\boldsymbol{B}}{\partial t}=-\nabla\times\frac{\partial\boldsymbol{A}}{\partial t}$$

即有

$$\nabla\times\left(\boldsymbol{E}+\frac{\partial\boldsymbol{A}}{\partial t}\right)=0$$

根据矢量恒等式，任意标量函数梯度的旋度恒等于零，则有

$$\boldsymbol{E}+\frac{\partial\boldsymbol{A}}{\partial t}=-\nabla\varphi$$

于是有

$$\boldsymbol{E}=-\nabla\varphi-\frac{\partial\boldsymbol{A}}{\partial t}$$

式中，φ 为标量电位。于是由感应而生的涡流密度为

$$\boldsymbol{J}_{\mathrm{e}}=\sigma\boldsymbol{E}=-\sigma\left(\nabla\varphi+\frac{\partial\boldsymbol{A}}{\partial t}\right)$$

在无涡流有源区，对非线性磁媒质，有

$$\nabla\times\nu\nabla\times\boldsymbol{A}=\boldsymbol{J}_{\mathrm{s}}$$

式中：$\nu=\dfrac{1}{\mu}$ 为媒质磁导率的倒数，称为磁阻率；$\boldsymbol{J}_{\mathrm{s}}$ 为电流源的外加电流密度矢量。而对于涡流区有

$$\begin{aligned}\nabla\times\nu\nabla\times\boldsymbol{A}&=\boldsymbol{J}_{\mathrm{e}}\\&=-\sigma\left(\frac{\partial\boldsymbol{A}}{\partial t}+\nabla\varphi\right)\end{aligned}$$

对于有源区导电媒质内，电流密度为 $\boldsymbol{J}=\boldsymbol{J}_{\mathrm{e}}+\boldsymbol{J}_{\mathrm{s}}$，将以上两式合并得到一般化方程为

$$\begin{aligned}\nabla\times\nu\nabla\times\boldsymbol{A}&=\boldsymbol{J}_{\mathrm{e}}+\boldsymbol{J}_{\mathrm{s}}\\&=-\sigma\left(\frac{\partial\boldsymbol{A}}{\partial t}+\nabla\varphi\right)+\boldsymbol{J}_{\mathrm{s}}\end{aligned}$$

或写为

$$\nabla\times\nu\nabla\times\boldsymbol{A}+\sigma\frac{\partial\boldsymbol{A}}{\partial t}+\sigma\nabla\varphi=\boldsymbol{J}_{\mathrm{s}}\tag{8-13}$$

又因任一矢量旋度的散度恒等于零，所以有

$$\nabla\cdot\nabla\times\boldsymbol{H}=\nabla\cdot\boldsymbol{J}=0$$

即

$$\nabla\cdot\left(\boldsymbol{J}_{\mathrm{s}}-\sigma\frac{\partial\boldsymbol{A}}{\partial t}-\sigma\nabla\varphi\right)=0$$

而电源的电流密度是连续的，即有

$$\nabla\cdot\boldsymbol{J}_{\mathrm{s}}=0$$

所以有

$$-\nabla\cdot\left(\sigma\frac{\partial\boldsymbol{A}}{\partial t}\right)-\nabla\cdot(\sigma\nabla\varphi)=0\tag{8-14}$$

式（8－14）即为用标量电位表示的矢量磁位 $\boldsymbol{A}$ 的约束条件。将式（8－12）和式（8－14）联合写成矩阵表达式为

$$\begin{bmatrix}\nabla\times\nu\nabla\times(\ )+\sigma\dfrac{\partial}{\partial t}(\ ) & \sigma\nabla(\ )\\ -\nabla\cdot\sigma\dfrac{\partial}{\partial t}(\ ) & -\nabla\cdot\sigma\nabla(\ )\end{bmatrix}\begin{Bmatrix}\boldsymbol{A}\\ \varphi\end{Bmatrix}=\begin{Bmatrix}\boldsymbol{J}_{\mathrm{s}}\\ 0\end{Bmatrix}\tag{8-15}$$

式（8－15）即为用 $\boldsymbol{A}-\varphi$ 法求解非线性各向异性媒质的一般化涡流方程。对式（8－14）进行积分，对于 $\sigma=c$，可得到与式（8－13）在空间相容的方程，即有

$$-\int_{-\infty}^{t}\left(\nabla\bullet\sigma\frac{\partial \boldsymbol{A}}{\partial t}+\nabla\bullet\sigma\nabla\varphi\right)\mathrm{d}\tau=0 \tag{8-16}$$

即

$$-\sigma\nabla\bullet\boldsymbol{A}-\sigma\int_{-\infty}^{t}\nabla^2\varphi\mathrm{d}\tau=0 \tag{8-16a}$$

式（8－16）的积分下限取为$-\infty$是由于将初始起动时间的原函数选择为0。如一般积分表达式，有

$$\int_{t_0}^{t}f(\tau,x,y)\mathrm{d}\tau=F(t,x,y)-F(t_0,x,y)$$

因为$F(t_0,x,y)$仅为空间的函数，而$F(t,x,y)$既是空间的函数，也是时间的函数，为使上式等号右端第二项最小化，将时间可延拓至$-\infty$，选择$F(t_0,x,y)=0$，即有式（8－16）。于是得到适用于媒质的常数σ和μ为非线性时新的矩阵方程

$$\begin{bmatrix}\nabla\times\nu\nabla\times(\ )+\sigma\dfrac{\partial}{\partial t}(\ ) & \sigma\nabla(\ )\\ -\sigma\nabla\bullet(\ ) & -\sigma\int_{-\infty}^{t}\nabla^2(\ )\mathrm{d}\tau\end{bmatrix}\begin{Bmatrix}\boldsymbol{A}\\ \varphi\end{Bmatrix}=\begin{Bmatrix}\boldsymbol{J}_{\mathrm{s}}\\ 0\end{Bmatrix} \tag{8-17}$$

写成算子形式，有

$$\boldsymbol{\pounds}\boldsymbol{\Psi}=\boldsymbol{f}$$

式中：$\boldsymbol{\pounds}$为式（7－17）的矩阵算子；$\boldsymbol{\Psi}$为未知向量；$\boldsymbol{f}$为右端向量。

为了用变分有限元法解涡流问题，美国学者M.V.K.Chari推导了上式的能量泛函，并进行了采用$\boldsymbol{A}-\varphi$法数值解涡流问题[9]，与式（9－17）相对应的泛函为

$$W(\boldsymbol{A},\varphi)=\int_V\begin{Bmatrix}\nu(\nabla\times\boldsymbol{A})\bullet(\nabla\times\boldsymbol{A})-\sigma\boldsymbol{A}\bullet\dfrac{\partial\boldsymbol{A}}{\partial t}+\sigma\boldsymbol{A}\bullet\nabla\varphi\\ +\sigma\varphi\nabla\bullet\boldsymbol{A}+\sigma\nabla\varphi\bullet\nabla\varphi-2\boldsymbol{A}\bullet\boldsymbol{J}_{\mathrm{s}}\end{Bmatrix}\mathrm{d}v- \oint_S(\boldsymbol{A}\times\nu\nabla\times\boldsymbol{A})\bullet\mathrm{d}\boldsymbol{s}-\oint_S(\varphi\nabla\varphi)\bullet\mathrm{d}\boldsymbol{s} \tag{8-18}$$

如果用$\boldsymbol{B}$代替$\nabla\times\boldsymbol{A}$，式（8－17）写为

$$W(\boldsymbol{A},\varphi)=\int_V\begin{Bmatrix}\left[2\int_0^B\nu b\mathrm{d}b\right]-\sigma\boldsymbol{A}\bullet\dfrac{\partial\boldsymbol{A}}{\partial t}+\sigma\boldsymbol{A}\bullet\nabla\varphi\\ +\sigma\varphi\nabla\bullet\boldsymbol{A}+\sigma\nabla\varphi\cdot\nabla\varphi-2\boldsymbol{A}\bullet\boldsymbol{J}_{\mathrm{s}}\end{Bmatrix}\mathrm{d}v- \oint_S(\boldsymbol{A}\times\nu\boldsymbol{B})\bullet\mathrm{d}\boldsymbol{s}-\oint_S\varphi\nabla\varphi\bullet\mathrm{d}\boldsymbol{s} \tag{8-19}$$

有了能量泛函，根据变分有限元原理即可进行离散化处理做涡流场的数值计算。利用加权余量法也可以对式（8－13）和式（8－14）进行离散化处理，详

见参考文献[2]。

对于 $\sigma = c$，即与坐标无关，则有

$$\nabla \cdot \boldsymbol{J} = \nabla \cdot (\sigma \boldsymbol{E}) = \sigma \nabla \cdot (\boldsymbol{E}) = 0$$

即有

$$\nabla \cdot \boldsymbol{E} = 0$$

因为由前述可知

$$\boldsymbol{E} = -\nabla \varphi - \frac{\partial \boldsymbol{A}}{\partial t}$$

所以有

$$\nabla \cdot \boldsymbol{E} = -\nabla \cdot \nabla \varphi - \frac{\partial}{\partial t}(\nabla \cdot \boldsymbol{A}) = 0$$

如果取 $\nabla \cdot \boldsymbol{A} = 0$，则有

$$\nabla^2 \varphi = 0$$

即标量电位 φ 满足拉普拉斯方程。此时，引入另一个矢量磁位 $\boldsymbol{A}'$，称为修正矢量磁位，令

$$\boldsymbol{A}' = \boldsymbol{A} + \int_{-\infty}^{t} \nabla \varphi \mathrm{d}\tau$$

则有

$$\nabla \cdot \boldsymbol{A}' = \nabla \cdot \boldsymbol{A} + \int_{-\infty}^{t} \nabla^2 \varphi \mathrm{d}\tau = \nabla \cdot \boldsymbol{A} = 0$$

另外，对矢量磁位 $\boldsymbol{A}'$ 取旋度，有

$$\nabla \times \boldsymbol{A}' = \nabla \times \boldsymbol{A} + \int_{-\infty}^{t} \nabla \times \nabla \varphi \mathrm{d}\tau$$

由于任意标量的梯度的旋度恒等于零，上式第二项为 0，所以有

$$\nabla \times \boldsymbol{A}' = \nabla \times \boldsymbol{A} = \boldsymbol{B}$$

又

$$\frac{\partial \boldsymbol{A}'}{\partial t} = \frac{\partial \boldsymbol{A}}{\partial t} + \nabla \varphi = -\boldsymbol{E}$$

所以有

$$\begin{aligned}
\nabla \times \nu \nabla \times \boldsymbol{A}' &= \nabla \times \nu \nabla \times \boldsymbol{A} \\
&= \boldsymbol{J}_s - \sigma \nabla \varphi - \sigma \frac{\partial}{\partial t}\left(\boldsymbol{A}' - \int_{-\infty}^{t} \nabla \varphi \mathrm{d}\tau\right) \\
&= \boldsymbol{J}_s - \sigma \frac{\partial \boldsymbol{A}'}{\partial t}
\end{aligned}$$

因此，对于新的修正矢量磁位 $\boldsymbol{A}'$，可整理如下关系

$$
\begin{cases}
\nabla\times\boldsymbol{A}'=\boldsymbol{B}\\
\nabla\cdot\boldsymbol{A}'=0\\
\boldsymbol{E}=-\dfrac{\partial\boldsymbol{A}'}{\partial t}\\
\nabla\times\nu\nabla\times\boldsymbol{A}'+\sigma\dfrac{\partial\boldsymbol{A}'}{\partial t}=\boldsymbol{J}_{\mathrm{s}}
\end{cases}
$$

上式及以上分析说明，在导电媒质的电导率为常数即$\sigma=c$及定义$\nabla\cdot\boldsymbol{A}=0$的约束条件下，计算涡流问题中的磁场时，可以不必引入标量电位。

（2）$\boldsymbol{T}-\boldsymbol{\Omega}$**法**。引入矢量电位$\boldsymbol{T}$和标量磁位$\boldsymbol{\Omega}$计算涡流问题。此方法是在导电区用一个矢量电位$\boldsymbol{T}$描述电流的函数，包含自由电流和交变磁场感应的涡流，可以通过$\boldsymbol{T}$对空间微商求得电流密度，在非导电区又不存在自由电流时，$\boldsymbol{T}=0$，在求解区内通过标量磁位$\boldsymbol{\Omega}$求磁场。磁场强度定义为

$$\boldsymbol{H}=\boldsymbol{T}-\nabla\boldsymbol{\Omega} \tag{8-20}$$

由于任意标量的梯度的旋度恒等于零，对上式两边取旋度，有

$$\nabla\times\boldsymbol{H}=\nabla\times\boldsymbol{T}=\boldsymbol{J}$$

上式说明，在导电区内采用矢量电位$\boldsymbol{T}$计算时，对其取旋度即可确定电流密度矢量$\boldsymbol{J}$，这与在有电流存在的空间采用矢量磁位$\boldsymbol{A}$计算时，对其取旋度即可确定磁感应强度$\boldsymbol{B}$，即$\nabla\times\boldsymbol{A}=\boldsymbol{B}$相似。又因

$$\boldsymbol{J}=\sigma\boldsymbol{E}\qquad\nabla\times\boldsymbol{E}=-\frac{\partial\boldsymbol{B}}{\partial t}$$

对于线性媒质，有

$$\nabla\times\nabla\times\boldsymbol{T}=-\mu\sigma\frac{\partial\boldsymbol{H}}{\partial t}=-\mu\sigma\left[\frac{\partial\boldsymbol{T}}{\partial t}-\nabla\left(\frac{\partial\boldsymbol{\Omega}}{\partial t}\right)\right] \tag{8-21}$$

在非导电区，即无涡流存在，设有无自由电流，则$\boldsymbol{T}=0$，只有标量磁位$\boldsymbol{\Omega}$，此时的场方程应为

$$\nabla\cdot\boldsymbol{H}=-\nabla\cdot\nabla\boldsymbol{\Omega}$$

即有

$$\nabla\cdot\boldsymbol{B}=-\mu\nabla^2\boldsymbol{\Omega}=0$$

$$\nabla^2\boldsymbol{\Omega}=0 \tag{8-22}$$

即此时在无电流的非导电区，用标量磁位拉普拉斯方程求解，使问题大为简化。$\boldsymbol{T}-\boldsymbol{\Omega}$法的优点是边界条件容易确定，具有一定的灵活性，所需变量数目较少。

数值计算时，采用加权余量法可以得到式（8-21）的加权积分方程[2]，然后离散化求解，也可以采用泛函离散方法求解。

8.3 涡流方程的差分解法

从以上推导得到的涡流方程可以看出，方程中的求解变量无论是直接用场变量还是用位函数，它们是空间的函数也是时间的函数，因此，在时变状态下，对于非线性媒质，即使是在正弦激励下，系统的响应也不再按正弦变化，此时的计算涉及含有时间因子的涡流方程，必须将时间 t 也视为一“维”。为了便于讨论、建立概念和了解方法，作为例子，仅讨论空间为一维问题，物理模型为求一半无限大的薄钢板内的涡流。如图 8-1 所示，设薄板厚度为 $2d$，磁场强度 $\boldsymbol{H}$ 仅有 z 分量，即垂直于 $x-y$ 平面射入，它是 y 和 t 的函数，即 $H=H_z(y,t)$。将坐标原点 O 取在半厚度处，设薄板为均匀各向同性、非线性导磁材料制成。由涡流方程

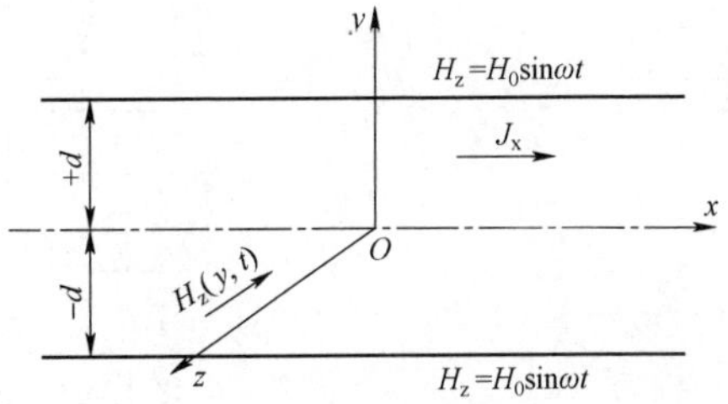

图 8-1 半无限大薄板涡流模型

$$\nabla^2\boldsymbol{H}=\sigma\frac{\mathrm{d}B}{\mathrm{d}H}\frac{\partial\boldsymbol{H}}{\partial t}$$

得到

$$\frac{\partial^2 H_z}{\partial y^2}=\sigma\frac{\mathrm{d}B}{\mathrm{d}H}\frac{\partial H_z}{\partial t}$$

令

$$\sigma\frac{\mathrm{d}B}{\mathrm{d}H}=\sigma\mu(H)=\beta$$

即有

$$\frac{\partial^2 H_z}{\partial y^2}=\beta\frac{\partial H_z}{\partial t} \tag{8-23}$$

物理模型的边界条件为

$$\begin{cases} y=0 & \dfrac{\partial H}{\partial y}=0 \\ \left.\begin{array}{l} y=+d \\ y=-d \end{array}\right\} & H_z=H_0\sin\omega t \end{cases}$$

把式（8-23）中的空间坐标 y 及时间坐标 t 各视为一维，则可以建立 H_z 在时-空坐标内的离散差分格式（以下省略下标 z）。图 8-2 表示差分格式的

时－空图。令空间步长为 h，时间步长为 p，即

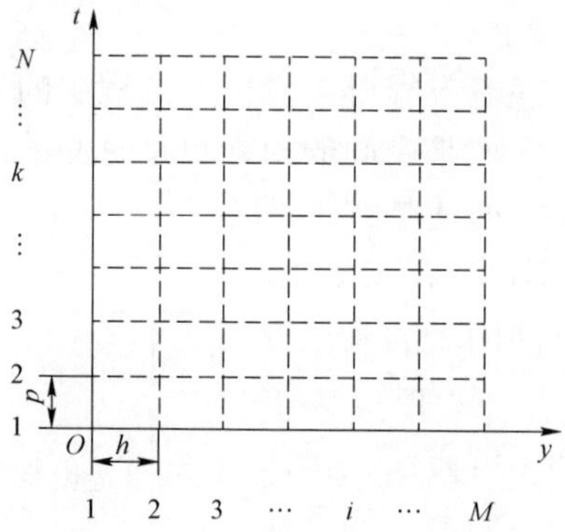

图 8－2　差分格式时－空图

$$h = \Delta y$$

$$p = \Delta t$$

由此，可将时间－空间坐标的离散坐标记为

$$y = (i-1)h \quad i = 1,2,3,\cdots,M \quad i = 1, M \text{ 为边界值，}$$

$$t = (k-1)p \quad k = 1,2,3,\cdots,N \quad k = 1, \text{为初始值。}$$

用 $H_{i,k}$ 表示空间 i 点，时间为 k 点的磁场强度 H 的值。对于空间某点 i，其坐标为 $y = (i-1)\Delta y$，当 k 逐次增加时，即时间 t 向前推移，由此可得 i 点的电磁场暂态过程。

在节点 (i,k) 处，用泰勒级数对 H 的空间二阶导数展开为

$$\frac{\partial^2 H}{\partial y^2} = \frac{H_{i+1,k} - 2H_{i,k} + H_{i-1,k}}{h^2} + o(h^2) \tag{8-24}$$

将 $\frac{\partial H}{\partial t}$ 在节点（i，k）处，用泰勒级数对 H 的时间步长 p 间展开为

$$H_{i,k+1} = H_{i,k} + p\left.\frac{\partial H}{\partial t}\right|_{i,k} + \frac{p^2}{2}\left.\frac{\partial H}{\partial t}\right|_{i,k} + \cdots$$

即有

$$\begin{aligned}\left.\frac{\partial H}{\partial t}\right|_{i,k} &= \frac{H_{i,k+1} - H_{i,k}}{p} - \frac{p}{2}\left.\frac{\partial^2 H}{\partial t^2}\right|_{i,k} + \cdots \\ &= \frac{H_{i,k+1} - H_{i,k}}{p} - o(p)\end{aligned} \tag{8-25}$$

上式即为$\frac{\partial H}{\partial t}$的差分格式，称为前差格式。同理也可以将$\frac{\partial H}{\partial t}$在节点$(i,k+1)$处展开级数为

$$H_{i,k}=H_{i,k+1}-p\left.\frac{\partial H}{\partial t}\right|_{i,k+1}+\frac{p^2}{2}\left.\frac{\partial H}{\partial t}\right|_{i,k+1}-\cdots$$

即有

$$\begin{aligned}\left.\frac{\partial H}{\partial t}\right|_{i,k+1}&=\frac{H_{i,k+1}-H_{i,k}}{p}+\frac{p}{2}\left.\frac{\partial^2 H}{\partial t^2}\right|_{i,k+1}+\cdots\\&=\frac{H_{i,k+1}-H_{i,k}}{p}+o(p)\end{aligned}\tag{8-26}$$

此式称为$\frac{\partial H}{\partial t}$的后差格式。略去截断误差项，由式（8－23）～式（8－25）可得

$$\frac{H_{i+1,k}-2H_{i,k}+H_{i-1,k}}{h^2}=\frac{H_{i,k+1}-H_{i,k}}{p}\beta$$

由此得

$$H_{i,k+1}=\frac{p}{\beta h^2}(H_{i+1,k}-2H_{i,k}+H_{i-1,k})+H_{i,k}$$

或写为

$$H_{i,k+1}=rH_{i+1,k}+(1-2r)H_{i,k}+rH_{i-1,k}\tag{8-27}$$

此式是从前差格式推得的，称为H的差分格式的显式，即已知当时的H值，可推得下一时步的值。式中

$$r=\frac{p}{\beta h^2}=\frac{\Delta t}{\sigma\mu(\Delta y)^2}$$

r称为傅里叶准则。另外，由式（8－23）、式（8－24）和式（8－26）可得

$$\frac{H_{i+1,k+1}-2H_{i,k+1}+H_{i-1,k+1}}{h^2}=\frac{H_{i,k+1}-H_{i,k}}{p}\beta$$

有

$$-\frac{1}{r}H_{i,k}=H_{i+1,k+1}-\left(2+\frac{1}{r}\right)H_{i,k+1}+H_{i-1,k+1}$$

或写为

$$H_{i,k}=-rH_{i+1,k+1}+(1+2r)H_{i,k+1}-rH_{i-1,k+1}\tag{8-28}$$

此式是从后差格式推得的，称为 H 的差分格式的隐式。

比较式（8－27）与式（8－28）可见，显示方程式（8－27）中，节点（i，$k+1$）的磁场强度 $H_{i,k+1}$ 完全可以用前一个时间行 k 的 H 值表示，这样可采用迭代方法求解。而在隐式方程式（8－28）中，含有三个新的 $H_{*,K+1}$ 值，不能用前一时间行的 H 值表示，这三个值也同时出现在其他节点相关联的方程中，必须联立方程组求解，才能求得这些值，由于其系数矩阵为对角线占优的三角阵，可以采用高斯消元法。式（8－27）比式（8－28）简单，但要保证计算解答的稳定性，必须满足下列条件，即

$$r \leqslant \frac{1}{2}$$

此即称为采用显示差分格式数值计算的稳定性判据。所谓稳定性是指，计算结果对初始数据的误差及计算过程中产生的误差（如舍入误差）不敏感，也就是说，计算中产生的误差在以后的计算中不会无限增加，是可以控制的，即计算过程是收敛的而不会发散。但隐式方程式（8－28）对一切 r 值都稳定，即绝对稳定。

考察一下稳定性判据 $r=\dfrac{p}{\beta h^2}$。对于常用导电材料，β 值不会小于 2，所以在最坏情况下，要求计算稳定必须有 $p \leqslant h^2$，若取 $h=1\text{mm}$，则应将时间步长取 $p \leqslant 1\mu\text{s}$，于是在工频情况下，对于 1 周波需要计算 20ms，则要计算 20 000 次，所以采用显示格式在计算上是低效能的，不经济的。

下面用一简单物理模型定性说明显示与隐式的不同点。以一维金属板对激励磁场的响应为例加以说明。图 8－3 表示金属板对直流磁场激励响应示意图。设空间 y 共离散 M 个节点，时间步长为 p，起始时板内无磁场，即 $t=0$ 时，$H_{i,1}=0$，$H_{i,\mathrm{M}}=0$。设在 $t=0$ 在板的两端突然加一个直流磁场，即此时在边界节点的磁场为 $H_{1.k}=H_{M,k}=H_0$，采用显示格式

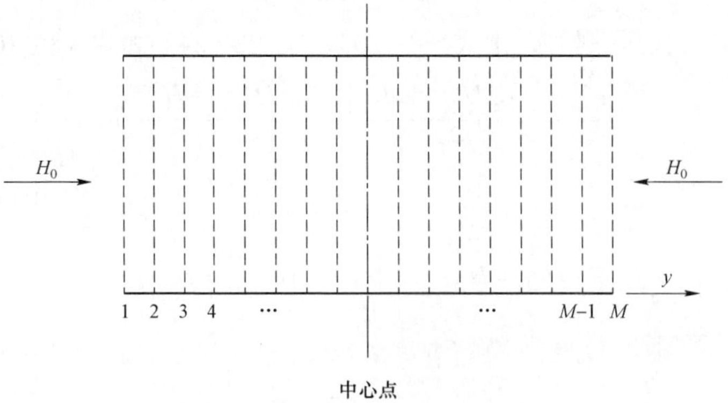

图 8－3　金属板对直流磁场激励响应

式（8－27）做第 1 次搜索后，则得到 $H_{2,2}$，$H_{M-1,2}$ 和表面节点的 H 为非零值；以后每搜索一次，非零值从两边向中心点推进一个节点，推进到中心点的时间为 $\frac{1}{2}(M-1)p$。因而，为了使计算精度高，也就是使计算值接近于实际的电磁暂态过程，必须增大 M 值，而减小 p 值，也就是空间离散点要多，时间步长要取得很小，这与前述的稳定性判据分析结果相同。

对于隐式格式方程，每一时间行各节点值必须联立求解，因而可使边界值迅速传播到中心点，对时间步长没有显示方程求解的严格要求。尽管隐式格式绝对稳定，但其截断误差较大，为 o（p）级，因而精度差。

如果计算中对相继的时间交替使用显式与隐式格式，将得到另一种计算格式，即对时间行 $k+1$，所有节点用显式（8－27）计算，有

$$H_{i,k+1} = rH_{i+1,k} + (1-2r)H_{i,k} + rH_{i-1,k} \tag{8-27a}$$

对时间行 $k+2$，所有节点用隐式（8－28）计算，有

$$H_{i+1,k+2} - \left(2+\frac{1}{r}\right)H_{i,k+2} + H_{i-1,k+2} = -\frac{1}{r}H_{i,k+1} \tag{8-28a}$$

将式（8－27a）代入式（8－28a）得

$$H_{i+1,k+2} - \left(2+\frac{1}{r}\right)H_{i,k+2} + H_{i-1,k+2} = -H_{i+1,k} + \left(2-\frac{1}{r}\right)H_{i,k} - H_{i-1,k}$$

用 $\frac{p}{2}$ 代替 p，使上式仅跨一个时间步长，使 r 变换为 $\frac{r}{2}$，即 k 变为 $2k$，于是得

$$H_{i+1,k+1} - 2\left(1+\frac{1}{r}\right)H_{i,k+1} + H_{i-1,k+1} = -H_{i+1,k} + 2\left(1-\frac{1}{r}\right)H_{i,k} - H_{i-1,k} \tag{8-29}$$

式（8－29）称为 Crank-Nicolson 方程，简称 C-N 方程，其截断误差为 $o(p^2+h^2)$。实际上，上式的时间导数用中间差商来近似，空间导数用点（i，k）和点（i，$k+1$）两处两个中间差商的平均值来近似，C-N 方程对任何 p、h 值均稳定，同时计算精度获得显著改善，时间步长可以增大，从而减少计算工作量。

8.4　涡流方程的有限元解法

从前述涡流方程的分析可知，对用数值求解空间问题——涡流问题，除了三维空间变量外，还需增加一维时间变量，因此，用有限元法求解涡流方程

时，也需要增加对时间变量离散化处理。

现讨论线性情况下用矢量磁位求解涡流问题，即$\sigma = c$，$\mu = c$，对于二维问题，矢量磁位$\boldsymbol{A}$只有z分量，此时A_z为标量（以下分析中略去下标z）。由于是线性媒质，所以标量电位$\varphi = 0$。定解问题为

$$\begin{cases} \nabla^2 A = -\mu J_s + \sigma\mu \dfrac{\partial A}{\partial t} & \in V \\ A = A_0 & \in S_1 \\ \dfrac{\partial A}{\partial n} = q & \in S_2 \\ A = A_{0t} & t = 0 \end{cases} \tag{8-30}$$

处理上述抛物型方程的方法有两种：

（1）将时间变量暂时固定，即考虑一个瞬间，$\dfrac{\partial A}{\partial t}$仅为空间的函数，找到对应的泛函求变分，然后将$\dfrac{\partial A}{\partial t}$用差分展开。

（2）先将$\dfrac{\partial A}{\partial t}$用差分展开为$\dfrac{A_t - A_{t-\Delta t}}{\Delta t}$，然后求变分，取变分时视$A_{t-\Delta t}$为常数。

在此，采用第一种方法，相对于式（8-30）的泛函为

$$\begin{cases} W(A) = \iint_V \left\{ \dfrac{\beta}{2}\left[\left(\dfrac{\partial A}{\partial x}\right)^2 + \left(\dfrac{\partial A}{\partial y}\right)^2\right] - J_s A \right\} \mathrm{d}x\mathrm{d}y + \iint_V \sigma A \dfrac{\partial A}{\partial t} \mathrm{d}x\mathrm{d}y - \oint_S qA\mathrm{d}s \\ A = A_0 \end{cases}$$

式中，$\beta = \dfrac{1}{\mu}$。

将上式与静态场的泛函比较可以看出，第一项与第三项均相同，不同的仅是第二项，多一个与时间变量有关的项，因此，在有限元法中的单元分析也仅第二项为多的一项。令剖分后的单元项为

$$W_2^e = \iint_\Delta \sigma A \frac{\partial A}{\partial t} \mathrm{d}x\mathrm{d}y$$

因为采用三角形单元的空间线性插值函数，单元分析时，单元内的矢量磁位表示为

$$A = [N]\{A\}^e = \begin{bmatrix} N_i & N_j & N_m \end{bmatrix} \begin{Bmatrix} A_i \\ A_j \\ A_m \end{Bmatrix}$$

注意到，在静态场 A 与时间无关，而在时变场 A 与时间有关，A_i, A_j, A_m 均为时间 t 的函数，所以

$$\frac{\partial A}{\partial t}=\begin{bmatrix}N_i & N_j & N_m\end{bmatrix}\begin{Bmatrix}\dfrac{\partial A_i}{\partial t}\\ \dfrac{\partial A_j}{\partial t}\\ \dfrac{\partial A_m}{\partial t}\end{Bmatrix}$$

求变分时将单元泛函对节点磁位求导，有

$$\frac{\partial W_2^e}{\partial A_k}=\iint_\Delta \sigma\frac{\partial A}{\partial t}\frac{\partial A}{\partial A_k}\mathrm{d}x\mathrm{d}y \qquad k=i,j,m$$

又有

$$\frac{\partial A}{\partial A_i}=N_i \qquad \frac{\partial A}{\partial A_j}=N_j \qquad \frac{\partial A}{\partial A_m}=N_m$$

所以有

$$\begin{aligned}\frac{\partial W_2^e}{\partial A_i}&=\sigma\iint_\Delta\left(N_i^2\frac{\partial A_i}{\partial t}+N_iN_j\frac{\partial A_j}{\partial t}+N_iN_m\frac{\partial A_m}{\partial t}\right)\mathrm{d}x\mathrm{d}y\\&=\sigma\left(\frac{\partial A_i}{\partial t}\iint_\Delta N_i^2\mathrm{d}x\mathrm{d}y+\frac{\partial A_j}{\partial t}\iint_\Delta N_iN_j\mathrm{d}x\mathrm{d}y+\frac{\partial A_m}{\partial t}\iint_\Delta N_iN_m\mathrm{d}x\mathrm{d}y\right)\end{aligned}$$

又因

$$\iint_\Delta N_i^2\mathrm{d}x\mathrm{d}y=\iint_\Delta N_j^2\mathrm{d}x\mathrm{d}y=\iint_\Delta N_m^2\mathrm{d}x\mathrm{d}y=\frac{\Delta}{6}$$

$$\iint_\Delta N_iN_j\mathrm{d}x\mathrm{d}y=\iint_\Delta N_iN_m\mathrm{d}x\mathrm{d}y=\iint_\Delta N_jN_m\mathrm{d}x\mathrm{d}y=\cdots=\frac{\Delta}{12}$$

式中，Δ 为三角形单元的面积。

所以有

$$\frac{\partial W_2^e}{\partial A_i}=\iint_\Delta\sigma\frac{\partial A}{\partial t}\frac{\partial A}{\partial A_i}\mathrm{d}x\mathrm{d}y=\frac{\sigma\Delta}{12}\left(2\frac{\partial A_i}{\partial t}+\frac{\partial A_j}{\partial t}+\frac{\partial A_m}{\partial t}\right)$$

同理可得

$$\frac{\partial W_2^e}{\partial A_j}=\frac{\sigma\Delta}{12}\left(\frac{\partial A_i}{\partial t}+2\frac{\partial A_j}{\partial t}+\frac{\partial A_m}{\partial t}\right)$$

$$\frac{\partial W_2^e}{\partial A_m}=\frac{\sigma\Delta}{12}\left(\frac{\partial A_i}{\partial t}+\frac{\partial A_j}{\partial t}+2\frac{\partial A_m}{\partial t}\right)$$

所以，对于一个单元泛函对节点磁位求导的矩阵式有

$$\begin{Bmatrix} \dfrac{\partial W^e}{\partial A_i} \\ \dfrac{\partial W^e}{\partial A_j} \\ \dfrac{\partial W^e}{\partial A_m} \end{Bmatrix} = \begin{bmatrix} k_{ii} & k_{ij} & k_{im} \\ k_{ji} & k_{jj} & k_{jm} \\ k_{mi} & k_{mj} & k_{mm} \end{bmatrix} \begin{Bmatrix} A_i \\ A_j \\ A_m \end{Bmatrix} + \begin{bmatrix} h_{ii} & h_{ij} & h_{im} \\ h_{ji} & h_{jj} & h_{jm} \\ h_{mi} & h_{mj} & h_{mm} \end{bmatrix} \begin{Bmatrix} \dfrac{\partial A_i}{\partial t} \\ \dfrac{\partial A_j}{\partial t} \\ \dfrac{\partial A_m}{\partial t} \end{Bmatrix} - \begin{Bmatrix} p_i \\ p_j \\ p_m \end{Bmatrix}$$

$$\left\{\frac{\partial W^e}{\partial A_k}\right\} = [k]^e\{A\}^e + [h]^e\left\{\frac{\partial A}{\partial t}\right\}^e - \{p\}^e \qquad k = i, j, m$$

式中，k 为单元系数矩阵，与静态场相同。

$$h_{ii} = h_{jj} = h_{mm} = \frac{\sigma\Delta}{6}$$

$$h_{ij} = h_{im} = h_{jm} = \cdots = \frac{\sigma\Delta}{12}$$

$$p_i = \frac{J_s\Delta}{3}\text{；}\qquad p_j = p_m = \frac{J_s\Delta}{3} + \frac{qS_L}{2}$$

总体合成后，求极值，令

$$\frac{\partial W}{\partial A_k} = \sum_{e=1}^{N}\frac{\partial W^e}{\partial A_k} = 0 \qquad k = i, j, m$$

得到任一瞬间的离散方程为

$$[k]\{A\}_t + [h]\left\{\frac{\partial A}{\partial t}\right\}_t = \{p\}_t \tag{8-31}$$

与静态方程相比，上述瞬态方程中，系数矩阵$[k]$完全相同，不同的是等式左端第二项$[h]\left\{\frac{\partial A}{\partial t}\right\}_t$。求解式（8－31）瞬态方程时，必须已知初始条件和边界条件，此时$\left\{\frac{\partial A}{\partial t}\right\}_t$为未知项，需用差分将其展开为

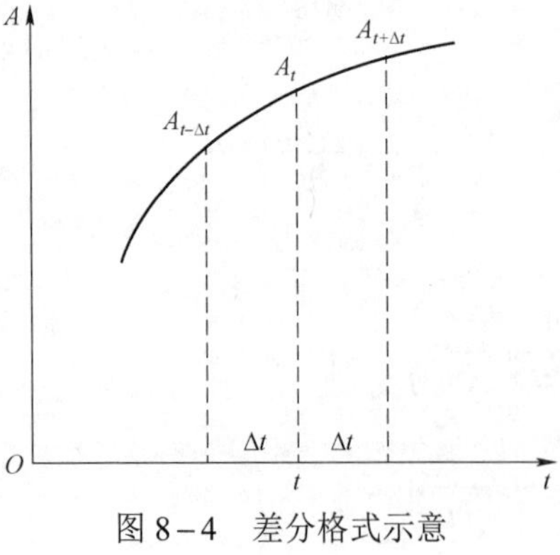

图 8－4　差分格式示意

$$\left\{\frac{\partial A}{\partial t}\right\}_t = \frac{A_t - A_{t-\Delta t}}{\Delta t}$$

此式为后差式，如图 8－4 所示，将其代入式（8－31），得

$$\left\{[k] + \frac{1}{\Delta t}[k]\right\}\{A\}_t = \frac{1}{\Delta t}[h]\{A\}_{t-\Delta t} + \{p\}_t$$

根据初始条件，$\{A\}_{t-\Delta t}$ 为已知，由此可求得 $\{A\}_t$，再将 $t+\Delta t$ 代 t，求出 $t+\Delta t$ 时的 A，以此类推，如此求得时间步长为 Δt 的各个时刻的 A 值。

用有限元法求抛物型方程差分格式的几个问题：

抛物型方程的数值求解方法是空间域内用有限元法处理，时间域用有限差分离散处理，实质上是有限元与有限差分的混合解法。涉及差分格式有如下几种：

前差式为

$$\left(\frac{\partial A}{\partial t}\right)_{t-\Delta t}=\frac{1}{\Delta t}\left(A_t-A_{t-\Delta t}\right)+o(\Delta t)$$

式中，$o(\Delta t)$ 为与时间步长有关的误差级，由此得到的是显式解，计算解为有条件稳定，时间步长要求取得很小，但不必求解联立方程组。

后差式为

$$\left(\frac{\partial A}{\partial t}\right)_{t}=\frac{1}{\Delta t}\left(A_t-A_{t-\Delta t}\right)+o(\Delta t)$$

由此得到的是隐式解，计算解为无条件稳定，可取大的时间步长，但必须联立求解联立方程组。还有其他不同的差分格式，一般式可写为

$$\sigma_1\left(\frac{\partial A}{\partial t}\right)_{t}+(1-\sigma_1)\left(\frac{\partial A}{\partial t}\right)_{t-\Delta t}=\frac{1}{\Delta t}\left(A_t-A_{t-\Delta t}\right)$$

式中，系数 σ_1 取为 0～1 的分数。

$\sigma_1=0$，为前差式，即

$$\left(\frac{\partial A}{\partial t}\right)_{t-\Delta t}=\frac{1}{\Delta t}\left(A_t-A_{t-\Delta t}\right)+o(\Delta t) \tag{8-32}$$

$\sigma_1=1$，为后差式，即

$$\left(\frac{\partial A}{\partial t}\right)_{t}=\frac{1}{\Delta t}\left(A_t-A_{t-\Delta t}\right)+o(\Delta t) \tag{8-33}$$

$\sigma_1=\frac{1}{2}$，为 C-N 格式，即

$$\frac{1}{2}\left[\left(\frac{\partial A}{\partial t}\right)_{t}+\left(\frac{\partial A}{\partial t}\right)_{t-\Delta t}\right]=\frac{1}{\Delta t}\left(A_t-A_{t-\Delta t}\right)+o(\Delta t^2) \tag{8-34}$$

$\sigma_1=\frac{2}{3}$，为 Galerkin（迦辽金）格式，即

$$\frac{2}{3}\left(\frac{\partial A}{\partial t}\right)_{t}+\frac{1}{3}\left(\frac{\partial A}{\partial t}\right)_{t-\Delta t}=\frac{1}{\Delta t}(A_t-A_{t-\Delta t})+o(\Delta t^2) \tag{8-35}$$

比较以上四种格式，C－N 格式是将 $\frac{\partial A}{\partial t}$ 在 Δt 间隔内的变化做线性处理，而 Galerkin 格式是将 $\frac{\partial A}{\partial t}$ 在 Δt 间隔内的变化做抛物线处理，因而有较高的精度，而前差式与后差式则将 $\frac{\partial A}{\partial t}$ 在 Δt 间隔内的变化做常值处理，所以精度较低。

下面推导式（8－31）采用 C－N 格式和 Galerkin 格式时的矩阵式。由式（8－31）可写出 t 和 $t-\Delta t$ 两瞬时的矩阵式，有

$$[k]\{A\}_t + [h]\left\{\frac{\partial A}{\partial t}\right\}_t = \{p\}_t \tag{8-36}$$

$$[k]\{A\}_{t-\Delta t} + [h]\left\{\frac{\partial A}{\partial t}\right\}_{t-\Delta t} = \{p\}_{t-\Delta t} \tag{8-37}$$

将以上两式相加，得

$$[k]\{A\}_t + [k]\{A\}_{t-\Delta t} + [h]\left(\left\{\frac{\partial A}{\partial t}\right\}_t + \left\{\frac{\partial A}{\partial t}\right\}_{t-\Delta t}\right) = \{p\}_t + \{p\}_{t-\Delta t} \tag{8-38}$$

又有 $\left\{\frac{\partial A}{\partial t}\right\}$ 的 C－N 格式向量式为

$$\frac{1}{2}\left(\left\{\frac{\partial A}{\partial t}\right\}_t + \left\{\frac{\partial A}{\partial t}\right\}_{t-\Delta t}\right) = \frac{1}{\Delta t}\left(\{A\}_t - \{A\}_{t-\Delta t}\right)$$

将此式代入式（8－38），经整理后得

$$\left([k] + \frac{2}{\Delta t}[h]\right)\{A\}_t = \{p\}_t + \{p\}_{t-\Delta t} + \left(\frac{2}{\Delta t}[h] - [k]\right)\{A\}_{t-\Delta t} \tag{8-39}$$

式（8－39）即为式（8－30）的涡流定解问题的有限元和差分法混合算法的 C－N 格式，式中 $\{p\}_t$ 与 $\{p\}_{t-\Delta t}$ 分别为 t 与 $t-\Delta t$ 时间的方程右端项，如果激励项 J_s 及边界条件随时间而变，则两项不相等，但应是已知项；如果不随时间变化，则为常值。式（8－39）即可根据初始条件逐步推进 Δt，求解各个时刻的 $\{A\}$ 值。此种格式有较高的精度，时间步长不受约束，计算绝对稳定。

将 $\left\{\frac{\partial A}{\partial t}\right\}$ 写成 Galerkin 格式的向量式，有

$$2\left\{\frac{\partial A}{\partial t}\right\}_t + \left\{\frac{\partial A}{\partial t}\right\}_{t-\Delta t} = \frac{3}{\Delta t}\left(\{A\}_t - \{A\}_{t-\Delta t}\right)$$

将式（8－36）和式（8－37）代入上式，即可得到解涡流方程式（8－30）的 Galerkin 格式的矩阵式

$$\left(2[k]+\frac{3}{\Delta t}[h]\right)\{A\}_t = 2\{p\}_t + \{p\}_{t-\Delta t} + \left(\frac{3}{\Delta t}[h]-[k]\right)\{A\}_{t-\Delta t} \quad (8-40)$$

Galerkin 格式与 C－N 格式有同样计算精度，对时间步长也不受约束，计算也绝对稳定。

8.5 瞬态涡流方程的边界元解法

采用有限差分和有限元混合法，求解二阶抛物型偏微分方程即涡流方程时，需采用空间和时间离散，而时间的离散均采用差分格式，时间步长的选取需考虑计算的稳定性问题，用边界元法求解涡流方程时，时间步长可以取得长些。

设 $\mu = c$，$\sigma = c$，当采用矢量磁位和标量电位 $\boldsymbol{A}-\varphi$ 法时，涡流方程为

$$\nabla\times\nabla\times\boldsymbol{A} = -\mu\left(\sigma\frac{\partial\boldsymbol{A}}{\partial t}+\sigma\nabla\varphi\right)$$

当取 $\nabla\cdot\boldsymbol{A}=0$ 约束时，$\nabla^2\varphi=0$，于是有

$$\nabla^2\boldsymbol{A} = \mu\sigma\frac{\partial\boldsymbol{A}}{\partial t}$$

对于二维场，矢量磁位仅含 z 分量，即 $\boldsymbol{A}=A_z\boldsymbol{k}$，所以有标量涡流方程

$$\nabla^2 A_z = \mu\sigma\frac{\partial A_z}{\partial t}$$

在分析计算涡流问题中，还可以采用另一种方法，即矢量电位和标量磁位 $\boldsymbol{T}-\Omega$ 法，在导电区用矢量电位 $\boldsymbol{T}$，在非导电区 $\boldsymbol{T}$ 为零或为一常数，磁场计算用标量磁位 Ω，磁场强度定义为

$$\boldsymbol{H} = \boldsymbol{T} - \nabla\Omega$$

所以有

$$\nabla\times\boldsymbol{H} = \nabla\times\boldsymbol{T} = \boldsymbol{J}$$

因为

$$\boldsymbol{J} = \sigma\boldsymbol{E} \quad 和 \quad \nabla\times\boldsymbol{E} = -\frac{\partial\boldsymbol{B}}{\partial t}$$

对于线性各向同性媒质，可得 $\boldsymbol{T}-\Omega$ 法的涡流方程为

$$\nabla\times\nabla\times\boldsymbol{T} = -\mu\sigma\left[\frac{\partial\boldsymbol{T}}{\partial t}-\nabla\left(\frac{\partial\Omega}{\partial t}\right)\right]$$

当取 $\nabla\cdot\boldsymbol{T}=0$ 时，可得

$$\nabla^2 \boldsymbol{T} = \mu\sigma \frac{\partial \boldsymbol{T}}{\partial t}$$

对于二维场，$\boldsymbol{T}$ 仅有一个分量，因而有标量方程

$$\nabla^2 T = \mu\sigma \frac{\partial T}{\partial t}$$

比较上述 $\boldsymbol{A}-\varphi$ 法与 $\boldsymbol{T}-\boldsymbol{\Omega}$ 法的涡流方程，对于二维情况如不考虑有激励源，它们有相同形式，写成定解问题的一般形式有

$$\begin{cases} \nabla^2 u = \mu\sigma \dfrac{\partial u}{\partial t} & \in V, \quad 0 < t < t_n \\ u = u_s & \in s_1, \quad 0 < t < t_n \\ \dfrac{\partial u}{\partial n} = q & \in s_2, \quad 0 < t < t_n \\ u = u_{0t} & \in V, \quad t = 0 \end{cases} \tag{8-41}$$

此方程是一个初边值问题，可以用格林函数法求解。用基本解 u^* 表示空间 $\boldsymbol{r}'$ 处，在 t 时刻有单位强度的点源在空间位置 $\boldsymbol{r}$ 处 t_n 时刻产生的位值，即

$$u^* = F(\boldsymbol{r}, \boldsymbol{r}', t_n - t) \qquad t < t_n \tag{8-42}$$

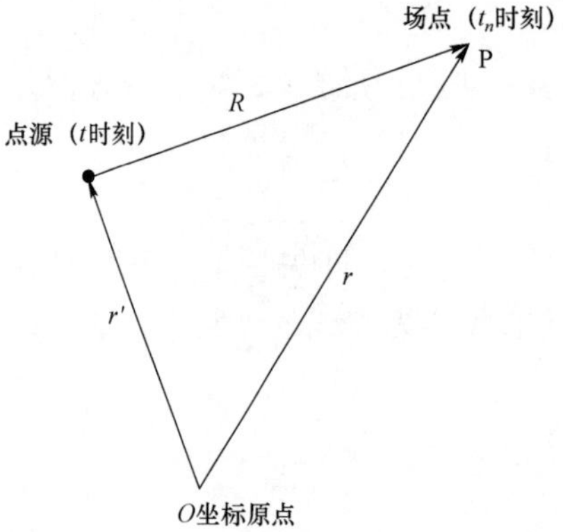

图 8-5　点源瞬变场坐标表示

式中：$\boldsymbol{r}'$ 为点源在 t 时刻距坐标原点的位置矢径；$\boldsymbol{r}$ 为求解域场点在 t_n 时刻距坐标原点的位置矢径。如图 8-5 所示，所以有

$$\nabla^2 u^* + \mu\sigma \frac{\partial u^*}{\partial t} = -\delta(\boldsymbol{r} - \boldsymbol{r}')\delta(t_n - t) \tag{8-43}$$

由 δ 函数的性质

$$\int \delta(r - r')\delta(t_n - t)\mathrm{d}v = \begin{cases} 1 & r = r', \quad t = t_n \\ 0 & r \neq r', \quad t \neq t_n \end{cases}$$

对于 $t < t_n$

$$\nabla^2 u^* + \mu\sigma \frac{\partial u^*}{\partial t} = 0 \tag{8-44}$$

对于二维问题，涉及空间与时间域的基本解为

$$u^* = \frac{\mu\sigma}{4\pi(t_n - t)} \exp\left(-\frac{\mu\sigma |\boldsymbol{r} - \boldsymbol{r}'|^2}{4(t_n - t)} \right) \tag{8-45}$$

利用格林第二恒等式，空间关系有

$$\int_V \left(u^*\nabla^2 u - u\nabla^2 u^*\right)\mathrm{d}v = \int_s \left(u^* q - q^* u\right)\mathrm{d}s$$

对时间取积分

$$\int_0^{t_n-\varepsilon}\int_V \left(u^*\nabla^2 u - u\nabla^2 u^*\right)\mathrm{d}v\mathrm{d}t = \int_0^{t_n-\varepsilon}\int_s \left(u^* q - q^* u\right)\mathrm{d}s\mathrm{d}t \qquad (8-46)$$

式中，ε为小于t_n的任意正数。将式（8－41）、式（8－44）代入式（8－46），上式的左边为

$$\int_0^{t_n-\varepsilon}\int_V \left[u^*\left(\mu\sigma\frac{\partial u}{\partial t} + p\right) - u\left(-\mu\sigma\frac{\partial u^*}{\partial t}\right)\right]\mathrm{d}v\mathrm{d}t$$

$$= \int_0^{t_n-\varepsilon}\int_V \mu\sigma\frac{\mathrm{d}}{\mathrm{d}t}\left(u^* u\right)\mathrm{d}v\mathrm{d}t + \int_0^{t_n-\varepsilon}\int_V u^* p\mathrm{d}v\mathrm{d}t$$

$$= \int_V \mu\sigma\left(u^* u\right)\mathrm{d}v\Big|_0^{t_n-t} + \int_0^{t_n-\varepsilon}\int_V u^* p\mathrm{d}v\mathrm{d}t$$

当令$\varepsilon \to 0$时，上式为

$$\mu\sigma\left[\int_V u^* u\mathrm{d}v\right]_{t=t_n} - \mu\sigma\left[\int_V u^* u\mathrm{d}v\right]_{t=0} + \int_0^{t_n}\int_V u^* p\mathrm{d}v\mathrm{d}t$$

而上式第一项为

$$\mu\sigma\left[\int_V u^* u\mathrm{d}v\right]_{t=t_n} = \begin{cases} \mu\sigma u(r')_{t=t_n} & r'\text{在}V\text{内} \\ 0 & r'\text{在}V\text{外} \end{cases}$$

于是，式（8－46）可写为

$$c_i u(r')_{t=t_n} = \frac{1}{\mu\sigma}\int_0^{t_n}\int_S \left(u^* q - q^* u\right)\mathrm{d}s\mathrm{d}t - \frac{1}{\mu\sigma}\int_0^{t_n}\int_S \left(u^* p\right)\mathrm{d}s\mathrm{d}t + \left[\int_V u^* u\mathrm{d}v\right]_{t=0}$$

上式是针对源点坐标求得的位，所要求的是对场点的位，已经在第 6 章讨论的，利用格林函数的对称性，利用互易定理，可以得到与式（8－41）等价的场点的边界积分方程

$$c_i u(r)_{t=t_n} = \frac{1}{\mu\sigma}\int_0^{t_n}\int_S \left(u^* q - q^* u\right)\mathrm{d}s\mathrm{d}t - \frac{1}{\mu\sigma}\int_0^{t_n}\int_S \left(u^* p\right)\mathrm{d}s\mathrm{d}t + \left[\int_V u^* u\mathrm{d}v\right]_{t=0} \qquad (8-47)$$

式中

$$c_i = \begin{cases} 1 & i\text{在}V\text{内} \\ 0 & i\text{在}V\text{外} \end{cases}$$

对于二维扩散问题，基本解为

$$F = \frac{\mu\sigma}{4\pi(t_n - t)}\exp\left[-\frac{\mu\sigma R^2}{4(t_n - t)}\right] \qquad (8-48)$$

$$\frac{\partial F}{\partial n}=q^{*}=-\frac{(\mu\sigma)^{2}R}{8\pi(t_{n}-t)^{2}}\exp\left[-\frac{\mu\sigma R^{2}}{4(t_{n}-t)}\right]\frac{\partial R}{\partial n} \tag{8-49}$$

式中，$R=|\boldsymbol{r}-\boldsymbol{r}'|$ 为场点到源点的距离。

离散化过程如下：

分析与比较瞬态与稳态的边界积分方程可见，不同之点在于瞬态方程中多了时间域的积分及初始条件下域内的积分项，所以边界及空间平面内的离散与稳态情况相同，不同的是时间离散的处理。

空间离散：设边界离散 n 个单元，每个单元为子域 l_{j}，域内 V 剖分为 m 个单元，每个单元子域为 V_{k}；形函数：设边界离散构成的形函数为φ，域内离散的形函数为ψ，时间离散采用步长为$\Delta t=t_{n}-t_{n-1}$，插值形函数为$M(t)$。下面讨论时间离散化处理方法：

（1）恒值时间单元。即在每个时间单元$\Delta t=t_{n}-t_{n-1}$内，位函数u及其法向导数$\dfrac{\partial u}{\partial n}=q$均保持某一定值。对于式（8－47）离散化后的矩阵式可写为

$$\boldsymbol{H}\boldsymbol{U}_{n}=\boldsymbol{G}\boldsymbol{Q}_{n}-\boldsymbol{B}\boldsymbol{p}_{n}+\boldsymbol{P}\bar{\boldsymbol{U}}_{n-1}$$

式中：$\boldsymbol{H}$ 为含时间域积分的$n\times n$阶矩阵；$\boldsymbol{U}_{n}$为$n\times 1$阶列向量，是第 n 次时间步长后边界上节点的位值u；$\boldsymbol{G}$ 含时间域积分的$n\times n$阶矩阵；$\boldsymbol{Q}_{n}$为$n\times 1$阶列向量，是第 n 次时间步长后边界上节点的$\dfrac{\partial u}{\partial n}=q$值；$\boldsymbol{B}$ 为域内激励项的$n\times m$阶矩阵；$\boldsymbol{p}_{n}$为$m\times 1$列向量，是第 n 次时间步长后，域内节点的源值；$\boldsymbol{P}$ 为$n\times m$阶矩阵，对应于初始项；$\bar{\boldsymbol{U}}_{n-1}$为$m\times 1$阶列向量，是第$n-1$次时间步长后域内节点的位值。

其中各矩阵的元素积分表达式为

$$\boldsymbol{H}_{ij}=\frac{1}{\mu\sigma}\int_{l_j}\varphi^{\mathrm{T}}\int_{t_{n-1}}^{t_n}\frac{\partial F}{\partial n}\mathrm{d}t\mathrm{d}l+c_{i}\delta_{ij}\qquad \delta_{ij}=\begin{cases}1 & i=j\\ 0 & i\neq j\end{cases}$$

$$\boldsymbol{G}_{ij}=\frac{1}{\mu\sigma}\int_{l_j}\varphi^{\mathrm{T}}\int_{t_{n-1}}^{t_n}F\mathrm{d}t\mathrm{d}l$$

$$\boldsymbol{B}_{ik}=\frac{1}{\mu\sigma}\int_{V_k}\psi^{\mathrm{T}}\int_{t_{n-1}}^{t_n}F\mathrm{d}t\mathrm{d}s$$

$$\boldsymbol{P}_{ik}=\int_{V_k}\psi^{\mathrm{T}}F\mathrm{d}s$$

上式中φ^{T}和ψ^{T}为单元插值形函数列向量的转置。

根据二维时域的基本解，由式（8－48）和式（8－49）不难计算出以上各式的Δt内的积分，由于基本解 F 为指数函数，则在Δt积分式必须用到指数积

分函数。其定义为

$$E_i(x)=\int_x^{\infty}\frac{e^{-\omega}}{\omega}d\omega \qquad (0<x<\infty)$$

因为

$$F=\frac{\mu\sigma}{4\pi(t_n-t)}\exp\left[-\frac{\mu\sigma R^2}{4(t_n-t)}\right]$$

所以有

$$\int_{t_{n-1}}^{t_n}F dt=\int_{t_{n-1}}^{t_n}\frac{\mu\sigma}{4\pi(t_n-t)}\exp\left[-\frac{\mu\sigma R^2}{4(t_n-t)}\right]dt$$

令

$$\omega=\frac{\mu\sigma R^2}{4(t_n-t)} \quad 及 \quad a_s=\frac{\mu\sigma R^2}{4(t_n-t_s)}$$

则有

$$d\omega=\frac{\mu\sigma R^2}{4(t_n-t)^2}dt=\frac{\omega}{t_n-t}dt$$

即有

$$dt=\frac{t_n-t}{\omega}d\omega$$

且当 $t=t_{n-1}$ 时，有

$$\omega=\frac{\mu\sigma R^2}{4(t_n-t_{n-1})}=a_{n-1}$$

当 $t=t_n$ 时，有

$$\omega=a_n=\infty$$

所以有

$$\int_{t_{n-1}}^{t_n}F dt=\int_{a_{n-1}}^{\infty}\frac{\mu\sigma}{4\pi}\frac{e^{-\omega}}{\omega}d\omega=\frac{\mu\sigma}{4\pi}E_i(a_{n-1})$$

又因为

$$\frac{\partial F}{\partial n}=-\frac{(\mu\sigma)^2 R}{8\pi(t_n-t)^2}\exp\left[-\frac{\mu\sigma R^2}{4(t_n-t)}\right]\frac{\partial R}{\partial n}$$

可得

$$\int_{t_{n-1}}^{t_n}\frac{\partial F}{\partial n}\mathrm{d}t=-\int_{t_{n-1}}^{t_n}\frac{(\mu\sigma)^2R}{8\pi(t_n-t)^2}\exp\left[-\frac{\mu\sigma R^2}{4(t_n-t)}\right]\frac{\partial R}{\partial n}\mathrm{d}t$$

$$=-\frac{\mu\sigma}{2\pi R}\int_{t_{n-1}}^{t_n}\frac{\mu\sigma R^2}{4\pi(t_n-t)^2}\exp\left[-\frac{\mu\sigma R^2}{4(t_n-t)}\right]\frac{\partial R}{\partial n}\mathrm{d}t$$

$$=-\frac{\mu\sigma}{2\pi R}\int_{a_{n-1}}^{\infty}\mathrm{e}^{-\omega}\frac{\partial R}{\partial n}\mathrm{d}\omega$$

$$=-\frac{\mu\sigma}{2\pi R}\frac{\partial R}{\partial n}\exp(-a_{n-1})$$

空间离散的单元分析 $\int_{l_j}\varphi^{\mathrm{T}}\cdots$ 的计算方法，与一般边界元法相同，可参见第 6 章有关讨论，此处不再赘述。

（2）线性时间元。即在每个时间单元 $\Delta t=t_n-t_{n-1}$ 内，位函数 u 及其法向导数 $\frac{\partial u}{\partial n}=q$ 随时间线性变化，即有

$$u=\frac{1}{\Delta t}[(t-t_{n-1})u_n+(t_n-t)u_{n-1}]$$

$$\frac{\partial u}{\partial n}=q=\frac{1}{\Delta t}[(t-t_{n-1})q_n+(t_n-t)q_{n-1}]$$

对于式（8－47）离散化后的矩阵式可写为

$$H^{(1)}U_{n-1}+H^{(2)}U_n=G^{(1)}Q_{n-1}+G^{(2)}Q_n-B^{(1)}p_{n-1}-B^{(2)}p_n+P\bar{U}_{n-1}$$

其中各矩阵的元素积分表达式为

$$\begin{cases}H_{ij}^{(1)}=\dfrac{1}{\mu\sigma\Delta t}\displaystyle\int_{l_j}\varphi^{\mathrm{T}}\int_{t_{n-1}}^{t_n}(t_n-t)\frac{\partial F}{\partial n}\mathrm{d}t\mathrm{d}l\\[2ex] H_{ij}^{(2)}=\dfrac{1}{\mu\sigma\Delta t}\displaystyle\int_{l_j}\varphi^{\mathrm{T}}\int_{t_{n-1}}^{t_n}(t-t_{n-1})\frac{\partial F}{\partial n}\mathrm{d}t\mathrm{d}l+c_i\delta_{ij}\end{cases}$$

$$\begin{cases}G_{ij}^{(1)}=\dfrac{1}{\mu\sigma\Delta t}\displaystyle\int_{l_j}\varphi^{\mathrm{T}}\int_{t_{n-1}}^{t_n}(t_n-t)F\mathrm{d}t\mathrm{d}l\\[2ex] G_{ij}^{(2)}=\dfrac{1}{\mu\sigma\Delta t}\displaystyle\int_{l_j}\varphi^{\mathrm{T}}\int_{t_{n-1}}^{t_n}(t-t_{n-1})F\mathrm{d}t\mathrm{d}l\end{cases}$$

$$\begin{cases}B_{ik}^{(1)}=\dfrac{1}{\mu\sigma\Delta t}\displaystyle\int_{V_k}\psi^{\mathrm{T}}\int_{t_{n-1}}^{t_n}(t_n-t)F\mathrm{d}t\mathrm{d}s\\[2ex] B_{ij}^{(2)}=\dfrac{1}{\mu\sigma\Delta t}\displaystyle\int_{V_k}\psi^{\mathrm{T}}\int_{t_{n-1}}^{t_n}(t-t_{n-1})F\mathrm{d}t\mathrm{d}s\end{cases}$$

$$P_{ik}=\int_{V_k}\psi^{\mathrm{T}}F\mathrm{d}s$$

由于包含指数函数积分，以上各式的时间积分项表示为

$$\int_{t_{n-1}}^{t_n}(t_n - t)F\mathrm{d}t = \frac{\mu\sigma}{4\pi}(t_n - t_{n-1})\left\{\exp(-a_{n-1}) - a_{n-1}E_i(a_{n-1})\right\}$$

$$\int_{t_{n-1}}^{t_n}(t - t_{n-1})F\mathrm{d}t = \frac{\mu\sigma}{4\pi}(t_n - t_{n-1})\{(1 + a_{n-1})E_i(a_{n-1}) - \exp(-a_{n-1})\}$$

$$\int_{t_{n-1}}^{t_n}(t_n - t)\frac{\partial F}{\partial n}\mathrm{d}t = -\frac{\mu\sigma}{2\pi R}(t_n - t_{n-1})a_{n-1}E_i(a_{n-1})\frac{\partial R}{\partial n}$$

$$\int_{t_{n-1}}^{t_n}(t - t_{n-1})\frac{\partial F}{\partial n}\mathrm{d}t = -\frac{\mu\sigma}{2\pi R}(t_n - t_{n-1})\{\exp(-a_{n-1}) - a_{n-1}E_i(a_{n-1})\}\frac{\partial R}{\partial n}$$

空间积分可以采用高斯积分求解。按照时间步进式推移可以求得各节点各个瞬时的矢量磁位 $\boldsymbol{A}$ 或矢量电位 $\boldsymbol{T}$，则各点每一时刻的电流密度 $\boldsymbol{J}$，可以求得

$$\boldsymbol{J} = -\sigma\frac{\partial \boldsymbol{A}}{\partial t}$$

或

$$\boldsymbol{J} = \nabla\times\boldsymbol{T}$$

以上各种积分算式，均可编制程序予以计算，已实现软件的商业化。

8.6　涡流方程的解析法求解

以上讨论的是有关涡流方程的有限单元和边界单元两种数值解法，求得的结果是近似的数值解。求解方法和过程均比较复杂，尽管当前已有开发成功的商用软件，但初始数据的准备及计算结果数据的处理也比较烦琐。对于有些涉及需用电磁场理论求解的，当其结构不是很复杂的，边界具有对称性的工程问题，在一定的简化条件下，采用解析法求解涡流方程，不仅可以得到连续的解析解，概念清晰，而且也有助于工程设计的优化。本节拟通过两个工程问题的实例，介绍涡流方程的解析求解方法。一例是求解直线感应电动机整块次级中的涡流分布，属于正弦稳态涡流场问题；另一例是求解脉冲发电机补偿筒内的涡流分布，属于瞬态涡流场问题。

8.6.1　直线感应电动机次级中的涡流问题

现代科学技术的发展，尤其是电力电子技术和控制技术的快速发展，使得直线感应电动机在工业各个领域获得越来越广泛的应用。例如：现代高速运输的磁悬浮列车，飞机的电磁弹射，材料实验和装置（汽车）试验的高速撞击，输送液态金属的电磁泵（钠泵、铝泵）等等，已经在现实中得到实际

应用，强有力地显示出其现代科技的先进性。

直线感应电动机的工作原理比较简单明了，将一个圆筒形的普通旋转感应电动机，沿半径方向切开，并将其展开成直线，布置在铁心上的绕组即为初级，原来的转子部分如果是实心导体，即成为直线电机的次级。初级与次级之间保有气隙，初级的多相绕组接通电源后，即在气隙中产生沿直线方向运动的行波磁场，与次级有相对运动，在次级内感生涡流。此涡流与磁场相互作用产生电磁力，如果初级固定不动，则在电磁力作用下次级即沿行波磁场的运动方向做直线运动。如果次级固定不动，则根据作用与反作用原理，初级将向行波磁场行径的反方向运动。由此可见，研究直线感应电动机的特性，分析次级中的涡流是重要的，有理论意义与实际意义。

直线感应电动机结构形式很多，最基本的有两种，短初级长次级与长初级短次级。图 8-6 表示用以分析的两种物理模型。

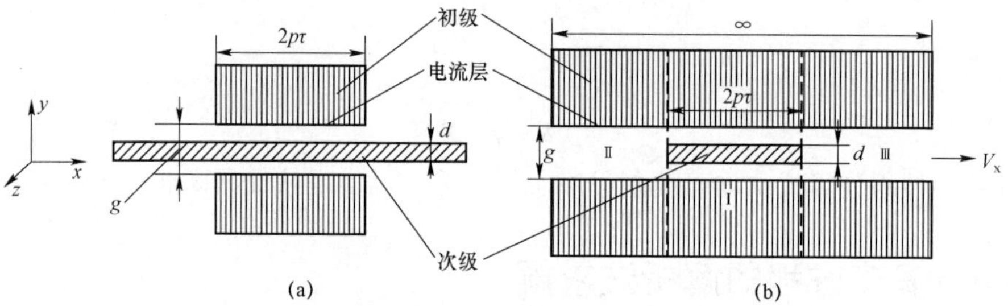

图 8-6　两种物理模型

（a）短初级长次级；（b）长初级短次级

1. 基本假设

这里研究长初级短次级的模型。为了简化分析，使之能得出便于实际应用的解析结果，特做如下假设：

（1）各场量是时间的正弦函数。

（2）用卡氏系数 K_c 考虑初级开槽的影响。

（3）用等效的电流层代替载流的初级绕组，并认为初级绕组的磁动势空间正弦分布，即仅考虑基波磁动势。

（4）不计铁心饱和影响，即假定其相对磁导率 $\mu_r=\infty$。

（5）用修正系数 $K_f>1$ 考虑次级因趋肤效应使电阻率增大的影响

$$K_f=\frac{d}{2\alpha_s}\left[\frac{\sinh\left(\frac{d}{2\alpha_s}\right)+\sin\left(\frac{d}{2\alpha_s}\right)}{\cosh\left(\frac{d}{2\alpha_s}\right)-\cos\left(\frac{d}{2\alpha_s}\right)}\right]$$

式中：$\alpha_s = \dfrac{1}{\sqrt{2\mu\omega s\sigma}}$；$d$ 为次级厚度；s 为转差率；ω 初级电流角频率；σ 为次级材料电导率。于是次级等效电导率可记为 σ_2 / K_f。

（6）所有电流仅有 z 分量。

2. 电磁场基本方程

考虑到初级与次级存在相对运动，用于直线感应电动机理论分析的电磁场基本方程为

$$\nabla \times \boldsymbol{H} = \boldsymbol{J}_s + \boldsymbol{J}_r \tag{8-50}$$

$$\nabla \times E = -\frac{\partial \boldsymbol{B}}{\partial t} \tag{8-51}$$

$$\nabla \cdot \boldsymbol{B} = 0 \tag{8-52}$$

$$\boldsymbol{J}_r = \sigma(\boldsymbol{E} + \boldsymbol{v} \times \boldsymbol{B}) \tag{8-53}$$

式中：$\boldsymbol{H}$ 为磁场强度矢量；$\boldsymbol{B}$ 为磁感应强度矢量；$\boldsymbol{E}$ 为电场强度矢量；$\boldsymbol{J}_s$、$\boldsymbol{J}_r$ 分别为初级与次级体电流密度矢量；$\boldsymbol{v}$ 为次级对初级的相对线速度矢量；σ 为次级的电导率。

3. 数学模型

直线感应电动机的磁场与次级电流空间分布属于三维问题。为了得到可用于实际计算的解析解，在电机的气隙不太大的情况下，考虑一维情况，并采用一些近似方法，将纵向边端效应与横向边端效应分别考虑，这里先研究纵向边端效应。对于一维情况，有

$$\boldsymbol{J} = J_z(x,t)\boldsymbol{k} \quad \boldsymbol{E} = E_z(x,t)\boldsymbol{k} \quad \boldsymbol{H} = H_y(x,t)\boldsymbol{j}$$

$$\boldsymbol{B} = B_y(x,t)\boldsymbol{j} \quad \boldsymbol{v} = v_x \boldsymbol{i}$$

式中：下标 x、y、z 分别表示各场量的相应分量；$\boldsymbol{i}$、$\boldsymbol{j}$、$\boldsymbol{k}$ 分别为 $x-y-z$ 坐标系的单位矢量，于是，式（8－50）～式（8－53）便可化为标量方程。

由式（8－50）可得

$$\frac{\partial H_y}{\partial x} = J_{sz} + J_{rz} \tag{8-54}$$

式中，J_{sz}、J_{rz} 分别为初级和次级的体电流密度 z 分量，$\mathrm{A/m^2}$。

由式（8－51）可得

$$\frac{\partial E_z}{\partial x} = \frac{\partial B_y}{\partial t} = \mu_0 \frac{\partial H_y}{\partial t} \tag{8-55}$$

对称多相绕组基波合成磁动势为一行波，可表示为

$$f_1 = F_1 \cos\left(\omega t - \frac{\pi}{\tau} x\right)$$

式中，合成磁动势幅值为

$$F_1 = \frac{m_1}{2}\frac{2W_1 k_{w1}}{\pi p}\sqrt{2}I_1 = \frac{m_1 W_1 k_{w1}}{\pi p}\sqrt{2}I_1 \qquad \text{A/极}$$

式中：m_1 为初级绕组相数；W_1 为初级绕组每相串联匝数；k_{w1} 为初级绕组的基波绕组系数；I_1 为初级绕组的电流有效值；p 为初级绕组的极对数。

初级线密度即初级绕组沿 x 方向单位长度上的电流数为

$$as_1 = \frac{\mathrm{d}f_1}{\mathrm{d}x} = F_1\frac{\pi}{\tau}\sin\left(\omega t - \frac{\pi}{\tau}x\right)$$

初级线密度幅值为

$$AS_1 = F_1\frac{\pi}{\tau} = \frac{m_1 W_1 k_{w1}}{\tau p}\sqrt{2}I_1 \qquad (\text{A/m})$$

磁动势的线密度即为初级绕组的电流面密度为

$$J_{sm1} = AS_1 = \frac{m_1 W_1 k_{w1}}{\tau p}\sqrt{2}I_1$$

由式（8－54）可得

$$g_e\frac{\partial H_y}{\partial x} = J_{s1} + J_{r1} \qquad (8-54a)$$

式中：$g_e = K_c g$ 为等效气隙长度；J_{s1}、J_{r1} 分别为初级和次级的面电流密度（A/m），即通常所称的线负荷。

当初级绕组磁动势空间分布为正弦时，同时它又是一个正弦激励行波，初级面电流密度可写为复数形式

$$J_{s1} = J_{sm1}\sin(\omega t - \beta x) = \mathrm{Im}\, J_{sm1}\mathrm{e}^{\mathrm{j}(\omega t - \beta x)} \qquad (8-56)$$

式中：ω 为初级电流角频率，$\beta = \frac{\pi}{\tau}$；Im 为复数取虚部（以后略去不写），初级绕组面电流密度幅值 J_{sm1} 为

$$J_{sm1} = \frac{m_1(2W_1 k_{w1})}{2p\tau}\sqrt{2}I_1 = \frac{m_1 W_1 k_{w1}}{\tau p}\sqrt{2}I_1 \qquad (8-56a)$$

式中：m_1 为初级绕组的相数；W_1 为初级绕组每相串联匝数；k_{w1} 为初级基波绕组系数；I_1 为初级相电流有效值。于是式（8－54a）写为

$$g_e\frac{\partial H_y}{\partial x} = J_{sm1}\mathrm{e}^{\mathrm{j}(\omega t - \beta x)} + J_{r1} \qquad (8-57)$$

由式（8－53）可得次级体电流密度标量形式为

$$J_{rz} = \sigma_2(E_z + v_x B_y) \qquad (8-58)$$

次级面电流密度为

$$J_{r1} = J_{rz}d = \sigma_s(E_z + v_x B_y) \tag{8-58a}$$

式中，$\sigma_s = \sigma_2 d$ 为次级等效面电导率。于是有

$$g_e \frac{\partial H_y}{\partial x} = J_{sm1}e^{j(\omega t-\beta x)} + \sigma_s(E_z + v_x B_y) \tag{8-59}$$

由式（8－54a）、式（8－55）与式（8－59）可得

$$\frac{\partial^2 H_y}{\partial x^2} - \mu_0\sigma_e v_x \frac{\partial H_y}{\partial x} - \mu_0\sigma_e \frac{\partial H_y}{\partial t} = -j\beta \frac{J_{sm1}}{g_e}e^{j(\omega t-\beta x)} \tag{8-60}$$

式（8－60）还可写为

$$\frac{1}{\mu_0}\frac{\partial^2 B_y}{\partial x^2} - \sigma_e v_x \frac{\partial B_y}{\partial x} - \sigma_e \frac{\partial B_y}{\partial t} = -j\beta \frac{J_{sm1}}{g_e}e^{j(\omega t-\beta x)} \tag{8-60a}$$

式中，$\sigma_e = \dfrac{\sigma_s}{g_e} = \dfrac{\sigma d}{g_e}$。

式（8－60）是一个非齐次方程，它的解包括 H_y'、H_y'' 两部分，前者为非齐次方程的特解，即稳态分量；后者为齐次方程的通解，即瞬态分量。式（8－60）的特解是初级电流 J_{s1} 激励下的强制分量，因此 H_y' 与 J_{s1} 应有相同的解形式，令

$$H_y' = H_{ym}\sin(\omega t - \beta x + \varphi) = H_{ym}e^{j(\omega t-\beta x+\varphi)} \tag{8-61}$$

由此，有

$$\frac{\partial H_y'}{\partial x} = -j\beta H_{ym}e^{j\varphi}e^{j(\omega t-\beta x)}$$

$$\frac{\partial^2 H_y'}{\partial x^2} = -\beta^2 H_{ym}e^{j\varphi}e^{j(\omega t-\beta x)}$$

$$\frac{\partial H_y'}{\partial t} = j\omega H_{ym}e^{j\varphi}e^{j(\omega t-\beta x)}$$

将以上三式代入式（8－60），得

$$(-\beta^2 H_{ym} + j\beta\mu_0\sigma_e v_x H_{ym} - j\mu_0\sigma_e H_{ym})e^{j\varphi} = -j\beta \frac{J_{sm1}}{g_e}$$

经整理，可得磁场强度 y 分量的幅值复数形式为

$$H_{ym} = \frac{jJ_{sm1}e^{-j\varphi}}{g_e\beta(1+jsG)} = \frac{J_{sm1}e^{-j\varphi}}{g_e\beta(sG-j)} \tag{8-62}$$

式中：$G = \dfrac{\mu_0\sigma_s\omega}{g_e\beta^2}$，$G$ 称为品质因数；转差率为 $s = \dfrac{v_s - v_x}{v_s}$；$v_s = 2\tau f$ 为同步线

速度；$\varphi = \arctan\left(\dfrac{1}{sG}\right)$。

式（8－60）或式（8－60a）的瞬态分量 H_y'' 由齐次方程

$$\frac{\partial^2 H_y''}{\partial x^2} - \mu_0\sigma_e V_x \frac{\partial H_y''}{\partial x} - \mu_0\sigma_e \frac{\partial H_y''}{\partial t} = 0 \tag{8-63}$$

的通解决定。应用分离变量法，设

$$H_y'' = f_1(x) \bullet f_2(t)$$

代入式（8－63）后，再乘以 $\dfrac{1}{f_1(x)f_2(t)}$，得

$$\frac{1}{f_1(x)}\frac{1}{\mu_0\sigma_e}\frac{\partial^2 f_1(x)}{\partial x^2} - v_x \frac{1}{f_1(x)}\frac{\partial f_1(x)}{\partial x} = \frac{1}{f_2(t)}\frac{\partial f_2(t)}{\partial x}$$

上式对于任何 x，t 成立，要等式两边相等，必须令其为一常数 a_n，可得

$$\frac{1}{\mu_0\sigma_e}\frac{\partial^2 f_1(x)}{\partial x^2} - v_x \frac{\partial f_1(x)}{\partial x} = a_n f_1(x) \tag{8-64}$$

$$\frac{\partial f_2(t)}{\partial t} = a_n f_2(t) \tag{8-65}$$

设式（8－65）的解为

$$f_2(t) = \sum_1^{\infty} D_n e^{a_n t}$$

由于稳态时初级绕组的正弦激励，且仅有单一频率 ω，所以 a_n 为虚数，即 $a_n = a_1 = j\omega$，于是有

$$f_2(t) = D_1 e^{j\omega t}$$

假设式（8－64）的解为 $f_1(x) = Ae^{\varsigma x}$，代入后得特征方程

$$\varsigma^2 - \mu_0\sigma_e v_x \varsigma - \mu_0\sigma_e a_1 = 0 \tag{8-66}$$

或

$$\varsigma^2 - \mu_0\sigma_e v_x \varsigma - j\omega\mu_0\sigma_e = 0 \tag{8-66a}$$

式（8－66a）的两个根为

$$\varsigma_1, \varsigma_2 = \frac{\mu_0\sigma_e v_x \mp \sqrt{(\mu_0\sigma_e v_x)^2 + j4\omega\mu_0\sigma_e}}{2} = \frac{\mu_0\sigma_e v_x}{2}\left(1 \mp \sqrt{1 + j\frac{4\omega}{\mu_0\sigma_e v_x^2}}\right)$$

即 ζ_1，ζ_2 为复数。若存在两个正实数 α_1 和 α_2，且 $\alpha_1 \geqslant 1$，令

$$\sqrt{1+\mathrm{j}\frac{4\omega}{\mu_0\sigma_e v_x^2}}=\alpha_1+\mathrm{j}\alpha_2=\sqrt{1+\mathrm{j}B}$$

式中，$B=\dfrac{4\omega}{\mu_0\sigma_{\mathrm{e}}v_x^2}$，于是可解得

$$\alpha_1=\sqrt{\frac{1}{2}\left[1+\sqrt{\left(\frac{4\omega}{\mu_0\sigma_{\mathrm{e}}v_x^2}\right)^2+1}\right]}$$

$$\alpha_2=\sqrt{\frac{1}{2}\left[1+\sqrt{\left(\frac{4\omega}{\mu_0\sigma_{\mathrm{e}}v_x^2}\right)^2-1}\right]}$$

可得特征方程的两个根为

$$\begin{aligned}\varsigma_1&=\frac{\mu_0\sigma_{\mathrm{e}}v_x}{2}(1-\alpha_1)-\mathrm{j}\frac{\mu_0\sigma_{\mathrm{e}}v_x}{2}\alpha_2\\&=-\frac{1}{\lambda_1}-\mathrm{j}\frac{\pi}{\tau_{\mathrm{e}}}\end{aligned}\tag{8-67}$$

$$\begin{aligned}\varsigma_2&=\frac{\mu_0\sigma_{\mathrm{e}}v_x}{2}(1+\alpha_1)+\mathrm{j}\frac{\mu_0\sigma_{\mathrm{e}}v_x}{2}\alpha_2\\&=\frac{1}{\lambda_2}+\mathrm{j}\frac{\pi}{\tau_{\mathrm{e}}}\end{aligned}\tag{8-68}$$

在以上两式中，有

$$\lambda_1=\frac{2}{\mu_0\sigma_{\mathrm{e}}v_x(\alpha_1-1)},\qquad \lambda_2=\frac{2}{\mu_0\sigma_{\mathrm{e}}v_x(\alpha_1+1)},\qquad \tau_{\mathrm{e}}=\frac{2\pi}{\mu_0\sigma_{\mathrm{e}}v_x\alpha_2}$$

至此，得到方程式（8－59）一般解（精确解）的复数形式为

$$H_y(x,t)=C_1\mathrm{e}^{-\frac{x}{\lambda_1}}\mathrm{e}^{\mathrm{j}\left(\omega t-\frac{\pi}{\tau_{\mathrm{e}}}x\right)}+C_2\mathrm{e}^{\frac{x}{\lambda_2}}\mathrm{e}^{\mathrm{j}\left(\omega t+\frac{\pi}{\tau_{\mathrm{e}}}x\right)}+H_{y\mathrm{m}}\mathrm{e}^{\mathrm{j}\left(\omega t-\frac{\pi}{\tau_{\mathrm{e}}}x+\varphi\right)}\tag{8-69}$$

式中，C_1、C_2为待定常数。式（8－69）从理论上表达了直线感应电动机行波磁场沿纵向（x 方向）运动时的边端效应（end－effect wave），产生此种现象的原因是由于初级铁心不连续所造成。式（8－69）的第三项为正常的、稳定的与初级激励源相关的正方向磁场行波；第一项为沿 x 的正方向衰减行波，称为次级后端边端效应波（参见图 7－6 的坐标设置），叠加在正常行波上使之后端边端的磁场削弱；第二项为与正常行波反方向的行波，沿 x 的负方向衰减，称为次级前端边端效应波，叠加在正常波上使之前端边端的磁场加强，

这前两项使正常行波磁场发生畸变，影响电机的运行性能，在计算中必须考虑。通常在运用集中参数的电路理论方法分析计算时，采用修正等效电路中参数的办法予以计及。

对于高速电动机，$\mu_0\sigma_e v_x^2 \gg 4\omega$，即 $\dfrac{4\omega}{\mu_0\sigma_e v_x^2} \ll 1$，由下式

$$\sqrt{1+\mathrm{j}\frac{4\omega}{\mu_0\sigma_e v_x^2}}=\alpha_1+\mathrm{j}\alpha_2=\sqrt{1+\mathrm{j}B}$$

将 $(1+\mathrm{j}B)^{\frac{1}{2}}$ 展开为多项式，并忽略高次项，得到

$$(1+\mathrm{j}B)^{\frac{1}{2}}=1+\mathrm{j}\frac{1}{2}B+\frac{1}{8}B^2+\cdots$$

所以有

$$\alpha_1+\mathrm{j}\alpha_2=1+\frac{1}{8}B^2+\mathrm{j}\frac{1}{2}B$$

可得近似解

$$\begin{cases}\alpha_1=1+\dfrac{2\omega^2}{(\mu_0\sigma_e v_x^2)^2}\\ \alpha_2=\dfrac{2\omega}{\mu_0\sigma_e v_x^2}\end{cases}\tag{8-70}$$

$$\begin{cases}\varsigma_1=-\dfrac{\omega^2}{\mu_0\sigma_e v_x^3}-\mathrm{j}\dfrac{\omega}{v_x}\\ \varsigma_2=\mu_0\sigma_e v_x+\mathrm{j}\dfrac{\omega}{v_x}\end{cases}\tag{8-71}$$

由式（8-70）和式（8-71）两式确定的根，代入式（8-69）获得的解为近似解。判据 $\dfrac{4\omega}{\mu_0\sigma_e v_x^2}\ll 1$ 则是确定高速直线感应电动机的条件。

4. 积分常数 C_1、C_2 的决定

式（8-69）中的积分常数由边界条件确定，为此，将直线电机分为三个区域，图 8-7 表示边界条件分区及其坐标设置。

$0 \leqslant x \leqslant 2p\tau$ 范围内为Ⅰ区，存在初级面电流和次级；

$-\infty < x \leqslant 0$ 范围内为Ⅱ区，存在初级电流而无次级；

$2p\tau \leqslant x < \infty$ 范围内为Ⅲ区，存在初级电流而无次级。

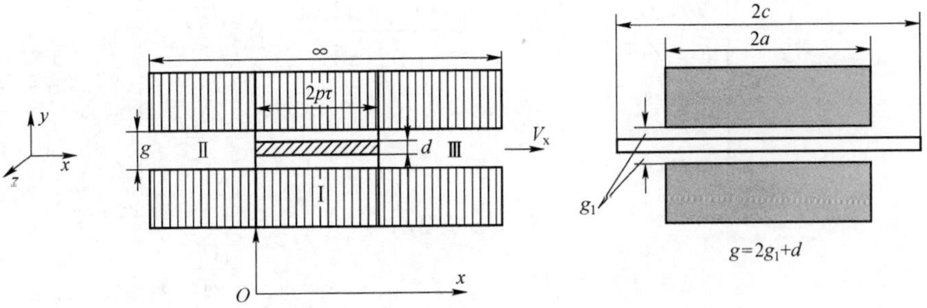

图 8－7　确定边界条件的坐标与分区

在 $x=0-2p\tau$ 的区域内为电机的工作区，由式（8－69）可写为

$$B_{y1}(x,t)=C_1\mu_0 e^{-\frac{x}{\lambda_1}} e^{j\left(\omega t-\frac{\pi}{\tau_e}x\right)}+C_2\mu_0 e^{\frac{x}{\lambda_2}} e^{j\left(\omega t+\frac{\pi}{\tau_e}x\right)}+\mu_0 H_{ym} e^{j\left(\omega t-\frac{\pi}{\tau_e}x+\varphi\right)} \quad (8-72)$$

$$(0\leqslant x\leqslant 2p\tau)$$

由式（8－55）可得

$$E_{z1}=\int\frac{\partial B_{y1}}{\partial t}\,dx$$

$$=j\omega\mu_0\left[\begin{array}{l}-\dfrac{C_1}{\dfrac{1}{\lambda_1}+j\dfrac{\pi}{\tau_e}}e^{-\left(\frac{1}{\lambda_1}+j\frac{\pi}{\tau_e}\right)x}+\dfrac{C_2}{\dfrac{1}{\lambda_2}+j\dfrac{\pi}{\tau_e}}e^{\left(\frac{1}{\lambda_2}+j\frac{\pi}{\tau_e}\right)x}- \\ \dfrac{H_{ym}}{j\dfrac{\pi}{\tau}}e^{-j\left(\frac{\pi}{\tau}x-\varphi\right)}\end{array}\right]e^{j\omega t} \quad (8-73)$$

由式（8－58a）可得

$$J_{r1}=\sigma_s(E_{z1}+v_x B_y)$$

$$=\sigma_s\left[\begin{array}{l}\left(-\dfrac{j\omega\mu_0 C_1}{\dfrac{1}{\lambda_1}+j\dfrac{\pi}{\tau_e}}+C_1\mu_0 v_x\right)e^{-\left(\frac{1}{\lambda_1}+j\frac{\pi}{\tau_e}\right)x}+ \\ \left(\dfrac{j\omega\mu_0 C_2}{\dfrac{1}{\lambda_1}+j\dfrac{\pi}{\tau_e}}+C_2\mu_0 v_x\right)e^{\left(\frac{1}{\lambda_2}+j\frac{\pi}{\tau_e}\right)x}+\left(-\dfrac{j\omega\mu_0 H_{ym}}{j\dfrac{\pi}{\tau}}+\mu_0 H_{ym} v_x\right)e^{-j\left(\frac{\pi}{\tau}-\varphi\right)}\end{array}\right]e^{j\omega t}$$

经整理后得

$$J_{r1}=\sigma_s\left[\frac{\mu_0 v_x C_1}{1+\mathrm{j}\dfrac{\lambda_1\pi}{\tau_e}}\mathrm{e}^{-\left(\frac{1}{\lambda_1}+\mathrm{j}\frac{\pi}{\tau_e}\right)x}+\frac{\mu_0 C_2(v_x+\mathrm{j}2\omega\lambda_2)}{1+\mathrm{j}\dfrac{\lambda_2\pi}{\tau_e}}\mathrm{e}^{\left(\frac{1}{\lambda_2}+\mathrm{j}\frac{\pi}{\tau_e}\right)x}-\mu_0 s v_s H_{ym}\mathrm{e}^{-\mathrm{j}\left(\frac{\pi}{\tau}x-\varphi\right)}\right]\mathrm{e}^{\mathrm{j}\omega t} \quad (8-74)$$

$$(0\leqslant x\leqslant 2p\tau)$$

在Ⅱ区（$-\infty<x\leqslant 0$）和Ⅲ区（$2p\tau\leqslant x<\infty$）范围内，有初级电流（设初级绕组为无限长）而无次级电流，即 $J_{r2}=0$。由式（8－54a）有

$$g_e\frac{\partial H_y}{\partial x}=J_{s1}=J_{sm1}\mathrm{e}^{\mathrm{j}(\omega t-\beta x)}$$

可得

$$H_{y2}=\mathrm{j}\frac{J_{sm1}}{g_e\beta}\mathrm{e}^{\mathrm{j}(\omega t-\beta x)}\quad (x<0) \qquad (8-75)$$

$$H_{y3}=\mathrm{j}\frac{J_{sm1}}{g_e\beta}\mathrm{e}^{\mathrm{j}[\omega t-\beta(x-2p\tau)]}\quad (x>2p\tau) \qquad (8-76)$$

由磁场强度的切向（y）分量必须连续，可得Ⅰ区与Ⅱ区，Ⅰ区与Ⅲ区的边界条件分别为

$$H_{y1}\big|_{x=0}=H_{y2}\big|_{x=0}\qquad H_{y1}\big|_{x=2p\tau}=H_{y3}\big|_{x=2p\tau}$$

由式（8－69）与式（8－75），令 $x=0$，推导时暂省去 $\mathrm{e}^{\mathrm{j}\omega t}$ 因子，有

$$C_1+C_2+H_{ym}\mathrm{e}^{\mathrm{j}\varphi}=\mathrm{j}\frac{J_{sm1}}{g_e\beta} \qquad (8-77)$$

由式（8－69）与式（8－76），令 $x=2p\tau$，有

$$C_1\mathrm{e}^{-\left(\frac{1}{\lambda_1}+\mathrm{j}\frac{\pi}{\tau_e}\right)2p\tau}+C_2\mathrm{e}^{\left(\frac{1}{\lambda_2}+\mathrm{j}\frac{\pi}{\tau_e}\right)2p\tau}+H_{ym}\mathrm{e}^{-\mathrm{j}(2p\pi-\phi)}=\mathrm{j}\frac{J_{sm1}}{g_e\beta} \qquad (8-78)$$

联立式（8－77）与式（8－78），经推导，可确定积分常数 C_1、C_2 如下

$$C_1=\frac{\mathrm{j}J_{sm1}}{g_e\beta\Delta}\left[\frac{\mathrm{j}sG(1-\mathrm{e}^{Q_2})}{1+\mathrm{j}sG}\right] \qquad (8-79)$$

$$C_2=\frac{\mathrm{j}J_{sm1}}{g_e\beta\Delta}\left[\frac{\mathrm{j}sG(\mathrm{e}^{-Q_1}-1)}{1+\mathrm{j}sG}\right] \qquad (8-80)$$

以上两式中

$$\Delta = \mathrm{e}^{-Q_1} - \mathrm{e}^{Q_2}$$

$$Q_1 = \left(\frac{1}{\lambda_1} + \mathrm{j}\frac{\pi}{\tau_\mathrm{e}}\right) 2p\tau$$

$$Q_2 = \left(\frac{1}{\lambda_2} + \mathrm{j}\frac{\pi}{\tau_\mathrm{e}}\right) 2p\tau$$

通过算例计算表明，$\lambda_1 \gg \lambda_2$，$C \gg C_2$。经简化计算后，可将积分常数表示为

$$\begin{cases} C_1 \approx \dfrac{-J_{\mathrm{sm1}} sG}{g_\mathrm{e}\beta(1+sG)} \\ C_2 \approx 0 \end{cases} \tag{8-81}$$

由式（8－72）可得磁感应强度 y 分量的复数表达式（记入因子 $\mathrm{e}^{\mathrm{j}\omega t}$ ）

$$B_{y1} = B_{y\mathrm{m}} \mathrm{e}^{\mathrm{j}\left(\omega t - \frac{\pi}{\tau} + \delta_\mathrm{b}\right)} \left[1 + \mathrm{j}sG \mathrm{e}^{-\frac{x}{\lambda_1}} \mathrm{e}^{\mathrm{j}\left(\frac{\pi}{\tau} - \frac{\pi}{\tau_\mathrm{e}}\right)x}\right] \tag{8-82}$$

式中：$B_{y\mathrm{m}}$ 为磁感应强度 y 分量的模；δ_b 为幅角。分别表示为

$$B_{y\mathrm{m}} = \frac{GJ_{\mathrm{sm1}}}{v_\mathrm{s}\sigma_\mathrm{s}\sqrt{1+(sG)^2}} \quad \delta_\mathrm{b} = \arctan\left(\frac{1}{sG}\right) \tag{8-83}$$

由式（8－73）可得电场强度 z 分量的复数表达式为（记入因子 $\mathrm{e}^{\mathrm{j}\omega t}$ ）

$$E_{z1} = \omega B_{y\mathrm{m}} \mathrm{e}^{\mathrm{j}\left(\omega t - \frac{\pi}{\tau}x + \delta_\mathrm{b}\right)} \left[\frac{sG\lambda_1\tau_\mathrm{e}}{\sqrt{\tau_\mathrm{e}^2 + (\lambda_1\pi)^2}} \mathrm{e}^{-\frac{x}{\lambda_1}} \mathrm{e}^{\mathrm{j}\left[\left(\frac{\pi}{\tau} - \frac{\pi}{\tau_\mathrm{e}}\right)x - \theta\right]} - \frac{\tau}{\pi}\right] \tag{8-84}$$

式中，$\theta = \arctan\left(\dfrac{\lambda_1\pi}{\tau_\mathrm{e}}\right)$。

由式（8－74）可得次级的面电流密度为

$$J_{\mathrm{r}1} = \sigma_\mathrm{s}\left[\frac{\mu_0 v_x C_1}{1 + \mathrm{j}\dfrac{\lambda_1\pi}{\tau_\mathrm{e}}} \mathrm{e}^{-\left(\frac{1}{\lambda_1} + \mathrm{j}\frac{\pi}{\tau_\mathrm{e}}\right)x} - \mu_0 s v_\mathrm{s} H_{y\mathrm{m}} \mathrm{e}^{-\mathrm{j}\left(\frac{\pi}{\tau}x - \varphi\right)}\right] \mathrm{e}^{\mathrm{j}\omega t}$$

将式（8－62）和式（8－81）代入上式，得

$$J_{r1}=\sigma_s\left[-\frac{\mu_0 v_x}{1+j\dfrac{\lambda_1\pi}{\tau_e}}\frac{J_{sm1}sG}{g_e\beta(1+sG)}e^{-\left(\frac{1}{\lambda_1}+j\frac{\pi}{\tau_e}\right)x}-\mu_0 sV_s\frac{jJ_{sm1}e^{-j\varphi}}{g_e\beta(1+jsG)}e^{-j\left(\frac{\pi}{\tau}x-\varphi\right)}\right]e^{j\omega t}$$

$$=-\frac{\mu_0\sigma_s sJ_{sm1}}{g_e\beta(1+sG)}\left[\frac{v_xG}{1+j\dfrac{\lambda_1\pi}{\tau_e}}e^{-\left(\frac{1}{\lambda_1}+j\frac{\pi}{\tau_e}\right)x}+jv_se^{-j\left(\frac{\pi}{\tau}x-\varphi\right)}\right]e^{j\omega t}$$

（8－85）

或写成相对值为

$$\hat{J}_{r1}=\frac{J_{r1}}{J_{sm1}}=-\frac{\mu_0\sigma_s s}{g_e\beta(1+sG)}\left[\frac{v_xG}{1+j\dfrac{\lambda_1\pi}{\tau_e}}e^{-\left(\frac{1}{\lambda_1}+j\frac{\pi}{\tau_e}\right)x}+jv_se^{-j\left(\frac{\pi}{\tau}x-\varphi\right)}\right]e^{j\omega t}\quad（8-85a）$$

由式（8－70）可得上式的各参数为

$$\tau_e=\frac{\pi v_x}{\omega}=\frac{\tau v_x}{v_s}=\tau(1-s)$$

$$\lambda_1=\frac{\mu_0\sigma_e v_x}{\omega^2}=\frac{\mu_0\sigma_e v_x}{(\beta v_s)^2}$$

$$\lambda_2=\frac{\mu_0\sigma_e v_x^3}{(\mu_0\sigma_e v_x^2)^2+\omega^2}$$

根据式（8－56）、式（8－82）和式（8－85），已知电机的结构数据，即可通过计算出在不同转差下，气隙磁场和次级内的电流密度沿 x 方向的分布情况，同时也可以得出传递到次级复功率的平均值，从而可得到计及边端效应时次级的参数，进一步得到直线感应电动机等效电路中的各个参数，也可以计算作用在次级上的电磁推力，可参考有关资料和书籍。

以上是采用简化的一维模型得到的解析结果，对于较小气隙直线感应电动机，可以满足工程计算要求；对于大气隙直线感应电动机，如果要进一步提高计算精度，则必须采用二维模型进行分析计算。

8.6.2 补偿式脉冲发电机补偿筒内的涡流问题

现代新概念武器的发展如激光武器、电热化学炮和电磁轨道炮等，都要求提供强功率高能量的脉冲电源，能够作为储能元件的有电容器组、电感器、电池组和旋转电机。四种脉冲电源各有优缺点，电容器组不仅体积大、储能密度较低，而且需要充电装置、大功率闭路开关以及消除残余能量的回路，因此其运行效率相对较低；电感器的储能密度比电容器的高，但它需要大功率断路开关；电池组的储能密度很高，然而由于化学反应速度的限制，其能量释放需要很长的时间，它的功率密度最低，只能作为中间储能元件与电容器或电感器相配合使用。旋转电机中作为脉冲电源的主要是交流同步发电机，它是利用电机的转子机械惯性储能，通过电枢的感应电动势，从出线端向负载在极短时间（瞬间）内释放出很多电能，相当于发电机突然短路工作状态。常规同步发电机为了限制突然短路时的电枢峰值电流，其超瞬变电抗值一般都设计得比较高，从而限制了输出脉冲功率的能力，为此，必须进行特殊设计，才能使电机在瞬间输出足够多的电能，以满足负载要求。补偿式脉冲发电机（Compensated Pulsed Alternator，CPA）即是为适应新概念武器需求由美国学者发明的一种特殊设计的高功率强脉冲电机。[15] [16]

它具有下列优点：

（1）内阻抗特别低，能瞬时给负载输出强脉冲电流。

（2）脉冲波形易与负载匹配。CPA 的脉冲波形可根据需要通过改变自身的设计得到脉宽为几百微秒的尖顶窄脉冲或脉宽为几个毫秒的宽脉冲。

（3）电流脉冲波形自然过零，具有“自关断”特性。这一特性使其非常适于作为电磁轨道炮（EMRG）的电源，因为通过设计，可使弹丸出膛时，电流恰好过零，从而不会出现膛口电弧，无须特别设置膛口消弧装置。

（4）能够提供重复脉冲，适合于速射电炮或激光武器系统。

（5）与电容器组的振荡回路波形调节器装置相比，价格低廉。

1. 补偿脉冲发电机工作原理

为了下面分析，必须对补偿脉冲发电机的工作原理也就是分析用的物理模型有一个清晰了解。补偿脉冲发电机有多种形式，这里讨论的是所谓被动补偿脉冲发电机（Passive Compulsator，PCPA），它通过设置特制的补偿元件，利用磁通压缩原理显著减小电机内电感，从而获得很高的瞬时功率输出和强电流脉冲。

补偿脉冲发电机实际上是一种单相（也可以做成两相）交流同步发电机，其原理示意图如图 8－8 所示。定子铁心内径处安置电枢绕组，转了磁极安放励磁绕组，另有一个补偿元件安装其上，它是一个非磁性、厚度均匀和导电性能良好的铝制或铜制圆筒称为补偿筒，安装在励磁绕组和电枢绕组之间且与励磁绕组保持相

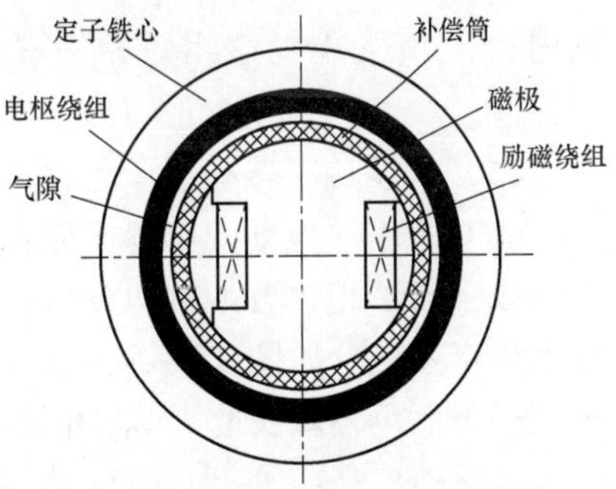

图 8－8　被动补偿发电机原理示意图

对静止。当励磁绕组有电流励磁时，转子旋转磁场在定子绕组感应电动势，在电动势作用下，电机的出线端瞬时对负载放电时，即在电枢绕组的电流建立电枢反应磁动势，从而产生电枢反应磁通，它穿过气隙，并企图穿过补偿筒，在补偿筒中会感应产生涡流阻止电枢反应磁通穿过，于是电枢反应磁通被压缩在补偿筒与电枢绕组之间的气隙中，从而使电机的内电感大大降低。由于补偿筒是连续的，所以无论转子处于何种位置，电枢反应磁通都得到同样的补偿而使电枢绕组具有恒定的低电感，它近似等于电枢绕组的漏电感。同时，为了进一步降低电枢绕组漏电感，定子铁心不开槽，定子绕组一般采用无槽绕组。

2. 物理模型的数学描述及其控制方程

为了建立 PCPA 的瞬态电磁场模型，做如下基本假设和规定：

（1）补偿筒厚度和气隙长度相对转子的平均半径小得多，并认为轴向无限长，忽略端部效应，即采用直角坐标系按二维（$O-x-y$）平行平面场对气隙和补偿筒中的瞬态电磁场进行研究。

（2）不计饱和，假设铁磁材料的磁导率为无穷大。

（3）由于定、转子铁心均采用叠片构成，不计其内的涡流，假定铁心材料的电导率为零，补偿筒的电导率为常数。

（4）电枢采用无槽绕组，将其径向几何尺寸压缩成无限薄，即其电流空间分布按电流层处理，且认为沿圆周 x 方向按正弦分布（即取磁动势的基波），不计高次谐波的影响，即定子电枢绕组面电流密度分布为

$$J_{c1}=J_{cm}\cos\beta x=\mathrm{Re}\,J_{cm}e^{j\beta x}\quad(\mathrm{A/m})$$

式中，Re 表示取其后面复数函数的实部。面电流密度幅值为

$$J_{cm}=\frac{m_1W_1k_{w1}}{\tau p}I_m$$

式中：$\beta=\frac{\pi}{\tau}$，$\tau=\frac{\pi D_i}{2p}$为极矩；m_1为电枢绕组的相数；p为极对数；D_i为电枢内径；W_1为电枢绕组每相串联匝数；k_{w1}基波绕组系数；I_m为相电流最大值。

（5）假设转子转动惯量足够大，在单脉冲放电期间电机转速保持不变。

（6）忽略放电期间电枢反应对励磁的影响。

以下对单相 PCPA 放电期间补偿筒内的瞬态涡流进行分析。将 PCPA 用直角坐标系表示如图 8－9 所示，定子置于下方，转子置于上方，坐标原点置于定子表面，气隙长度为 δ，补偿筒厚度为 h。

分区情况是：① 为气隙；② 为补偿筒；③ 为铁心。

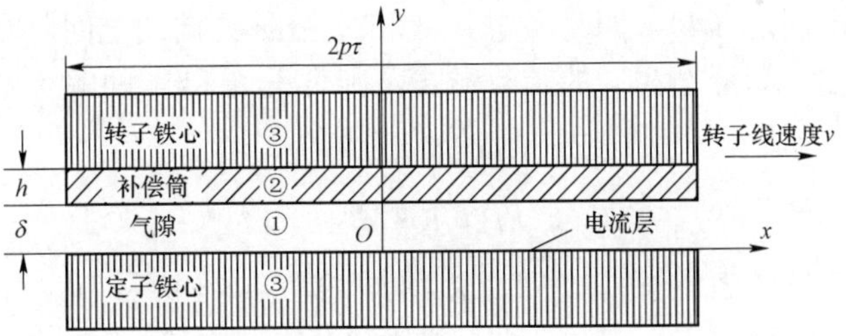

图 8-9　PCPA 的分区和直角坐标系表示

根据麦克斯韦方程，在忽略位移电流的情况下，媒质有相对运动的矢量磁位控制方程为

$$\nabla\times\frac{1}{\mu}\nabla\times\boldsymbol{A}=\boldsymbol{J}-\sigma\left(\frac{\partial\boldsymbol{A}}{\partial t}-\boldsymbol{v}\times\boldsymbol{B}\right) \tag{8-86}$$

式中：$\sigma\dfrac{\partial\boldsymbol{A}}{\partial t}$ 表示由于磁场变化在导电媒质中感应的涡流体密度矢量；$\sigma(\boldsymbol{v}\times\boldsymbol{B})$ 表示由于导电媒质与磁场相对运动而在导电媒质中产生的涡流体密度矢量；μ 为媒质磁导率；σ 为媒质电导率；$\boldsymbol{J}$ 为电流源密度矢量；$\boldsymbol{v}$ 为导电媒质相对磁场的运动线速度矢量。

在二维 $O-x-y$ 平行平面场中，由于电流源密度矢量 $\boldsymbol{J}$ 仅有 z 分量，矢量磁位 $\boldsymbol{A}$ 亦仅有 z 方向分量，即 $\boldsymbol{A}=A_z\boldsymbol{k}$，且 A_z 为 x、y、t 的函数，即 $A_z=A_z(x,y,t)$ 为一标量，此时，$\boldsymbol{B}$ 只有 x 和 y 方向分量，即

$$\nabla\times\boldsymbol{A}=\begin{vmatrix}\boldsymbol{i} & \boldsymbol{j} & \boldsymbol{k}\\ \dfrac{\partial}{\partial x} & \dfrac{\partial}{\partial y} & \dfrac{\partial}{\partial z}\\ 0 & 0 & A_z\end{vmatrix}=\frac{\partial A_z}{\partial y}\boldsymbol{i}-\frac{\partial A_z}{\partial x}\boldsymbol{j}=B_x\boldsymbol{i}+B_y\boldsymbol{j}$$

因此，$B_x=\dfrac{\partial A_z(x,y,t)}{\partial y}$，$B_y=-\dfrac{\partial A_z(x,y,t)}{\partial x}$，而 $\boldsymbol{v}$ 在图 8-9 所示的直角坐标系中只有 x 分量，$\boldsymbol{v}=v_x\boldsymbol{i}$。因此，气隙和补偿筒所构成的二维场满足如下方程：

在气隙（区域①）中，由于已将电枢电流体密度压缩成电流层的面密度，因此满足拉普拉斯方程，有

$$\frac{\partial^2 A_1(x,y,t)}{\partial x^2}+\frac{\partial^2 A_1(x,y,t)}{\partial y^2}=0 \tag{8-87}$$

在补偿筒中（区域②），由式（8-86）可以导得，矢量磁位 z 分量满足下列运动媒质中的涡流方程，即有

$$\frac{\partial^2 A_2(x,y,t)}{\partial x^2}+\frac{\partial^2 A_2(x,y,t)}{\partial y^2}=\mu_0\sigma\left[\frac{\partial A_2(x,y,t)}{\partial t}+v\frac{\partial A_2(x,y,t)}{\partial x}\right] \tag{8-88}$$

根据以上假定（4），同时考虑到 A_1 和 A_2 沿 x 方向的空间分布具有与电枢绕组电流密度空间分布相同的函数形式，则可设 A_1 和 A_2 的解有如下形式

$$A_1(x,y,t)=\mathrm{Re}[\mathrm{e}^{\mathrm{j}\beta x}\hat{A}_1(y,t)] \tag{8-89}$$

$$A_2(x,y,t)=\mathrm{Re}[\mathrm{e}^{\mathrm{j}\beta x}\hat{A}_2(y,t)] \tag{8-90}$$

在以下分析中省略 Re。在式（8－89）和式（8－90）中，由于将 A_1 和 A_2 沿 x 方向的空间分布设为正弦分布，这样就分离了变量 x 和 y，A_1 和 A_2 仅为 y 和 t 的函数，将其上用带（ ˆ ）函数符号表示，以示区别原定义的 A_1 和 A_2 为 x、y、t 的函数。

将式（8－89）和式（8－90）分别代入方程式（8－87）和式（8－88），则方程式（8－87）和式（8－88）等价于下列方程组

$$\left.\begin{aligned}\frac{\partial^2\hat{A}_1(y,t)}{\partial y^2}-\beta^2\hat{A}_1(y,t)=0\\ \frac{\partial^2\hat{A}_2(y,t)}{\partial y^2}=\mu_0\sigma\frac{\partial\hat{A}_2(y,t)}{\partial t}+(\mathrm{j}\beta\mu_0\sigma v+\beta^2)\hat{A}_2(y,t)\end{aligned}\right\} \tag{8-91}$$

对于方程式（8－91）中的 $\hat{A}_1(y,t)$ 和 $\hat{A}_2(y,t)$ 的解，包括稳态和瞬态两部分，即将它们分别分离为如下形式

$$\left.\begin{aligned}\hat{A}_1(y,t)=\hat{A}_{1\mathrm{s}}(y)+\hat{A}_{1\mathrm{t}}(y,t)\\ \hat{A}_2(y,t)=\hat{A}_{2\mathrm{s}}(y)+\hat{A}_{2\mathrm{t}}(y,t)\end{aligned}\right\} \tag{8-92}$$

式中：$\hat{A}_{1\mathrm{s}}(y)$ 和 $\hat{A}_{2\mathrm{s}}(y)$ 分别代表 $\hat{A}_1(y,t)$ 和 $\hat{A}_2(y,t)$ 的稳态分量，它们与时间无关，仅是空间坐标的函数；$\hat{A}_{1\mathrm{t}}(y,t)$ 和 $\hat{A}_{2\mathrm{t}}(y,t)$ 分别代表 $\hat{A}_1(y,t)$ 和 $\hat{A}_2(y,t)$ 的瞬态分量。

将式（8－92）代入方程式（8－91），则求解方程式（8－91）等价于对如下稳态和瞬态分量方程组求解，稳态分量方程为

$$\left.\begin{aligned}\frac{\partial^2\hat{A}_{1\mathrm{s}}(y)}{\partial y^2}-\beta^2\hat{A}_{1\mathrm{s}}(y)=0\\ \frac{\partial^2\hat{A}_{2\mathrm{s}}(y)}{\partial y^2}=(\mathrm{j}\beta\mu_0\sigma v+\beta^2)\hat{A}_{2\mathrm{s}}(y)\end{aligned}\right\} \tag{8-93}$$

瞬态分量方程

$$\left.\begin{aligned}\frac{\partial^2\hat{A}_{1t}(y,t)}{\partial y^2}-\beta^2\hat{A}_{1t}(y,t)=0\\ \frac{\partial^2\hat{A}_{2t}(y,t)}{\partial y^2}=\mu_0\sigma\frac{\partial\hat{A}_{2t}(y,t)}{\partial t}+(\mathrm{j}\beta\mu_0\sigma v+\beta^2)\hat{A}_{2t}(y,t)\end{aligned}\right\} \tag{8-94}$$

3. 边始条件和初始条件

初始条件是由发电机的工作方式决定的，脉冲发电机的工作方式是处于瞬变状态，激励源是突变的，要求解其激励响应，可以利用电路理论处理过渡过程的方法。在现代电路网络理论中，利用卷积积分或杜哈梅尔（*Duhamel*）积分可以求取线性电路网络对任意激励的响应。事实上，卷积积分或杜哈梅尔积分的应用并不仅局限于此，对于任意一个系统，只要其激励和响应之间具备线性关系，那么，便可利用卷积积分或积分计算该系统在任意激励下的零状态响应。

杜哈梅尔积分的数学描述如下：[25] [26]

对于一个线性系统，已知其单位阶跃响应 $s(t)$，则在任意外施激励源 $e(t)$ 作用下，该系统的零状态响应 $r(t)$ 为

$$r(t)=e(0_+)s(t)+\int_{0_+}^{t}\frac{\mathrm{d}e(\xi)}{\mathrm{d}\xi}s(t-\xi)\,\mathrm{d}\xi$$

杜哈梅尔积分的实质是将任意激励分解为一系列幅值不同且依次延迟的阶跃信号之和（见图 8－10），并借助系统的已知阶跃响应 $s(t)$ 及叠加原理，对这些阶跃响应求和，从而得到系统对任一激励信号的零状态响应。

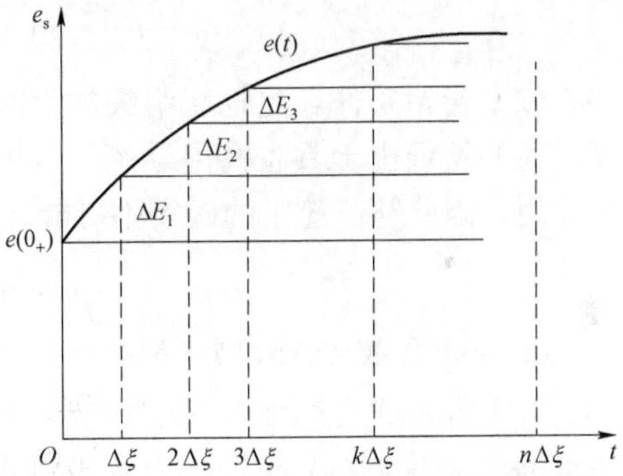

图 8－10　系列阶跃函数逼近激励源

由前述假设条件可知，气隙和补偿筒中的瞬态电磁场是一个线性场，即激励（电枢电流）和响应（气隙和补偿筒中的各场量）之间具有线性关系。因此，我们首先求得阶跃电枢电流激励下 PCPA 的二维瞬态电磁场定解方程和相应解，继而利用杜哈梅尔积分求得放电期间的瞬态电磁场一般解答。以此为基础，通过计算气隙储能和补偿筒中的涡流损耗，进一步可分析补偿筒中涡流扩散对 PCPA 等效电抗参数的影响。

（1）边界条件。对于稳态情况，其边界条件为：在定子铁心和气隙的分界面上，存在电枢绕组电流面密度

$$J_{c1}=J_{cm}\cos\beta x=\mathrm{Re}[J_{cm}e^{j\beta x}]$$

由于 $\mu_{Fe}=\infty$，定子铁心内的磁场强度为零，故在定子铁心表面处，磁场强度的切向分量等于该处的电流面密度，有

$$\frac{1}{\mu_0}\frac{\partial \hat{A}_{1s}(y)}{\partial y}\bigg|_{y=0}=-J_{cm} \tag{8-95}$$

$$J_{c1}=\mathrm{Re}[J_{cm}e^{j\beta x}] \tag{8-96}$$

在补偿筒和气隙的分界面上，磁感应强度法向分量和磁场强度的切向分量连续，即有

$$\left.\begin{aligned}\hat{A}_{1s}(y)\big|_{y=\delta}&=\hat{A}_{2s}(y)\big|_{y=\delta}\\ \frac{1}{\mu_0}\frac{\partial \hat{A}_{1s}(y)}{\partial y}\bigg|_{y=\delta}&=\frac{1}{\mu_0}\frac{\partial \hat{A}_{2s}(y)}{\partial y}\bigg|_{y=\delta}\end{aligned}\right\} \tag{8-97}$$

在补偿筒和转子的交界面上无面电流，由于转子铁心 $\mu_{Fe}=\infty$，故有

$$\frac{\partial \hat{A}_{2s}}{\partial y}\bigg|_{y=\delta+h}=0 \tag{8-98}$$

瞬态情况和稳态情况的边界条件类似，唯一区别是：对于瞬态情况，在定子铁心和气隙的分界面上，电枢电流面密度为零，即

$$\frac{1}{\mu_0}\frac{\partial \hat{A}_{1t}(y,t)}{\partial y}\bigg|_{y=0}=0 \tag{8-99}$$

（2）初始条件。电枢绕组突加阶跃电流 $J_{c1}\mathbf{1}(t)$ 时，气隙磁场随之产生突变，而补偿筒由于具备高电导率，对电枢电流产生的突变磁场具有极强的阻尼作用，因此补偿筒中的磁场不可能突变，相应的初始条件为

$$\hat{A}_2(y,t)\big|_{t=0}=0 \tag{8-100}$$

4. 阶跃电枢电流激励下气隙和补偿筒中的瞬态电磁场求解

对于方程式（8-93）和式（8-94）中的 $\hat{A}_{1s}(y)$ 和 $\hat{A}_{1t}(y,t)$ 按照分离变量法求解，可得 $\hat{A}_{1s}(y)$ 和 $\hat{A}_{1t}(y,t)$ 的表达式如下

$$\left.\begin{aligned}\hat{A}_{1s}(y)&=C_1\cosh(\beta y)+C_2\sinh(\beta y)\\ \hat{A}_{1t}(y,t)&=C_1(t)\cosh(\beta y)+C_2(t)\sinh(\beta y)\end{aligned}\right\} \tag{8-101}$$

式中：C_1、C_2 为待定常数；$C_1(t)$、$C_2(t)$ 为与时间相关的待定函数。$\hat{A}_1(y,t)$ 的通解表达式为

$$\hat{A}_1(y,t)=C_1\cosh(\beta y)+C_2\sinh(\beta y)+C_1(t)\cosh(\beta y)+C_2(t)\sinh(\beta y) \tag{8-102}$$

按照分离变量法对方程式（8-93）和式（8-94）中的 $\hat{A}_{2s}(y)$ 和 $\hat{A}_{2t}(y,t)$ 求解，得到 $\hat{A}_{2s}(y)$ 和 $\hat{A}_{2t}(y,t)$ 的表达式为

$$\left.\begin{aligned}&\hat{A}_{2\mathrm{s}}(y)=C_6\cosh[\lambda(y-\delta)]+C_7\sinh[\lambda(y-\delta)]\\&\hat{A}_{2\mathrm{t}}(y,t)=\sum_{n=1}^{\infty}\left[C_{3n}\cos[k_n(y-\delta)]+C_{4n}\sin[k_n(y-\delta)]\right]\bullet\mathrm{e}^{-\frac{t}{\tau_n}}\end{aligned}\right\}\tag{8-103}$$

式中，C_6、C_7、C_{3n}、C_{4n}、k_n为待定常数。λ和τ_n如下列公式所示

$$\lambda=\beta\sqrt{1+\mathrm{j}S}\tag{8-104}$$

$$S=\frac{\mu_0\sigma v}{\beta}\tag{8-105}$$

$$\tau_n=\frac{\mu_0\sigma}{k_n^2+\lambda^2}\tag{8-106}$$

所以$\hat{A}_2(y,t)$的通解表达式为

$$\begin{aligned}\hat{A}_2(y,t)=&C_6\cosh[\lambda(y-\delta)]+C_7\sinh[\lambda(y-\delta)]+\\&\sum_{n=1}^{\infty}\left[C_{3n}\cos[k_n(y-\delta)]+C_{4n}\sin[k_n(y-\delta)]\right]\mathrm{e}^{-\frac{t}{\tau_n}}\end{aligned}\tag{8-107}$$

将式（8－101）和式（8－103）中的稳态分量以及上述给定的稳态情况下边界条件式（8－95）～式（8－98）代入方程式（8－93），求得待定常数C_1、C_2、C_6和C_7如下

$$\left.\begin{aligned}&C_1=-\frac{\beta\cosh(\beta\delta)+\lambda\sinh(\beta\delta)\tanh(\lambda h)}{\beta\sinh(\beta\delta)+\lambda\cosh(\beta\delta)\tanh(\lambda h)}C_2\\&C_2=-\frac{\mu_0J_{\mathrm{cm}}}{\beta}\\&C_6=C_1\cosh(\beta\delta)+C_2\sinh(\beta\delta)\\&C_7=-\tanh(\lambda h)C_6\end{aligned}\right\}\tag{8-108}$$

在上述给定的瞬态情况下，将对应边界条件式（8－95）～式（8－99）以及式（8－101）和式（8－103）所示的瞬态分量代入方程式（8－94），得到以下关于待定函数$C_1(t)$、$C_2(t)$和待定常数C_{3n}、C_{4n}、k_n的方程组

$$\left.\begin{aligned}&C_1(t)=\frac{\sum_{n=1}^{\infty}C_{3n}\mathrm{e}^{-\frac{t}{\tau_n}}}{\cosh(\beta\delta)}\\&C_2(t)=0\\&\beta C_1(t)\sinh(\beta\delta)=\sum_{n=1}^{\infty}k_nC_{4n}\mathrm{e}^{-\frac{t}{\tau_n}}\\&\sum_{n=1}^{\infty}k_n[-C_{3n}\sin(k_nh)+C_{4n}\cos(k_nh)]\mathrm{e}^{-\frac{t}{\tau_n}}=0\end{aligned}\right\}\tag{8-109}$$

将上式化简整理后，有如下关于 C_{3n} 和 C_{4n} 的关系式

$$\left.\begin{aligned}&\frac{C_{3n}}{C_{4n}}=\frac{\cos(k_nh)}{\sin(k_nh)}=\frac{1}{\tan(k_nh)}\\&\frac{C_{3n}}{C_{4n}}=\frac{k_n}{\beta\tan(\beta\delta)}\end{aligned}\right\}\tag{8-110}$$

进而得到关于 k_n 的方程如下

$$k_n=\frac{\beta\tan(\beta\delta)}{\tan(k_nh)}\tag{8-111}$$

显然，式（8-111）是关于 k_n 的超越方程，可利用二分法对 k_n 进行数值求解。

将式（8-100）所示的初始条件和式（8-109）代入式（8-107），有

$$\begin{aligned}&C_6\cosh\left[\lambda(y-\delta)\right]+C_7\sinh\left[\lambda(y-\delta)\right]\\&=-\sum_{n=1}^{\infty}C_{4n}\left\{\frac{k_n}{\beta\tan(\beta\delta)}\cos\left[k_n(y-\delta)\right]+\sin\left[k_n(y-\delta)\right]\right\}\end{aligned}\tag{8-112}$$

根据偏微分方程理论，在采用分离变量法求解中，按照斯特姆-刘维（Sturm-Liouville）关于特征函数系具备正交性的结论[28][29]，有

$$\int_{\delta}^{\delta+h}\left\{\begin{aligned}&\left[C_{3m}\cos\left(k_m(y-\delta)\right)+C_{4m}\sin\left(k_m(y-\delta)\right)\right]\bullet\\&\left[C_{3n}\cos\left(k_n(y-\delta)\right)+C_{4n}\sin\left(k_n(y-\delta)\right)\right]\end{aligned}\right\}\mathrm{d}y=0\qquad k_m\neq k_n\tag{8-113}$$

因此，C_{4n} 的求取可按下式进行

$$C_{4n}=-\frac{\displaystyle\int_{\delta}^{\delta+h}\left\{\begin{aligned}&\left[C_6\cosh\left(\lambda(y-\delta)\right)+C_7\sinh\left(\lambda(y-\delta)\right)\right]\bullet\\&\left[\frac{k_n}{\beta\tan(\beta\delta)}\cos\left(k_n(y-\delta)\right)+\sin\left(k_n(y-\delta)\right)\right]\end{aligned}\right\}\mathrm{d}y}{\displaystyle\int_{\delta}^{\delta+h}\left\{\frac{k_n}{\beta\tan(\beta\delta)}\cos\left(k_n(y-\delta)\right)+\sin\left(k_n(y-\delta)\right)\right\}^2\mathrm{d}y}\tag{8-114}$$

对上式积分可得

$$C_{4n}=-\frac{Q_1+Q_2+Q_3+Q_4}{Q_5+Q_6+Q_7}\tag{8-115}$$

式中，$Q_1 \sim Q_7$ 各项的解析表达式如下

$$\left.\begin{aligned}
Q_1 &= \frac{C_6 k_n}{\beta \tanh(\beta\delta)} \cdot \frac{k_n \cosh(\lambda h)\sin(k_n h) + \lambda \sinh(\lambda h)\cos(k_n h)}{\lambda^2 + k_n^2} \\
Q_2 &= C_6 \frac{\lambda \sinh(\lambda h)\sin(k_n h) - k_n \cosh(\lambda h)\cos(k_n h) + k_n}{\lambda^2 + k_n^2} \\
Q_3 &= \frac{C_7 k_n}{\beta \tanh(\beta\delta)} \cdot \frac{k_n \sinh(\lambda h)\sin(k_n h) + \lambda \cosh(\lambda h)\cos(k_n h) - \lambda}{\lambda^2 + k_n^2} \\
Q_4 &= C_7 \frac{\lambda \cosh(\lambda h)\sin(k_n h) - k_n \sinh(\lambda h)\cos(k_n h)}{\lambda^2 + k_n^2} \\
Q_5 &= \frac{k_n}{[\beta \tanh(\beta\delta)]^2} \cdot \left[\frac{k_n h}{2} + \frac{\sin(2k_n h)}{4}\right] \\
Q_6 &= \frac{\sin^2(k_n h)}{\beta \tanh(\beta\delta)} \\
Q_7 &= \frac{h}{2} - \frac{\sin(2k_n h)}{4k_n}
\end{aligned}\right\} \tag{8-116}$$

利用式（8－111）求得 k_n 的数值解，而后将其与式（8－115）和式（8－116）代入式（8－109）和式（8－110），便可得 C_{3n}、C_{4n} 和 $C_1(t)$ 的显式表达。

根据式（8－88），补偿筒中涡流体密度表达式为

$$J_2(x,y,t) = -\left[\sigma \frac{\partial A_2(x,y,t)}{\partial t} + \sigma v \frac{\partial A_2(x,y,t)}{\partial x}\right] \tag{8-117}$$

由于 J_2 沿 x 方向的空间分布具有和定子电流密度同样的函数形式，也满足周期性边界条件，设其解有如下形式

$$J_2(x,y,t) = \mathrm{Re}[\mathrm{e}^{\mathrm{j}\beta x} \hat{J}_2(y,t)] \tag{8-118}$$

将式（8－107）代入式（8－90）再代入式（8－117），并与式（8－118）比较，得到

$$\hat{J}_2(y,t) = \frac{\sigma}{\tau_n} \hat{A}_{2t}(y,t) - jv\sigma\beta \hat{A}_2(y,t) \tag{8-119}$$

至此，得出了电枢绕组突加阶跃电流时，气隙和补偿筒中矢量磁位以及补偿筒中涡流体密度的完整解表达式。令上述各式中的 $J_{c1} = \mathbf{1}(t)$，则得到电枢绕组突加单位阶跃电流时，气隙和补偿筒中矢量磁位以及补偿筒中涡流体密度的解答。上述解答虽然是在取激励为电枢电流面密度的空间基波所得，但是只要将式（8－89）、式（8－90）和式（8－118）中的复指数项取为 $\mathrm{e}^{\mathrm{j}m\beta x}$，重复前面的推导过程，便可求得电枢面电流密度的空间 m 次谐波的场量解答。

5. 阶跃电枢电流激励下气隙和补偿筒中瞬态电磁场

对于以上理论分析结果，特通过设计一台 4 极无槽模型样机的计算给予

检验。模型样机的相关数据见表 8－1，将其分别代入以上的各式中，经计算，可得到阶跃电枢电流激励下气隙和补偿筒中瞬态电磁场分布情况。

表 8－1　　模型样机相关数据

参　数	设计值
定子铁心内径 D_1 /mm	211.6
转子铁心外径 D_2 /mm	178.4
极对数 $2p$	4
气隙长度 δ/mm	8.6
补偿筒厚度 h/mm	8
补偿筒电导率 σ/［1/（Ω·m）］	3.5×10^7
额定转速 n/（r/min）	3000

图 8－10 为阶跃电枢激励下，不同时刻气隙和补偿筒中的瞬态磁场分布情况，计算中取 $J_{cm}=100$A/m、$n=100$，空间步长为每毫米 100 个点，图 8－11 为与图 8－10 对应的铝制补偿筒中瞬态涡流分布情况。

分析两图的结果可见：

（1）在 $t=0$ 时，如图 8－11 与图 8－12 中的第 1 张图，由于阶跃电枢电流激励突加，此时补偿筒集肤效应极强，其中感应的涡流全部集中在补偿筒表面，电枢反应磁通被完全压缩在气隙中，请注意 y 轴的坐标原点取在定子铁心表面，如图 8－9 所示。

（2）随着时间的推移，补偿筒内的涡流逐渐扩散和衰减，其阻尼作用相应逐渐减弱，随之电枢反应磁通开始进入补偿筒内，当 t 大于 0.425ms 时，电枢反应磁通透过补偿筒，进入转子铁心，且其进入部分随时间增长而逐渐增大，当 t 大于 2ms，补偿筒中的涡流分布基本上趋于均匀，气隙和补偿筒中磁场也基本上趋于稳定；

（3）前述分析可知，补偿筒中的涡流由两部分构成，电枢电流突变所引发的气隙磁场突变和补偿筒与磁场相对运动均在补偿筒中产生的涡流，前者称为感生涡流（即瞬态分量），后者称为动生涡流（即稳态分量），前者在磁场稳定后即消失，后者在电枢电流保持不变时且与补偿筒有相对运动时，将保持稳定。在电枢电流突加的瞬时间内，补偿筒中涡流主要为感生涡流，感生涡流体密度与电枢电流面密度在空间上约有 180°（电角度）的相差（见图 8－12 中 $t=0.1$ms 的等 J 线）。随着时间的推移，感生涡流逐渐衰减，此时，补偿筒中涡流主要为动生涡流，动生涡流和电枢电流所产生的合成磁动势使得电枢反应磁场向补偿筒转动方向偏移。

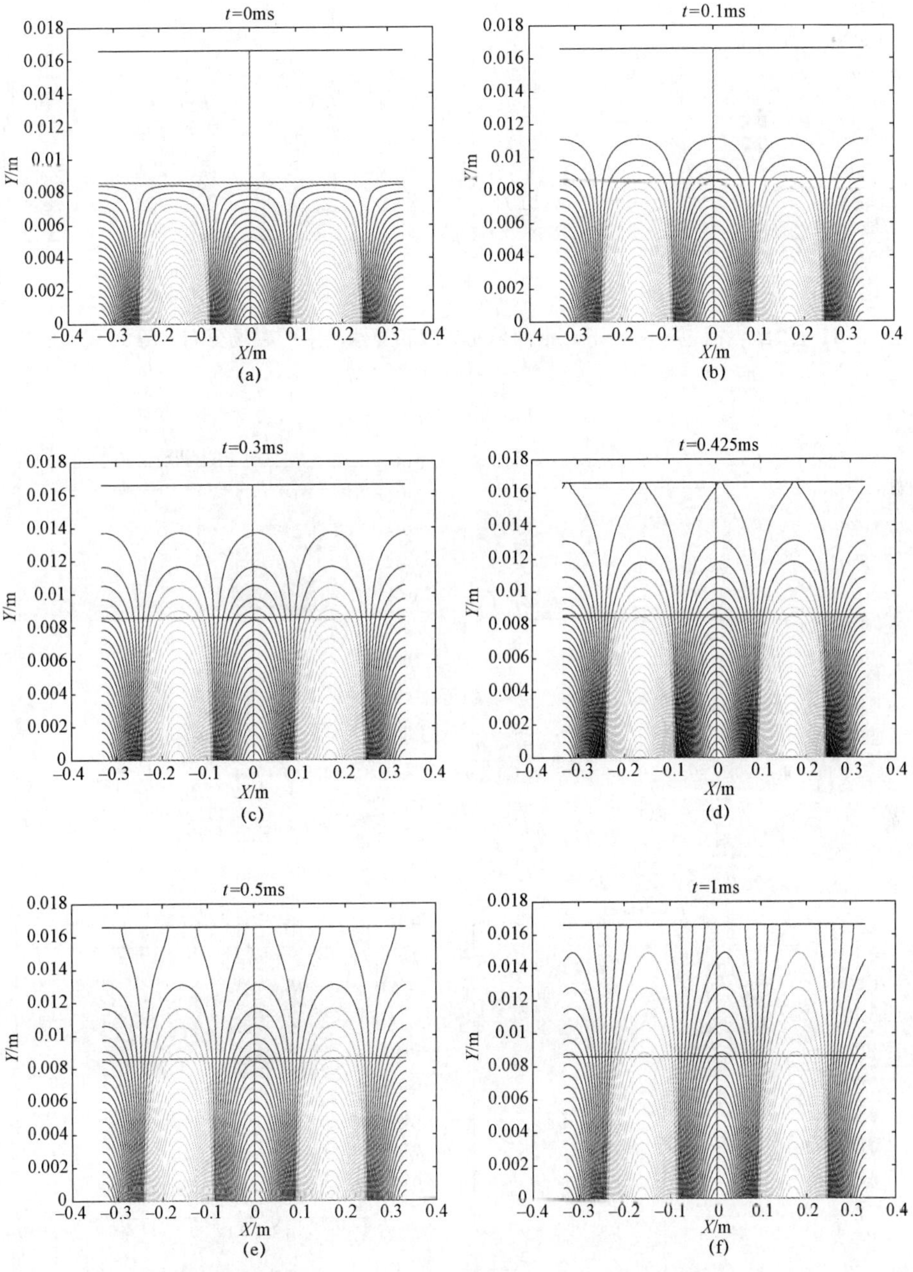

图 8－11　阶跃电枢电流激励下，不同瞬间气隙和补偿筒中的磁场分布（等 A 线）（一）

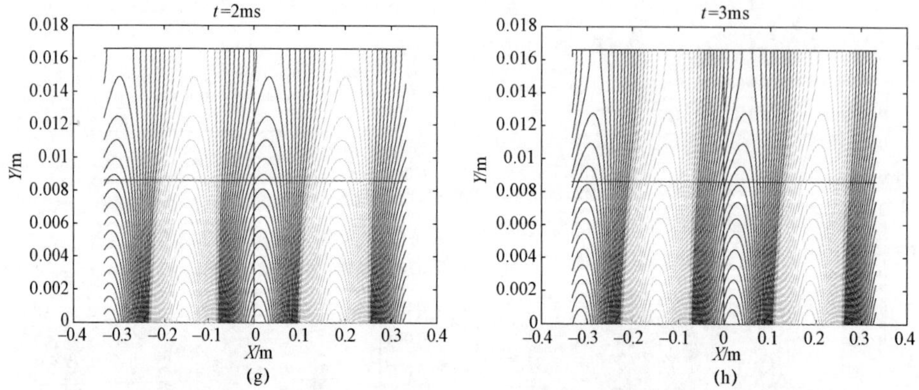

图 8－11　阶跃电枢电流激励下，不同瞬间气隙和补偿筒中的磁场分布（等 A 线）（二）

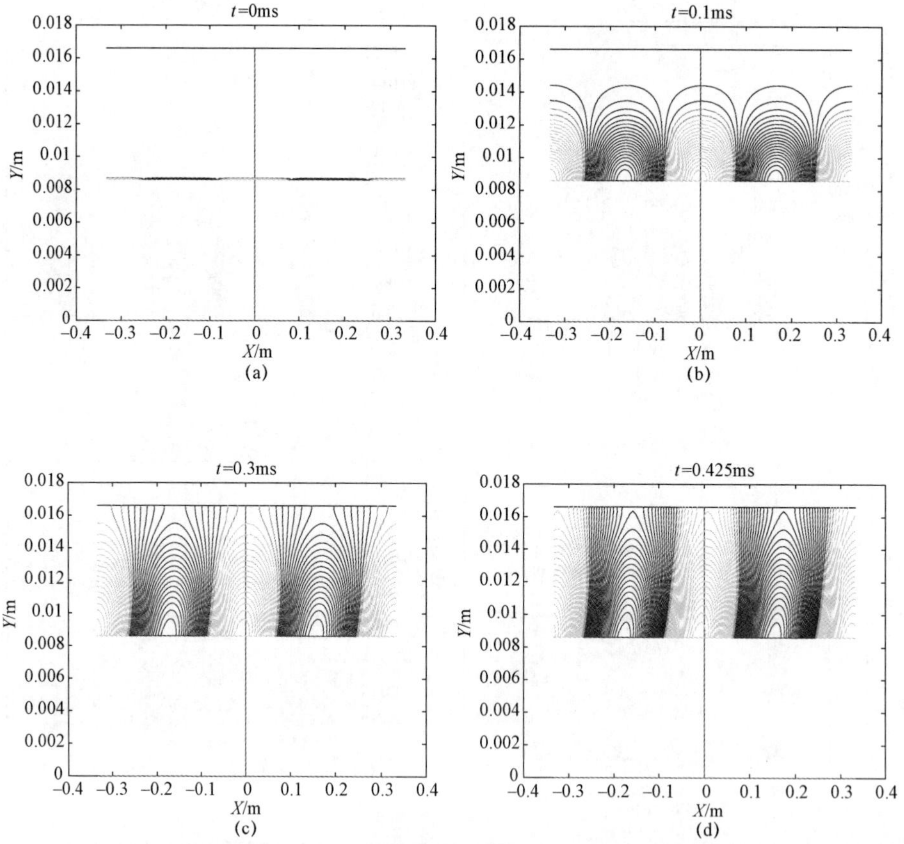

图 8－12　相对应图 8－9 的补偿筒中瞬态涡流体密度分布（等 J 线）（一）

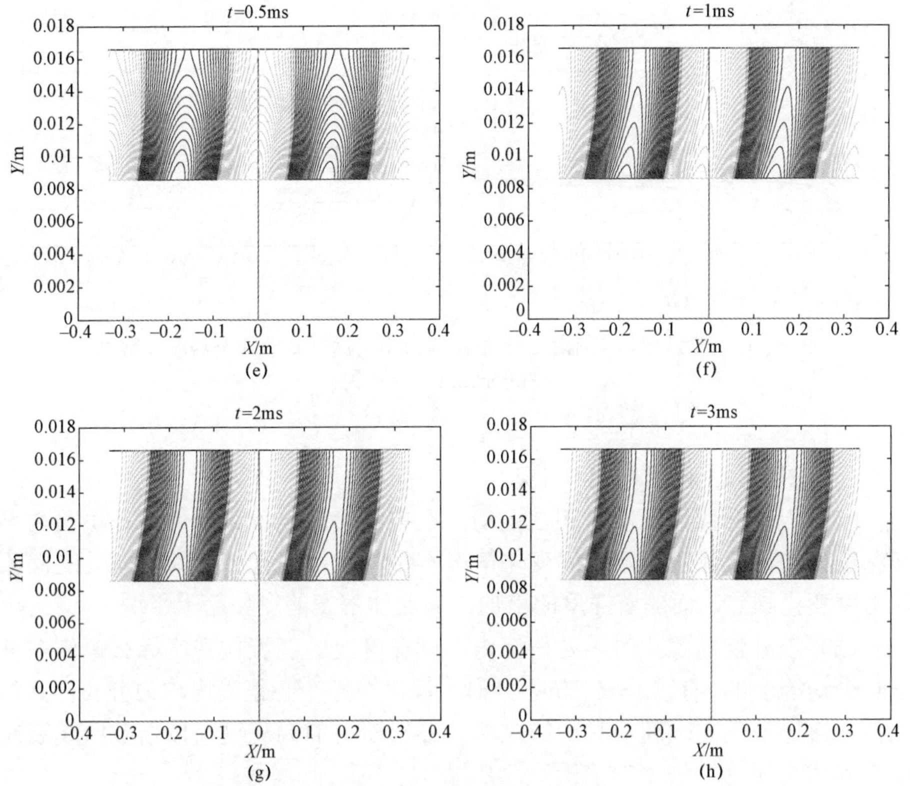

图 8－12　相对应图 8－9 的补偿筒中瞬态涡流体密度分布（等 J 线）（二）

图 8－13 和图 8－14 分别是补偿筒静止和运动时，补偿筒内不同深度处的瞬态涡流体密度幅值（标幺值）随时间变化情况。

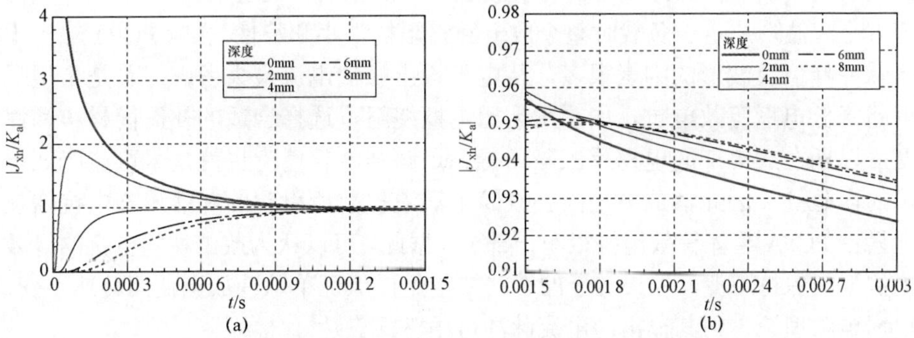

图 8－13　阶跃电枢电流激励下补偿筒内不同深度处的瞬态涡流体密度（$v=0$，$x=0$ 处）

（a）0～0.001 5s；（b）0.001 5～0.003s

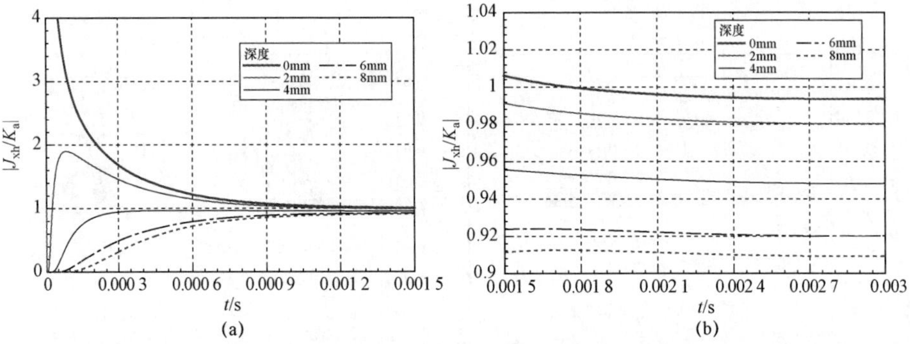

图 8－14　阶跃电枢电流激励下补偿筒内不同深度处的瞬态涡流体密度

（$n=3000$r/min　$x=0$ 处）

（a）0～0.001 5s；（b）0.001 5～0.003s

分析图 8－13 和图 8－14 可见：

（1）无论补偿筒是静止还是运动，在电枢阶跃电流激励下，补偿筒内不同深度处的涡流体密度随时间变化情况不尽相同，接近补偿筒表面处的涡流体密度变化剧烈，而随着深度的增加，涡流体密度的变化趋于平缓。

（2）当补偿筒静止时，补偿筒内不同深度处的涡流体密度标幺幅值在某一时刻均等于 1，有 $|J_2|=J_{cm}/h$，此时，涡流在整个补偿筒内均匀分布，其与电枢电流等效反向。随着时间的推移，补偿筒内的涡流逐渐按指数曲线衰减最终到零。

（3）当补偿筒运动时，补偿筒中涡流变化情况与静止时的情况类似，然而随着时间推移，补偿筒内不同深度处将存在稳定的感生涡流，其值随深度增加而减小。

6. 放电期间脉冲过程气隙和补偿筒中的瞬态电磁场

放电期间补偿脉冲发电机对负载工作（激光器、轨道炮），所以脉冲电流的大小和波形决定于负载时整个放电回路阻抗大小和特性。影响 PCPA 输出电流脉冲峰值及波形的因素很多，从电机输出峰值电流最大考虑，总是希望尽可能降低电枢等效电抗，如采用无槽电枢绕组，选择合适的补偿筒材料和厚度，以期在放电期间电枢反应磁场得到足够强的补偿，也就是尽可能降低电机的内阻抗。因此，放电期间补偿筒中涡流扩散所引起的等效瞬态电抗增加量只占 PCPA 整体等效电抗很小一部分。据此，可以认为放电期间电机的等效电抗近似保持不变，如果转子的转动惯量足以保证单脉冲放电期间转速不变，根据电路理论，则其输出的电流脉冲可由下式表达

$$i(t)=\frac{E_{0m}}{|Z|}\sin(\omega t+\theta-\varphi)-\frac{E_{0m}}{|Z|}\sin(\theta-\varphi)e^{-\frac{t}{\tau_c}} \tag{8-120}$$

式中

$$\left.\begin{aligned}|Z|&=\sqrt{R_c{}^2+(\omega L_c)^2}\\ \tau_c&=\frac{L_c}{R_c}\\ \varphi&=\arctan\left(\frac{\omega L_c}{R_c}\right)\end{aligned}\right\}\tag{8-121}$$

式中：E_{0m} 为空载感应电动势幅值；L_c 为放电回路总电感；R_c 为放电回路总电阻（含负载电阻）；ω 为电角频率；θ 为合闸角（电角度）；φ 为阻抗角。

相应的电枢电流面密度表达式为

$$J_{cm}(t)=\frac{i(t)}{aw_{ph}}=\frac{E_{0m}}{aw_{ph}|Z|}\left[\sin(\omega t+\theta-\varphi)-\sin(\theta-\varphi)e^{-\frac{t}{\tau_c}}\right]\tag{8-122}$$

$$J_{c1}(x,t)=\mathrm{Re}[J_{cm}(t)e^{j\beta x}]\tag{8-123}$$

式中：a 为电枢绕组并联支路数；w_{ph} 为电枢绕组沿周向的相带宽度。

如前所述，电枢绕组突加单位阶跃电流时气隙和补偿筒中的各场量表达式对式（8-122）进行杜哈梅尔积分，即可得单相 PCPA 放电期间气隙和补偿筒中相应场量的解答。由于 $J_{c1}(x,0)=0$，所以气隙矢量磁位 A_{1p}、补偿筒矢量磁位 A_{2p} 以及涡流体密度 J_{2p} 的表达式如下：

$$\begin{aligned}\hat{A}_{1p}&=\int_{0_+}^{t}\frac{dJ_{cm}(\xi)}{d\xi}\hat{A}_1(t-\xi)\mathrm{d}\xi\\ &=\frac{E_{0m}}{aw_{ph}|Z|}\left\{\begin{aligned}&\hat{A}_{1s}\left[\sin(\omega t+\theta-\varphi)-\sin(\theta-\varphi)e^{-\frac{t}{\tau_c}}\right]+\\ &\frac{\cosh(\beta y)\cos(\theta-\varphi)}{\tau\cosh(\beta\delta)}\sum_{n=1}^{\infty}C_{3n}\frac{e^{-\frac{t}{\tau_c}}-e^{-\frac{t}{\tau_n}}}{\frac{1}{\tau_n}-\frac{1}{\tau_c}}+\\ &\frac{\omega\cosh(\beta y)}{\cosh(\beta\delta)}\sum_{n=1}^{\infty}C_{3n}\cdot\frac{\frac{1}{\tau_n}\left[\cos(\omega t+\theta-\varphi)-e^{-\frac{t}{\tau_n}}\cos(\theta-\varphi)\right]+\omega\left[\sin(\omega t+\theta-\varphi)-e^{-\frac{t}{\tau_n}}\sin(\theta-\varphi)\right]}{\omega^2+\frac{1}{\tau_n^2}}\end{aligned}\right\}\end{aligned}\tag{8-124}$$

$$\hat{A}_{2p} = \int_{0_+}^{t} \frac{dJ_{cm}(\xi)}{d\xi} \hat{A}_2(t-\xi)d\xi$$

$$= \frac{E_{0m}}{aw_{ph}|Z|} \left\{ \begin{array}{l} \hat{A}_{2s}\left[\sin(\omega t+\theta-\varphi)-\sin(\theta-\varphi)e^{-\frac{t}{\tau_c}}\right]+ \\ \dfrac{\sin(\theta-\varphi)}{\tau}\sum\limits_{n=1}^{\infty}C_n\dfrac{e^{-\frac{t}{\tau_c}}-e^{-\frac{t}{\tau_n}}}{\dfrac{1}{\tau_n}-\dfrac{1}{\tau_c}} \qquad + \\ \omega\sum\limits_{n=1}^{\infty}C_n\dfrac{\dfrac{1}{\tau_n}\left[\cos(\omega t+\theta-\varphi)-e^{-\frac{t}{\tau_n}}\cos(\theta-\varphi)\right]+\omega\left[\sin(\omega t+\theta-\varphi)-e^{-\frac{t}{\tau_n}}\sin(\theta-\varphi)\right]}{\omega^2+\dfrac{1}{\tau_n^2}} \end{array} \right\} \tag{8-125}$$

式中，$C_n = C_{3n}\cos\left[k_n(y-\delta)\right]+C_{4n}\sin(y-\delta)$

$$\hat{J}_{2p} = \int_{0_+}^{t} \frac{dJ_{Cm}(\xi)}{d\xi} \hat{J}_2(t-\xi)d\xi$$

$$= \frac{\sigma E_{0m}}{aw_{ph}|Z|} \left\{ \begin{array}{l} \omega\sum\limits_{n=1}^{\infty}\dfrac{C_n}{\tau_n}\bullet\dfrac{\dfrac{1}{\tau_n}\left[\cos(\omega t+\theta-\varphi)-e^{-\frac{t}{\tau_n}}\cos(\theta-\varphi)\right]+\omega\left[\sin(\omega t+\theta-\varphi)-e^{-\frac{t}{\tau_n}}\sin(\theta-\varphi)\right]}{\omega^2+\dfrac{1}{\tau_n^2}}+ \\ \dfrac{\sin(\theta-\varphi)}{\tau}\sum\limits_{n=1}^{\infty}\dfrac{C_n}{\tau_n}\bullet\dfrac{e^{-\frac{t}{\tau_c}}-e^{-\frac{t}{\tau_n}}}{\dfrac{1}{\tau_n}-\dfrac{1}{\tau_c}} \end{array} \right\} - j\beta v\sigma\hat{A}_{2p} \tag{8-126}$$

$$\begin{aligned} A_{1p} &= \mathrm{Re}[e^{j\beta x}\hat{A}_{1p}] \\ A_{2p} &= \mathrm{Re}[e^{j\beta x}\hat{A}_{2p}] \\ J_{2p} &= \mathrm{Re}[e^{j\beta x}\hat{J}_{2p}] \end{aligned} \tag{8-127}$$

至此，利用式（8－124）～式（8－127）便可计算单相 PCPA 单脉冲放电期间气隙及补偿筒中的瞬态电磁场。

附录　补偿电机圆柱坐标下无槽绕组电机的电感计算

对于无槽电机，计算其电枢绕组电感参数时，通常采用电磁场解析法，而当电机的直径较小时，采用笛卡尔坐标会带来较大误差。这里采用圆柱坐标系，导出绕组电枢反应电感和漏电感的计算公式。

1. 物理模型

如附图－1 所示，为一无槽电机截面图。

无槽绕组厚度为　　　　$h = R_2 - R_3$

气隙长度　　　　$\delta = R_3 - R_4$

补偿筒厚度　　　　$t = R_4 - R_0$

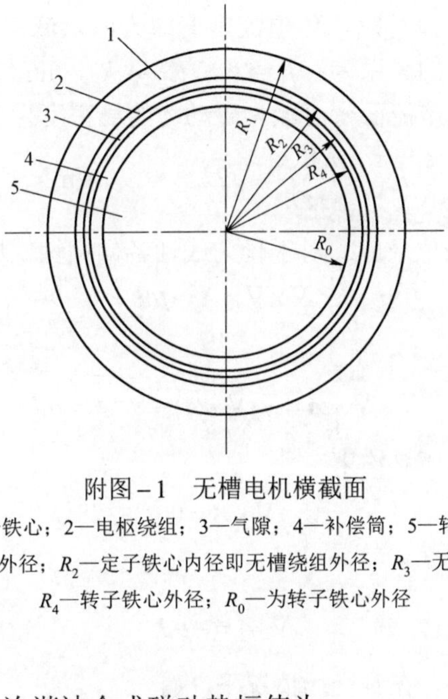

附图－1　无槽电机横截面

1—定子铁心；2—电枢绕组；3—气隙；4—补偿筒；5—转子铁心

R_1—定子铁心外径；R_2—定子铁心内径即无槽绕组外径；R_3—无槽绕组内径；

R_4—转子铁心外径；R_0—为转子铁心外径

2. 数学模型

对称多相绕组 n 次谐波合成磁动势幅值为

$$F_n = \frac{m_1}{2}\frac{2W_1k_{w1}}{n\pi p}\sqrt{2}I_1 = \frac{m_1W_1k_{w1}}{n\pi p}\sqrt{2}I_1 \qquad \text{(A/极)}$$

对称多相绕组 n 次谐波线密度为

$$AS_n = F_n\frac{\pi}{\tau} = \frac{m_1W_1k_{w1}}{\tau np}\sqrt{2}I_1 \qquad \text{(A/m)}$$

采用圆柱坐标系，假设：

（1）铁心不饱和，磁导为$\mu_{Fe}=\infty$。

（2）在二维情况下，沿 z 轴为平行平面磁场，绕组电流仅有 z 分量。

（3）绕组区沿周向的体电流密度为一行波，即

$$J_n = J_{smn}\cos(\omega t - np\theta) = \mathrm{Re}\, J_{smn}\mathrm{e}^{\mathrm{j}(\omega t - np\theta)}$$

式中：Re 为取其后复数函数的实部；p 为极对数；θ 为空间角；J_{smn} 为 n 谐波体电流密幅值

$$J_{smn} = \frac{m_1 W_1 k_{w1}}{\tau n p h}\sqrt{2}I_1 \qquad (\mathrm{A/m^2})$$

$n=1$ 时为基波，有

$$J_{sm1} = \frac{m_1 W_1 k_{w1}}{\tau p h}\sqrt{2}I_1$$

当绕组压缩为电流片时，体电流密度即为面电流密度。对于基波，电流体密度与电流面密度的关系为：$h \to 0$，$R_2 \to R_3$，$\lim\limits_{h\to 0}(J_{sm1}\bullet h) = J_{sm}$，$h$ 为定子绕组的厚度，于是电流面密度即为磁动势的线密度为

$$J_{sm} = \frac{m_1 W_1 k_{w1}}{\tau p}\sqrt{2}I_1 \qquad (\mathrm{A/m})$$

（4）采用矢量磁位求解。对于均匀线性各向同性媒质，有

$$\nabla\times\nabla\times\boldsymbol{A} = \mu\boldsymbol{J}$$

由矢量公式展开

$$\nabla\times\nabla\times\boldsymbol{A} = \nabla(\nabla\bullet\boldsymbol{A}) - \nabla^2\boldsymbol{A} = \mu\boldsymbol{J}$$

取约束条件称为库仑约束

$$\nabla\bullet\boldsymbol{A} = 0$$

即有

$$\nabla^2\boldsymbol{A} = -\mu\boldsymbol{J}$$

对于圆柱坐标系，在时变场情况下，有

$$\boldsymbol{A} = \boldsymbol{A}(r,\theta,z,t) = A_r(r,\theta,z,t)\boldsymbol{r}^0 + A_\theta(r,\theta,z,t)\boldsymbol{\theta}^0 + A_z(r,\theta,z,t)\boldsymbol{k}$$

即有

$$\nabla^2\boldsymbol{A} = \left(\nabla^2 A_r - \frac{2}{r^2}\frac{\partial A_\theta}{\partial\theta} - \frac{A_r}{r^2}\right)\boldsymbol{r}^0 + \left(\nabla^2 A_\theta - \frac{2}{r^2}\frac{\partial A_r}{\partial\theta} - \frac{A_\theta}{r^2}\right)\boldsymbol{\theta}^0 + \nabla^2 A_z\boldsymbol{k}$$

式中，$\boldsymbol{r}^0$、$\boldsymbol{\theta}^0$、$\boldsymbol{k}$ 分别为沿径向、周向和 z 轴方向的单位矢量。对于一标量 ψ 时，由此，算符拉普拉辛 ∇^2 的展开式为

$$\nabla^2\psi=\frac{1}{r}\frac{\partial}{\partial r}\left(r\frac{\partial\psi}{\partial r}\right)+\frac{1}{r^2}\frac{\partial^2\psi}{\partial\theta^2}+\frac{\partial^2\psi}{\partial z^2}$$

$$=\frac{\partial^2\psi}{\partial r^2}+\frac{1}{r}\frac{\partial\psi}{\partial r}+\frac{1}{r^2}\frac{\partial^2\psi}{\partial\theta^2}+\frac{\partial^2\psi}{\partial z^2}$$

在二维情况下矢量 $\boldsymbol{A}$ 仅有 z 分量，即为 $A_z(r,\theta,t)$，与 z 坐标无关，由

$$\nabla^2 A_z=-\mu J_z$$

可得

$$\frac{\partial^2 A_z}{\partial r^2}+\frac{1}{r}\frac{\partial A_z}{\partial r}+\frac{1}{r^2}\frac{\partial^2 A_z}{\partial\theta^2}=-\mu J_z$$

当体电流密度压缩为面电流密度时，则上式满足下列方程

$$\nabla^2 A_z=\frac{\partial^2 A_z}{\partial r^2}+\frac{1}{r}\frac{\partial A_z}{\partial r}+\frac{1}{r^2}\frac{\partial^2 A_z}{\partial\theta^2}=0 \tag{f-1}$$

此即求解矢量磁位的数学模型。

3. 方程求解及电感公式

采用分离变量法，略去下标 z，以 A 代替 A_z，令

$$A=A_{\mathrm{r}}(r)\cdot A_\theta(\theta) \tag{f-2}$$

$$\frac{\partial A}{\partial r}=A_\theta\frac{\partial A_{\mathrm{r}}}{\partial r}\qquad\frac{\partial^2 A}{\partial r^2}=A_\theta\frac{\partial^2 A_{\mathrm{r}}}{\partial r^2}$$

$$\frac{\partial A}{\partial\theta}=A_{\mathrm{r}}\frac{\partial A_\theta}{\partial\theta}\qquad\frac{\partial^2 A}{\partial\theta^2}=A_{\mathrm{r}}\frac{\partial^2 A_\theta}{\partial\theta^2}$$

以上各式代入式（f−1）得

$$A_\theta\frac{\partial^2 A_{\mathrm{r}}}{\partial r^2}+\frac{1}{r}A_\theta\frac{\partial A_{\mathrm{r}}}{\partial r}+\frac{1}{r^2}A_{\mathrm{r}}\frac{\partial^2 A_\theta}{\partial\theta^2}=0$$

以 $\frac{r^2}{A_{\mathrm{r}}A_\theta}$ 乘以上式，得

$$\frac{r^2}{A_{\mathrm{r}}}\frac{\partial^2 A_{\mathrm{r}}}{\partial r^2}+\frac{r}{A_{\mathrm{r}}}\frac{\partial A_{\mathrm{r}}}{\partial r}+\frac{1}{A_\theta}\frac{\partial^2 A_\theta}{\partial\theta^2}=0$$

要上式成立，即有

$$\frac{r^2}{A_{\mathrm{r}}}\frac{\partial^2 A_{\mathrm{r}}}{\partial r^2}+\frac{r}{A_{\mathrm{r}}}\frac{\partial A_{\mathrm{r}}}{\partial r}=k^2 \tag{f-3}$$

$$\frac{1}{A_\theta}\frac{\partial^2 A_\theta}{\partial\theta^2}=-k^2 \tag{f-4}$$

求一般解，（f−3）式的解为

$$k=0 \qquad A_{\mathrm{r}}(r)=C_0+D_0\ln r$$

$$k\neq 0 \qquad A_{\mathrm{r}}(r)=(C_k r^{k}+D_k r^{-k})$$

式（f−4）的解为

$$k=0 \qquad A_\theta(\theta)=A_0+B_0\theta$$

$$k\neq 0 \qquad A_\theta(\theta)=A_k\cos(k\theta)+B_k\sin(k\theta)$$

所以有

$$\begin{aligned}A&=A_{\mathrm{r}}(r)\bullet A_\theta(\theta)\\&=(A_0+B_0\theta)(C_0+D_0\ln r)+\\&\quad(C_k r^{k}+D_k r^{-k})(A_k\cos(k\theta)+B_k\sin(k\theta))\end{aligned}$$

因为电枢绕组磁动势为周期性函数，且在气隙中的任何闭合回路不交链电流，所以常数 A_0，B_0，C_0，D_0 均应为 0，同时，原点选择适当时，常数 A_k 或 B_k 为 0，取 $B_k=0$，所以有

$$A(r,\theta)=(C_k r^{k}+D_k r^{-k})A_k\cos(k\theta)$$

对于取磁动势基波，$k=p$，对于高次谐波，$k=np$，$n=1, 3, 5, 7, \cdots$，即有

$$A(r,\theta)=(C_n' r^{np}+D_n' r^{-np})\cos(np\theta) \qquad \text{（f−5）}$$

磁场强度的切向分量为

$$H_\theta=-\frac{1}{\mu_0}\frac{\partial A}{\partial r}=-\frac{1}{\mu_0}(C_n' np r^{np-1}-npD_n' r^{-np-1})\cos(np\theta) \qquad \text{（f−6）}$$

对于电枢合成磁动势的线密度有

$$J_{sn}=J_{smn}\cos(np\theta)=\frac{m_1W_1k_{\mathrm{w1}}}{\tau pn}\sqrt{2}I_\varphi\cos(np\theta)$$

边界条件为

$$r=R \qquad H_\theta=J_{sn}$$

$$r=R_0 \qquad H_\theta=0$$

于是有

$$-\frac{1}{\mu_0}(C_n' npR_2^{np-1}-npD_n' R_2^{-np-1})\cos(np\theta)=J_{smn}\cos(np\theta)$$

$n=1$ 为基波，有

$$-\frac{1}{\mu_0}(C_1' pR_2^{p-1}-pD_1' R_2^{-p-1})=J_{sm1}=\frac{m_1W_1k_{\mathrm{w1}}}{\tau p}\sqrt{2}I_1 \qquad \text{（f−7）}$$

由 $r=R_0$，$H_\theta=0$ 得

$$-\frac{1}{\mu_0}(C_1' pR_0^{p-1}-pD_1' R_0^{-p-1})=0$$

即可得

$$D_1' = C_1' R_0^{2p}$$

代入式（f-7）得

$$C_1'(R_2^{p-1} - R_0^{2p} R_2^{-p-1}) = -\frac{\mu_0}{p} J_{sm1}$$

$$C_1' R_2^{-p-1}(R_2^{2p} - R_0^{2p}) = -\frac{\mu_0}{p} J_{sm1}$$

$$C_1' = -\frac{R_2^{p+1}}{(R_2^{2p} - R_0^{2p})} \frac{\mu_0}{p} J_{sm1}$$

$$D_1' = -\frac{R_2^{p+1} R_0^{2p}}{(R_2^{2p} - R_0^{2p})} \frac{\mu_0}{p} J_{sm1}$$

由式（f-6）可得磁场强度切向分量为

$$\begin{aligned} H_\theta &= -\frac{1}{\mu_0}\frac{\partial A}{\partial r} = -\frac{p}{\mu_0}(C_1' r^{p-1} - D_1' r^{-p-1})\cos(p\theta) \\ &= \frac{R_2^{p+1}}{R_2^{2p} - R_0^{2p}}(r^{p-1} - R_0^{2p} r^{-p-1}) J_{sm1}\cos(p\theta) \\ &= R_{20}(r^{p-1} - R_0^{2p} r^{-p-1}) J_{sm1}\cos(p\theta) \end{aligned} \tag{f-8}$$

式中

$$R_{20} = \frac{R_2^{p+1}}{R_2^{2p} - R_0^{2p}}$$

磁场强度径向分量为

$$\begin{aligned} H_\mathrm{r} &= \frac{1}{\mu_0}\frac{1}{r}\frac{\partial A}{\partial \theta} = -\frac{p}{\mu_0 r}(C_1' r^{p} + D_1' r^{-p})\sin(p\theta) \\ &= -\frac{p}{\mu_0}(C_1' r^{p-1} + D_1' r^{-p-1})\sin(p\theta) \\ &= R_{20}(r^{p-1} + R_0^{2p} r^{-p-1}) J_{sm1}\sin(p\theta) \end{aligned} \tag{f-9}$$

一个气隙内（即一个极下的气隙）的磁场储能为

$$\begin{aligned} W_\mathrm{mp} &= \frac{\mu_0}{2}\int_V (H_\mathrm{r}^2 + H_\theta^2)\mathrm{d}v \\ &= \frac{\mu_0}{2}\int_{-\frac{\pi}{2}}^{\frac{\pi}{2}}\int_{R_0}^{R_2}(H_\mathrm{r}^2 + H_\theta^2) l_\mathrm{ef} r\mathrm{d}\theta\mathrm{d}r \\ &= \frac{\mu_0 l_\mathrm{ef}}{2} R_{20}^2 J_{sm1}^2 \int_{-\frac{\pi}{2}}^{\frac{\pi}{2}}\int_{R_0}^{R_2}\left[\begin{gathered}\left(r^{p-1} - R_0^{2p} r^{-p-1}\right)^2\cos^2(p\theta) \\ +\left(r^{p-1} + R_0^{2p} r^{-p-1}\right)^2\sin^2(p\theta)\end{gathered}\right] r\mathrm{d}\theta\mathrm{d}r \end{aligned}$$

$$W_{\mathrm{mp}}=\frac{\mu_0 l_{\mathrm{ef}}}{2}R_{20}^2 J_{\mathrm{sm1}}^2\left[\begin{array}{l}\int_{R_0}^{R_2}(r^{p-1}-R_0^{2p}r^{-p-1})^2 r\mathrm{d}r\int_{-\frac{\pi}{2}}^{\frac{\pi}{2}}\cos^2(p\theta)\,\mathrm{d}\theta+\\ \int_{R_0}^{R_2}(r^{p-1}+R_0^{2p}r^{-p-1})^2 r\mathrm{d}r\int_{-\frac{\pi}{2}}^{\frac{\pi}{2}}\sin^2(p\theta)\mathrm{d}\theta\end{array}\right]$$

$$=\frac{\mu_0 l_{\mathrm{ef}}}{2}R_{20}^2 J_{\mathrm{sm1}}^2\left[\begin{array}{l}\int_{R_0}^{R_2}(r^{p-1}-R_0^{2p}r^{-p-1})^2 r\mathrm{d}r\left(\frac{1}{2p}p\theta+\frac{1}{4p}\sin(2p\theta)\right)\Bigg|_{-\frac{\pi}{2}}^{\frac{\pi}{2}}+\\ \int_{R_0}^{R_2}(r^{p-1}+R_0^{2p}r^{-p-1})^2 r\mathrm{d}r\left(\frac{1}{2p}p\theta-\frac{1}{4p}\sin(2p\theta)\right)\Bigg|_{-\frac{\pi}{2}}^{\frac{\pi}{2}}\end{array}\right]$$

$$=\frac{\mu_0 l_{\mathrm{ef}}}{2}R_{20}^2 J_{\mathrm{sm1}}^2\frac{\pi}{2}\left\{\int_{R_0}^{R_2}\left[(r^{p-1}-R_0^{2p}r^{-p-1})^2 r\mathrm{d}r+(r^{p-1}+R_0^{2p}r^{-p-1})^2 r\mathrm{d}r\right]\right\}$$

$$=\frac{\mu_0 l_{\mathrm{ef}}\pi}{4p}\left(\frac{R_2^{p+1}}{R_2^{2p}-R_0^{2p}}\right)^2\left(\frac{m_1 W_1 k_{\mathrm{w1}}}{\tau p}\right)^2(\sqrt{2}I_\varphi)^2 R_2^{-2p}[R_2^{4p}-R_0^{4p}]$$

最后得

$$W_{\mathrm{mp}}=\frac{\mu_0 l_{\mathrm{ef}}\pi}{4p}\frac{R_2^2(R_2^{2p}+R_0^{2p})}{R_2^{2p}-R_0^{2p}}\left(\frac{m_1 W_1 k_{\mathrm{w1}}}{\tau p}\right)^2(\sqrt{2}I_1)^2$$

电机的总能量为

$$W_{\mathrm{m}}=2pW_{\mathrm{mp}}=\frac{1}{2}L_{\mathrm{a}}(\sqrt{2}I_1)^2$$

所以无槽绕组的全电感为

$$L_{\mathrm{a}}=\frac{4pW_{\mathrm{mp}}}{(\sqrt{2}I_1)^2}=\mu_0 l_{\mathrm{ef}}\pi\left(\frac{m_1 W_1 k_{\mathrm{w1}}}{\tau p}\right)^2\frac{R_2^2(R_2^{2p}+R_0^{2p})}{R_2^{2p}-R_0^{2p}} \qquad \text{(f-10)}$$

式（f-10）代表的电感为无槽绕组的电枢反应电感及绕组直线部分的漏感，不包括绕组的端部漏感。

另一种求法，一个极下一个相绕组的电感为

$$L'=\frac{2W_{\mathrm{mp}}}{(\sqrt{2}I_{\mathrm{c}})^2} \qquad I_{\mathrm{c}}=\frac{I_1}{a}$$

所以有

$$L'=\frac{2a^2 W_{\mathrm{mp}}}{(\sqrt{2}I_1)^2}$$

共有 $2p$ 个极，$L_{\mathrm{m}}=2pL'$，分为 a 条支路，每条支路的电感为 $L'_{\mathrm{a}}=\dfrac{2pL'}{a}$，并联后的电感为

$$L_{\mathrm{a}}=\frac{L'_{\mathrm{a}}}{a}=\frac{2pL'}{a^2}=\frac{4pW_{\mathrm{mp}}}{(\sqrt{2}I_1)^2}$$

与式（f−10）结论相同。

4. 无槽绕组的直线部分的漏感计算

此时，计算磁能时仅考虑磁场强度的切向分量，于是有

$$\begin{aligned}W_{\mathrm{sp}}&=\frac{\mu_0}{2}\int_v H_\theta^2\mathrm{d}V=\frac{\mu_0}{2}\int_{-\frac{\pi}{2}}^{\frac{\pi}{2}}\int_{R_0}^{R_2}H_\theta^2 l_{\mathrm{ef}}r\mathrm{d}\theta\mathrm{d}r\\&=\frac{\mu_0 l_{\mathrm{ef}}}{2}R_{20}^2J_{\mathrm{sm1}}^2\int_{-\frac{\pi}{2}}^{\frac{\pi}{2}}\int_{R_0}^{R_2}(r^{p-1}-R_0^{2p}r^{-p-1})^2\cos^2(p\theta)r\mathrm{d}r\mathrm{d}\theta\\&=\frac{\mu_0 l_{\mathrm{ef}}}{2}R_{20}^2J_{\mathrm{sm1}}^2\int_{-\frac{\pi}{2}}^{\frac{\pi}{2}}\cos^2(p\theta)\mathrm{d}\theta\int_{R_0}^{R_2}(r^{p-1}-R_0^{2p}r^{-p-1})^2 r\mathrm{d}r\\&=\frac{\mu_0 l_{\mathrm{ef}}\pi}{4}R_{20}^2J_{\mathrm{sm1}}^2\int_{R_0}^{R_2}(r^{p-1}-R_0^{2p}r^{-p-1})^2 r\mathrm{d}r\\&=\frac{\mu_0 l_{\mathrm{ef}}\pi}{8p}J_{\mathrm{sm1}}^2\left(\frac{R_2^{p+1}}{R_2^{2p}-R_0^{2p}}\right)^2\left(R_2^{2p}-4pR_0^{2p}\ln\frac{R_2}{R_0}-R_0^{4p}R_2^{-2p}\right)\end{aligned}$$

漏电感为

$$\begin{aligned}L_s&=\frac{4pW_{\mathrm{sp}}}{(\sqrt{2}I_1)^2}\\&=\frac{\mu_0 l_{\mathrm{ef}}\pi}{2}\left(\frac{m_1W_1k_{\mathrm{w1}}}{\tau p}\right)^2\left(\frac{R_2^{p+1}}{R_2^{2p}-R_0^{2p}}\right)^2\left(R_2^{2p}-4pR_0^{2p}\ln\frac{R_2}{R_0}-R_0^{4p}R_2^{-2p}\right)\\&=\frac{\mu_0 l_{\mathrm{ef}}\pi}{2}\left(\frac{m_1W_1k_{\mathrm{w1}}}{\tau p}\right)^2\frac{R_2^2}{\left(R_2^{2p}-R_0^{2p}\right)^2}\left(R_2^{4p}-R_0^{4p}-4pR_0^{2p}R_2^{2p}\ln\frac{R_2}{R_0}\right)\end{aligned}$$

直轴电枢反应电感为

$$L_{\mathrm{ad}}=L_{\mathrm{a}}-L_{\mathrm{s}}$$

同样，也可以用磁能法推导一个气隙内（即一个极下的气隙）的储能如下

$$\begin{aligned}W_{\mathrm{adp}}&=\frac{\mu_0}{2}\int_v H_{\mathrm{r}}^2\mathrm{d}V=\frac{\mu_0}{2}\int_{-\frac{\pi}{2}}^{\frac{\pi}{2}}\int_{R_0}^{R_2}H_r^2 l_{\mathrm{ef}}r\mathrm{d}\theta\mathrm{d}r\\&=\frac{\mu_0 l_{\mathrm{ef}}}{2}R_{20}^2J_{\mathrm{sm1}}^2\int_{-\frac{\pi}{2}}^{\frac{\pi}{2}}\sin^2(p\theta)\mathrm{d}\theta\int_{R_0}^{R_2}\left(r^{p-1}+R_0^{2p}r^{-p-1}\right)^2 r\mathrm{d}r\end{aligned}$$

$$=\frac{\mu_0 l_{\text{ef}}\pi}{4}R_{20}^2 J_{\text{sm1}}^2\int_{R_0}^{R_2}\left(r^{2p-1}+2R_0^{2p}r^{-1}+R_0^{4p}r^{-2p-1}\right)^2\text{d}r$$

$$=\frac{\mu_0 l_{\text{ef}}\pi}{8p}R_{20}^2 J_{\text{sm1}}^2\left[R_2^{2p}-R_0^{2p}+4pR_0^{2p}\ln\frac{R_2}{R_0}-R_0^{4p}(R_2^{-2p}-R_0^{-2p})\right]$$

$$=\frac{\mu_0 l_{\text{ef}}\pi}{8p}R_{20}^2 J_{\text{sm1}}^2\left(R_2^{2p}-R_0^{4p}R_2^{-2p}+4pR_0^{2p}\ln\frac{R_2}{R_0}\right)$$

$$=\frac{\mu_0 l_{\text{ef}}\pi}{8p}J_{\text{sm1}}^2\frac{R_2^2}{R_2^{2p}-R_0^{2p}}\left(R_2^{2p}+R_0^{2p}+\frac{4pR_0^{2p}R_2^{2p}}{R_2^{2p}+R_0^{2p}}\ln\frac{R_2}{R_0}\right)$$

直轴电枢反应电感为

$$L_{\text{ad}}=\frac{4pW_{\text{adp}}}{(\sqrt{2}I\varphi)^2}$$
$$=\frac{\mu_0 l_{\text{ef}}\pi}{2}\left(\frac{m_1W_1k_{\text{w1}}}{\tau p}\right)^2\frac{R_2^2}{R_2^{2p}-R_0^{2p}}\left(R_2^{2p}+R_0^{2p}+\frac{4pR_0^{2p}R_2^{2p}}{R_2^{2p}+R_0^{2p}}\ln\frac{R_2}{R_0}\right) \quad \text{(f-11)}$$

电机学直轴电枢反应电抗的计算公式为

$$x_{\text{ad}}=4\pi f\mu_0\frac{m_1}{\pi^2}\frac{(W_1k_{\text{w1}})^2}{p}\frac{\tau}{\delta'}k_{\text{d}}$$

对于无槽绕组，$\delta'=\delta$，$k_{\text{d}}=1$，电感为

$$L_{\text{ad}}=2\mu_0 l_{\text{ef}}\frac{m_1(W_1k_{\text{w1}})^2}{\pi^2 p}\frac{\tau}{\delta} \quad \text{(f-12)}$$

根据电机的具体结构尺寸计算式（f−11）和式（f−12），可以比较其差别有多大。

第9章 “场-路”耦合法

9.1 概述

传统上，人们对于电磁装置和电机，或对带电磁器件的系统进行行为仿真时，一般将电磁装置表示为电路元件用集中参数代替，采用等效“路”（电路、磁路）的方法。电机或电磁装置的工作原理是建立在电磁相互作用的基础上的，且在电磁装置内存在机械运动器件和铁磁材料，用等效电路的方法分析计算存在以下困难：

（1）电磁装置（器件）的特性在系统中表现为元件参数，而其参数由场的特性（分布，媒质）所决定。由于电磁装置结构的复杂性，除了少数简单的装置外，一般来说，其等效参数难以准确解析并确定。

（2）电磁装置中通常均有铁磁材料存在，这样可能出现非线性问题，其等效参数难以用路的方法处理。

（3）对于分析瞬态行为，当电磁装置中的导电媒质内存在涡流时，用电路参数表征更加困难。

（4）对于旋转电机，当电机内的磁场分布为非正弦时，等效电路的方法在考虑空间谐波的影响后，将变得难以实现。

（5）对于电磁装置中的永磁体，其漏磁对行为特性计算影响很大，采用路的方法对漏磁难以准确确定。

对于电磁装置作为一种运行元件总是处在系统之中，无论是用作能量转换元件或是信号执行元件，它一方面与机械系统相耦合，另一方面与电气系统相联系。电磁装置中建立磁场区域的媒质特点一般具有非线性特性，当电气系统的参数发生变化时，必然引起电机内部磁场变化从而致使电机的参数发生变化，必然影响电气系统参数的变化。当电机稳态运行时，电气系统施加给电机电压与电流的要素，如波形、幅值和频率可认为是稳定值，用静态磁场的分析电机的稳态特性，即使考虑到饱和影响，也可以得到满意结果。但是，在动态情况下，当电气系统施加给电机的信号变化时，如电压或电流的要素瞬时变化将对电机内的电磁系统参数产生影响，反过来又将影响电气系统的参数。尤其发生在具有现代电力电子器件构成的电气系统，其变化过程更为复杂。由于机械系统的时间常数要远远大于电气系统的时间常数，因此，研究与电机耦合的电气系统信号变化对电机的影响具有理论和实际应用价值。

以现代应用较为广泛的永磁无刷直流电机系统为例，电流的大小不仅与其内部的换流过程有关，还与外电路的控制方式和连接方式有关，在电机动态过程中，电流是一个随时随刻变化的量。如果想进一步分析电流的变化对磁场的影响，仅靠静态磁场计算是做不到的，必须进行瞬态磁场分析。同时，外电路系统中的物理量一般为电流和电压，它们的变化必然影响电枢内的磁场变化，从而影响电枢绕组内感应电动势的变化，而电机内的场量与电路中的物理量紧密相关联，因此，分析电机的动态行为时，必须借助于“场–路”耦合分析计算方法，也就是将对电机内的磁场分析计算与其连接电路的参数和连接方式耦合起来进行分析计算。现代计算技术及计算手段，尤其是电磁场商用计算软件的迅速发展，使电磁装置机电系统的动态行为仿真采用“场–路”耦合法成为可能。

9.2 “场–路”耦合分析原理

“场–路”耦合法是分析电机系统行为特性的一种数值方法，其基本思想是将描述电机内部电磁场的控制方程与外电路方程、电机系统的运动方程直接联立，并用计算机进行数值求解，以得到所求物理量变化关系。传统“路”的方法是将电机内的电磁场问题用“等效磁路”的方法处理，而准确的电机特性计算应以电磁场的分析计算为基础，比较精确的方法是用有限元法直接求解电机内的电磁场，这样可以较好地考虑铁磁材料的非线性因素和定、转子齿槽对电机特性的影响。在电机电磁场的有限元分析中，常采用电流源激励，而某一瞬时电流的大小是由外电路及电机运动状态所决定的，因此，必需引入电路方程和运动方程，此时，电机行为特性的仿真计算实际上是一个“场–路”耦合计算问题。瞬时电流值是用“路”的方法求解，电机的气隙磁密、磁通量、电枢感应电动势和电磁转矩等均是用“场”的方法求解，这样计算精度有很大提高。“场–路”耦合法不仅可以计算电机系统的稳态特性，也可以对系统的动态特性和故障情况进行仿真计算。但是计算量大，计算时间长，过程十分复杂，随着计算机计算速度的不断提高，瞬态磁场分析的优势将越来越明显。

（1）场方程。从电磁场理论看，对于现有的电机运行频率状态下，属于似稳态，可不计位移电流，当媒质存在相对运动时，矢量磁位的控制方程为

$$\nabla\times\frac{1}{\mu}\nabla\times\boldsymbol{A}=\boldsymbol{J}_{\mathrm{s}}-\sigma\left(\frac{\partial\boldsymbol{A}}{\partial t}-\boldsymbol{v}\times\boldsymbol{B}\right)\tag{9-1}$$

式中：$\boldsymbol{J}_{\mathrm{s}}$为外加源电流密度矢量；$\sigma\dfrac{\partial\boldsymbol{A}}{\partial t}$为磁场变化时，导电媒质中的涡流密度矢量；$\sigma(\boldsymbol{v}\times\boldsymbol{B})$为导电媒质与磁场相对运动时的涡流密度矢量；$\boldsymbol{v}$为运动媒质相对速度矢量；$\boldsymbol{A}$为矢量磁位；$\boldsymbol{B}$为磁感应强度矢量。

对于二维场，因为$\boldsymbol{A}$仅有z分量，即$\boldsymbol{A}=A_z\boldsymbol{k}$，且$A_z$为$x,y,t$的函数，即$\boldsymbol{A}=A_z(x,y,t)\boldsymbol{k}$。运用对流导数公式，可以用全微分代替微分从而消除运动涡流项，即有

$$\mathrm{d}A_z\boldsymbol{k}=\left(\frac{\partial A_z}{\partial x}\mathrm{d}x+\frac{\partial A_z}{\partial y}\mathrm{d}y+\frac{\partial A_z}{\partial t}\mathrm{d}t\right)\boldsymbol{k}$$

$$\frac{\mathrm{d}A_z}{\mathrm{d}t}\boldsymbol{k}=\left(\frac{\partial A_z}{\partial x}\frac{dx}{\mathrm{d}t}+\frac{\partial A_z}{\partial y}\frac{\mathrm{d}y}{\mathrm{d}t}+\frac{\partial A_z}{\partial t}\right)\boldsymbol{k}$$

$$=\left(\frac{\partial A_z}{\partial x}v_x+\frac{\partial A_z}{\partial y}v_y+\frac{\partial A_z}{\partial t}\right)\boldsymbol{k}$$

而

$$\boldsymbol{v}\times\boldsymbol{B}=\boldsymbol{v}\times\nabla\times\boldsymbol{A}$$

$$=(v_x\boldsymbol{i}+v_y\boldsymbol{j})\times\left(-\frac{\partial A_z}{\partial x}\boldsymbol{j}+\frac{\partial A_z}{\partial y}\boldsymbol{i}\right)$$

$$=-\left(v_x\frac{\partial A_z}{\partial x}+v_y\frac{\partial A_z}{\partial y}\right)\boldsymbol{k}$$

所以有

$$\frac{\mathrm{d}A_z}{\mathrm{d}t}\boldsymbol{k}=\left(\frac{\partial A_z}{\partial t}\boldsymbol{k}-\boldsymbol{v}\times\boldsymbol{B}\right)\tag{9-2}$$

当媒质的速度仅有x分量时，即有$\boldsymbol{v}=v_x\boldsymbol{i}$，于是有

$$\frac{\mathrm{d}A_z}{\mathrm{d}t}=\frac{\partial A_z}{\partial t}+v_x\frac{\partial A_z}{\partial x}$$

则二维问题矢量磁位变为A_z标量的初边值问题为

$$
\begin{cases}
\dfrac{\partial}{\partial x}\left(\dfrac{1}{\mu}\dfrac{\partial A_z}{\partial x}\right)+\dfrac{\partial}{\partial y}\left(\dfrac{1}{\mu}\dfrac{\partial A_z}{\partial y}\right)=-J_s+\sigma\dfrac{\mathrm{d}A_z}{\mathrm{d}t} & \in \Omega \\
A_z(x,y,t)=A_1(x,y,t) & \in l_1 \\
\dfrac{1}{\mu}\dfrac{\partial A_z}{\partial n}=q(x,y,t) & \in l_2 \\
A(x,y,t_0)=A_0(x,y) & t=0
\end{cases}
\tag{9-3}
$$

上式中l_1、l_2分别表示一类和二类边界，对于上述初边值问题，采用加权余量法的伽辽金（Galerkin）准则（详见第 5 章），得到离散化后的有限元方程为

$$
[k]\{A\}+[H]\frac{\mathrm{d}}{\mathrm{d}t}\{A\}=\{f_P\} \tag{9-4}
$$

式中：$\{A\}$为场域内离散节点矢量磁位A_z向量（省略下标z）；$[k]$为与材料特性有关的系数矩阵，考虑铁磁材料饱和时，即在非线性情况下，该系数矩阵为矢量磁位$\{A\}$的函数；$[H]$为具有导纳量纲的矩阵，与$\{A\}$无关；$\{f_P\}$为包括外加激励源项和二类边界条件积分项的向量。

方程式（9－4）是带有未离散化的时间变量、仅场变量离散化的，需要求解的微分方程组，对时间变量的离散方法较多，通常采用两点差分格式，其一般表达式可写为

$$
\sigma_1\left(\frac{\mathrm{d}\{A\}}{\mathrm{d}t}\right)_t+(1-\sigma_1)\left(\frac{\mathrm{d}\{A\}}{\mathrm{d}t}\right)_{t-\Delta t}=\frac{1}{\Delta t}\left(\{A\}_t-\{A\}_{t-\Delta t}\right)
$$

式中：系数σ_1取为（0～1）的分数，$\sigma_1=0$，可得到前差式与后差式；$\sigma_1=\dfrac{1}{2}$，为 C－N 式；$\sigma_1=\dfrac{2}{3}$，为 Galerkin（迦辽金）格式。前差式与后差式则将$\dfrac{\mathrm{d}\{A\}}{\mathrm{d}t}$在$\Delta t$间隔内的变化做常值处理，所以精度较低，C－N 格式是将$\dfrac{\mathrm{d}\{A\}}{\mathrm{d}t}$在$\Delta t$间隔内的变化做线性处理，而 Galerkin 格式是将$\dfrac{\mathrm{d}\{A\}}{\mathrm{d}t}$在$\Delta t$间隔内的变化做抛物线处理，因而有较高的精度。前差式得到的是显式不必联立求解，但计算中稳定性差，时间步长要求取得很小。后差式得到的是隐式，计算解为无条件稳定，可取大的时间步长，但必须联立求解联立方程组。

当采用 Crank－Nicolson 格式离散时间$\dfrac{\mathrm{d}\{A\}}{\mathrm{d}t}$项时，得到差分方程组

$$\left([k]\left[\frac{\{A\}_n+\{A\}_{n-1}}{2}\right]\right)\left(\frac{\{A\}_n+\{A\}_{n-1}}{2}\right)+[H]\left(\frac{\{A\}_n-\{A\}_{n-1}}{\Delta t}\right)=\{f_P\}_{\left(n-\frac{1}{2}\right)} \tag{9-5}$$

式中：$\{A\}_n$ 为在 $t=t_n$ 时刻待求的节点矢量磁位 $\boldsymbol{A}$ 向量；$\{A\}_{n-1}$ 为在 $t=t_n$ 时刻前一步（$n-1$）待求的节点矢量磁位 $\boldsymbol{A}$ 向量，当 $t=0$ 时，即为初始值 $A_0(x,y)$，这样，利用式（9－5）采用逐步推进的方法，可以获得（0～t）时间间隔内、场域内所有节点的矢量磁位值，从而得到所要求的瞬时解。

对于铁磁材料饱和的非线性问题，由于 $[k]$ 是 $\{A\}$ 的函数，式（9－5）需要迭代求解。但在 $t=t_n$ 时刻，场解 $\{A\}_{n-1}$ 为已知，而场解 $\{A\}_n$ 尚未得到，无法计算式（9－5）中的 $\left([k]\left[\frac{\{A\}_n+\{A\}_{n-1}}{2}\right]\right)$ 项，此时可利用 $t=t_{n-1}$ 时刻的解 $\{A\}_{n-1}$ 求出磁导率，预取 $([k]\{A\}_{n-1})$ 替代 $\left([k]\left[\frac{\{A\}_n+\{A\}_{n-1}}{2}\right]\right)$ 建立一个预测公式，从而求得一个预测值 $\{\tilde{A}_n\}$，即有

$$([k]\{A\}_{n-1})\left(\frac{\{\tilde{A}\}_n+\{A\}_{n-1}}{2}\right)+[H]\left(\frac{\{\tilde{A}\}_n-\{A\}_{n-1}}{\Delta t}\right)=\{f_P\}_{\left(n-\frac{1}{2}\right)} \tag{9-6}$$

然后取 $\{\tilde{A}_n\}$ 和 $\{A\}_{n-1}$ 的平均值，再做校正得

$$\left([k]\left[\frac{\{\tilde{A}\}_n+\{A\}_{n-1}}{2}\right]\right)\left(\frac{\{A\}_n+\{A\}_{n-1}}{2}\right)+[H]\left(\frac{\{A\}_n-\{A\}_{n-1}}{\Delta t}\right)=\{f_P\}_{\left(n-\frac{1}{2}\right)} \tag{9-7}$$

利用式（9－6）和式（9－7）即可进行 $t=t_n$ 时刻的非线性迭代求解，迭代格式可写为

$$\left([k]\left[\frac{\{A\}_n^{r-1}+\{A\}_{n-1}}{2}\right]\right)\left(\frac{\{A\}_n^{r}+\{A\}_{n-1}}{2}\right)+[H]\left(\frac{\{A\}_n^{r}-\{A\}_{n-1}}{\Delta t}\right)=\{f_P\}_{\left(n-\frac{1}{2}\right)} \tag{9-8}$$

式中，$\{A\}_n^r$ 为 $t=t_n$ 时刻第 r 次非线性迭代值。非线性迭代就是求取即时磁场下磁导率的过程，即修改系数矩阵 $[k]$，是一个逐步逼近过程，详细算法过程可参考有关电磁场数值计算书籍。

由于磁场是由电流激励产生的，而电流与外电路相关联，且与外加电压源有关，同时还与电机接通外联电路的模式有关。例如，是各相连续接通还是各相轮换断续导通，因此，必须建立电路方程与控制模式。

（2）电路方程。对于多相电机的控制（图 9－1a），可画出一相绕组的等

效电路图，如图 9－1b 所示。

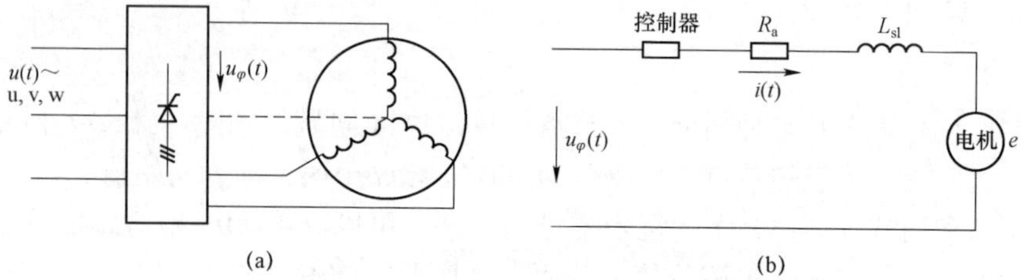

图 9－1　三相电机控制及其等效电路图

（a）三相电机控制电路；（b）一相绕组等效电路图

当采用电动机法则时，外施电压和电流假定正向如图 9－1b 所示，列写其电路方程为

$$u_\varphi(t)=R_a i(t)+L_{sl}\frac{d}{dt}i(t)+e \tag{9-9}$$

式中：$u_\varphi(t)$ 为外施相电压；R_a 为相绕组电阻；L_{sl} 为相绕组端部漏电感，因为绕组的端部漏磁处在空气中，所以端部漏电感为常数；e 为相绕组感应电动势，与磁场变化有关，即有

$$e=-\frac{\partial\psi}{\partial t}=-N\frac{\partial\Phi}{\partial t} \tag{9-10}$$

式中，N 为相绕组的串联匝数。这样，在已知外施电压下，将场方程式（9－5）或式（9－8）与路方程式（9－9）联立求解，即可求得 $i(t)$、气隙磁场、磁通以及电磁转矩。需要指出，方程式（9－5）或式（9－8）已经是已经离散化的，而方程式（9－9）必须离散化处理。

9.3　磁链和感应电动势的离散化处理

绕组感应电动势有两种计算方法：一种是通过气隙磁密用 $e=Bli$ 公式计算；另一种可以通过线圈瞬时磁通交链数对时间求导计算，即 $e=-\frac{d\psi}{dt}$。在电磁场数值计算中，当采用位函数时，磁感应强度和磁通是通过磁位物理量计算的。同时，对于有槽电机，线圈置于槽中，这样用矢量磁位瞬时值直接计算槽中线圈交链的磁链值，然后通过对时间求导即可求取感应电动势。由电磁场基本理论可知，磁链的表达式可写为

$$\psi=N\phi=N\int_S \boldsymbol{B}\cdot d\boldsymbol{s}$$

式中，N 为线圈交链磁通数的匝数。利用矢量磁位定义 $\boldsymbol{B}=\nabla\times\boldsymbol{A}$ 和斯托克斯

定理，有

$$\psi = N\int_S \boldsymbol{B} \cdot \mathrm{d}\boldsymbol{s} = N\int_S \nabla \times \boldsymbol{A} \cdot \mathrm{d}\boldsymbol{s} = N\oint_l \boldsymbol{A} \cdot \mathrm{d}\boldsymbol{l}$$

这说明在磁场中取任意闭合回路，沿此回路上的矢量磁位 $\boldsymbol{A}$ 的线积分，即可得到此回路所包含的磁通链。在 $x-y$ 平面的二维场中，$\boldsymbol{A}$ 仅有 z 分量，已经证明，由磁位值所画出的等 $\boldsymbol{A}$ 线即为磁力线，这样，在两条等 $\boldsymbol{A}$ 线之间所包含磁力线之和即为磁通链（对于三维场不适用）。感应电动势为

$$e = -N\frac{\partial}{\partial t}\oint A_z \mathrm{d}l$$

只要建立离散系统下的矢量磁位 A 线积分格式，即可求出感应电动势。这里的问题是槽内剖分后各点的 A 值不同，如何确定，只能取平均值。一种办法是以线圈边中心点的 A 值作为平均值，当线圈边的面积较大时，产生的误差大，计算不准，下面给出一种较准确的方法，即是采用每个剖分单元的三个顶点 A 的平均值。

通常电机绕组线圈的两个边，一个边置于某槽 a 中的一点，另一边置于另一槽 b 中的某点，两者相距约为一个极距。设两点的瞬时矢量磁位 z 分量值分别为 A_a、A_b，线圈交链的瞬时磁链为两点磁位值之差乘上线圈的轴向有效长度，其一般表达式为

$$\psi(t) = Nl_\mathrm{ef}(A_\mathrm{a} - A_\mathrm{b}) \tag{9-11}$$

式中，l_ef 为电机轴向有效长度。当离散化剖分时，若一个相绕组第 k 线圈的一个边在 a 槽剖分 n_{k1} 个单元，另一个相距约一个极距的边在 b 槽剖分 n_{k2} 个单元，若采用线性插值的三角形单元剖分，利用式（9–11），则一个线圈任意时刻交链的磁链值为

$$\begin{aligned}\psi_k(t) &= Nl_\mathrm{ef}\left(\sum_{e=1}^{n_{k1}}\iint_{\varDelta_e} A_a \frac{\mathrm{d}x\mathrm{d}y}{S_\mathrm{c}} - \sum_{e=1}^{n_{k2}}\iint_{\varDelta_e} A_\mathrm{b}\frac{\mathrm{d}x\mathrm{d}y}{S_\mathrm{c}}\right) \\ &= Nl_\mathrm{ef}\left(\sum_{e=1}^{n_{k1}}\frac{A_\mathrm{ei}+A_\mathrm{ej}+A_\mathrm{em}}{3S_\mathrm{c}}\varDelta_e - \sum_{e=1}^{n_{k2}}\frac{A_\mathrm{ei}+A_\mathrm{ej}+A_\mathrm{em}}{3S_\mathrm{c}}\varDelta_e\right) \\ &= \frac{Nl_\mathrm{ef}}{3S_\mathrm{c}}\left(\sum_{e=1}^{n_{k1}}\varDelta_e\sum_{r}^{i,j,m}A_\mathrm{er} - \sum_{e=1}^{n_{k2}}\varDelta_e\sum_{r}^{i,j,m}A_\mathrm{er}\right)\end{aligned}$$

式中：S_c 为线圈边所占槽的截面积，对于双层绕组为槽的截面积的一半，对于单层绕组为整个槽的截面积；$\varDelta_e$ 为一个槽剖分中第 e 个三角形单元面积；A_ei，A_ej，A_em 为第 e 个三角形单元三个顶点 i,j,m 的矢量磁位。

设电机的极对数为 p，绕组的每极每相槽数为 q，绕组每相并联支路数为 a，考虑到电机具有半周期性、对称性以及绕组连接规律性的特点，通常只需

计算一个极下的线圈即可，于是，可得每相绕组任意时刻交链的磁链数为

$$\psi(t)=\frac{2pNl_{\text{ef}}}{3aS_{\text{c}}}\sum_{k=1}^{q}\left(\sum_{e=1}^{n_{k1}}\varDelta_e\sum_{r}^{i,j,m}A_{\text{er}}-\sum_{e=1}^{n_{k2}}\varDelta_e\sum_{r}^{i,j,m}A_{\text{er}}\right)\tag{9-12}$$

在一个极距内，各相的线圈边数目相同，但各线圈边所处的位置不同，即处在不同的槽中，也就是各线圈边所处的磁位值不一样。在同一槽中，单层绕组的线圈边属于同一相，对于双层绕组，在同一槽中上层与下层的两个线圈边，可能属于同相也可能不属于同相；决定于线圈节距的大小。整距时，即 $y=\tau$，在一极下的 q 个槽的线圈边均属于同相；而当 $y\neq\tau$（小于或者大于极距）时，则有的槽是属于同相，有的槽不属于同相，如图 9–2 所示。这样，将槽内进行剖分时，在 n_k 个单元中，有些单元可能是属于同相，有些则不属于同相。在离散化处理式（9–12）时，将同一相（如所讨论的 A 相）的 q 个槽中的单元连续编号，在 q 个正向连接的线圈边的槽共剖分有 qn_{k1} 个单元。

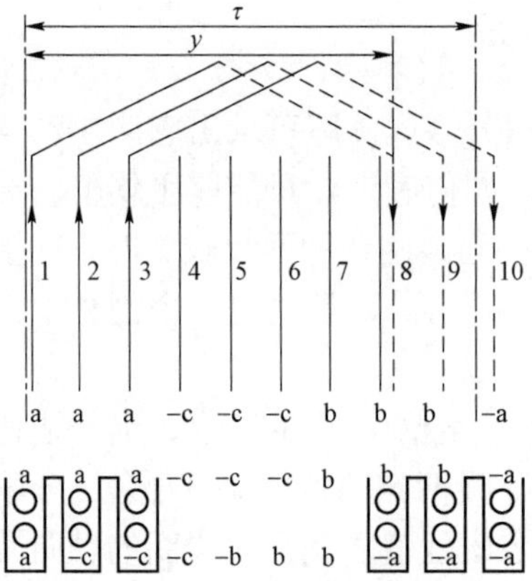

图 9–2　$y<\tau$ 槽内导体相属

设单元编号从 1 到 n_{s1}；另外相距约一个极距的 q 个反向连接的线圈边的槽共剖分有 qn_{k2} 个单元，设单元编号从 $n_{s1}+1$ 到 n_{s2}。如前所述，在 $2q$ 个槽中不是所有的单元和节点都是属于同一相的，而在计算相绕组的磁链和感应电动势时，只与讨论的所属相（如 A 相）相关的节点和单元才是有效的。于是，式（9–12）可写为

$$\begin{aligned}\psi(t)&=\frac{2pNl_{\text{ef}}}{3as_{\text{c}}}\left(\sum_{e=1}^{n_{s1}}\varDelta_e\sum_{r}^{i,j,m}A_{\text{er}}-\sum_{e=n_{s1}+1}^{n_{s2}}\varDelta_e\sum_{r}^{i,j,m}A_{\text{er}}\right)\\&=\frac{2pNl_{\text{ef}}}{3as_{\text{c}}}\left(\sum_{e}^{N_+}A_e\varDelta_e-\sum_{e}^{N_-}A_e\varDelta_e\right)\end{aligned}\tag{9-13}$$

式中：A_e 为所属相绕组相关节点的矢量磁位；N_+ 为所属相绕组的正向连接单元相关节点数；N_- 为所属相绕组的反向连接单元相关节点数；$\varDelta_e$ 为所属相绕组的节点相关的单元面积，简称节点相关面积，其定义为与某节点相关的单元面积之和，如图 9–3 所示。与节点 i 相关的单元共 5 个，即节点相关面积为

$$\varDelta_e=\sum_{j=1}^{E_e=5}\varDelta_{ij}=\varDelta_{i1}+\varDelta_{i2}+\varDelta_{i3}+\varDelta_{i4}+\varDelta_{i5}$$

例如：槽内线圈边共有 8 个单元 9 个节点，如图 9-4 所示，则式（9-13）中的第二等式的相关项展开有如下形式：

$$
\begin{aligned}
\sum_{i=1}^{8}\Delta_i\sum_{j=1}^{9}A_{ij} &= (\Delta_1+\Delta_2+\Delta_3+\cdots+\Delta_8)(A_{i1}+A_{i2}+A_{i3}) \\
&= \Delta_1(A_1+A_2+A_4)+\Delta_2(A_2+A_4+A_5)+\Delta_3(A_2+A_5+A_6)+ \\
&\quad \Delta_4(A_2+A_6+A_3)+\Delta_5(A_4+A_7+A_8)+\Delta_6(A_4+A_8+A_5)+ \\
&\quad \Delta_7(A_5+A_8+A_6)+\Delta_8(A_8+A_9+A_6) \\
&= A_1\Delta_1+A_2(\Delta_1+\Delta_2+\Delta_3+\Delta_4)+A_3\Delta_4+A_4(\Delta_1+\Delta_2+\Delta_5+\Delta_6)+ \\
&\quad A_5(\Delta_2+\Delta_3+\Delta_6+\Delta_7)+A_6(\Delta_3+\Delta_4+\Delta_7+\Delta_8)+A_7\Delta_5+ \\
&\quad A_8(\Delta_5+\Delta_6+\Delta_7+\Delta_8)+A_9\Delta_8
\end{aligned}
$$

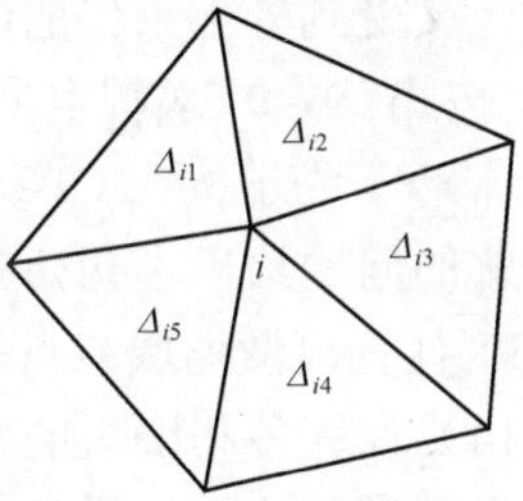

图 9-3　节点相关面积

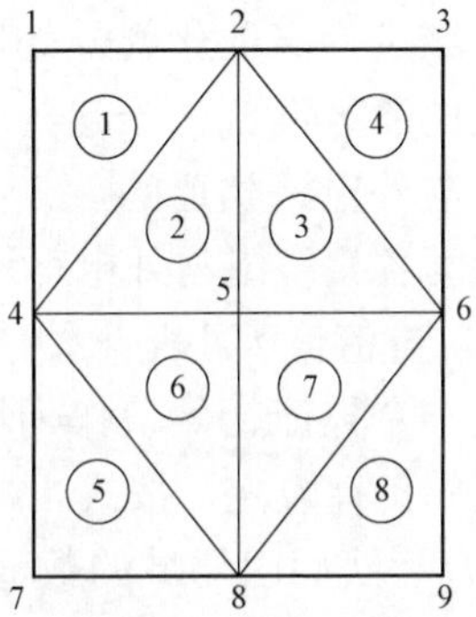

图 9-4　节点相关面积

可见各节点的相关面积是不同的。设场域内剖分得到 N_{E0} 个单元，总节点数为 L_0，设其单元面积向量为

$$\{\Delta\}=\{\Delta_1 \quad \Delta_2 \quad \Delta_3 \quad \cdots \quad \Delta_{N_{E0}}\}^{\mathrm{T}}$$

定义相绕组（如 A 相）的相关矩阵为

$$[AA]=\begin{bmatrix} a_{11} & a_{12} & \cdots & a_{1,N_{E0}} \\ \vdots & \cdots & a_{ij} & \vdots \\ a_{L_0,1} & a_{L_0,2} & \cdots & a_{L_0,N_{E0}} \end{bmatrix}$$

矩阵的元素 a_{ij} 约定为

$$a_{ij}=\begin{cases} +1 & \text{当节点 } i \text{ 在相绕组正向连接的线圈边内，与单元 } j \text{ 相关时；} \\ 0 & \text{当节点 } i \text{ 不在相绕组的线圈边内时；} \\ -1 & \text{当节点 } i \text{ 在相绕组反向连接的线圈边内，与单元 } j \text{ 相关时。} \end{cases}$$

定义相绕组的节点相关面积向量为

$$\{\Delta\}_A=[AA]\{\Delta\}=\{\Delta_{A1}\quad\cdots\quad\Delta_{Aj}\quad\cdots\quad\Delta_{A,L_0}\}^{\mathrm{T}}$$

式中，$\Delta_{Aj}=\sum_{j=1}^{N_{E0}}a_{ij}\Delta_j$，$(i=1,2,\cdots,L_0)$，仅在相绕组的线圈边内 Δ_{Aj} 才有值，其余均为 0。于是，磁链的离散形式有

$$\psi(t)=\frac{2pNl_{\mathrm{ef}}}{3as_{\mathrm{c}}}\{\Delta\}_A^{\mathrm{T}}\{A\}$$

相绕组的感应电动势为

$$e_{\mathrm{A}}=-\frac{\mathrm{d}}{\mathrm{d}t}\psi(t)=-\frac{2pNl_{\mathrm{ef}}}{3as_{\mathrm{c}}}\{\Delta\}_A^{\mathrm{T}}\frac{\mathrm{d}}{\mathrm{d}t}\{A\} \tag{9-14}$$

利用式（9－9）和式（9－14），即可进行“场－路”耦合的计算。将需要求解的场域进行离散化剖分处理，通常采用二维场，因为在场域内可能有电流区和无电流区混合在一起，所以必须选用矢量磁位作为节点的求解变量。而电机是与外电路相连的，其内部磁场的激励源又受到外部条件的约束，因此必须根据各相绕组与外电路连接的拓扑结构，按式（9－9）求解电流激励源。

通常，电流值大小是未知的，尤其对于瞬态情况。为了按式（9－9）计算，需先设定一个电流初始值作为场源，如果所求解的问题给出了初始条件，则可根据初始条件设定，按式（9－4）和式（9－5）计算离散场域节点的矢量磁位向量$\{A\}$，然后由场域的数值解再按式（9－14）计算各相绕组的感应电动势，根据电路的平衡关系求出电压，再与外施电压进行比较，看是否满足预设的误差要求。如果不满足要求，修正所设定的电流值重新求解电磁场，再求出电压与外施电压进行比较，如此进行电流的反复迭代，直至获得满意结果为止。此种电流迭代法耗时，尤其计算瞬态情况，例如计算电动机的启动过程，从初始状态到稳定状态，可能要花较长时间才能达到稳定。

电机作为电动机运行时，电路方程中电流与负载有关，与运行状态有关，尤其在瞬态情况下随时间而变，而外施电压是已知的，因此，如果采用电压源作为场源直接求解电磁场方程，则可避免电流迭代过程。为此，需要找到外施电源电压与电磁场求解域中各节点矢量磁位的关系，将外施电压源及外电路参数纳入到求解电磁场的方程组中，电磁场的求解变得简便、直接，此即为直接“场－路”解法。

将式（9－9）做如下变换

$$u(t)=R_{\mathrm{a}}i_{\mathrm{A}}(t)+L_{\mathrm{sl}}\frac{\mathrm{d}}{\mathrm{d}t}i_{\mathrm{A}}(t)+e_{\mathrm{A}}$$

$$u(t)-e_{\mathrm{A}}=\left(L_{\mathrm{sl}}\frac{\mathrm{d}}{\mathrm{d}t}+R_{\mathrm{a}}\right)i_{\mathrm{A}}(t)=\left(L_{\mathrm{sl}}p+R_{\mathrm{a}}\right)i_{\mathrm{A}}(t)$$

或

$$i_{\mathrm{A}}(t)=\frac{u(t)-e_{\mathrm{A}}}{R_{\mathrm{a}}+L_{\mathrm{sl}}p}=\frac{1}{Z(p)}[u(t)-e_{\mathrm{A}}]$$

式中：$p=\dfrac{\mathrm{d}}{\mathrm{d}t}$ 为微分算子；$Z(p)=r_{\mathrm{a}}+L_{\mathrm{sl}}p$ 为运算阻抗。经变换后，可写为

$$i_{\mathrm{A}}(p)=\frac{u(p)-e_{\mathrm{A}}(p)}{R_{\mathrm{a}}+L_{\mathrm{sl}}p}=\frac{1}{Z(p)}[u(p)-e_{\mathrm{A}}(p)] \tag{9-15}$$

相绕组的平均电流密度为

$$J_{\mathrm{A}}(p)=\frac{i_{\mathrm{A}}(p)N}{aS_{\mathrm{c}}}=\frac{N}{aS_{\mathrm{c}}}\frac{u(p)-e_{\mathrm{A}}(p)}{Z(p)} \tag{9-16}$$

式中，S_{c} 为线圈边所占有的槽面积，对于双层绕组为整槽面积的一半，单层绕组为整槽面积。式（9–15）和式（9–16）为相绕组电流和电密的运算表达式。

当电机中的时间变量如电压、电流和磁场变量为正弦变化时，则算子 $p=\mathrm{j}\omega$，所有时变量即为复量，式（9–4）即变为复量方程

$$[k]\{\dot{A}\}+\mathrm{j}\omega[H]\{\dot{A}\}=\{\dot{f}_P\} \tag{9-17}$$

将式（9–14）变为如下形式

$$\dot{E}_{\mathrm{mA}}=-\frac{2pNl_{\mathrm{ef}}}{3aS_{\mathrm{c}}}\mathrm{j}\omega\{\varDelta\}_{\mathrm{A}}^{\mathrm{T}}\{\dot{A}\} \tag{9-18}$$

将式（9–16）变为如下形式

$$\dot{J}_{\mathrm{A}}=\frac{N}{aS_{\mathrm{c}}}\frac{[\dot{U}_{\mathrm{mA}}-\dot{E}_{\mathrm{mA}}]}{Z} \tag{9-19}$$

式中：$Z=r_{\mathrm{a}}+\mathrm{j}\omega L_{\mathrm{sl}}$ 为绕组复阻抗；$\dot{U}_{\mathrm{mA}}$ 为 A 相外加相电压复量最大值；$\dot{E}_{\mathrm{mA}}$ 为 A 相感应电动势复量最大值。

将式（9–18）代入式（9–19）得电流密度表达式

$$\dot{J}_{\mathrm{A}}=\frac{N}{aS_{\mathrm{c}}Z}\left[\dot{U}_{\mathrm{mA}}+\frac{\mathrm{j}\omega 2pNl_{\mathrm{ef}}}{3aS_{\mathrm{c}}}\{\varDelta\}_{\mathrm{A}}^{\mathrm{T}}\{\dot{A}\}\right] \tag{9-19a}$$

用式（9–19）的电流密度代替场方程式（9–17）右端中的电流源。由式（9–3），当采用三角形单元离散，用加权余量法的 Galerkin 准则，则在一个单元内的电流，有

$$\int_{\varDelta}\dot{J}_{\mathrm{A}}N_e(x,y)\mathrm{d}x\mathrm{d}y=\dot{J}_{\mathrm{A}}\int_{\varDelta}N_e(x,y)\mathrm{d}x\mathrm{d}y=\frac{1}{3}\dot{J}_{\mathrm{A}}\varDelta \quad (e=i,j,m)$$

式中，$N_e(x,y)$ 为单元的形函数。场域已离散化 N_{E0} 个单元，L_0 个节点，利用

前述磁链离散化计算处理的概念与方法，只有与所属相绕组（如 A 相）节点相关的单元面积对节点电流才有贡献。于是，可写出 A 相电流向量为

$$\{\dot{I}_{\mathrm{A}}\}=\begin{Bmatrix}\dot{I}_{\mathrm{A}_1}\\ \dot{I}_{\mathrm{A}_2}\\ \vdots\\ \dot{I}_{\mathrm{A}_{L_0}}\end{Bmatrix}=\begin{Bmatrix}\mathrm{sign}\dfrac{1}{3}\sum\limits_{j=1}^{E_0}\Delta_{1j}\\ \mathrm{sign}\dfrac{1}{3}\sum\limits_{j=1}^{E_0}\Delta_{2j}\\ \vdots\\ \mathrm{sign}\dfrac{1}{3}\sum\limits_{j=1}^{E_0}\Delta_{L_0 j}\end{Bmatrix}\dot{J}_{\mathrm{A}}=\frac{1}{3}\{\Delta\}_{\mathrm{A}}\dot{J}_{\mathrm{A}}$$

式中，符号 sign 的取值为：当节点在 A 相绕组内时为 1，当节点不在 A 相绕组内时为 0。同理，可写出 B 相和 C 相的电流向量为

$$\{\dot{I}_{\mathrm{B}}\}=\frac{1}{3}\{\Delta\}_{\mathrm{B}}\dot{J}_{\mathrm{B}}$$

$$\{\dot{I}_{\mathrm{C}}\}=\frac{1}{3}\{\Delta\}_{\mathrm{C}}\dot{J}_{\mathrm{C}}$$

式（9－4）或式（9－17）中的右端项，$\{f_P\}$ 包括外加激励源项和二类边界条件积分项的向量。在整个场域，外加激励源项即为三相电流，离散化后用电流密度表示的三相电流对场域节点的总贡献为

$$\{\dot{f}_3\}=\frac{1}{3}\left(\{\Delta\}_{\mathrm{A}}\dot{J}_{\mathrm{A}}+\{\Delta\}_{\mathrm{B}}\dot{J}_{\mathrm{B}}+\{\Delta\}_{\mathrm{C}}\dot{J}_{\mathrm{C}}\right) \tag{9-20}$$

考虑到用式（9－18）和方程式（9－19）表达三相的形式，代入式（9－20）得

$$\{\dot{f}_3\}=\frac{1}{3}\frac{N}{as_{\mathrm{c}}Z}\left(\{\Delta\}_{\mathrm{A}}\dot{U}_{\mathrm{mA}}+\{\Delta\}_{\mathrm{B}}\dot{U}_{\mathrm{mB}}+\{\Delta\}_{\mathrm{C}}\dot{U}_{\mathrm{mC}}\right)-$$
$$\frac{1}{3}\frac{N}{as_{\mathrm{c}}Z}\left(\frac{\mathrm{j}\omega 2pNl_{\mathrm{ef}}}{3as_{\mathrm{c}}}\right)\left(\{\Delta\}_{\mathrm{A}}\{\Delta\}_{\mathrm{A}}^{\mathrm{T}}+\{\Delta\}_{\mathrm{B}}\{\Delta\}_{\mathrm{B}}^{\mathrm{T}}+\{\Delta\}_{\mathrm{C}}\{\Delta\}_{\mathrm{C}}^{\mathrm{T}}\right)\{\dot{A}\}$$

令

$$[k_{\mathrm{s}}]=\frac{2}{9}\frac{pN^2l_{\mathrm{ef}}}{a^2s_{\mathrm{c}}^2Z}\left(\{\Delta\}_{\mathrm{A}}\{\Delta\}_{\mathrm{A}}^{\mathrm{T}}+\{\Delta\}_{\mathrm{B}}\{\Delta\}_{\mathrm{B}}^{\mathrm{T}}+\{\Delta\}_{\mathrm{C}}\{\Delta\}_{\mathrm{C}}^{\mathrm{T}}\right)$$

$$\{\dot{f}_s\}=\frac{1}{3}\frac{N}{as_{\mathrm{c}}Z}\left(\{\Delta\}_{\mathrm{A}}\dot{U}_{\mathrm{mA}}+\{\Delta\}_{\mathrm{B}}\dot{U}_{\mathrm{mB}}+\{\Delta\}_{\mathrm{C}}\dot{U}_{\mathrm{mC}}\right)$$

于是，得到采用外加电压源为场源的有限元离散化复量方程

$$[k]\{\dot{A}\}+\mathrm{j}\omega([H]+[k_s])\{\dot{A}\}=\{\dot{f}_s\}+\{f_2\} \tag{9-21}$$

式中：$\{f_2\}$ 为由方程（9–4）的右端项，除掉外加激励源项后的二类边界条件积分项向量；$\{\dot{f}_s\}$ 为直接与外加电压源相关的电流向量，具有安培量纲；$[k_s]$ 为定子绕组导纳矩阵，具有导纳量纲。

由方程式（9–21）可知，已知场域的二类边界和三相外加电压源离散化后各节点的值，构成离散化场方程的右端项，因为作为场源已知，于是可以解得场域内各节点的磁位值 $\{\dot{A}\}$。进而由式（9–18）可解出各相感应电动势，由各相电压表达式

$$\dot{U}_{\mathrm{mA}} = U_{\mathrm{m}} \mathrm{e}^{\mathrm{j}\varphi_0}$$

$$\dot{U}_{\mathrm{mB}} = U_{\mathrm{m}} \mathrm{e}^{\mathrm{j}\left(\varphi_0 - \frac{2\pi}{3}\right)}$$

$$\dot{U}_{\mathrm{mC}} = U_{\mathrm{m}} \mathrm{e}^{\mathrm{j}\left(\varphi_0 + \frac{2\pi}{3}\right)}$$

可按下式计算三相电流

$$\dot{I}_{\mathrm{A}} = \left(\dot{U}_{\mathrm{mA}} + \mathrm{j}\omega \frac{2pNl_{\mathrm{ef}}}{3as_{\mathrm{c}}} \{\varDelta\}_{\mathrm{A}}^{\mathrm{T}} \{\dot{A}\}\right) \times \frac{1}{Z}$$

$$\dot{I}_{\mathrm{B}} = \left(\dot{U}_{\mathrm{mB}} + \mathrm{j}\omega \frac{2pNl_{\mathrm{ef}}}{3as_{\mathrm{c}}} \{\varDelta\}_{\mathrm{B}}^{\mathrm{T}} \{\dot{A}\}\right) \times \frac{1}{Z}$$

$$\dot{I}_{\mathrm{C}} = \left(\dot{U}_{\mathrm{mC}} + \mathrm{j}\omega \frac{2pNl_{\mathrm{ef}}}{3as_{\mathrm{c}}} \{\varDelta\}_{\mathrm{C}}^{\mathrm{T}} \{\dot{A}\}\right) \times \frac{1}{Z}$$

计算得到场域内各节点的磁场量和电流密度，即可得到电机的电磁力矢量和电磁转矩矢量如下

$$\boldsymbol{F} = \int_V (\boldsymbol{J} \times \boldsymbol{B}) \mathrm{d}v$$

$$\boldsymbol{M} = \boldsymbol{r} \times \boldsymbol{F} = \int_V \boldsymbol{r} \times (\boldsymbol{J} \times \boldsymbol{B}) \mathrm{d}v$$

式中，$\boldsymbol{r}$ 为电机转子半径矢量。

9.4 动态气隙单元处理方法

在处理有相对运动媒质的电磁场有限元计算时，如果媒质的运动不影响场域内的场量变化与分布，网格的剖分与生成很容易处理，将媒质视为静止体即可；如果媒质的相对运动影响到域内场量的变化与分布，如有槽电机的定子与转子之间相对位置的改变，气隙磁导将发生变化，磁场分布也将变化，这样使得网格剖分与生成，带来如何处理运动剖分问题，成为电机电磁场有限元计算的一项瓶颈，而早期的计算是将定子与转子作为静止体处理，因此

计算精度较差，尤其是计算动态特性的计算会带来更大误差。

在处理运动剖分问题的发展过程中，研究者们曾提出各种方法，如早期的解析法，将气隙不剖分，用解析法求解气隙区域的场量，这样导致有限元方程不对称，给系数矩阵的存储和方程求解带来困难。另一种方法是采用边界元－有限元耦合法，气隙区域用边界元，定子与转子区域用有限元，耦合联立求解，但仍然形成不对称方程组，系数存储与求解均存在困难。第三种方法称为重构运动气隙单元法，它是将求解区域划分为定子、转子和气隙三部分，定子和转子场域剖分的拓扑结构保持不变，气隙单独剖分，当定子与转子相对位置变化时，气隙单元发生畸变，根据设定的时间步长，气隙单元畸变到一定状态后，仅需重新剖分气隙单元。此方法的优点是可以保持系数矩阵的对称性，整体场域重复剖分的工作量小，但是这种方法需要在每一步都重构气隙单元，使用起来仍然感到困难。现在使用比较多和比较成熟的是一种所谓气隙“滑动面法”（Slip Surface），它是由英国 GEC 工程研究中心的学者 T，W .Preston，A.B. J .Reece，and P. S. Sangha 所提出，现已被电磁场计算的商用软件所采用，如 Ansoft Empulse 软件就是用此法计算瞬态电磁场。

气隙“滑动面法”的实质是在静止的定子部分采用静止坐标系，在转动的转子部分采用旋转坐标系，在静止与旋转两坐标系之间的气隙中选择一条运动边界，分别列出方程，利用运动边界将静止部分和转动部分连接起来，以得到整个场域的解。在定、转子间的气隙中设置一个滑动边界面，此面即为两个空间的相互重合面，在转子转动每个时间步长后，定子和转子部分的有限元网格保持不变，仅需改变转动部分的节点坐标和对滑动边界作特殊处理。

如图 9－5 表示一台 4 极电机一个极距气隙滑动面处理示意，图中 $S_{i(i=1\sim5)}$，$R_{i(i=1\sim5)}$ 分别表示定子和转子的边界，S_4，S_5，R_4，R_5 为滑动面运动边界，S_4 与 R_4 为定子（包括气隙）与转子的重合边界，S_4 与 R_4 满足周期性条件，S_5 与 R_5 满足半周期性条件。当转子旋转时，转子与定子的相对位置发生变化，$\theta=0°$ 时，转子与定子完全对齐，$S_4=R_4=0$，S_5 与 R_5 重合，如采用矢量磁位计算，此时，$\boldsymbol{A}|_{S_4}=\boldsymbol{A}|_{R_4}$。而在 $0°<\theta<180°$ 范围内转子移动时，在转子滑动面边界 R_4、R_5 与定子滑动面边界 S_4、S_5 上，矢量磁位满足 $\boldsymbol{A}|_{S_5}=\boldsymbol{A}|_{R_5}$，$\boldsymbol{A}|_{S_4}=-\boldsymbol{A}|_{R4}$。这样产生的离散化代数方程组系数矩阵保持其对称性不变。

气隙滑动面边界的单元剖分，是将滑动边界上的节点设置为等距离，节点数相等，并在边界上分别编号（重合处是双重编号）。选择适当的转动步长，使每个转动步长运动边界移过整数个节点，滑动面上的节点始终保持对齐。图 9－6 表示气隙滑动面在转子运动时单元变化情况。图 9－5（a）表示初始瞬间（t=0），相当于图 9－5（a）的状态，图 9－6（b）和 C 相对于一个时间步长 $t=\Delta t$ 和两个时间步长 $t=2\Delta t$ 的状态。至于两个滑动面相对时间移动多长的距离，则取决于步长的设定和转动部分的转速。图 9－7 表示一台 $2p=4$ 凸极同步电机起动研究的气隙滑动面网格剖分。

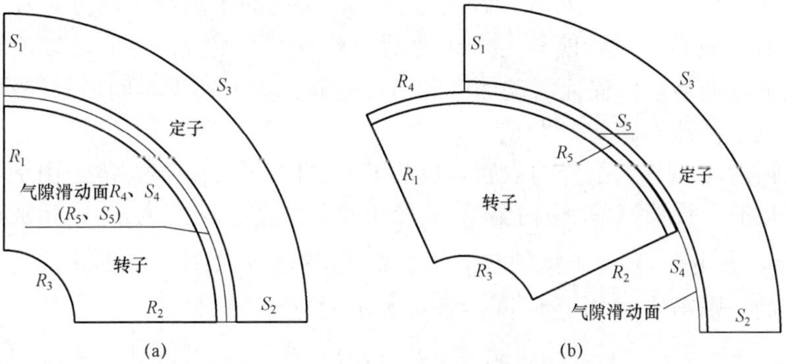

图 9－5　$2p=4$ 的气隙滑动面处理示意图

（a）$\theta=0°$；（b）$\theta=30°$

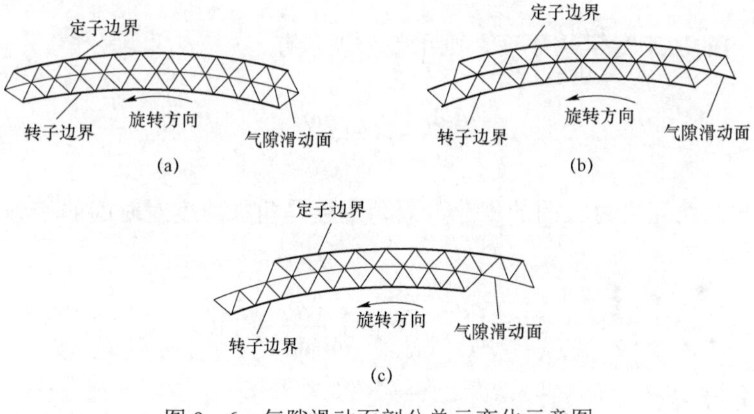

图 9－6　气隙滑动面剖分单元变化示意图

（a）$t=0$；（b）$t=\Delta t$；（c）$t=2\Delta t$

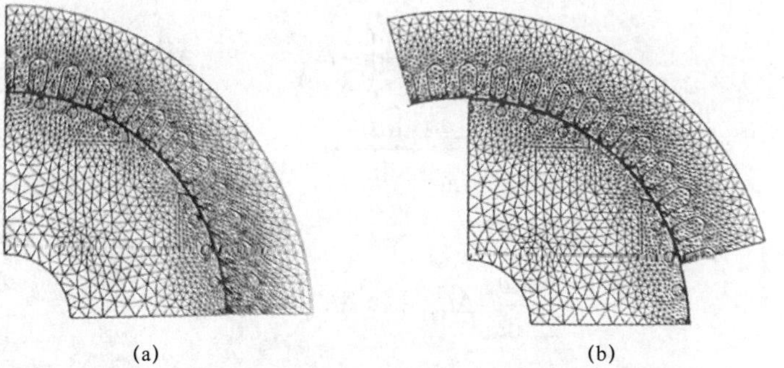

图 9－7　$2p=4$ 凸极同步电机起动研究的气隙滑动面网格剖分

（a）$\theta=0°$；（b）$\theta=15°$

对于转速恒定问题，选择一定的时间步长，则由距离等于时间步长乘以速度，容易使转子转动的每一步都在滑动边界上转过整数个节点。对于电机转速变化的问题，如研究电机起动过程，在滑动面采用等距剖分条件下，转子边的滑动边界节点可能与定子边滑动边界节点不重合，这时必须通过对时间步长进行调整，以保证滑动面上的节点对齐。如何实现时间步长的调整呢，可采取以下原理实施。

根据滑动面节点剖分的设置，设两节点之间的间距角为$\Delta\theta$，由于转速是瞬时变化的，设第 k 步移动至第 n 个节点处时的角速度为ω_k，角加速度为$\mathrm{d}\omega_k/\mathrm{d}t$。假定在第$n+1$步的时间步长$\Delta t$内转速$\omega_k$不变，从而未计及角加速度的影响，则第$n+1$步的时间步长可表示为

$$\Delta t_{k+1}=\frac{\Delta\theta}{\omega_k}$$

但这样得到的结果精度较低。如果计及角加速度的影响，设第$n+1$步的时间步长Δt内的加速度$\dfrac{\mathrm{d}\omega_k}{\mathrm{d}t}$不变，则用差分表示有

$$\frac{\mathrm{d}\omega_k}{\mathrm{d}t}=\frac{\omega_{k+1}-\omega_k}{\Delta t_{k+1}}$$

根据转角是角速度对时间的积分，而角速度是角加速度对时间的积分，由此可得

$$\Delta\theta=\int_{t_k}^{t_k+\Delta t_{k+1}}\left(\omega_k+\int_{t_k}\frac{\mathrm{d}\omega_k}{\mathrm{d}t}\mathrm{d}t\right)\mathrm{d}t$$

展开积分得

$$\begin{aligned}\Delta\theta&=\int_{t_k}^{t_k+\Delta t_{k+1}}\omega_k\mathrm{d}t+\frac{\mathrm{d}\omega_k}{\mathrm{d}t}(t-t_k)\mathrm{d}t\\&=\omega_k\Delta t_{k+1}+\frac{\mathrm{d}\omega_k}{\mathrm{d}t}\left(\frac{1}{2}t^2\Big|_{t_k}^{t_k+\Delta t_{k+1}}-t_k\Delta t_{k+1}\right)\\&=\omega_k\Delta t_{k+1}+\frac{1}{2}\frac{\mathrm{d}\omega_k}{\mathrm{d}t}\Delta t_{k+1}^2\end{aligned}$$

因此，有

$$\frac{1}{2}\frac{\mathrm{d}\omega_k}{\mathrm{d}t}\Delta t_{k+1}^2+\omega_k\Delta t_{k+1}-\Delta\theta=0$$

由此，可求得$\dfrac{\mathrm{d}\omega_k}{\mathrm{d}t}\neq 0$时第$n+1$步的时间步长为

$$\Delta t_{k+1}=\frac{-\omega_k+\sqrt{\omega_k^2+2\frac{\mathrm{d}\omega_k}{\mathrm{d}t}\Delta\theta}}{\frac{\mathrm{d}\omega_k}{\mathrm{d}t}} \tag{9-22}$$

式（9–22）即考虑到瞬时速度变化时加速度影响，确定的时间步长，由此获得的结果精度较高。

显然，当$\frac{\mathrm{d}\omega_k}{\mathrm{d}t}=0$，对式（9–22）用洛必达法则，即可求得

$$\Delta t_{k+1}=\frac{\Delta\theta}{\omega_k}$$

式（9–22）中的加速度由电机的轴系运动方程确定，对于电机在动态状态下的运动方程可写为

$$M-M_{\mathrm{c}}=J\frac{\mathrm{d}\omega_k}{\mathrm{d}t}$$

由此角加速度

$$\frac{\mathrm{d}\omega_k}{\mathrm{d}t}=\frac{M-M_{\mathrm{c}}}{J}$$

式中：M为电磁转矩；M_{c}为轴系的阻转矩；J为轴系的转动惯量。

采用后差法，可得到角速度为

$$\omega_k=\omega_{k-1}+\frac{\mathrm{d}\omega_k}{\mathrm{d}t}\Delta t_{k-1}$$

由此可逐步向前推进，可求得电机转轴系统的速度随时间的变化关系。由电路方程及电磁场量，不难求得其他电磁量的时间变化关系。

现代有些数值计算商用软件已经有很好的处理动态计算与仿真的能力。

第 10 章　利用现代数值计算软件求解电磁场问题算例

随着电子计算机软硬件技术的飞速发展，数值计算技术也日趋成熟。20 世纪 70 年代以后，基于有限元法、边界元法等求解法的现代数值计算软件，开始应用于解决工程实际问题，并逐步实现商业化和通用化。近 20 年来，随着商业化竞争的加剧，相关软件开发商一方面不断加强商业化推广，另一方面则更加注重软件功能和性能的提高，在软件易用性、交互性、智能化和定制化等方面不断地进行改进和扩展，以更好地满足用户需求。现代数值计算软件的应用，可以帮助用户提高设计分析精度，缩短产品开发周期，降低研发和测试成本，从而客观上促进了相关科学技术的发展。

目前，在电机、变压器和电磁装置等低频电磁场工程领域，流行的数值计算软件主要有 ANSYS Maxwell、Flux、Jmag、Opera、MagNet、MagneForce 和 COMSOL 等，此外，还有少量开源电磁场数值计算软件如 FEMM 等。

Maxwell 软件最初是美国 Ansoft 公司仿真软件系列中的电磁场分析模块，后被美国 ANSYS 公司收购，并成为其主推的电磁场数值仿真软件，目前已经集成到该公司 ANSYS Electronics Desktop 这一用于电磁、电路和系统仿真的高级集成平台上。Electronics Desktop 产品又可以链接到 ANSYS Workbench 平台，可实现多物理场耦合仿真。

ANSYS Maxwell 是用于电机、传感器、变压器和其他电磁装置等机电设备研发的电磁场分析工具。ANSYS Maxwell 包含二维和三维的静磁场、涡流场、瞬态磁场、静电场、直流传导场、瞬态电场等求解器，能准确地计算力、转矩、电容、电感、电阻和阻抗等参数，并且能自动生成非线性等效电路和状态空间模型，用于控制电路和系统仿真，实现部件在考虑了驱动电路、负载和系统参数后的综合性能分析[32]。

本章将以 ANSYS Maxwell 17.1 软件为例，介绍现代数值计算软件在求解电机电磁场数值计算问题方面的应用算例。

10.1　无刷直流电机二维静磁场分析

10.1.1　二维静磁场分析理论

由前文第 4 章的分析可知，对与时间无关的静态场，麦克斯韦方程可以简化为式（4–4）。由电流源在空间建立的静磁场须同时满足式（4–4）中的第一式和第三式。考虑更一般的情况，式（4–4）第三式中的感应强度矢量 $\boldsymbol{B}$ 可以表示为

$$\boldsymbol{B} = \mu_0(\boldsymbol{H} + \boldsymbol{M}) = \mu_0\mu_r\boldsymbol{H} + \mu_0\boldsymbol{M}_0 \tag{10-1}$$

式中：$\boldsymbol{H}$ 为磁场强度矢量；μ_0 为真空磁导率；μ_r 为材料的相对磁导率；$\boldsymbol{M}_0$ 为永磁体的磁化强度矢量。

对于二维静磁场，求解域中的材料可以是线性的，也可以是非线性的，材料的磁导率会直接影响磁场的空间分布。在 ANSYS Maxwell 中，二维静磁场求解器不但可以考虑软磁材料的非线性和各相异性，而且可以考虑永磁材料的非线性，即分析其退磁情况[33]。

一般情况下，静磁场是有旋无源场，通常引入矢量磁位 $\boldsymbol{A}$ 进行求解。在 ANSYS Maxwell 中，二维静磁场求解器可以求解由导体流过直流电流或永磁体建立的稳态磁场，还可以求解由边界条件给定的外部静态磁场。利用矢量磁位的旋度方程式（4–8）分析求解，通过给定电流密度激励源 $\boldsymbol{J}_z(x,y)$，求解出各点的矢量磁位 $\boldsymbol{A}_z(x,y)$，具体方程如下

$$\nabla \times \frac{1}{\mu} \nabla \times \boldsymbol{A}_z(x,y) = \boldsymbol{J}_z(x,y) \tag{10-2}$$

式中，μ 为求解域内材料的磁导率。

ANSYS Maxwell 二维静磁场求解器可以直接求解磁场强度 H、电流密度 J 和磁感应强度 B，进而可以分析的量包括能量、电感、磁链、静磁力和转矩等。

10.1.2　电感和磁链的计算

电感表示的是电流产生的磁场储能的大小，其与磁场储能的关系满足下式

$$W_{\mathrm{m}} = \frac{1}{2}Li^2 \tag{10-3}$$

式中：W_{m} 为磁场储能；L 为电感；i 为回路中的电流。

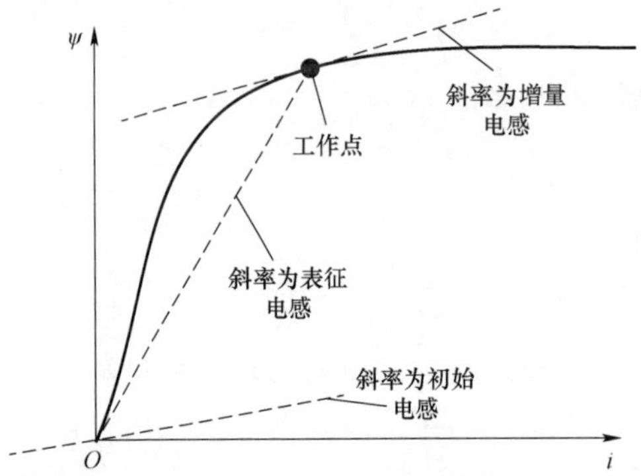

图 10－1　磁化曲线及电感示意图[2]

对于非线性磁路的情况，由于铁心磁饱和的影响，电感可分为初始电感、表征电感和增量电感三种，后两者又分别被称为静态电感和动态电感，如图 10－1 所示。

初始电感表示磁化曲线在坐标原点的切线的斜率。一般磁性材料的磁化曲线在电流从 0 开始增大时存在一段缓慢上升的阶段，对应存在初始电感。

表征电感表示原点到工作点的直线的斜率，代表单位电流产生的磁链，即

$$L_{\mathrm{app}} = \frac{\psi}{i} \tag{10-4}$$

式中：ψ 为磁链；i 为电流，表征电感表示的是电流与磁链间的关系，特别适用于基于状态方程或基函数法的时域仿真。表征电感与磁场储能密切相关，但直接由表征电感计算的能量不是真正的磁场储能，因为忽略了非线性的积分路径。当电流变化时，表征电感会随之变化，如图 10－1 所示。

增量电感表示典型的磁化曲线在工作点处的切线斜率，代表电流的变化所引起的磁链变化率，因此也称为差分电感，即

$$L_{\mathrm{inc}} = \frac{\mathrm{d}\psi}{\mathrm{d}i} \tag{10-5}$$

增量电感与磁场储能没有直接关系，主要用于小信号分析。

对于线性磁路，初始电感、表征电感与增量电感三者是相等的。在非线性磁路中，三者有着不同的值，除了初始电感以外，同一工作点的表征电感会大于增量电感，且一般都随着饱和程度的增加而逐渐减小。

ANSYS Maxwell 利用表征电感计算磁链，作为独立变量的函数，随着电流的变化，材料特性也发生改变。对于非线性磁路，Maxwell 计算表征电感的步骤如下：

（1）首先在所有激励源都给特定值的情况下，利用非线性静磁场求解，得到每一个剖分单元的磁导率数值，以考虑局部饱和程度不相等的影响。

（2）锁定每个单元的磁导率，每个线圈电流均设为 1A，进行线性求解，根据磁场储能计算得到的电感即为表征电感。随着线圈电流工作点的变化，材料特性即磁导率会改变，因此表征电感也会变化。

如果在第一步的时候线圈电流已经增大到一定程度，在线性模型中计算得到的磁场与非线性求解是相同的。因此，对于该特定的工作点，计算出的

表征电感可以表示为磁链和电流之比。

为了得到电感矩阵，Maxwell 需要进行一系列静磁场求解。在每一步求解时，只将其中一个导体给定单位电流，该导体电流可以经另外一个导体形成回路，或者根据外部气球边界、狄利克雷边界或者奇对称边界，构成回路；而其他导体电流均为零。对于有 n 个导体的系统，求解器会自动求解 n 次。任意两个导体耦合的磁场储能可以用下式表示

$$W_{ij}=\frac{1}{2}L_{ij}I^2=\frac{1}{2}\int_{\Omega}B_i\cdot H_j\mathrm{d}\Omega \tag{10-6}$$

式中：W_{ij} 为编号分别为导体 i 和导体 j 间耦合的磁场储能；I 是导体 i 中的电流；B_i 是导体 i 中流过 1A 电流所产生的磁通密度；H_j 是导体 j 流过 1A 电流对应的磁场强度。

导体 i 和导体 j 耦合的电感

$$L_{ij}=\frac{2\omega_{ij}}{I^2}=\int_{\Omega}B_i\cdot H_j\mathrm{d}\Omega \tag{10-7}$$

对于多匝导体，实际的电感值需乘以匝数的二次方。

电感矩阵表示的是各个电流回路之间的磁链。对于三根导体构成的系统，磁链、电感和电流的关系可以用式（10－8）表示。电感矩阵建立了电流和磁链的关系。有 n 个电流回路的系统，将存在 n 阶的电感矩阵。

$$\begin{bmatrix}\psi_1\\ \psi_2\\ \psi_3\end{bmatrix}=\begin{bmatrix}L_{11} & L_{12} & L_{13}\\ L_{21} & L_{22} & L_{23}\\ L_{31} & L_{32} & L_{33}\end{bmatrix}\begin{bmatrix}i_1\\ i_2\\ i_3\end{bmatrix} \tag{10-8}$$

静磁场求解器利用由能量法求得的表征电感计算磁链，如式（10－9），磁链等于电感和电流的乘积，为了得到正确的磁通矢量，在计算电感矩阵时必须将所有的载流导体考虑在内。

$$\psi=L\cdot i \tag{10-9}$$

10.1.3　静磁力和转矩的计算

Maxwell 静磁场求解器利用虚功原理计算静磁力。如图 10－2 所示，在螺线管电流 i 恒定的情况下，作用在平板上的电磁力沿着虚位移 s 的方向，由式（10－10）决定，其中 $W(s,i)$ 为系统的磁共能。在求解过程中，平板并不产生实际的移动，而是利用平板表面的三角单元产生虚变形求解，因此，只需要一次磁场求解。

$$F_{\text{plate}} = \left.\frac{\mathrm{d}W(s,i)}{\mathrm{d}s}\right|_{i=\text{const}} = \frac{\partial}{\partial s}\left[\int_V\left(\int_0^H \boldsymbol{B}\cdot\mathrm{d}\boldsymbol{H}\right)\mathrm{d}V\right] \tag{10-10}$$

Maxwell 静磁场求解器计算转矩同样是利用虚功原理。如图 10－3 所示，在电流 i 恒定的情况下，以转轴为参考点，作用在物体 B 上的转矩，可以表示为

$$T_{\text{B}} = \left.\frac{\mathrm{d}W(\theta,i)}{\mathrm{d}\theta}\right|_{i=\text{const}} = \frac{\partial}{\partial \theta}\left[\int_V\left(\int_0^H \boldsymbol{B}\cdot\mathrm{d}\boldsymbol{H}\right)\mathrm{d}V\right] \tag{10-11}$$

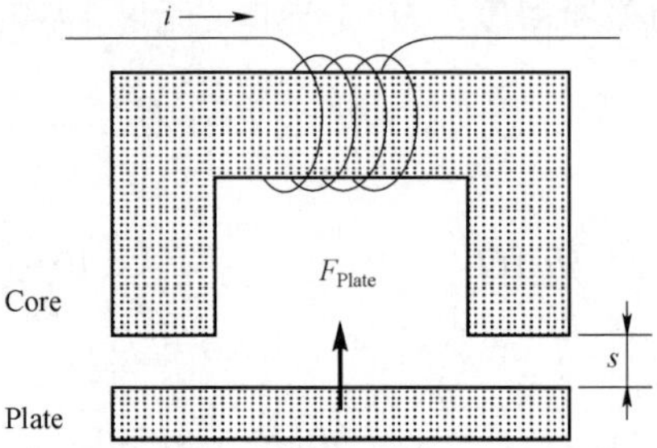

图 10－2 静磁力示意图[33]

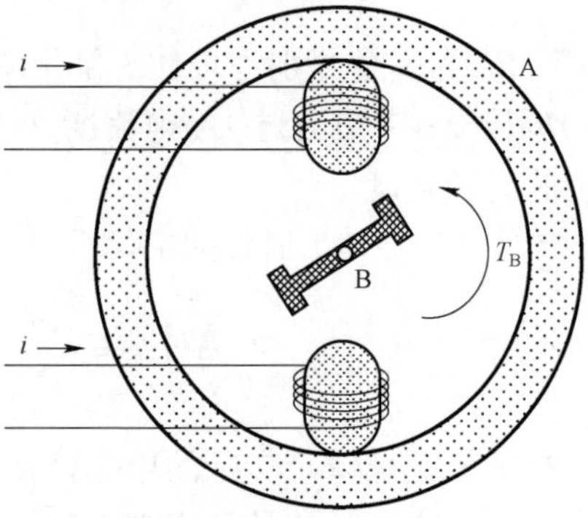

图 10－3 转矩示意图[33]

10.1.4 仿真算例

以一台外径 143mm、12 槽、4 极的永磁无刷直流电机为例，进行二维静态磁场仿真，计算电机绕组电感、磁链、电磁转矩的大小，并绘制磁场分布图。

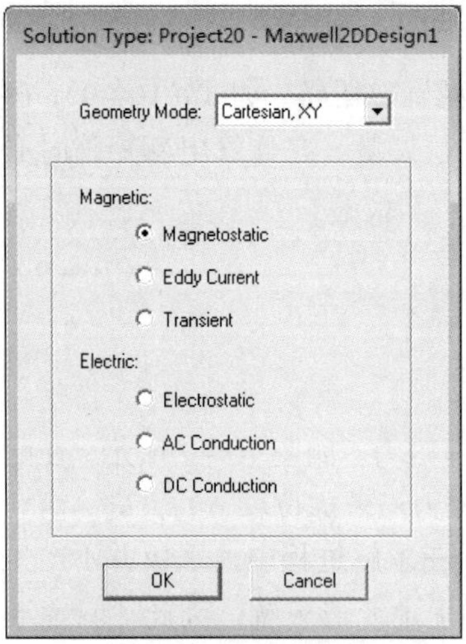

图 10－4 设置求解类型

1. 创建项目

（1）运行 ANSYS Maxwell，创建新的工程文件，并运行 Project/Insert Maxwell 2D Design 菜单命令，建立 Maxwell 2D 仿真文件。

（2）运行 Maxwell 2D/Solution Type 命令，在对话框中选择 Magnetic 栏下的 Magnetostatic，即静磁场求解器；坐标系选择默认的 XY 坐标系统。具体设置如图 10－4 所示。

（3）运行 File/Save 命令保存项目文件。

2. 几何建模

（1）绘制电机定子槽模型。对于 12 槽 4 极电机，根据对称性，建立四分之一模型。首先，通过电机尺寸，计算坐标，绘制一个定子槽。右键该定子槽，运行 Edit/Duplicate/Around Axis 命令，沿 Z 轴复制 3 次，间隔 30°，生成四分之一模型的定子槽，如图 10－5 所示。

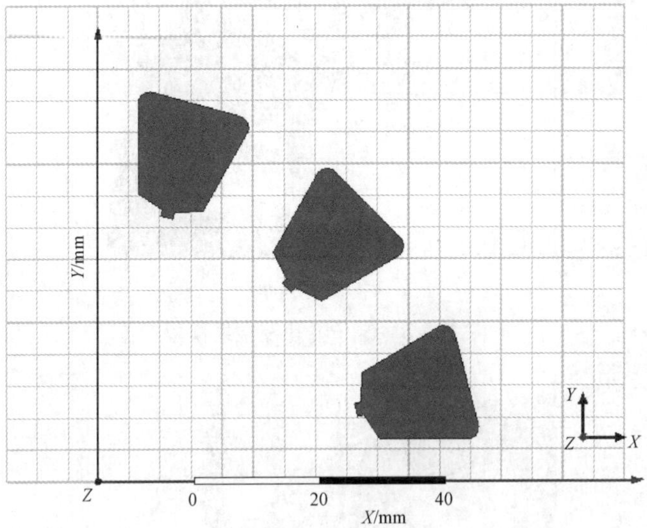

图 10－5　定子槽模型

（2）绘制电机定子冲片模型。将绘图坐标转换成柱坐标系，运行 Draw/Arc 命令，中心点坐标（0，0），两端点坐标（43，0），（43，90），绘制定子内径弧线段，重复绘制中心点坐标（0，0），两端点坐标（71.5，0），（71.5，90）的定子外径弧线段。运行 Draw/Line 命令绘制定子铁心两条直线段，端点分别为（43，0），（71.5，0）和（43，90），（71.5，90）。同时选中上述四条线段，右键运行 Edit/Boolean/Unite 命令，连接所有线段。选中生成的线段，右键运行 Edit/Surface/Cover line，生成定子铁心面域。选中所有定子槽以及定子铁心，右键运行 Edit/Boolean/Subtract 命令，将定子铁心置于 Blank Parts 栏，定子槽置于 Tool Parts 栏，不选择[Clone tool objects before subtracting]，单击 OK，生成定子铁心冲片。采用简化绕组模型对定子绕组 Coil 进行建模（不影响磁场计算结果），生成的定子冲片及绕组模型如图 10－6 所示。

（3）绘制永磁体模型。根据转子尺寸，利用 Boolean 操作，绘制一个表贴的瓦片型永磁体 PM1。

（4）绘制转子冲片模型。仿照定子冲片绘制过程，利用 Boolean 操作，绘制转子铁心冲片。永磁无刷直流电机定转子模型如图 10－7 所示。

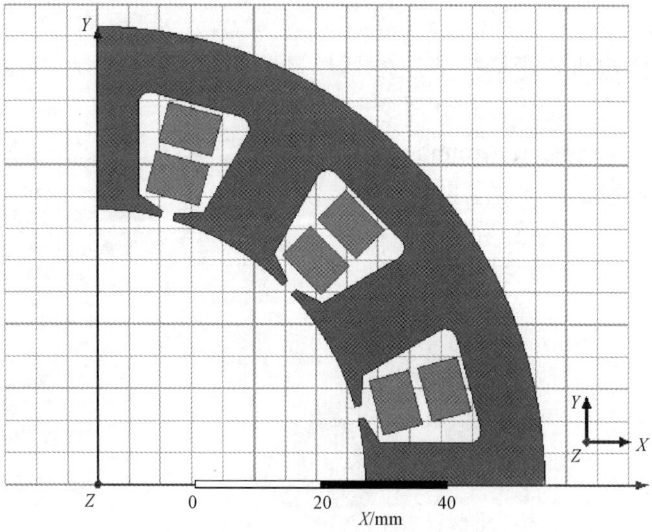

图 10－6　定子冲片及绕组模型

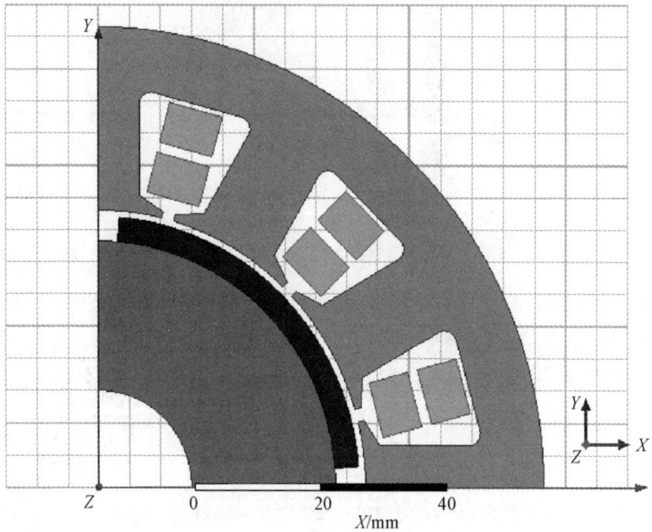

图 10－7　永磁无刷直流电机 1/4 几何模型

3. 赋予材料属性

（1）指定定转子铁心材料属性。在工程树栏中，同时选中 Stator 和 Rotor，右键运行 Assign Material，在材料管理库中选择 M19 24 gage 材料，单击确定。

（2）指定绕组材料属性。在工程树栏中，同时选中所有绕组导体，右键运行 Assign Material，在材料管理库中选择 Copper 材料，单击确定。

（3）指定永磁体材料属性。在工程树栏中，选中永磁体 PM1，右键运行

Assign Material，在材料管理库中选择 NdFe35 材料，克隆该材料，重新命名为 NdFe35_1，如图 10－8 所示，由于瓦片型永磁体充磁方向为径向，需要对永磁体设置柱坐标系，以指定永磁体充磁方向。为此，将材料坐标系类型选定为柱坐标系 Cylindrica，并维持 R Componnent 的值为 1。

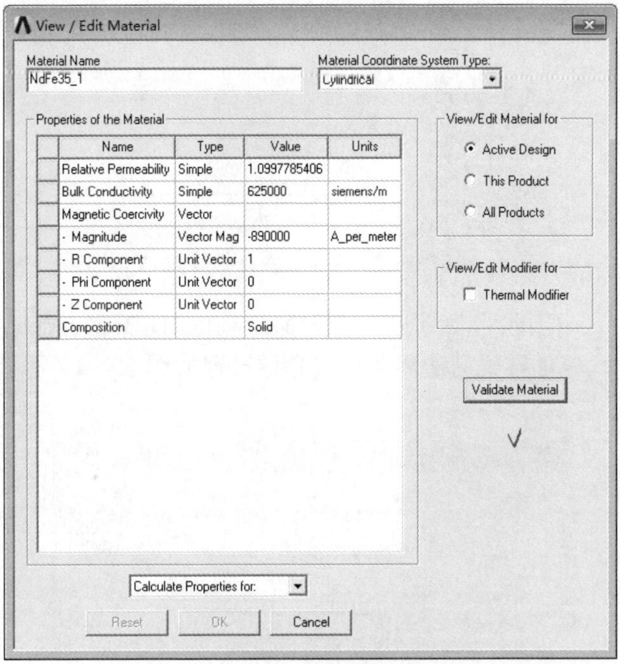

图 10－8　永磁体属性及坐标系设置

4. 施加边界条件

二维电磁场计算的边界条件是对边界线进行操作的。由于只建立了 1/4 电机模型，因此在电机模型分界处应施加主从边界条件，而电机求解域的外边界为磁媒质与非导磁媒质的分界处，施加零磁通边界条件。

施加边界条件之前，先绘制半径略大于定子外圆半径的 1/4 圆面，命名为 Range，设置其材料属性为真空。

运行 Edit/Select/Edge 命令，选择 Range 面平行于 X 轴的直线段，接着运行 Maxwell 2D/Boundaries/Assign/Master 命令，此时将会弹出 Master Boundary 设置对话框，输入边界条件的名称 Master1，单击 OK。选择 Range 面平行于 Y 轴的直线段，接着运行 Maxwell 2D/Boundaries/Assign/Slave 命令，此时将会弹出 Slave Boundary 设置对话框，在 Master 栏中选择对应的主边界条件 Master1，在 Relation 选项中选择半周期选项，即 Bs = －Bm，主从边界条件设置如图 10－9 所示。

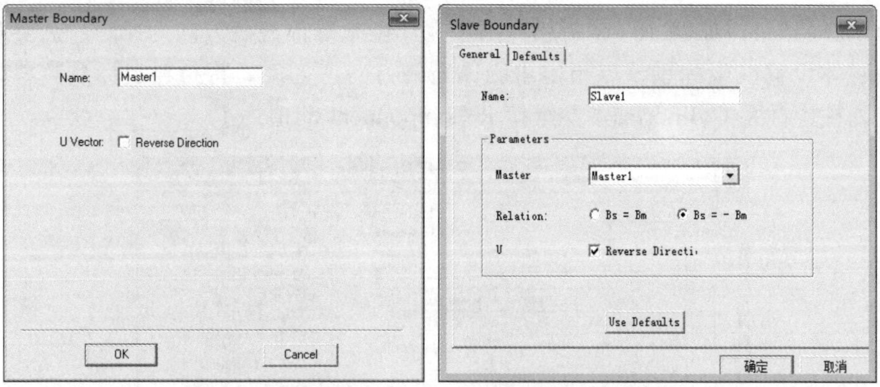

图 10－9　主从边界条件设置

选择 Range 面的圆弧线段，运行 Maxwell 2D/Boundaries/Assign/Vector Potential 命令，施加零磁通边界条件，具体设置如图 10－10 所示。

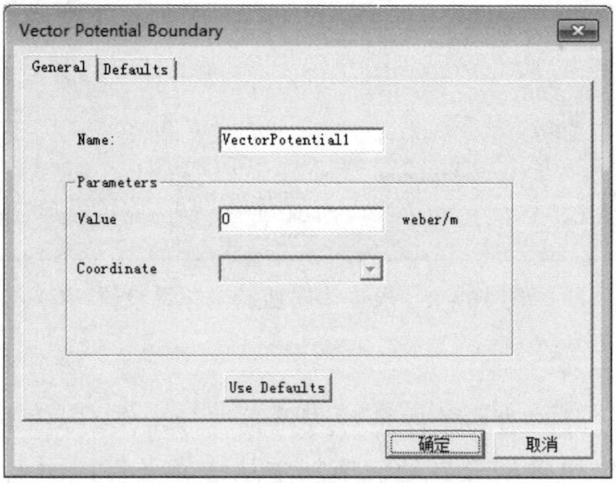

图 10－10　零磁通边界条件

5. *施加激励*

（1）绕组分相。电机采用双层集中整距绕组，节距为 3 槽，绕组分相如图 10－11 所示。

（2）加载电流激励源。根据绕组设计，每线圈匝数为 16 匝，每匝电流为 15A，在工程树栏同时选中 A＋相的 2 个矩形导体，右键运行 Assign Excitation/Current 命令，输入电流值给定 240A，Ref. Direction 栏选择 Positive。以同样的方式设置 B＋相和 C－相，根据对称性和转子所在的位置，C－相电流设置为－240A，Ref. Direction 栏选择 Negative，B＋相电流为 0。

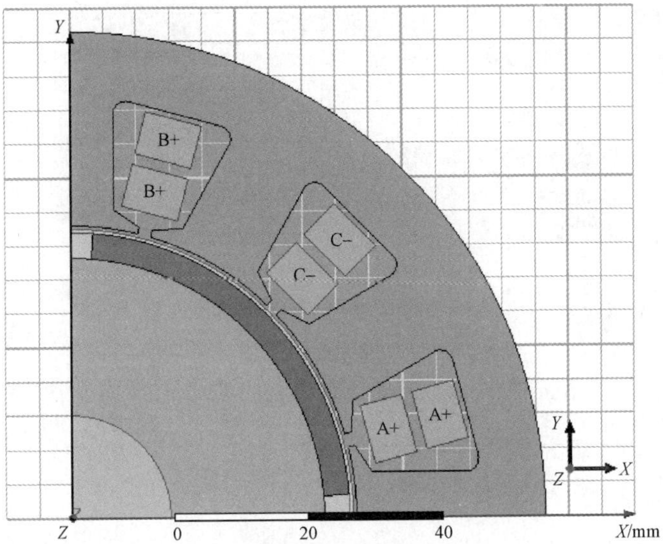

图 10－11　绕组分相

6. 待求参数设置

（1）设置转矩和力参数。在模型窗口中，选定转子铁心和永磁体，执行 Maxwell 2D/Parameters/Assign/Torque 命令，弹出转矩选项设置对话框如图 10－12 所示。在 Axis 栏，选择围绕 Z 轴正向 Positive 为参考方向。类似的，执行 Maxwell 2D/Parameters/Assign/Force 命令可设置静磁力参数，如图 10－12 所示，后处理的参考坐标系选择 Global。

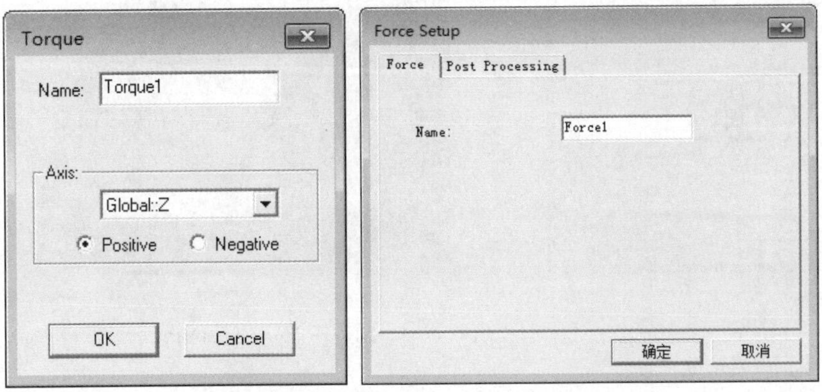

图 10－12　力和力矩求解参数设置

（2）设置电感矩阵。执行 Maxwell 2D/Parameters/Assign/Matrix 命令，在矩阵属性设置对话框中，选择 Include，选定所有绕组，然后在后处理页，将各相绕组分组，分别设置为 PhaseA、PhaseB 和 PhaseC，如图 10－13 所示。

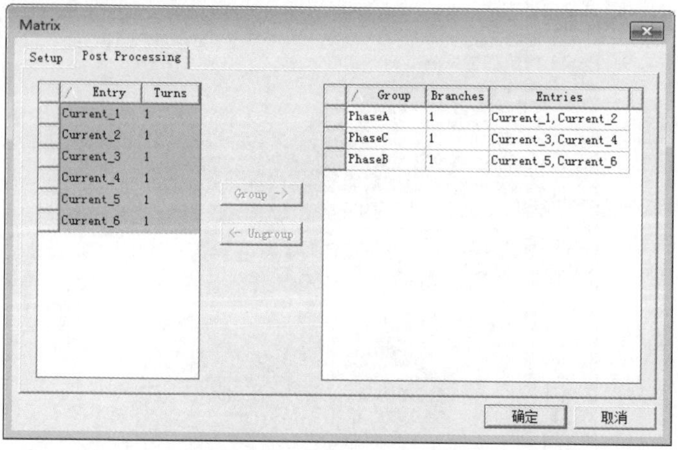

图 10－13　电感参数设置

7. 剖分设置

选中定子、转子铁心和磁钢，右键运行 Assign Mesh Operation/Inside selection/Length Based 命令，进行剖分设置，选择网格长度 3mm，具体设置如图 10－14 所示。电机网格剖分如图 10－15 所示。

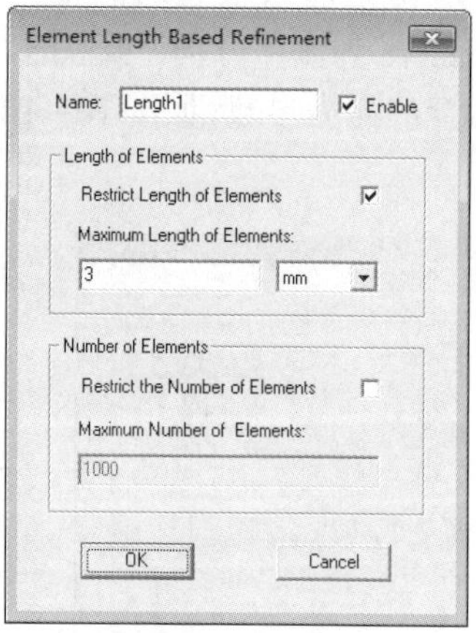

图 10－14　定子、转子铁心和磁钢网格剖分设置

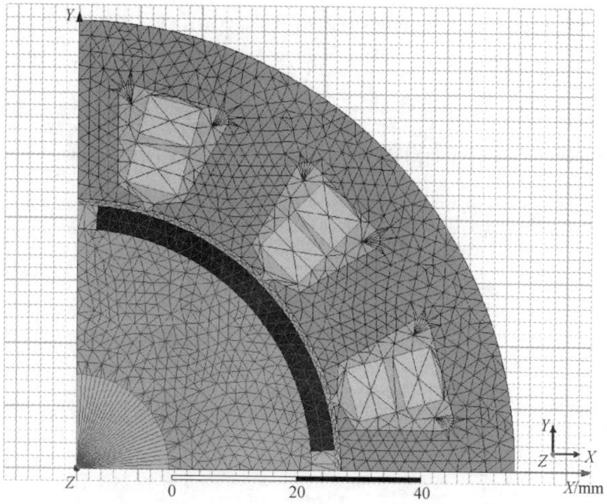

图 10－15　电机网格剖分图

8. 求解设置与求解

在工程管理栏，右键运行 Analysis/Add Solution Setup 命令。在 General 栏，设定求解设置名称 Setup1，收敛和求解器等其他栏直接采用默认值，求解设置如图 10－16 所示。

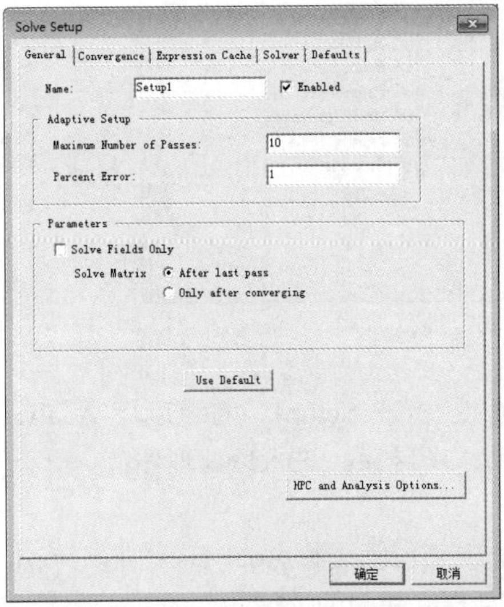

(a)

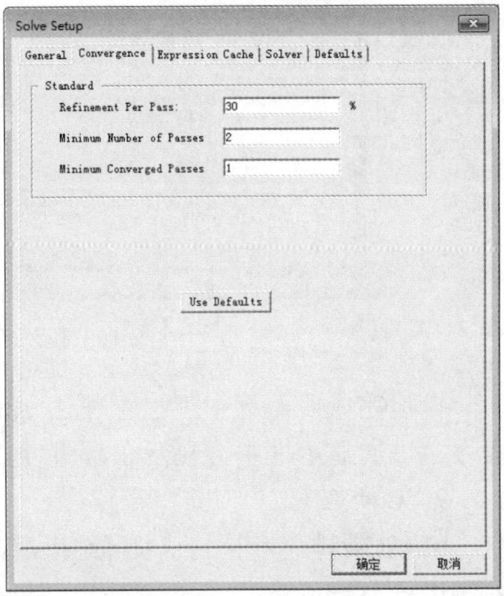

(b)

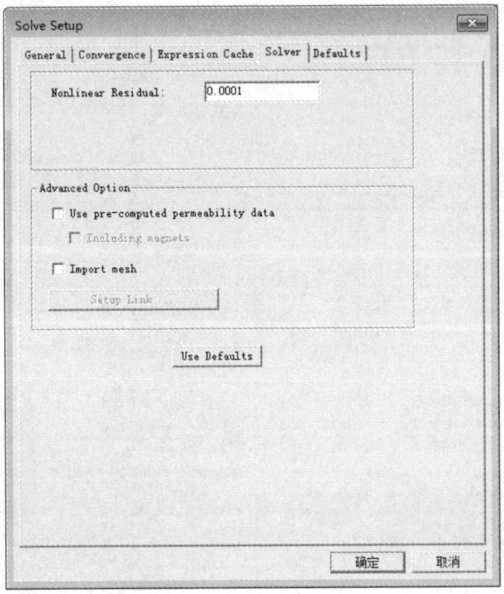

(c)

图 10－16　求解设置

（a）迭代设置；（b）收敛；（c）非线性

运行 Maxwell 2D/Validation Check 命令，弹出自检对话框，当所有设置都正确时，会出现对钩提示，若出现警告或错误，应仔细检查各项设置。求解自检对话框如图 10－17 所示。

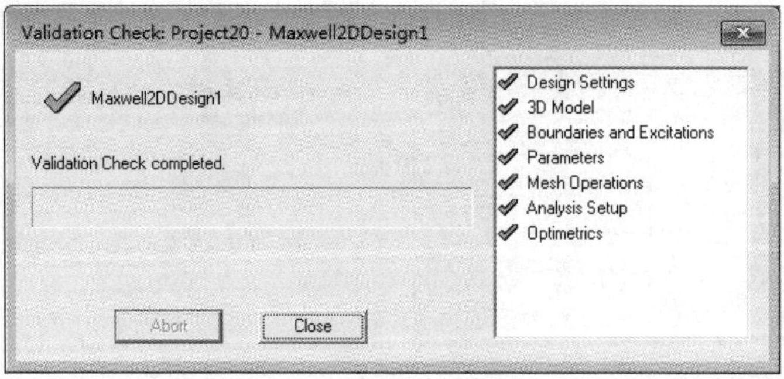

图 10－17　求解自检对话框

自检完成后，选中工程管理栏 Analysis 栏下 Setup1，右键运行 Analyze 命令，进展显示框中会显示求解进度，待求解结束，进入后处理环节。

9. 后处理

（1）查看电感和磁链。求解结束后，选中工程管理栏 Analysis 栏下 Setup1，右键运行 Solutions...命令，弹出结果对话框。可以查看求解过程的统计信息和收敛信息，如图 10－18 和图 10－19 所示。

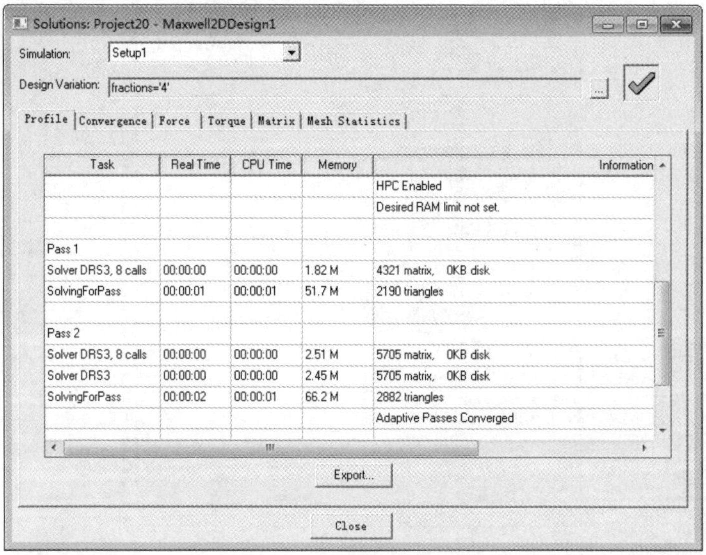

图 10－18　求解过程统计信息

选择 Matrix 页，Type 栏的下拉菜单默认为电感，勾选 PostProcessed，可以查看自感和互感值，构成一个三乘三矩阵，如图 10－20 所示。需要注意的是，此时计算出的电感值是默认轴向长度为 1m，线圈匝数为 1 匝时的电感值，实际的三相绕组的电感值为这些数值乘以电机铁心轴向长度和绕组匝数的二次方。类似的，将图 10－21 的磁链数据乘以轴向长度和匝数，可以得到各相绕组此刻所交链的磁链值。

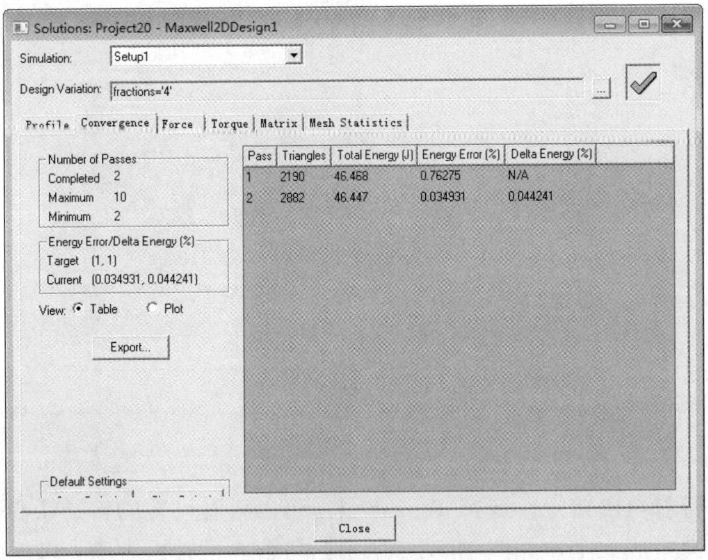

图 10－19　求解收敛信息

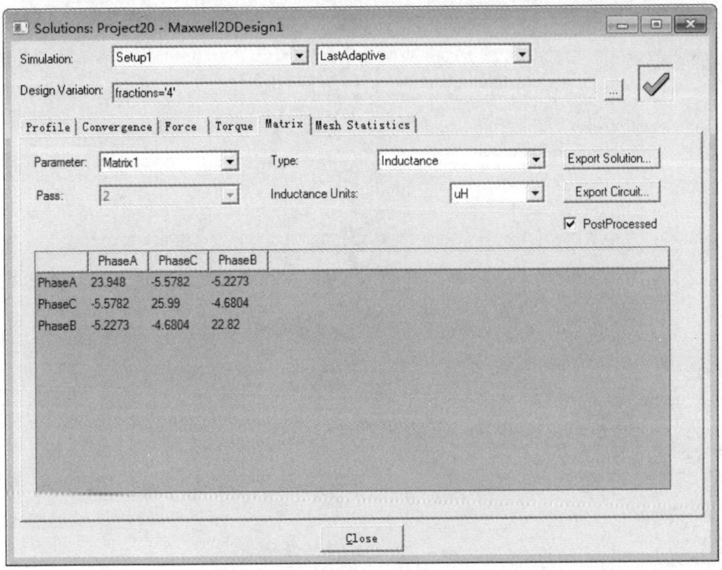

图 10－20　电感矩阵

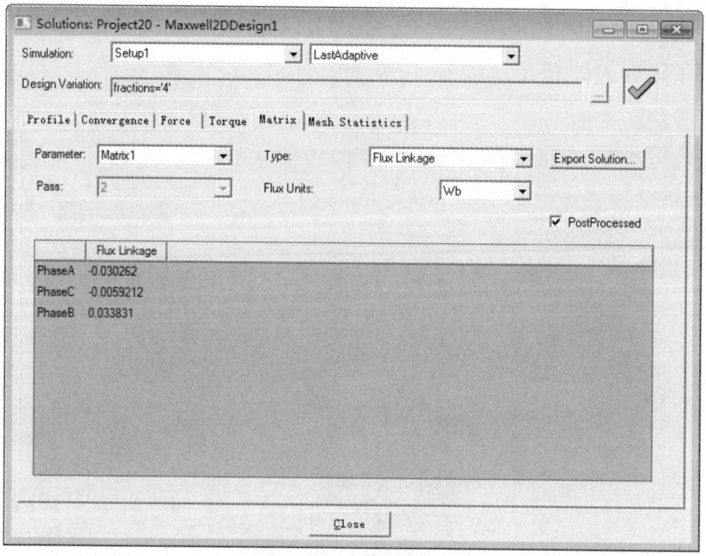

图 10－21 磁链矩阵

（2）查看电磁转矩。选择 Torque 页，可以查看设置的转子铁心和磁钢所受的电磁转矩的大小，如图 10－22 所示。负值表示转矩方向为顺时针方向。电机转子实际收到的电磁转矩为该数值乘以电机铁心的轴向长度。

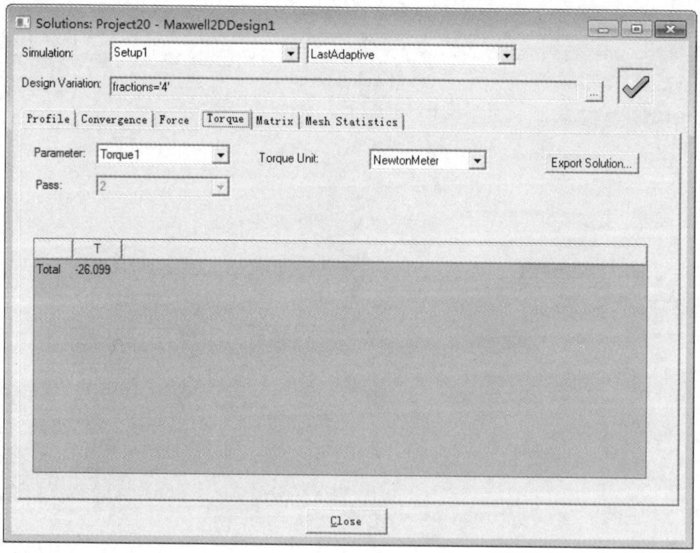

图 10－22 电磁转矩数据

（3）磁力线分布观察。将鼠标移至模型窗口，键盘操作 Ctrl＋A，选中模型窗口所有物体，右键运行 Fields/A/Flux_Lines 命令，在弹出的对话框中单击

Done，可生成磁力线分布图，如图 10－23 所示。类似的，选中模型窗口所有物体，右键运行 Fields/B/Mag_B 命令，在弹出的对话框中单击 Done，可生成磁通密度分布图，如图 10－24 所示。

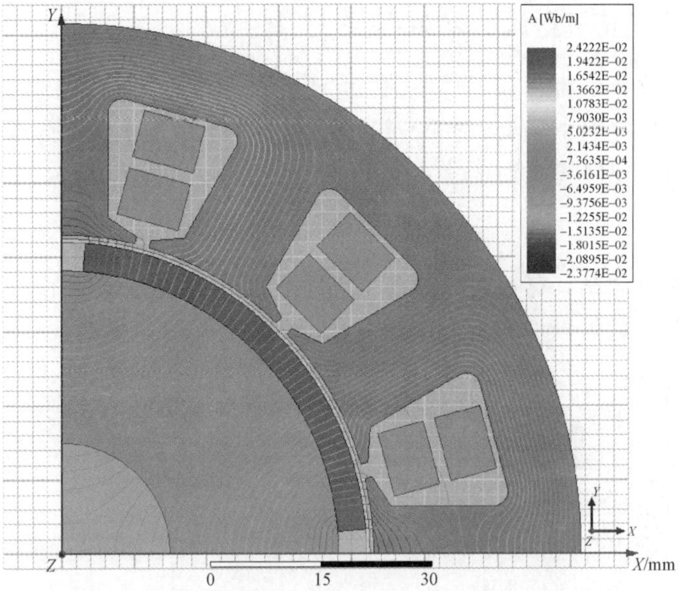

图 10－23　磁力线分布

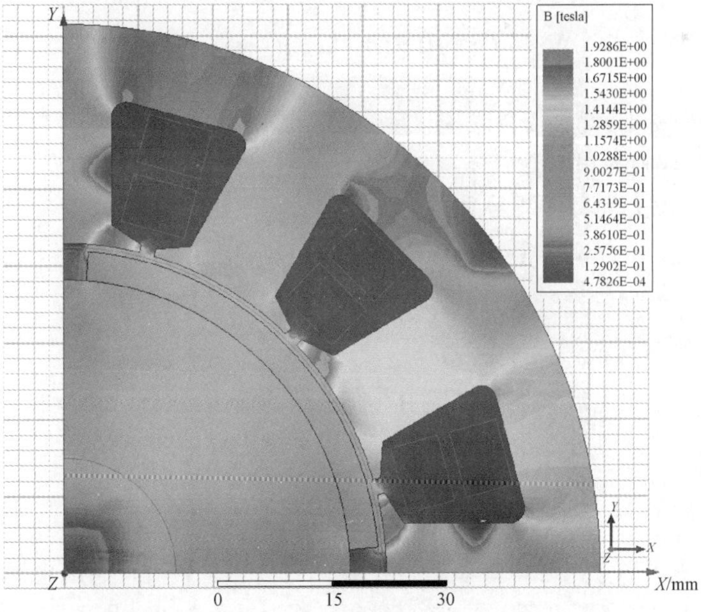

图 10－24　磁通密度分布图

10.2 笼型异步电动机二维涡流场分析

10.2.1 二维时谐涡流场分析理论

随时间交变的电流在导体中流过，其产生的交变磁场会在导体本身及与其平行的导体中感生涡流。Maxwell 二维涡流场求解基于以下假设[33]~[35]：

（1）时变电磁场量为正弦或余弦周期变化的，称为时谐场，表达式如下

$$\boldsymbol{F}(t)=F_{\mathrm{m}}\cos(\omega t+\theta) \tag{10-12}$$

（2）所有的量具有相同的频率（角频率），可以有不同的相角（θ）。如果电流非正弦，需做谐波分解，并在各频率下进行单独求解，但此方法仅用于线性问题。

（3）所有电流量（包括电流源、涡流和位移电流）均被假定与所求解的横截面正交，即导体截面位于 XY 平面，电流量位于 Z 轴方向。因此，矢量磁位 $\boldsymbol{A}$ 只存在 Z 轴分量。

（4）由于 XY 平面没有电流，电场强度 $\boldsymbol{E}$ 只存在 Z 轴分量，每根导体的标量电位在横截面上都为常数。

Maxwell 二维涡流场求解器采用下式进行求解

$$\nabla\times\frac{1}{\mu}(\nabla\times\boldsymbol{A})=(\sigma+\mathrm{j}\omega\varepsilon)(-\mathrm{j}\omega\boldsymbol{A}-\nabla\varphi) \tag{10-13}$$

式中：$\boldsymbol{A}$ 为矢量磁位；φ 为标量电位；μ 为绝对磁导率；ω 为角频率；σ 为电导率；ε 为绝对介电常数。

根据上式，可以求得导体总电流

$$I_{\mathrm{T}}=\int_{\Omega}(\sigma+\mathrm{j}\omega\varepsilon)(-\mathrm{j}\omega\boldsymbol{A}-\nabla\phi)\mathrm{d}\Omega \tag{10-14}$$

式中，Ω 为导体横截面域。

对于正弦波电流产生的磁场中存在谐波的情况，Maxwell 中采用的等效正弦化处理，称之为非线性涡流问题，可以考虑磁场中的所有谐波。

10.2.2 趋肤效应

当交变磁场穿入导电媒质时，在导体内会感生电流，感应电流企图阻挡磁场的透入，磁场只能穿透一定的深度，称为透入深度，用下式表示

$$\delta = \sqrt{\frac{2}{\omega\sigma\mu}} \tag{10-15}$$

式中：δ为透入深度；ω为角频率；σ为电导率；μ为绝对磁导率。

由于趋肤效应的影响，感应电流会集中在导体表面附近，超过透入深度后，电流呈指数规律急剧减小，随着频率的增加，透入深度会减小。

10.2.3　阻抗矩阵

阻抗矩阵建立了多导体系统中交流电压和交流电流之间关系。假设存在两个电流回路，如图 10－25 所示，每个回路的电压和电流关系式如下

$$\begin{cases} \Delta V_1 = I_1 R_{11} + I_2 R_{12} + I_1 \mathrm{j}\omega L_{11} + I_2 \mathrm{j}\omega L_{12} \\ \Delta V_2 = I_2 R_{22} + I_1 R_{12} + I_2 \mathrm{j}\omega L_{22} + I_1 \mathrm{j}\omega L_{12} \end{cases} \tag{10-16}$$

式中：V_1和I_1都是相量；ω为角频率；R为电阻；L为电感。

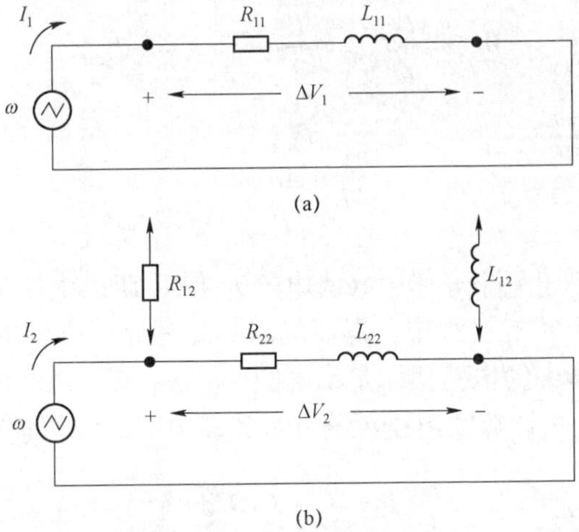

图 10－25　两电流回路示意图[2]

（a）回路 1；（b）回路 2

写成矩阵的形式

$$\begin{bmatrix} V_1 \\ V_2 \end{bmatrix} = \begin{bmatrix} Z_{11} & Z_{12} \\ Z_{12} & Z_{22} \end{bmatrix} \begin{bmatrix} I_1 \\ I_2 \end{bmatrix} \tag{10-17}$$

式中，$Z_{11} = R_{11} + \mathrm{j}\omega L_{11}$，$Z_{12} = R_{12} + \mathrm{j}\omega L_{12}$，$Z_{22} = R_{22} + \mathrm{j}\omega L_{22}$。

类似的，如果系统中含有多个电流回路，阻抗矩阵为 n 阶矩阵。

Maxwell 中按电感矩阵和电阻矩阵两部分分别计算，最后利用上式合成阻

抗矩阵。首先，将第一个导体的电流设为1A，其他所有导体的电流为0，进行一次求解；然后，再将第二个导体电流设置为1A，而其他导体电流为0，进行第二次求解，以此类推。在每一次场求解以后，都会计算出系统的平均能量。

而系统的瞬时能量与电感之间有如下关系式

$$W_{\text{Inst}}=\frac{1}{2}Li^2 \tag{10-18}$$

设交流电流的表达式为

$$i=I_{\text{peak}}\cos(\omega t+\theta) \tag{10-19}$$

式中，I_{peak} 为电流峰值。

通过一个周期内瞬时能量的积分，可以得到平均能量

$$W_{\text{AV}}=\frac{L}{2\pi}\int_0^{2\pi}W_{\text{Inst}}\mathrm{d}(\omega t)=\frac{L}{2}\left(\frac{1}{2\pi}\right)\int_0^{2\pi}I_{\text{peak}}^2[\cos(\omega t+\theta)]^2\mathrm{d}(\omega t) \tag{10-20}$$

推导可得出

$$W_{\text{AV}}=\frac{L}{2}I_{\text{RMS}}^2=\frac{L}{2}\left(\frac{I_{\text{peak}}}{\sqrt{2}}\right)^2=\frac{L}{4}I_{\text{peak}}^2 \tag{10-21}$$

进而，求得电感

$$L=\frac{4W_{\text{AV}}}{I_{\text{peak}}^2} \tag{10-22}$$

由于求解器设定每个导体中峰值电流为1A，所以电感可以简化为$4W_{\text{AV}}$。

在上述求解电感的过程中，涡流场求解器考虑了导体的涡流效应，这一点与静磁场求解器中的电感计算是不同的。

Maxwell中采用计算欧姆损耗的方法计算电阻。欧姆损耗可以表示为

$$P=\frac{1}{2\sigma}\int_V \boldsymbol{J}\cdot\boldsymbol{J}^*\mathrm{d}v \tag{10-23}$$

式中：$\boldsymbol{J}$ 为电流密度矢量；$\boldsymbol{J}^*$ 为电流密度共轭矢量。

根据电阻与欧姆损耗的关系，可以求得电阻为

$$R=\frac{P}{I_{\text{RMS}}^2}=\frac{2P}{I_{\text{peak}}^2} \tag{10-24}$$

式中：R 为电阻；P 为欧姆损耗；I_{RMS} 为电流有效值。

由于求解器设定每个导体中峰值电流为1A，所以电阻可以简化为$2P$。

由于趋肤效应的影响，涡流求解器得到的导体电阻为交流电阻，一般要大于其直流电阻。

10.2.4　力和力矩

与二维静磁场求解器类似，Maxwell 二维涡流场求解中也是采用虚位移法计算力和力矩。区别在于，涡流场求解的是一段时间内力和力矩的平均值，而不是静态场求解的瞬时值。平均电磁力（DC force）、交变电磁力（AC force）和瞬时电磁力（instantaneous force）的区别如图 10－26 所示。这三种力分别由式（10－25）～式（10－27）求出。

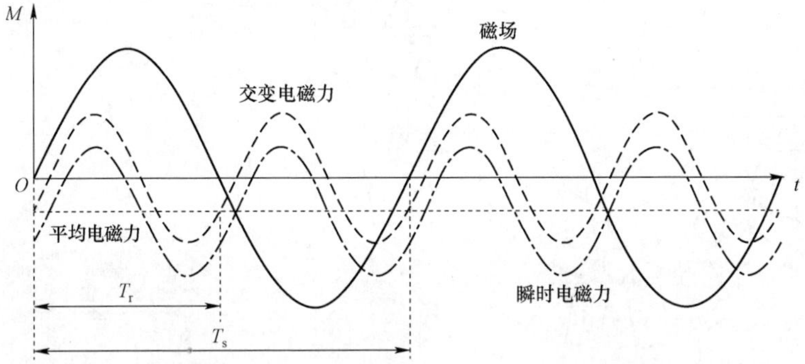

图 10－26　二维涡流场求解的电磁力分类示意图[31]

$$F_{DC}=\frac{1}{2}\int_V \mathrm{Re}\left|\boldsymbol{J}\times\boldsymbol{B}^{\circ}\right|\mathrm{d}v \tag{10-25}$$

$$F_{AC}=\frac{1}{2}\int_V \mathrm{Re}\left|\boldsymbol{J}\times\boldsymbol{B}\right|\mathrm{d}v \tag{10-26}$$

$$F_{Inst}=F_{DC}+F_{AC} \tag{10-27}$$

式中，$\boldsymbol{B}^{\circ}$ 为直流磁感应强度；$\boldsymbol{B}$ 为交流磁感应强度。

交变电磁力必须在一个特定的相角进行计算，以准确计算其幅值。交变电磁力的交变频率为电流频率的两倍。

10.2.5　仿真算例

以一台外径 114mm、18 槽、2 极的三相笼型异步电动机为例，进行二维时谐涡流场仿真。三相笼型异步电动机的转子槽数为 16 槽，其定转子冲片如图 10－27 所示。该电机采用铜条制作鼠笼，额定电压为 1140V，额定转速为 2850r/min。接下来利用二维涡流场计算电机额定运行时的转矩，并绘制电机内的磁场分布图。

1. 创建项目

（1）运行 ANSYS Maxwell，创建新的工程文件，并运行 Project/Insert

Maxwell 2D Design 菜单命令，建立 Maxwell 2D 仿真文件。

（2）运行 Maxwell 2D/Solution Type 命令，在对话框中选择 Magnetic 栏下的 Eddy Current，即涡流场求解器，坐标系选择默认的 *XY* 坐标系统，具体设置如图 10－28 所示。

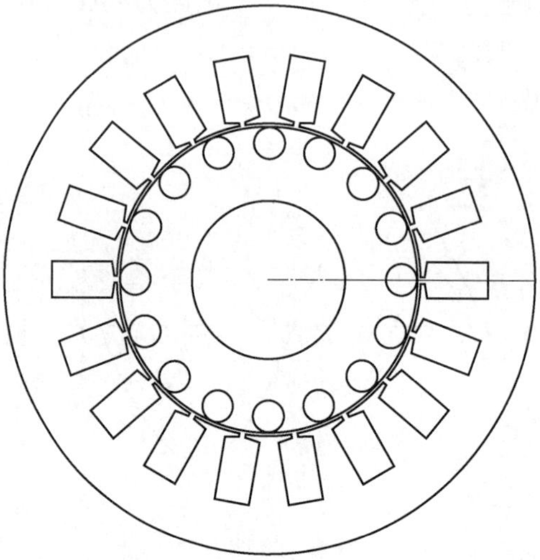

图 10－27　三相笼型异步电动机冲片图

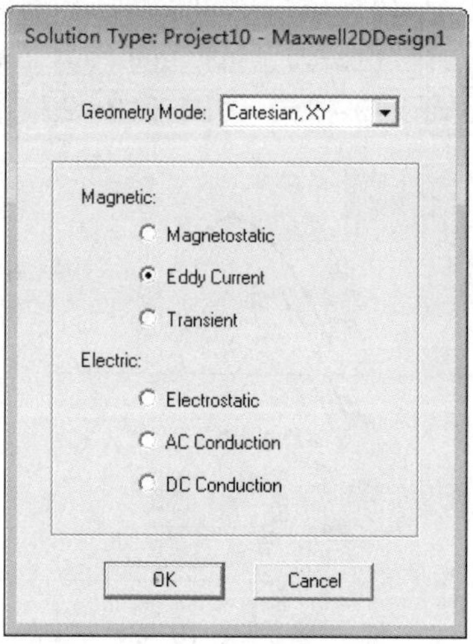

图 10－28　设置求解类型

（3）运行 File/Save 命令保存项目文件。

2. 几何建模

绘制电机定转子冲片和绕组模型，如图 10－29 所示，绘制方法采用与 10.1.4 节的类似。定子绕组为单层同心式绕组。

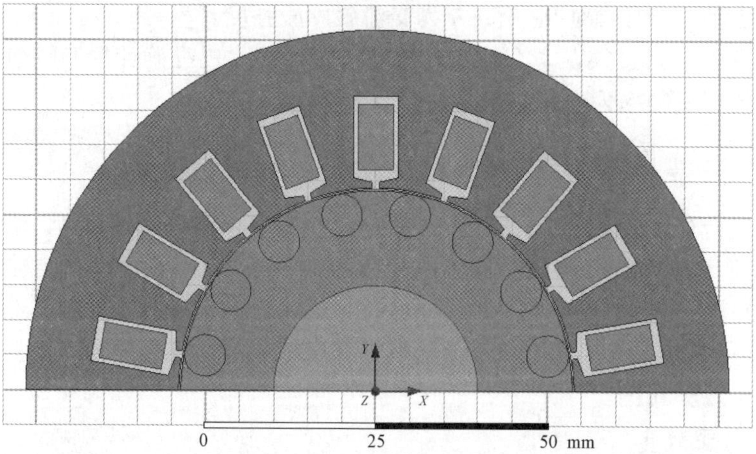

图 10－29　电机 1/2 模型

3. 赋予材料属性

指定定子铁心与转子铁心材料属性为 DW465_50 硅钢片材料。指定定子绕组材料属性为 Copper，转子导条的材料属性为 Copper_125C 材料，并将 Copper_125C 材料的电导率值乘以转差率 0.05，如图 10－30 所示。

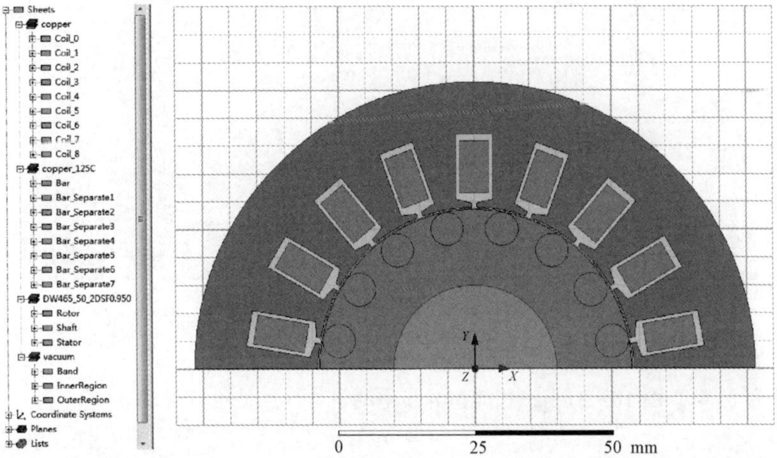

图 10－30　三相笼型异步电动机材料属性设置

4. 施加边界条件

对于 2 极笼型异步电动机，根据对称性，可以只建立 1/2 电机模型，因此在电机模型分界处应施加主从边界条件，如图 10－31 所示。在电机求解域的外边界，即定子外圆边界线上，施加零磁通边界条件。

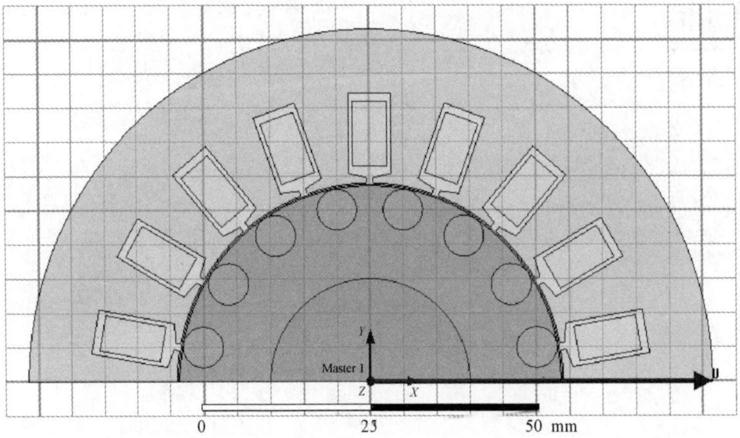

(a)

图 10－31　三相笼型异步电动机材料属性设置（一）

（a）主边界

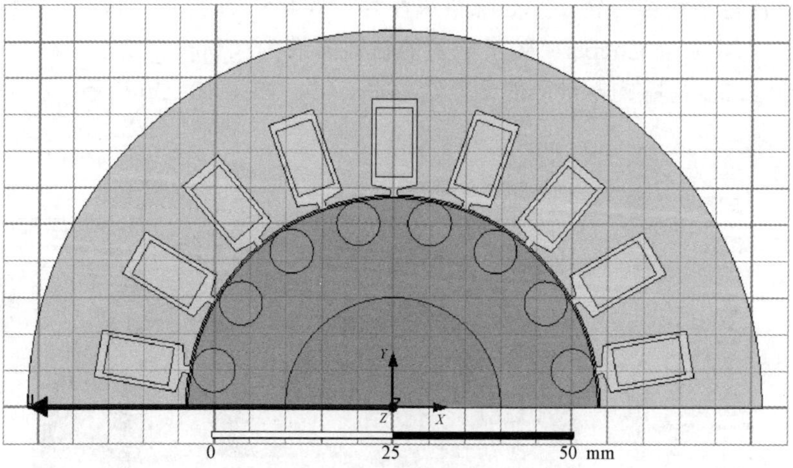

(b)

图 10－31　三相笼型异步电动机材料属性设置（二）

（b）从边界

5. 施加激励

（1）定子绕组分相。电机采用单层同心绕组，定子绕组分相如图 10－32 所示。

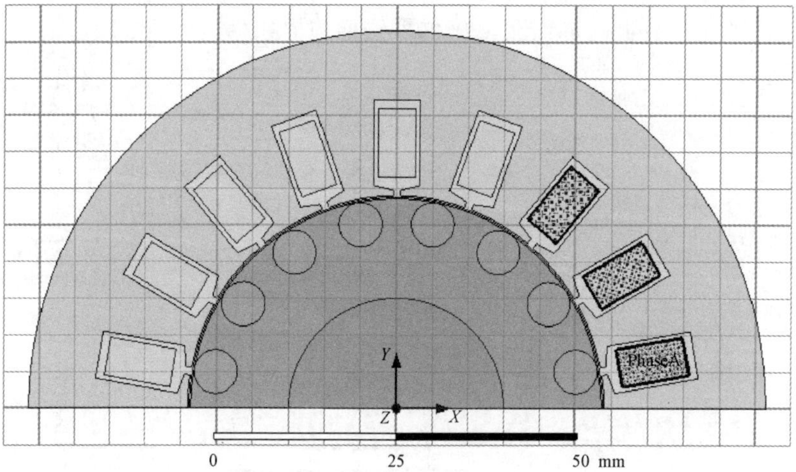

(a)

图 10－32　定子绕组分相（一）

（a）A 相绕组

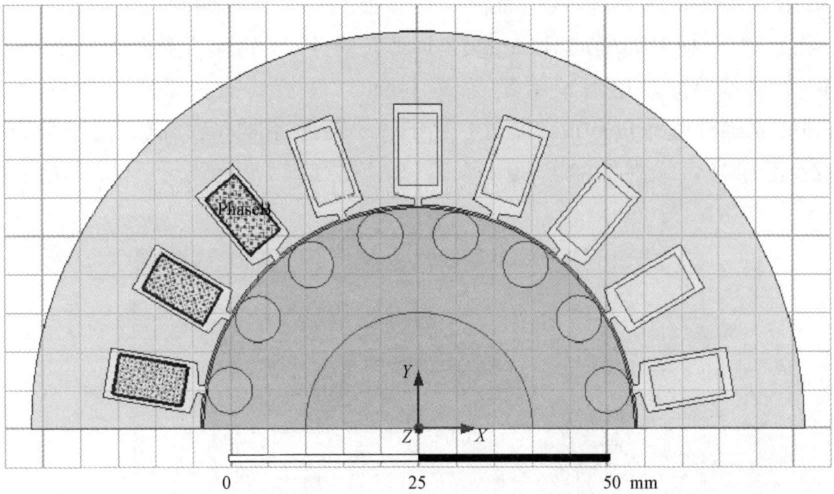

(b)

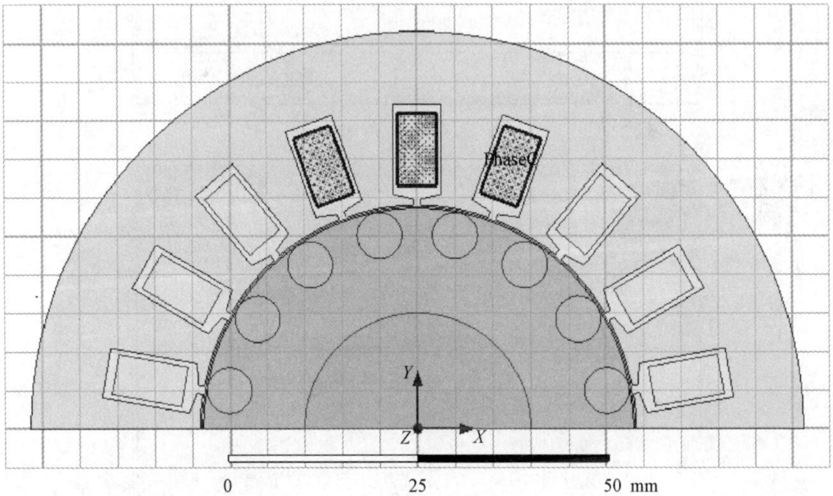

(c)

图 10－32　定子绕组分相（二）

（b）B 相绕组；（c）C 相绕组

（2）加载电流激励源。根据绕组设计，每线圈匝数为 6 匝，每匝电流有效值为 40A，在工程树栏同时选中 A 相的 3 个矩形导体，右键运行 Assign Excitation/Current 命令，输入电流值给定参数 Ipeak，其值为相电流峰值 339.4A，相位给定 0°，绕组类型选 Stranded，Ref.栏选择 Positive。类似的，设置 B 相的 3 个矩形导体，电流值给定参数 Ipeak，相位给定 −120°，绕组类型选 Stranded，Ref.栏选择 Positive；设置 C 相的 3 个矩形导体，电流值给定参数 Ipeak，相位给定 120°，绕组类型选 Stranded，Ref.栏选择 Negative。三相电流激励设置窗口如图 10−33 所示。

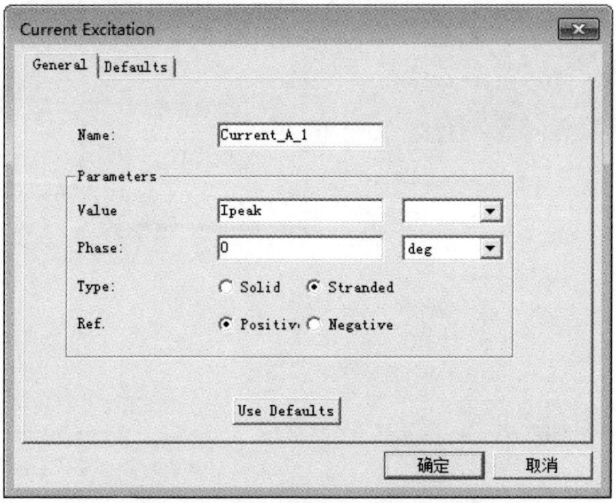

(a)

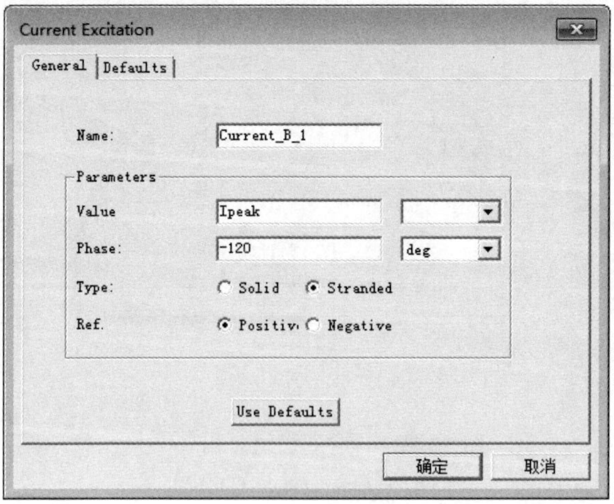

(b)

图 10−33　三相电流激励设置窗口（一）

（a）A 相其中一个导体的设置；（b）B 相其中一个导体的设置

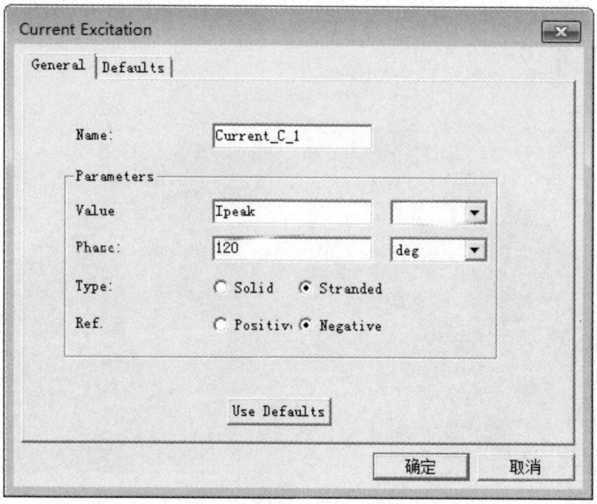

(c)

图 10－33　三相电流激励设置窗口（二）

（c）C 相其中一个导体的设置

6. 力和转矩参数设置

在模型窗口中，选定转子铁心和所有导体，执行 Maxwell 2D/Parameters/Assign/Force 命令，可设置静磁力参数，如图 10－34 所示，后处理的参考坐标系选择 Global。类似的，执行 Maxwell 2D/Parameters/Assign/Torque 命令，可弹出转矩设置对话框。在 Axis 栏，选择围绕 *Z* 轴正向即 Positive 为参考方向。

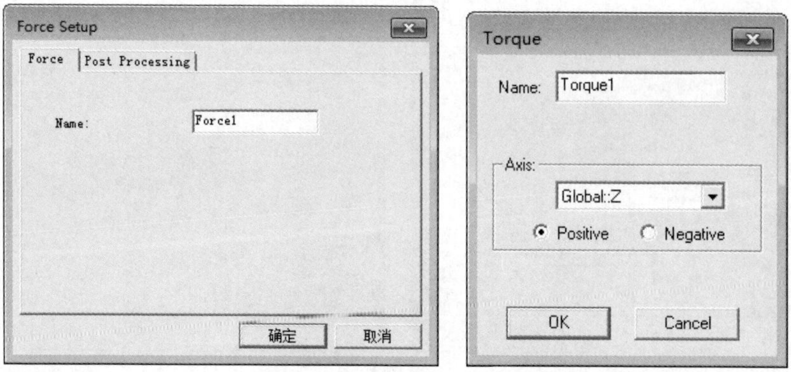

图 10－34　力和转矩参数设置

7. 剖分设置

选中定转子铁心、定子绕组和导体以及气隙的边界可以进行单独的剖分设置，剖分结果如图 10－35 所示。

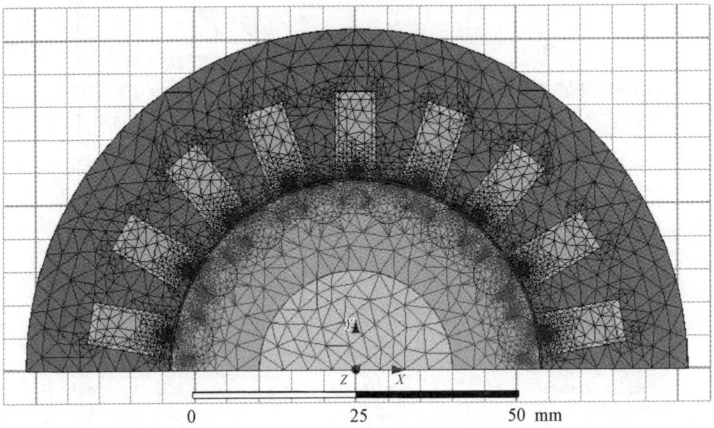

图 10－35　电机网格剖分图

8. 求解设置与求解

在工程管理栏，右键运行 Analysis/Add Solution Setup 命令。在 General 栏，设定求解设置名称 Setup1，收敛和求解器等其他栏直接采用默认值，如图 10－36 所示。

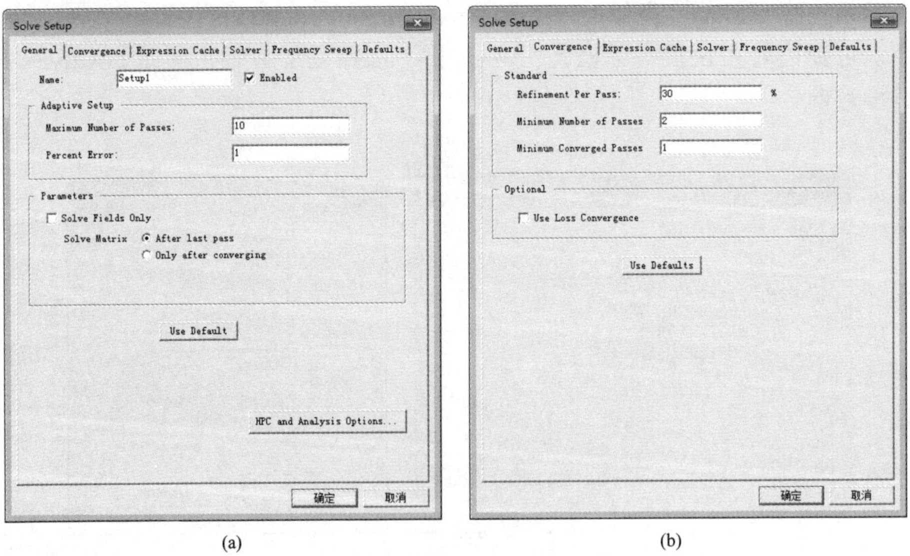

图 10－36　求解设置（一）

（a）迭代设置；（b）收敛

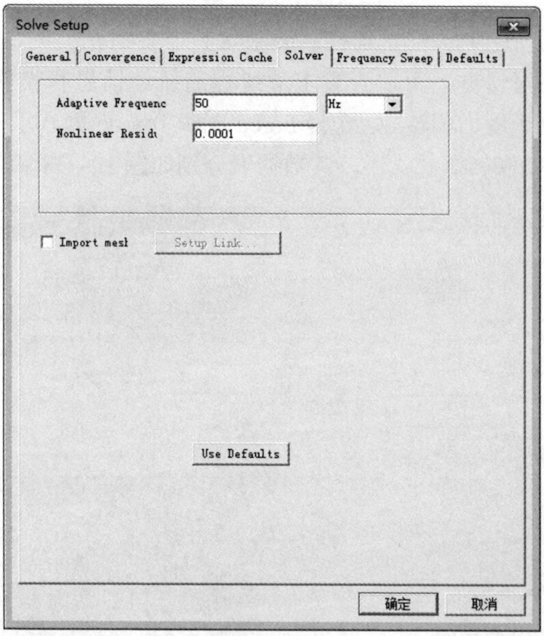

(c)

图 10-36　求解设置（二）

（c）非线性

运行 Maxwell 2D/Validation Check 命令，弹出自检对话框，当所有设置都正确时，会出现对勾提示，若出现警告或错误，应仔细检查各项设置。求解自检对话框如图 10-37 所示。

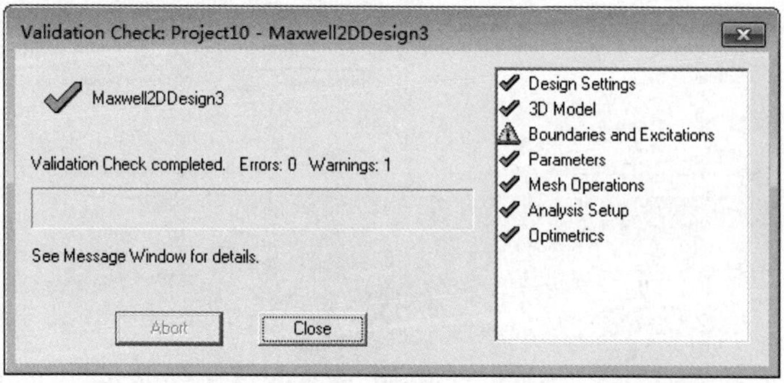

图 10-37　求解自检对话框

自检完成后，选中工程管理栏 Analysis 栏下 Setup1，右键运行 Analyze 命令，进展显示框中会显示求解进度，待求解结束，进入后处理环节。

9. 后处理

求解结束后，选中工程管理栏 Analysis 栏下 Setup1，右键运行 Solutions…命令，弹出结果对话框，可以查看求解过程的统计信息和收敛情况。

（1）查看转子受力和转矩。选择 Force 页和 Torque 页，可以查看之前设置的转子所受的电磁力和转矩的大小，其数据表分别如图 10－38 和图 10－39 所示。

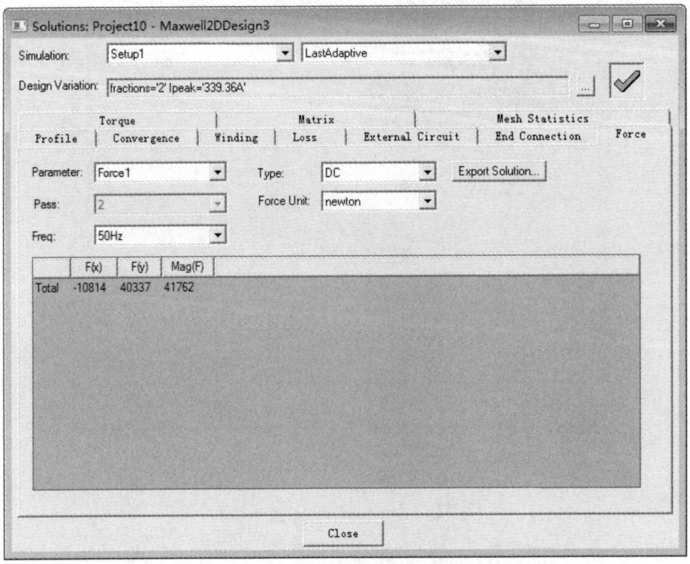

图 10－38　电磁力数据表

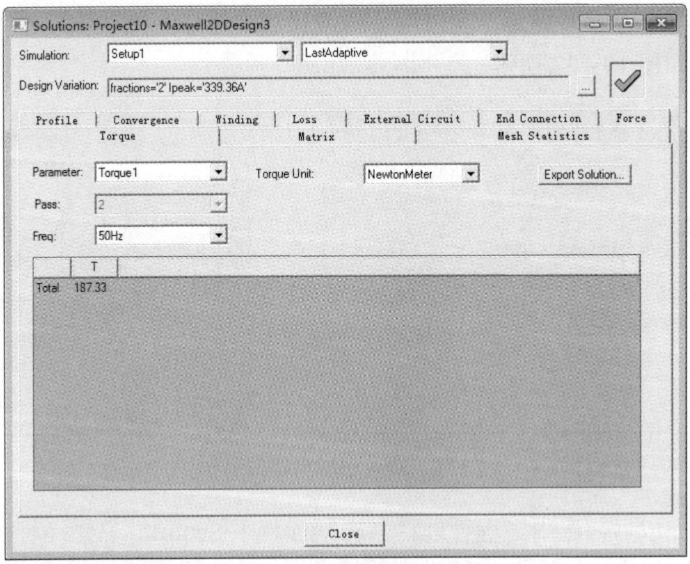

图 10－39　转矩数据表

（2）查看磁力线分布、磁密分布、电流密度和导条焦耳损耗密度分布。将鼠标移至模型窗口，键盘操作 Ctrl+A，选中模型窗口所有物体，右键运行 Fields/A/Flux_Lines 命令，在弹出的对话框中单击 Done，可生成磁力线分布图，如图 10-40（a）所示。类似的，选中模型窗口所有物体，右键运行 Fields/B/Mag_B 命令，可生成磁通密度分布图，如图 10-40（b）所示。选中定转子所有导体，右键运行 Fields/J/JAtPhase 命令，可生成电流密度分布图，如图 10-40（c）所示。选中所有转子上的所有导条，右键运行 Fields/Other/Ohmic_loss 命令，可生成鼠笼条的焦耳损耗密度分布图，如图 10-40（d）所示。

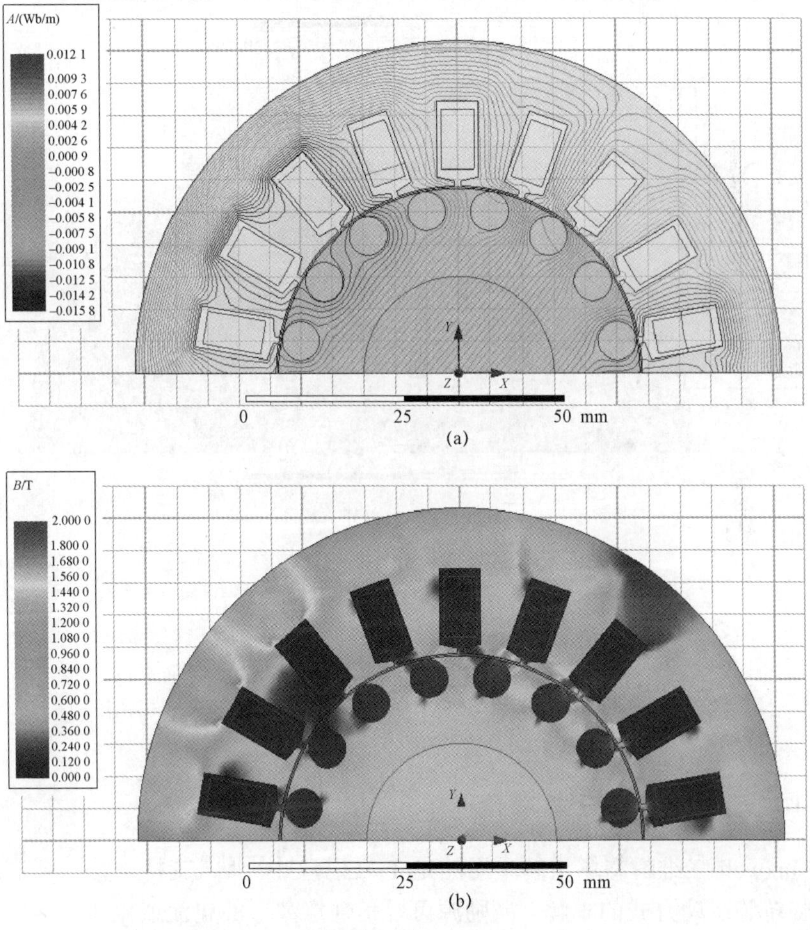

图 10-40　后处理中查看的场分布图（一）

（a）磁力线分布；（b）磁通密度分布图

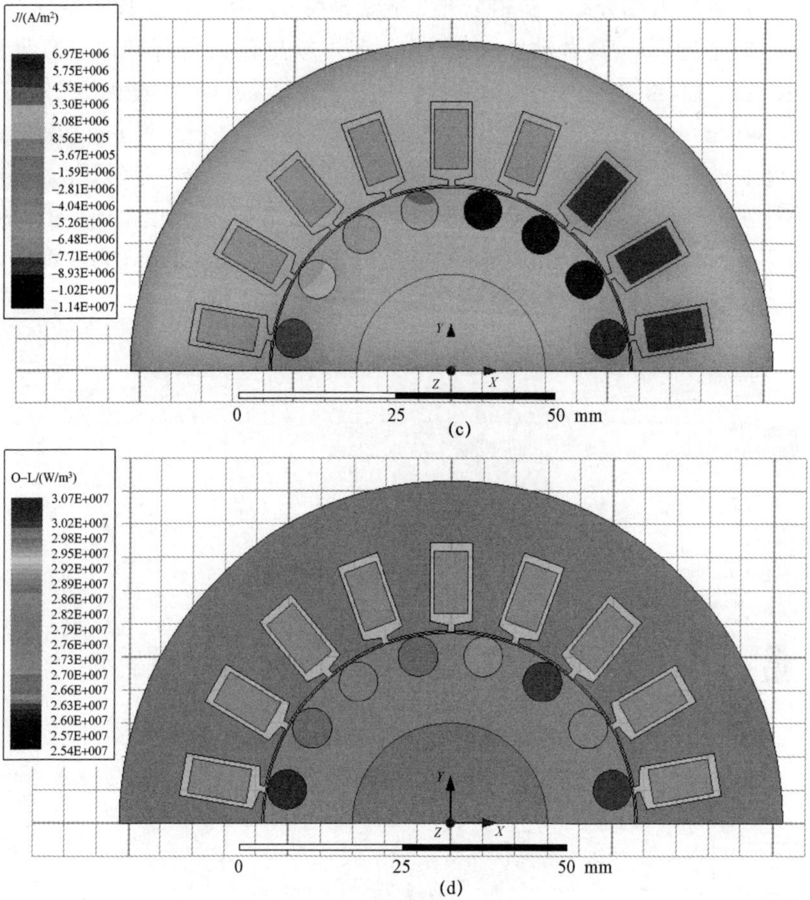

图 10－40　后处理中查看的场分布图（二）

（c）电流密度分布图；（d）导条焦耳损耗密度分布图

10.3　永磁同步电机三维瞬态场分析

10.3.1　三维瞬态场分析理论

Maxwell 三维瞬态场求解采用的是 T－Ω 算法[33][34]，支持平移、圆形或非圆形旋转等运动方式的求解。激励源可以是任意波形的电流或电压。材料可以是线性或非线性 BH 曲线的磁性材料。当采用电压源作为激励时，线圈电流是未知量，Maxwell 三维瞬态求解器对算法进行了微调。线圈导体包括实体导体和绞线导体两种，实体导体中考虑涡流效应，而绞线导体则忽略其中的涡流效应（含趋肤效应和邻近效应）。对于涉及运动的问题，Maxwell 使用了一个特定的约定，并在模型的移动和静止部分中使用固定坐标系下的麦克斯韦方程组，因此，对于平移运动，完全消除了运动项；而对于旋转运动而言，则使用一个与实际旋转轴相一致的 Z 轴的圆柱形坐标系进行简单。

Maxwell 三维瞬态求解器所使用的公式支持主从边界条件和模型中运动引起的涡流。加上在刚体运动部件上的机械方程，允许一种复杂的公式，使电路与有限元部分紧密耦合，并且在解决方案中用户包含瞬态机械效应时，也与机械单元相耦合。在这种情况下，使用虚功原理计算电磁力和扭矩。对于涉及旋转运动类型的问题，采用“滑动边界”式的方法避免运动过程中进行重新网格剖分。对于平移式的运动，在每一步中都需要重新创建一个网格中的网格（围绕着运动的部分），并且需要在移动的物体上以网格的大小来调整，固定和移动对象中的网格保持不变。对于瞬态电磁场分析（不管有没有运动），用户必须创建能够“捕捉”各自物理特性的网格，例如在考虑趋肤效应和邻近效应的时候，网格剖分必须足够的精细。

对于低频电磁场应用，麦克斯韦方程组如下

$$\begin{cases}\nabla\times H=\sigma(E)\\ \nabla\times E=\dfrac{\partial B}{\partial t}\\ \nabla\bullet B=0\end{cases}\tag{10-28}$$

在此基础上，可以得到两个方程

$$\begin{cases}\nabla\times\dfrac{1}{\sigma}\nabla\times H+\dfrac{\partial B}{\partial t}=0\\ \nabla\bullet B=0\end{cases}\tag{10-29}$$

方程中，矢量场量由一阶边界元表示，而标量场量由二阶节点未知量表示。

电磁场方程与电路方程耦合求解，必须解决外加电压源时电流未知的问题。当采用电压源驱动实体导体的时候，Maxwell 利用以下方程计及第 i 个导体回路中的电阻压降

$$V_{Ri}=\int_{R_C(i)}\iint J_{0i}\left(E+v\times B\right)\mathrm{d}R\tag{10-30}$$

式中：表示 J_{0i} 电流密度；E 为电场强度；v 为线速度；B 为磁感应强度。

感应电压可以由下式得到

$$E_i=-\iiint H_i\bullet B\mathrm{d}R\tag{10-31}$$

绞线导体忽略了涡流效应，无法利用实体导体相同的求解方式来计算绞线导体上的电阻压降。为此，Maxwell 采用一个集总参数来表示绕组的直流电阻。

而总磁通交变产生的感应电压可以按实体导体的方法得到。此外，在任何情况下，可以在外部增加电感或电容。

在包含瞬态机械过程的计算中，时间离散采用反向时步策略，可以用下式描述

$$\left\{\frac{\mathrm{d}x}{\mathrm{d}t}\right\}^{t+\Delta t}=\frac{\{x^{t+\Delta t}\}-\{x\}^{t}}{\Delta t} \tag{10-32}$$

对于非线性问题，也是采用经典的 Newton－Raphson 算法进行求解。

10.3.2 仿真算例

以一台外径 86mm、12 槽、8 极的永磁同步电机为例，进行三维瞬态磁场仿真，计算电机的齿槽转矩、空载反电动势和负载转矩的波形，并绘制 3D 磁场分布图。

1. 创建项目

（1）运行 ANSYS Maxwell，创建新的工程文件。

（2）选择设计分析类型。运行 Project/Insert Maxwell 3D Design 命令，以此建立 Maxwell 3D 设计分析类型。运行 Maxwell 3D/Solution Type 命令，在求解对话框中选择 Magnetic 栏下的 Transient 求解器，具体设置如图 10－41 所示。

（3）命名及保存项目文件。运行 File/Save as 命令，将名称改为 IPMSM－3D。

2. 几何建模

（1）导入电机 2D 几何模型。单击 Modeler/Import 命令，从外部导入电机 2D 几何模型，ANSYS Maxwell 支持.sm3、.dwg、.dxf 和.x_t 等多种格式文件。导入后窗口如图 10－42 所示，利用 2D 模型生成电机三维模型。

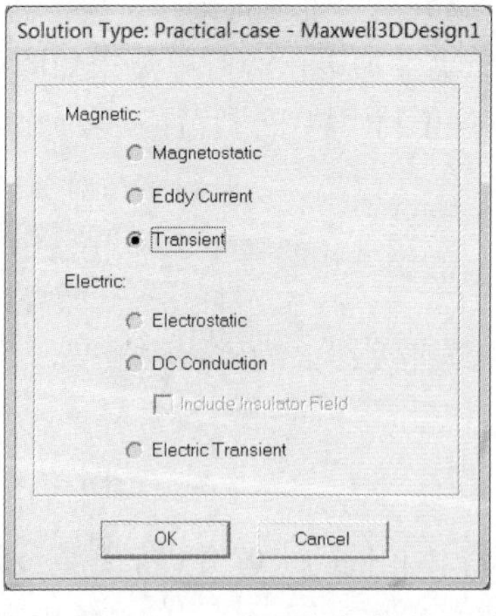

图 10－41 设置求解类型

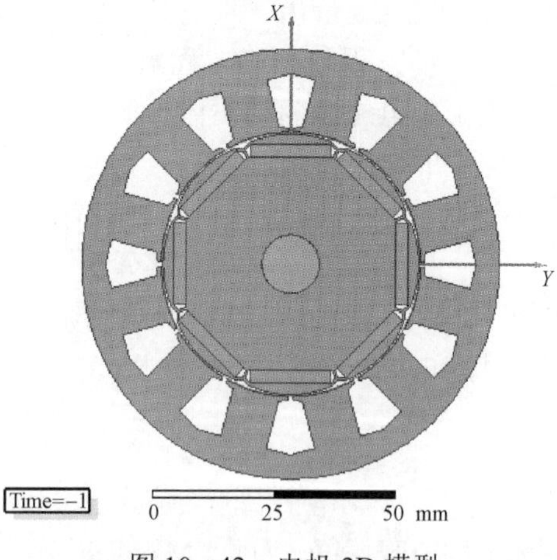

图 10－42 电机 2D 模型

（2）绘制电机定子铁心三维模型。在模型管理栏中选择定子铁心部分，鼠标右键选择 Edit/Sweep/Along Vector（沿特定的矢量拉伸），本例中电机长度为 24mm，因此在右下角坐标输入栏分别输入 X=0，Y=0，Z=0 以及 dX=0，dY=0，dZ=24，按 Enter 键确定，Draft angle 选择 0°，Draft type 选择 Round，单击 OK 完成操作，拉伸操作如图 10－43 所示。生成的定子槽三维模型如图 10－44 所示，进入属性编辑界面，重命名为 Stator。

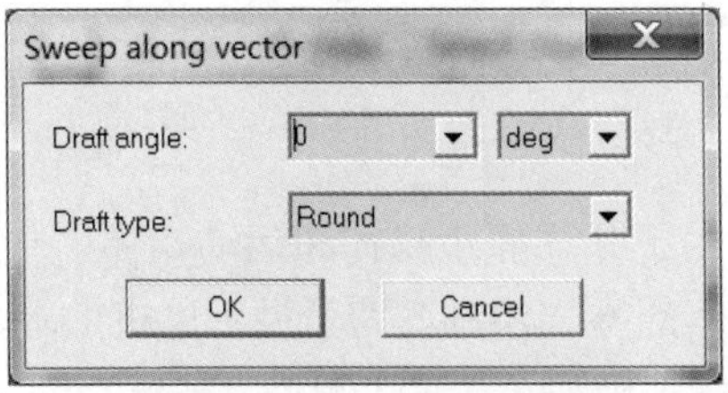

图 10－43 拉伸操作设置图

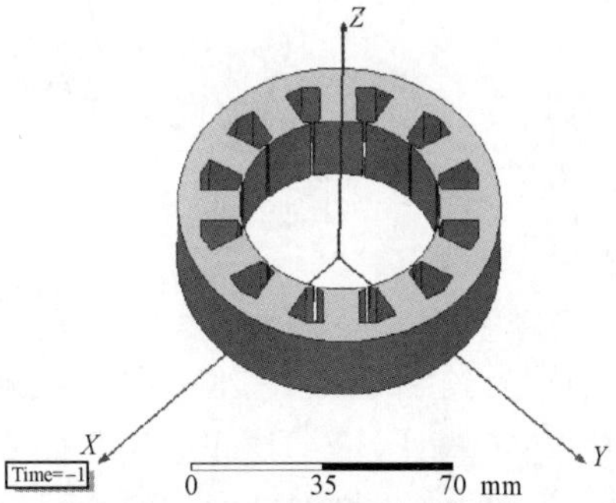

图 10－44 定子槽三维模型图

（3）绘制转子铁心和永磁体三维模型。转子铁心和永磁体可参照定子铁心的绘制方式进行建模，完成后的三维模型分别如图 10－45 和图 10－46 所示。进入转子属性编辑界面，重命名为 Rotor，同理，选中八块永磁体，进入属性编辑界面，重命名为 PM，其余七块软件会自动命名 PM1－PM7。

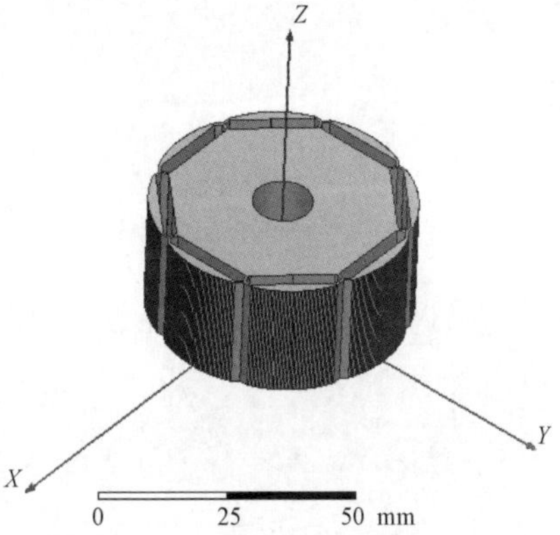

图 10－45 转子铁心三维模型图

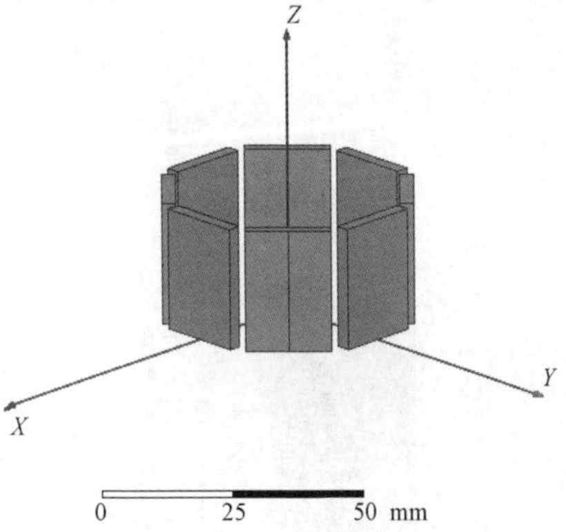

图 10－46 永磁体三维模型示意图

（4）绘制转子内层面域模型 Band_in。运行 Draw/Cylinder 命令，将坐标系切换为 Cylindrical 模式，分别输入 R=0，Phi=0，Z=0 以及 dR=26.825，dPhi=360，dZ=24，由此生成一个圆柱体，如图 10－47 所示，双击工程树栏

中该物体进入属性界面重命名为 Band_in。

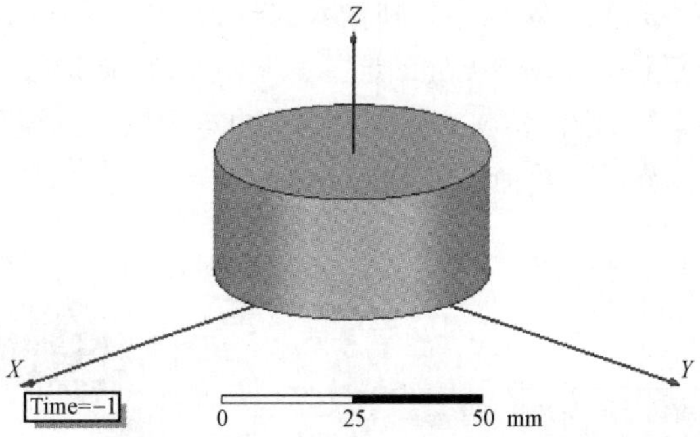

图 10-47　Band_in 三维模型示意图

（5）绘制 Band 三维模型。Band 模型用于分开静止物体和运动物体，不允许与几何模型交叉。这里采用平面旋转成体的方式绘制，为了显示电机的端部效应，把 Band 模型轴向长度绘制得比定转子模型长一些。运行 Draw/Line 命令，在右下角坐标栏中依次输入（0，0，－5），(26.95，0，－5)，(26.95，0，29)（0，0，29）（0，0，－5)，最后按 Enter 键确认，在 *XZ* 平面内生成一个矩形，如图 10-48 所示。选中该矩形，鼠标右键选择 Edit/Sweep/Along Axis（沿特定的坐标轴旋转），旋转操作如图 10-49 所示，由此生成一个 Band 三维模型，两端比转子铁心长了 5mm。双击该物体进入属性界面重命名为 Band。电机三维模型正视图如图 10-50 所示。

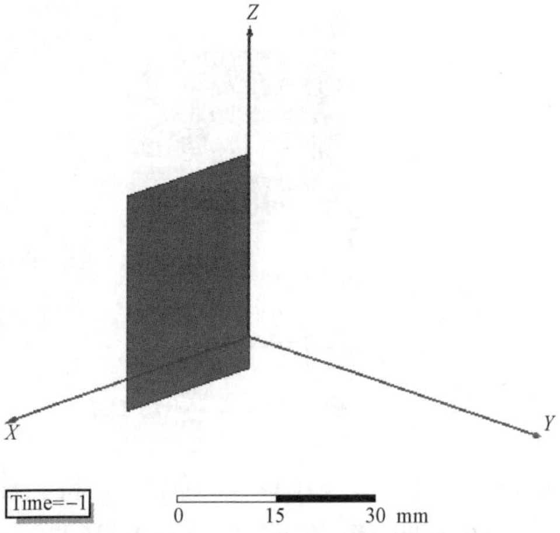

图 10-48　绘制的矩形图

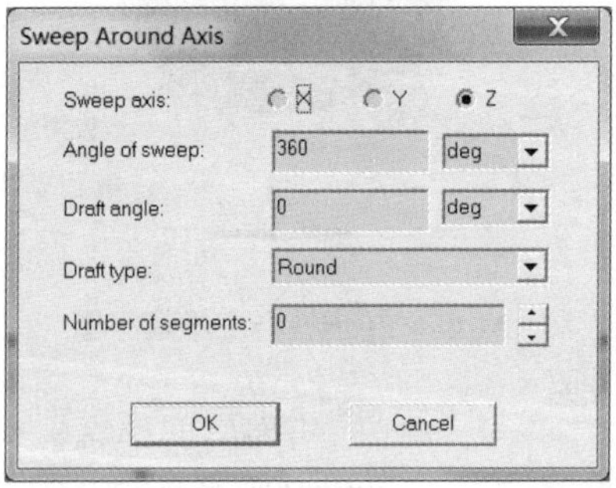

图 10-49　旋转操作示意图

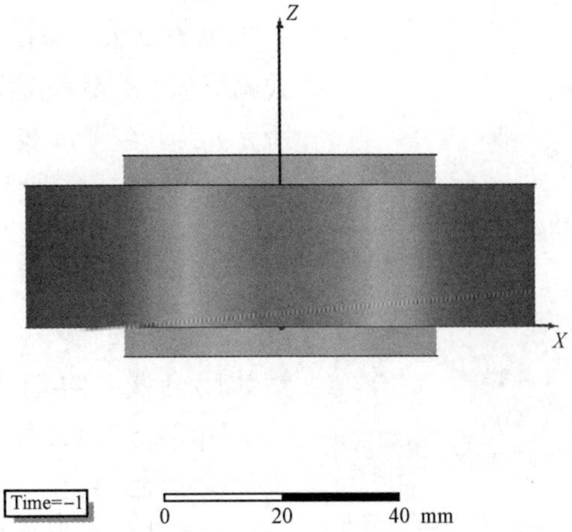

图 10－50　电机三维模型正视图

（6）绘制定子绕组三维模型。运行 Draw/Rectangle 命令，在 *XY* 平面内某一个定子槽中绘制一个矩形作为一层绕组，如图 10－51 所示。

选择该矩形鼠标右键 Edit/Copy 和 Paste，复制一个相同的矩形备用，采用和定子槽拉伸一样的方法，分别将两个矩形向 *Z* 轴正向拉伸 28mm 和 *Z* 轴负向拉伸－4mm，得到的效果如图 10－52 所示。

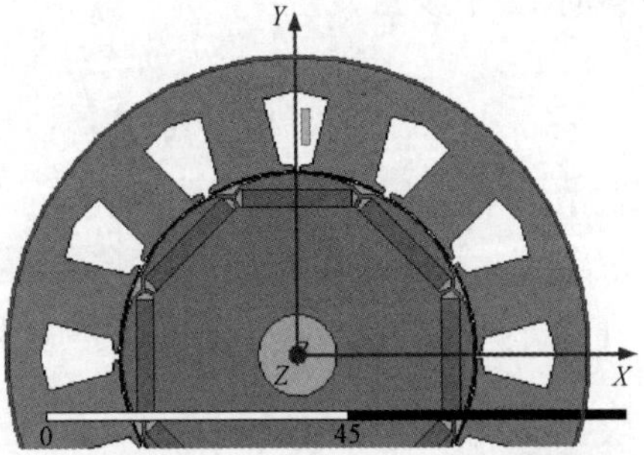

图 10－51　定子绕组矩形面绘制

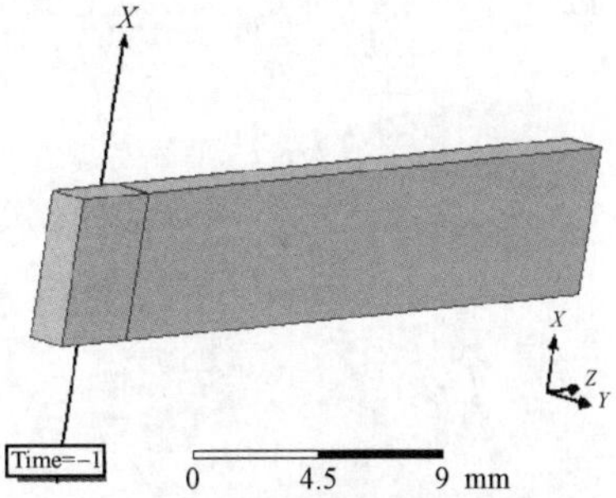

图 10－52　矩形面拉伸示意图

选中拉伸生成的两个六面体，右键运行 Edit/Boolean/Unite 命令，使两者合并为一个整体；再选择合成的六面体，在快捷工具栏中运行 Mirror Duplicate（镜像复制功能），坐标输入栏分别输入 *X*=0，*Y*=0，*Z*=0 以及 d*X*=0，d*Y*=－1，d*Z*=0，按 Enter 键确定，生成两个相同的六面体，选中左边的六面体，在快捷工具栏中运行 Rotate（旋转功能），旋转角度输入 30°，单击 OK，得到如图 10－53 所示结果。

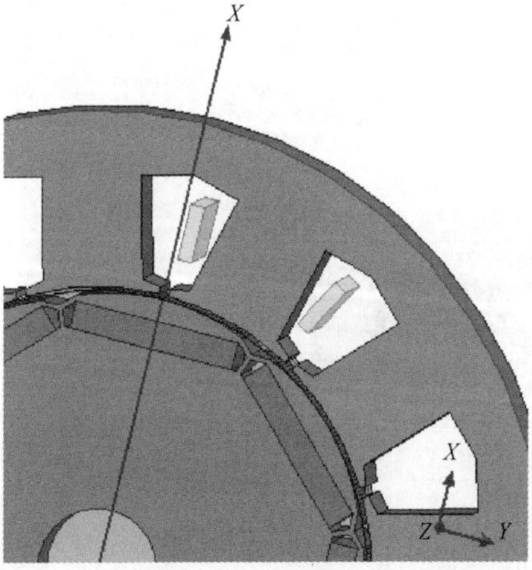

图 10－53　旋转后效果图

运行 Draw/Arc/Center Point 命令，圆心输入（0，0，－4），如图 10－54 所示方式画圆弧，重复该操作，画出如图 10－55 所示的两条圆弧线，运行 Draw/Lin5 命令，画两条线段将两条圆弧线连接起来。

选中四条线，右键运行 Edit/Boolean/Unite 命令，使四条线成为一个整体闭合线，再选中该闭合线，右键 Edit/Surface/Cover Lines 命令，使之成为一个闭合平面。

接着再运行 Edit/Sweep/Along Vector 命令，沿 Z 轴正向拉伸 1.5mm，作为导线的端部连接部分，选中拉伸新生成的六面体，在快捷工具栏中运行 Duplicate Alone Line 功能，坐标分别输入 X=0，Y=0，Z=0 以及 dX=0，dY=0，dZ=30.5，Total number 输入 2，单击 OK 确定，得到两边的端部连接部分。

选中这两部分以及两根导体，运行 Unite 命令，合成一个整体，如图 10－56 所示，进入属性编辑界面，重命名为 coil。选中 coil，快捷工具栏中运行 Duplicate Around Axis 功能，旋转轴线选择 Z 轴，Angle 栏输入 30°，Total number 栏输入 12，单击 OK 确定，由此生成电机完整的 12 个线圈。

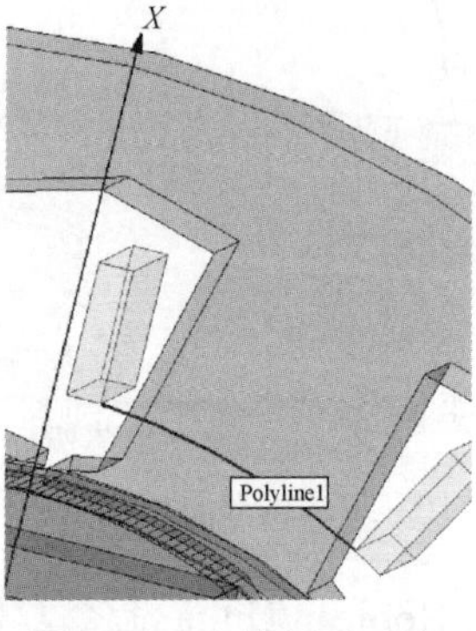

图 10－54　绘制圆弧线

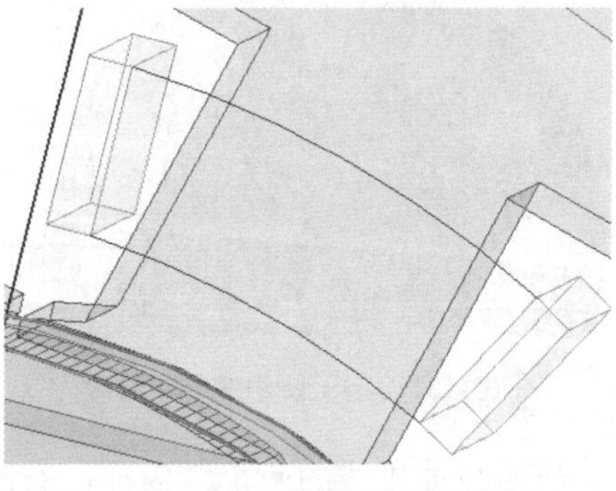

图 10－55　绘制两条圆弧线

（7）添加求解区域。运行 Draw/Region 命令，为电机三维模型添加一个求解区域，最终的电机三维模型效果图如图 10－57 所示。

3. 赋予材料属性

本例中的一些材料，在默认的材料库 sys［materials］中无法找到，可以在材料库 sys [RMxprt] 中寻找，也可以通过给定材料的数据，用户自己新建材料。

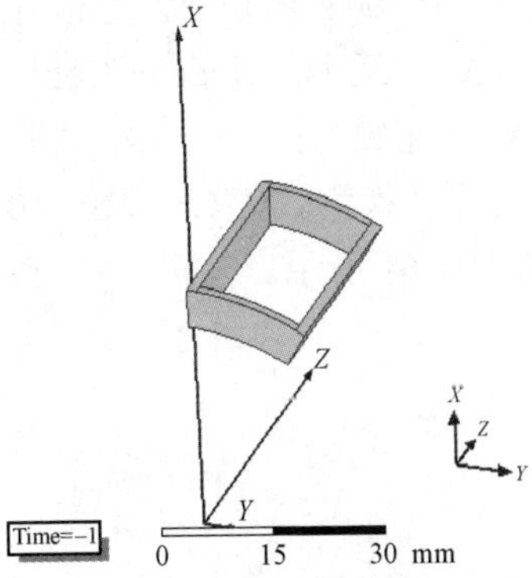

图 10-56　绘制单个线圈

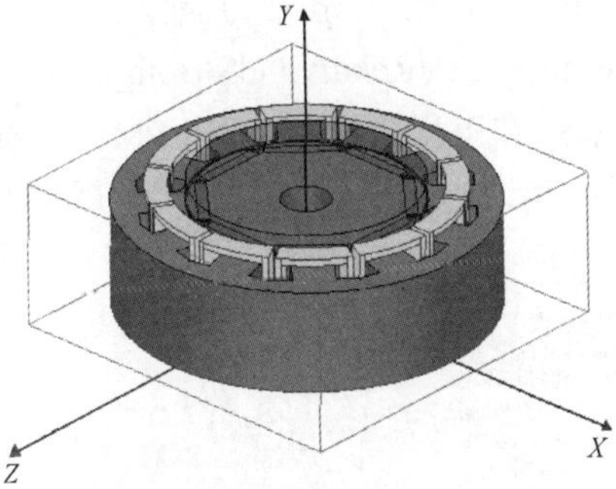

图 10-57　电机最终三维模型

（1）将材料库 sys [RMxprt] 导入材料设置。运行 Tools/Configure libraries 命令，将 RMxprt 置于右侧 Configured Libraries 栏，具体设置如图 10-58 所示。

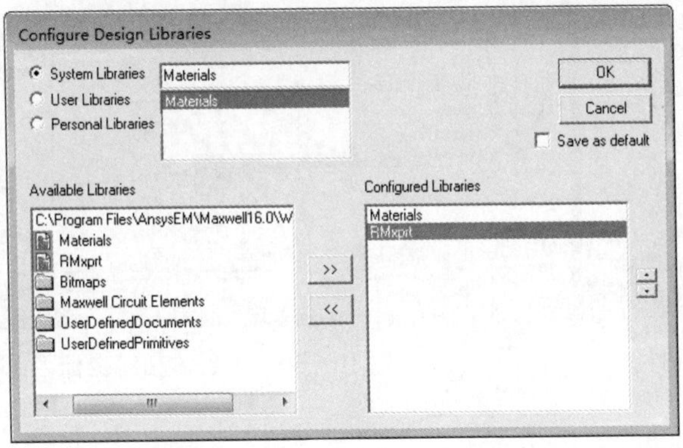

图 10-58　导入 RMxprt 材料库

（2）指定定子铁心 Stator 与转子铁心 Rotor 材料属性。在工程树栏中，同时选中 Stator 和 Rotor，右键运行 Assign Material，在材料管理库中选择 DW310-35 材料，单击确定。

（3）指定 Region、Band_in 及 Band 材料属性。在工程树栏中，同时选中 Band_in、Band 和 Region，右键运行 Assign Material，在材料管理库中选择 Vacuum 材料，单击确定。

（4）指定绕组材料。在工程树栏中，同时选中所有 Coil，右键运行 Assign Material，在材料管理库中选择 Copper 材料，单击确定。

（5）指定永磁体材料属性。在工程树栏中，同时选中所有 PM，右键运行 Assign Material，在材料管理库中选择 NdFe30 材料，单击确定。

赋予所有物体的材料属性后，工程树栏如图 10－59 所示。

需要注意，由于永磁体充磁方向的不同，需要对永磁体分别设置相对坐标系，指定永磁体充磁方向。选中永磁体 PM，运行 Modeler/Coordinate System/Create /Relative CS/Both 命令，选择 PM 的充磁方向，建立相对坐标系 PM_CS。在工程树栏中，双击 PM，将 Orientation 栏转换为 PM_CS，如图 10－60 所示。其余的永磁体设置类似，最终效果如图 10－61 所示。

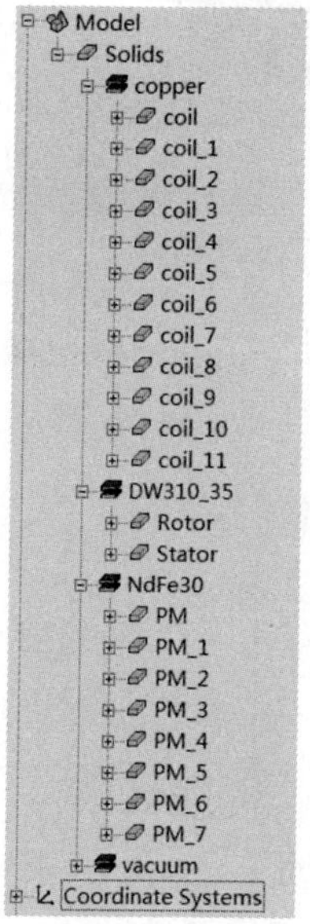

图 10－59　工程树栏

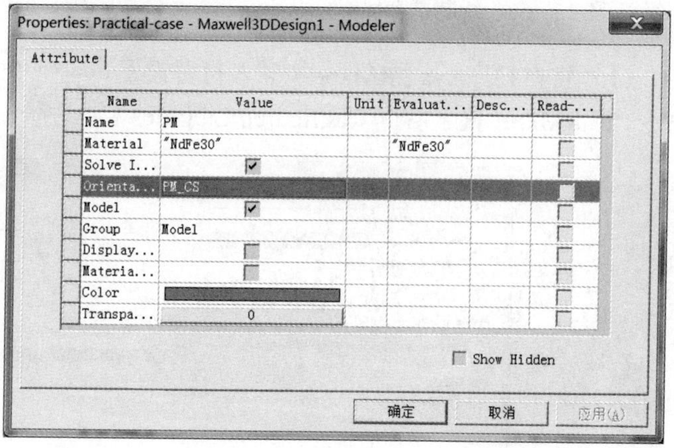

图 10－60　永磁体相对坐标系设置

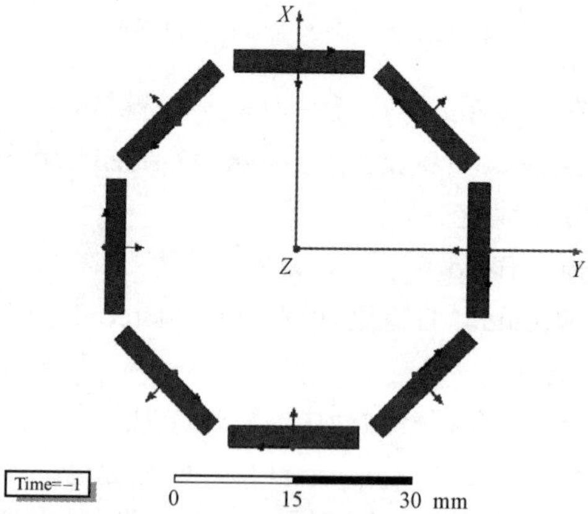

图 10－61　永磁体相对坐标系示意图

4. 施加边界条件

三维电磁场计算的边界条件是对边界面进行操作的。如果只建立了实际电机的部分之一，需要在电机模型分界处施加主从边界条件。本例中建立了完整的电机模型，电机求解域的外边界为磁媒质与非导磁媒质的分界处，因此只需要施加磁通平行边界条件。用鼠标右键选择 Selection Mode/Faces，选择定子铁心外表面，右击 Assign Boundary/ZeroTangentialHField，单击 OK 确定，在定子外表面添加磁通平行边界条件（见图 10－62）。

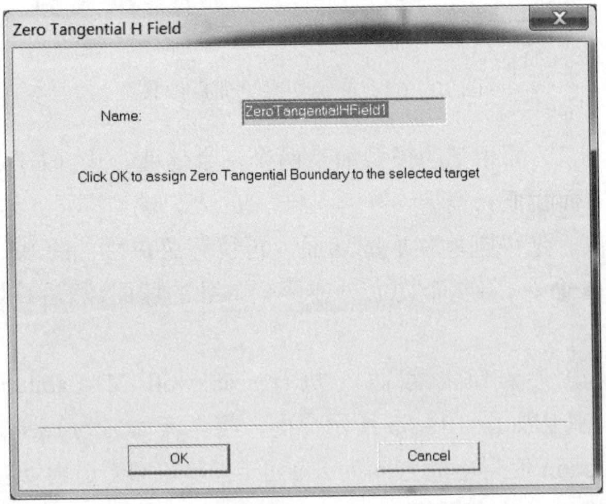

图 10－62　添加磁通平行边界条件

5. 绕组分相

三维瞬态场求解的激励给定与二维瞬态场有相似之处，三维的绕组也是由二维面内流入，即在绕组内部要先做出电流面，设定电流由该电流面流入，在绕组内部形成环流。在本例中，可以采用快速切割出电流面的方法来生成绕组内部截面。

选中之前绘制的绕组 Coil，运行 Modeler/Surface/Section 命令，弹出图 10－63 所示的设置界面。该设置项的意义是在指定的平面内将所选择的物体切割出其横截面，由于绘制的集中绕组是沿着 *Z* 轴分布的，所以可以在 *XY* 平面内切割出其横截面作为电流的流入路径。在图中选择 *XY* 项并单击 OK 退出，在 *XY* 面内切割绕组，其操作后的效果如图 10－64 所示。

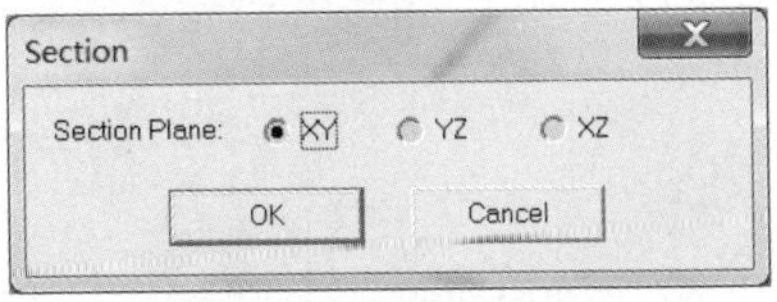

图 10－63　切割面设置图

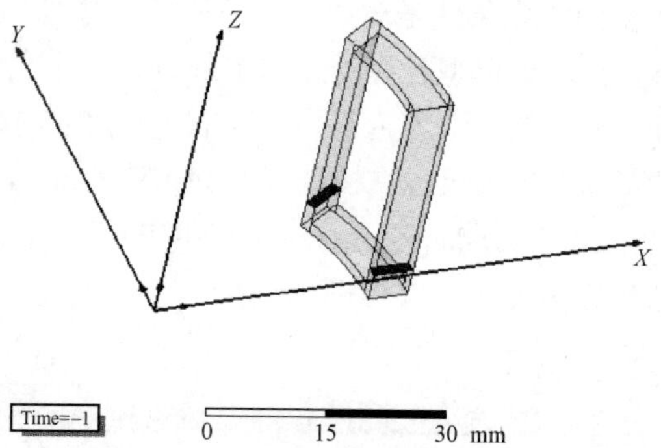

图 10-64　绕组切割平面后效果图

因为绕组与 *XY* 面相交的横截面有两个，且这两个平面在操作完成之后是作为一个整体，而我们只需要一个作为电流的入口端口即可，这需要进一步将这两个平面分离。选中刚才生成的切面，再执行菜单栏上的 Modeler/Boolean/Separated Bodies 命令，将整个切面分成两个单独的切面，然后只保留其中一个，将另一个删除。

选中作为电流入口的截面，执行 Maxwell 3D/Excitation/Assign/Coil Terminal 命令，弹出如图 10-65 所示界面，将电流命名为 PA1，给定匝数 11，单击 Swap Direction 使得电流方向为 *Z* 轴正向，单击 OK 退出，结果如图 10-66 所示。

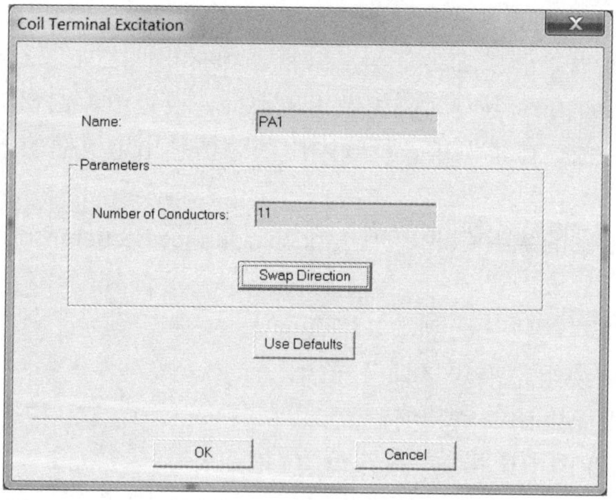

图 10-65　设置截面流入电流

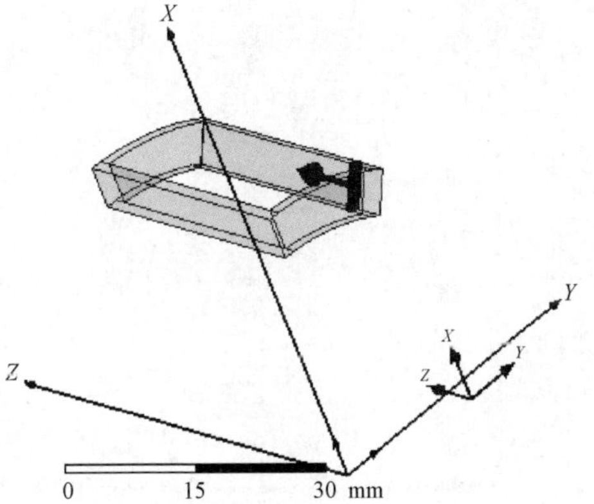

图 10－66　截面流入电流示意图

A 相绕组的接线方式如图 10－67 所示。按照相同的操作可以定义 A 相剩余三个绕圈电流的流入面，完成之后，在工程管理栏中右击 Excitations/Add Windings，相关的设置如图 10－68 所示，单击 OK 保存退出。此时 Excitations 栏下出现 WindingA 一项，选择并右击 Add Terminals，弹出如图 10－69 所示的界面，选中隶属于 A 相的绕圈，单击 OK 保存并退出，这样就会发现，A 相的四个绕圈已经被包含在 A 相绕组之下了。B 相和 C 相绕组设置与 A 相的设置类似。

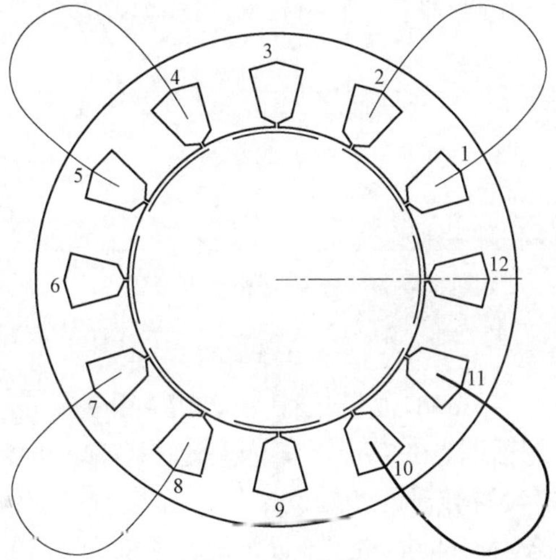

图 10－67　A 相绕组接线图

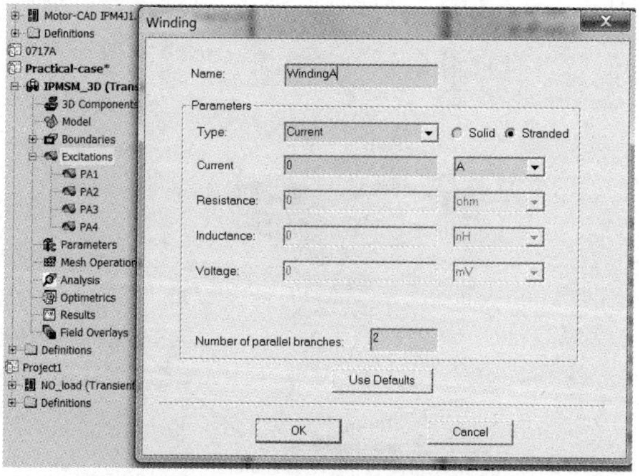

图 10－68 定义 A 相绕组

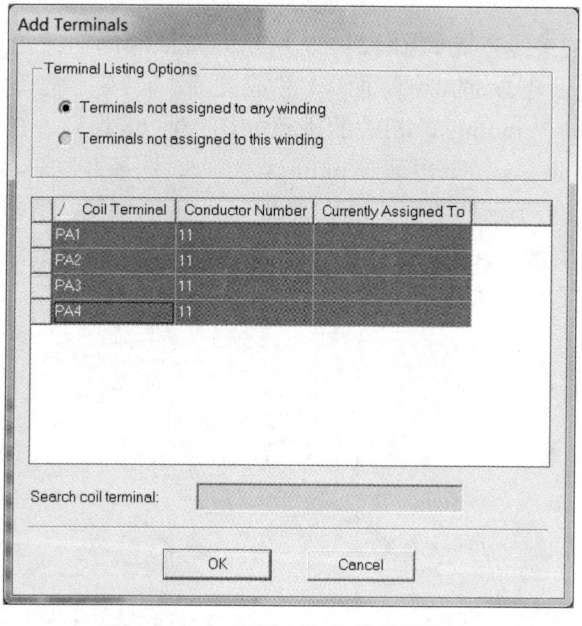

图 10－69 分配 A 相绕组所属线圈

6. 运动选项设置

在模型窗口中选中 Band，右键运行 Model/Motion Setup/Assign Band 选项，弹出运动选项设置对话框。在 Type 栏，选择旋转运动，围绕 Z 轴正向旋转（逆时针方向）。Data 栏设置转子的初始位置角，当转子旋转该角度后，A 相绕组轴线与转子 d 轴重合。Mechanical 栏，设定旋转速度为 1250rpm（r/min，稳态）。具体设置如图 10－70 所示。

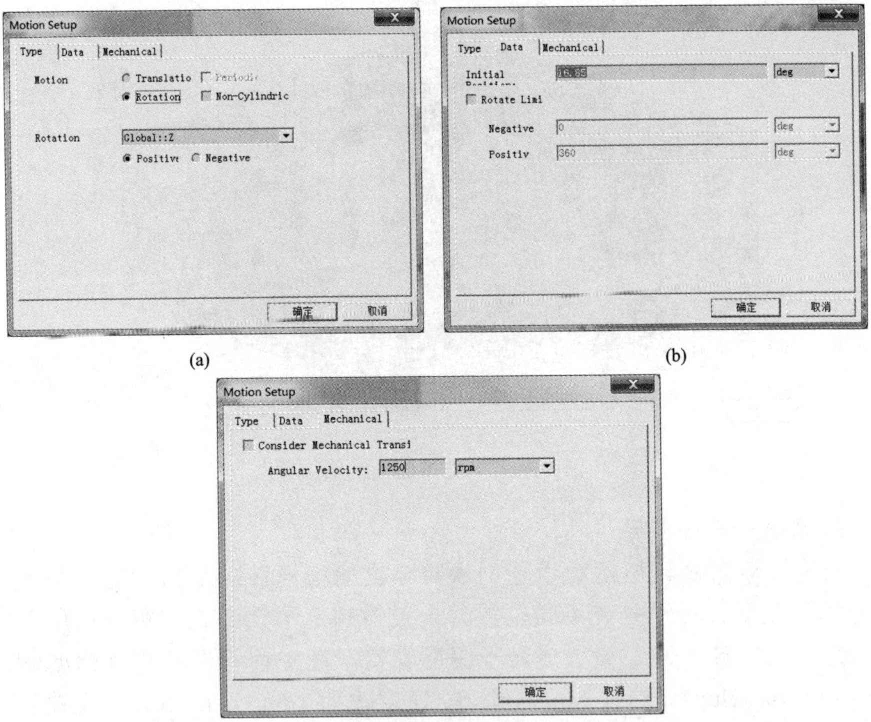

(a)　(b)

(c)

图 10－70　运动选项设置图

（a）运动方式；（b）初始位置；（c）转速

7. 剖分设置

在工程树栏中，选中转子铁心，右键运行 Assign Mesh Operation/On selection/Length Based 命令，进行剖分设置，选择网格长度 5mm，具体设置如图 10－71 所示。其他部分剖分网格长度分别为定子铁心 5mm，定子绕组 4mm，永磁体 3mm，内层区域 4mm，外层区域 6mm，Band 区域 3mm。剖分结果如图 10－72 所示。

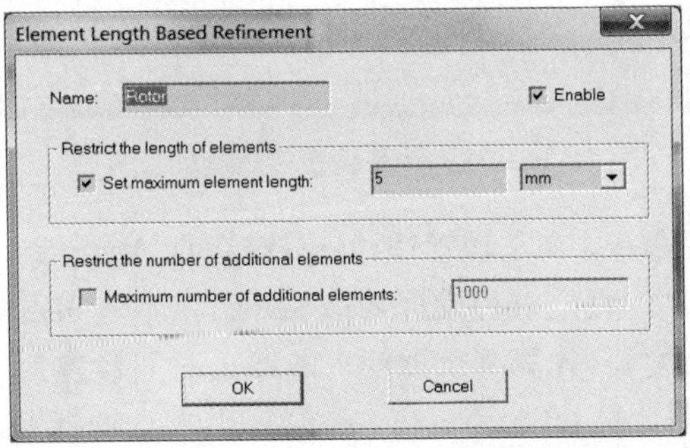

图 10－71　转子剖分设置

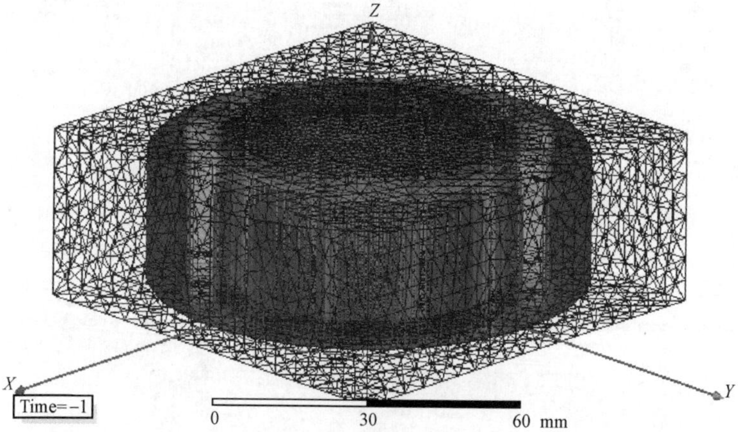

图 10-72　电机剖分结果图

8. 齿槽转矩的求解

（1）计算齿槽转矩运动设置。永磁电机的齿槽转矩是指在定子绕组不通电的情况下，转子处在不同位置时永磁体和定子铁心之间相互作用产生的转矩，为了计算它，设置成转子缓慢旋转。在工程管理栏选择 Model，双击 MotionSetup1，选择 Mechanical，速度改为 1deg_per_sec，其设置如图 10-73 所示。

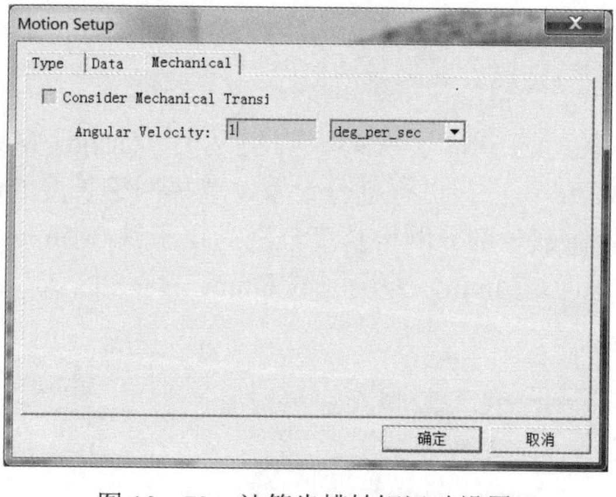

图 10-73　计算齿槽转矩运动设置

（2）添加求解命令。在工程管理栏，右键运行 Analysis/Add Solution Setup 命令。在 General 栏，设定求解设置名称 Setup1，本例永磁电机齿槽转矩的周期为 15°（机械角度），计算两个周期，故终止时间设置为 30s，求解步长为 30/60s，即每个周期计算 60 个点。在 Save Fields 栏，选择 Linear Step，起始时间为 15s，终止时间为 30s，保存第二个周期的场信息，保存时间步长为 0.25s，即每求解一步保存一次，然后选择“Add to List”将具体设置添加到 Time 栏，具体设置如图 10－74 所示。其他栏可以直接采用默认值。

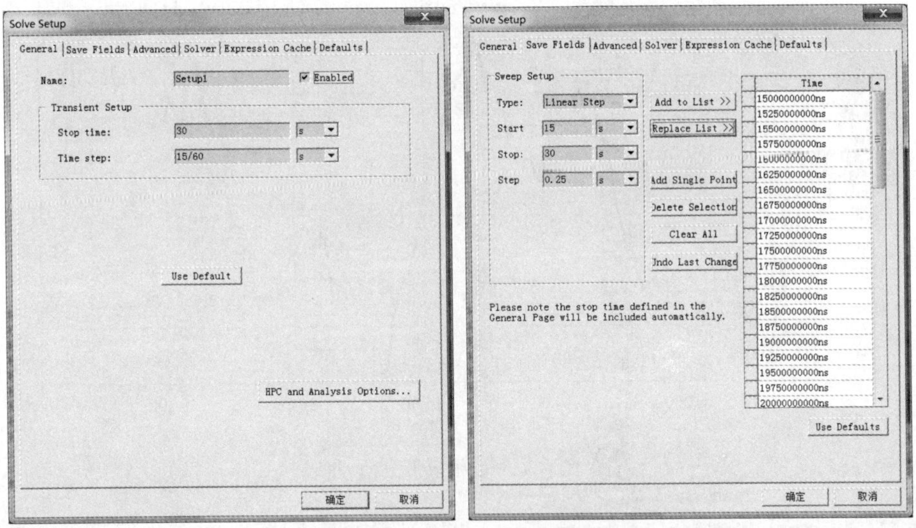

图 10－74　求解设置

运行 Validation，弹出自检对话框，当所有设置都正确时，会出现对钩提示，自检结果如图 10－75 所示。本例中在边界与激励前出现了警告提示，是因为本例分析忽略了涡流效应影响的设置，但是这不会影响计算结果，可以不予考虑。

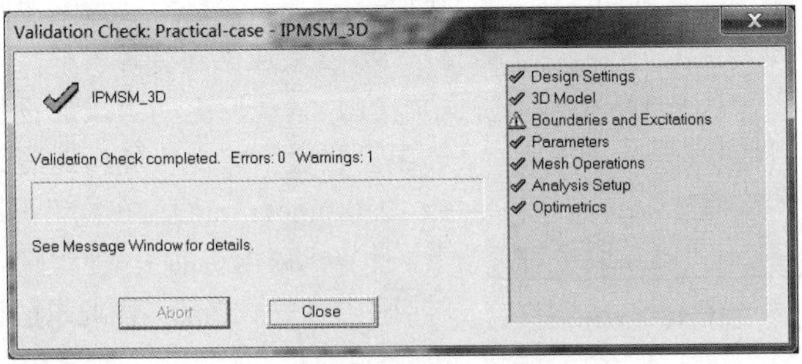

图 10－75　求解自检对话框

自检完成后，选中工程管理栏 Analysis 栏下 Setup1，右键运行 Analyze 命令进行求解。

（3）曲线观察。求解结束后，在工程管理栏，右键运行 Results/Create Transient Report/Rectangular Plot 命令，弹出曲线设置对话框。选择 Torque/

Moving1.Torque，单击 New Report，观察电机齿槽转矩波形，如图 10－76 所示。

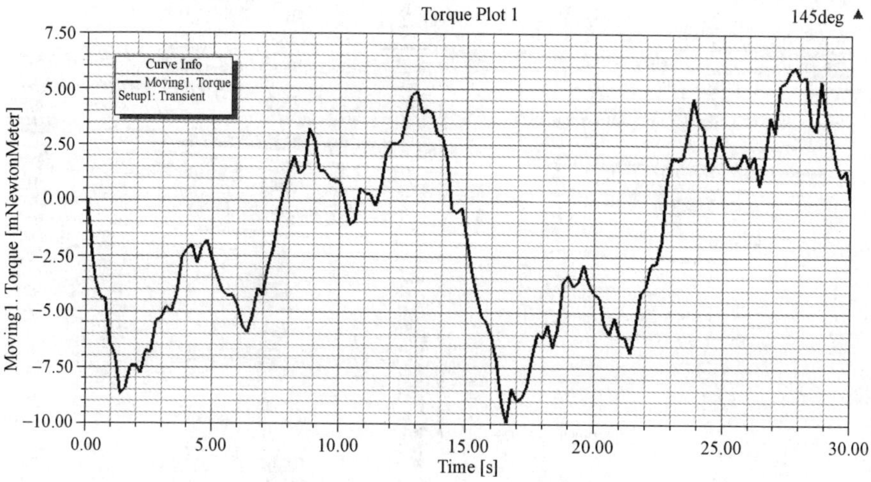

图 10－76　齿槽转矩波形曲线

	Time [ms]	Moving1.Torque [mNewtonMeter] Setup1 : Transient
1	0.000000	-9.793747
2	0.050000	422.880610
3	0.100000	678.105703
4	0.150000	654.297720
5	0.200000	429.405469
6	0.250000	232.507093
7	0.300000	119.727161
8	0.350000	33.246147
9	0.400000	22.839222
10	0.450000	37.342626
11	0.500000	9.607327
12	0.550000	-18.099094
13	0.600000	-1.941404
14	0.650000	-0.854327
15	0.700000	-38.370101
16	0.750000	-10.630096
17	0.800000	16.581125
18	0.850000	-18.042338
19	0.900000	-27.667138
20	0.950000	-65.662199
21	1.000000	-221.608320

图 10－77　齿槽转矩数据表

（4）数据表观察。在工程管理栏，右键运行 Results/Create Transient Report/Date Table 命令，弹出数据表设置对话框。选择 Torque/Moving1.Torque，单击 New Report，生成的数据表如图 10－77 所示。也可以通过类似步骤生成空载反电动势和空载磁链数据表。

9. 空载反电动势的求解

（1）空载反电动势求解设置。在运动选项设置栏下将电机旋转速度改为稳态下的 1250rpm（r/min）。在绕组不通电的情况下，计算永磁电机的空载反电动势。稳态下对应的周期为 12ms，因此求解设置也要做相应的改动，具体设置如图 10－78 所示。

与齿槽转矩相同的方式，选中工程管理栏 Analysis 栏下 Setup1，右键运行 Analyze 命令。

（2）结果查看。在曲线设置对话框中选择 Winding，选择三相绕组感应电压，单击 New Report，观察电机的空载反电动势，如图 10－79 所示。类似步骤，空载磁链曲线如图 10－80 所示。

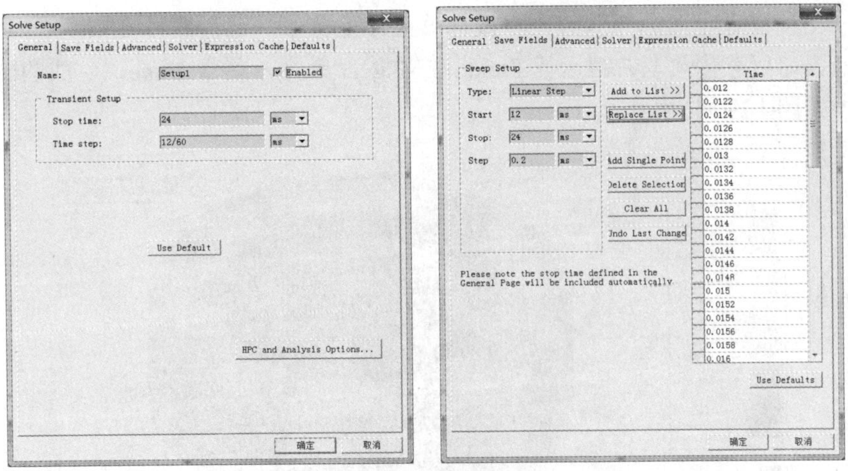

图 10-78　求解选项设置

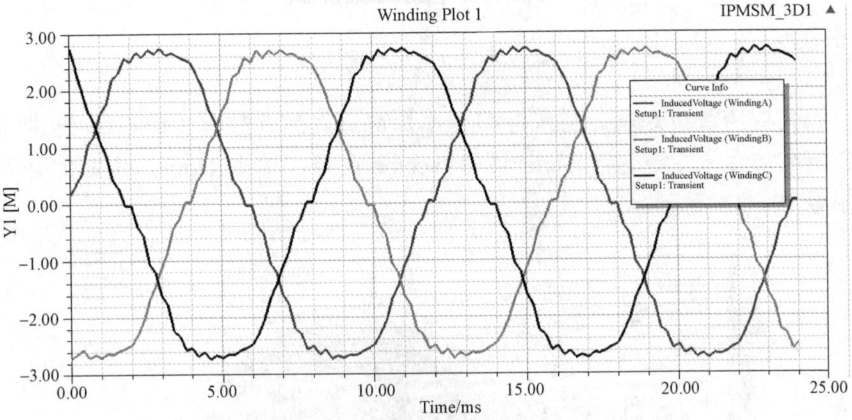

图 10-79　空载反电动势波形曲线

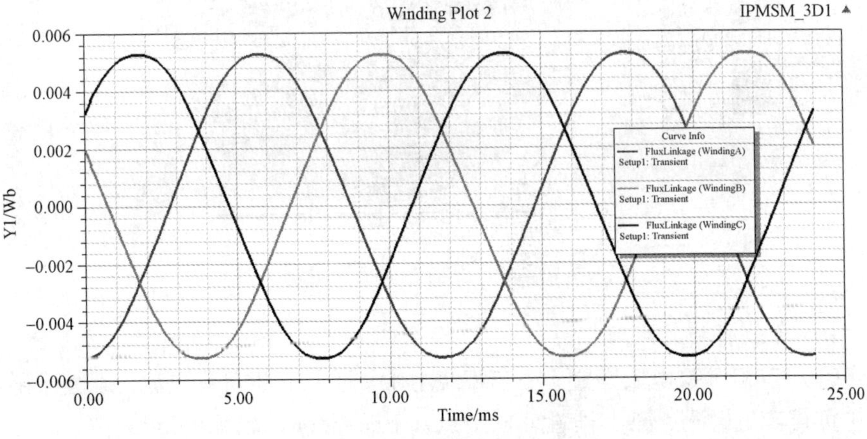

图 10-80　空载磁链波形曲线

（3）磁通密度分布观察。将鼠标移至模型窗口，键盘操作 Ctrl+A，选中模型窗口所有物体，右键运行 Fields/B/Mag_B 命令，单击 Done，生成的磁密分布如图 10－81 所示。

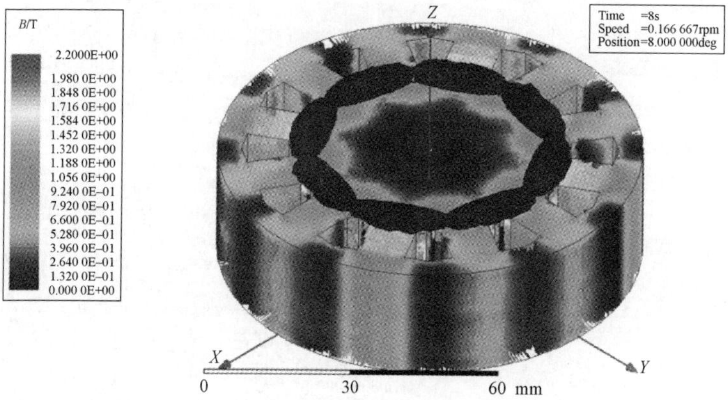

图 10－81　某时刻电机磁通密度分布图

（4）磁密矢量观察。将鼠标移至模型窗口，键盘操作 Ctrl+A，选中模型窗口所有物体，右键运行 Fields/B/B_Vector 命令，单击 Done，生成的磁场矢量如图 10－82 所示。

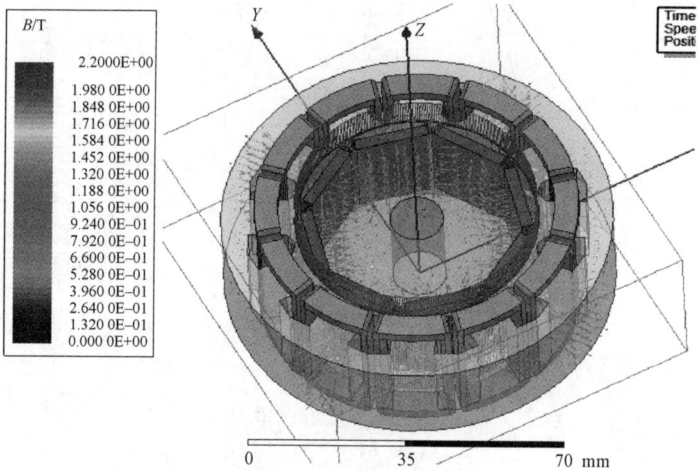

图 10－82　某时刻磁密矢量图

10. 负载转矩的求解

（1）三相正弦电流设置。在三相绕组中，通入三相对称电流，观察永磁电机的负载转矩情况。在工程管理栏中点开 Excitation，选中 WindingA，右击进入 A 相绕组设置栏，在 Current 中输入正弦电流的表达式：113.1*sin

（2*pi*250/3*time+15/180*pi），如图 10－83 所示。

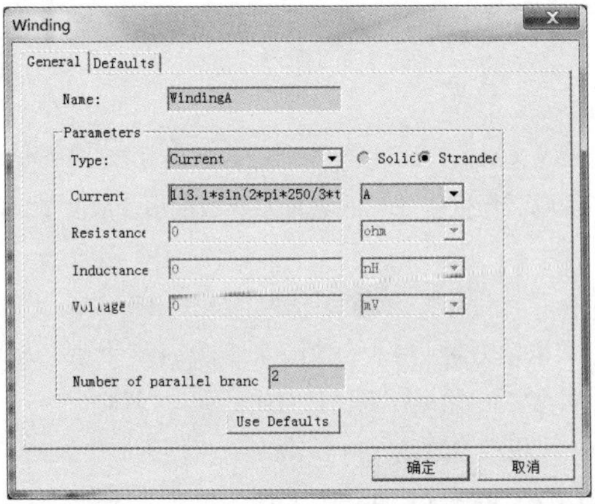

图 10－83　A 相正弦电流设置

类似地，在 B 相 Current 中输入：113.1*sin（2*pi*250/3*time+15/ 180*pi－2*pi/3），C 相 Current 输入：113.2*sin（2*pi*250/3*time+15/180*pi+ 2*pi/3）。

负载情况下的求解与空载情况下相同，选中工程管理栏 Analysis 栏下 Setup1，右键运行 Analyze 命令。

（2）曲线查看。待求解结束后，在工程管理栏，右键运行 Results/Create Transient Report/Rectangular Plot 命令，弹出曲线设置对话框。选择 Torque/Moving1.Torque，单击 New Report，观察电机负载情况下的电磁转矩波形曲线如图 10－84 所示。

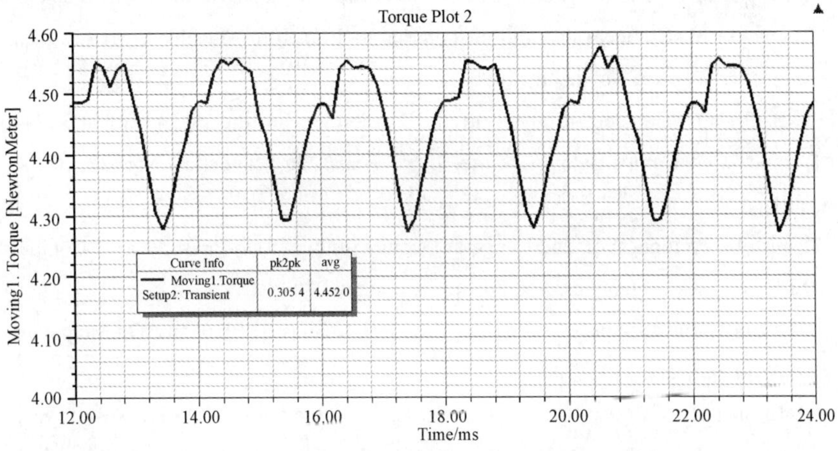

图 10－84　电磁转矩波形曲线

（3）运行 File/Save 命令保存建立的项目，运行 File/Exit 命令退出。

参 考 文 献

［1］ 周克定. 工程电磁场［M］. 武汉：华中科技大学出版社，1986.

［2］ 周克定，等. 工程电磁场数值计算的理论方法及应用［M］. 北京：高等教育出版社，1994.

［3］ J. A. Stration. 电磁理论［M］. 何国瑜，译. 北京：航空学院出版社，1986.

［4］ J. D. Jackson. 经典电动力学［M］. 上册. 朱培豫，译. 北京：人民教育出版社，1979.

［5］ 曹昌祺. 电动力学［M］. 北京：人民教育出版社，1978.

［6］ 章名涛，肖如鸿. 电机的电磁场［M］. 北京：机械工业出版社，1988.

［7］ 钱伟长. 变分法及有限元［M］. 北京：科学出版社，1980 .

［8］ W. K. H. Panofsky and M. Phillips. Classical electricity and magnetism, (Second Edition) Addison-Wesley Pub. Co. 1962.

［9］ M. V. K. Chari, A. Konrad, M. A. Palmo, and J. D'Angelo Three-Dimensional Vector Potential Analysis for Machine Field Problems, IEEE Trans. On Magnetics, Vol. Mag – 18, No. 2, March 1982.

［10］ Xiang Youqin, Zhou Keding, Li Langru. A New Network-Field Model for Numerical Analysis of Electromagnetic Field, Proceeding of BISEF'88, 1988.

［11］ S. Yamamura, Theory of Linear Induction Motors, (Second Edition) University of Tokyo Press, 1978.

［12］ S. B. Pratap, Transient Eddy Current Distribution in the Shield of the Passively Compensated, Compensated Pulsed Alternator: Iron-Core Machines, IEEE Trans. On Magnetics, Vol. 26, No. 4, July 1990.

［13］ S. B. Pratap, Transient Eddy Current Distribution in the Shield of the Passively Compensated Compensator-Air-Core, IEEE Trans. On Magnetics, Vol. 27, No. 4, July 1991.

［14］ Langru Li, Weidong Wu, and Yongqian Xiong, Study of Two-Phase Passive Compulsator, IEEE Trans. On Magnetics, Vol. 30, No. 1, January 2003.

［15］ J. H. Gully, Power Supply Technology for Electric Guns, IEEE Trans. On Magnetics, Vol. 27, No. 1, January, 1991.

［16］ M. L. Span, S.B. Pratap, Compulsator Research at the University of Texas of Austin-An Overview, EEE Trans. On Magnetics, Vol. 25, No. 1, January, 1989.

［17］ 陆佳政. 被动补偿式脉冲发电机研究［D］. 武汉：华中理工大学，1995.

［18］ 武卫东. 两相被动补偿脉冲发电机理论及实验研究［D］. 武汉：华中理工大学，1999，4.

[19] 陈世欣，李朗如. 用电磁动量理论证明电机电磁转矩公式的统一性 [J]. 华中工学院学报，1984，12（5）.
[20] 陈世欣，李朗如. 从外施电压源研究交流电动机起动特性的有限元分析 [J]. 电工技术学报，1986（1）.
[21] 陈世欣，李朗如. 旋转电机电磁转矩的数值计算方法 [J]. 华中工学院学报，1986，12（5）－14（6）.
[22] 陈世欣. 用电磁场二维有限元法研究同步电动机的起动特性 [D]. 硕士学位论文 1984，8.
[23] 周克定，张文灿. 电工理论基础 [M]. 上册. 北京：高等教育出版社，1994.
[24]（苏）K.A.KPУГ. 电工原理 [M]. 下册. 俞大光，等，译. 北京：龙门联合书局，1953.
[25] 李竹英. 线性断点系统分析及解析算法 [M]. 武汉：华中理工大学出版社，1996.
[26] 梁昆淼. 数学物理方法 [M]. 北京：人民教育出版社，1961.
[27] [美] F. W. 拜仑，R. W. 富勒. 物理学中的数学方法 第一卷 [M]. 北京：科学出版社，1984.
[28] 南京工学院数学教研组. 数学物理方程与特殊函数 [M]. 北京：人民教育出版社，1982.
[29] 李荣华，冯果忱. 微分方程数值解法 [M]. 北京：人民教育出版社，1980.
[30] 胡之光. 电机电磁场的分析与计算（修订本）[M]. 北京：机械工业出版社，1986.
[31] 曾余庚，徐国华，宋国乡. 电磁场有限单元法 [M]. 北京：科学出版社，1982.
[32] https://www.ansys.com/zh-cn/products/electronics/ansys-electronics-desktop.
[33] ANSYS Electromagnetics Suite 17.1 – Maxwell Online Help.
[34] 赵博，张洪亮. Ansoft 12 在工程电磁场中的应用 [M]. 北京：中国水利水电出版社，2010.
[35] 刘国强，赵凌志，蒋继娅. Ansoft 工程电磁场有限元分析 [M]. 北京：电子工业社出版社，2005.
[36] 谢龙汉，耿煜，邱婉. ANSYS 电磁场分析 [M]. 北京：电子工业出版社，2012.